Marthe-Louise Fehse

Die Auswirkungen der EU-Bauproduktenverordnung auf das nationale Recht

Regelungsdefizite und Haftungsrisiken für Wirtschaftsakteure und Verwender von Bauprodukten

PL ACADEMIC RESEARCH

Bibliografische Information der Deutschen Nationalbibliothek
Die Deutsche Nationalbibliothek verzeichnet diese Publikation
in der Deutschen Nationalbibliografie; detaillierte bibliografische
Daten sind im Internet über http://dnb.d-nb.de abrufbar.

Zugl.: Darmstadt, Techn. Univ., 2017

D 17
ISSN 2197-0556
ISBN 978-3-631-73529-9 (Print)
E-ISBN 978-3-631-73681-4 (E-PDF)
E-ISBN 978-3-631-73682-1 (EPUB)
E-ISBN 978-3-631-73683-8 (MOBI)
DOI 10.3726/b12103

© Peter Lang GmbH
Internationaler Verlag der Wissenschaften
Frankfurt am Main 2017
Alle Rechte vorbehalten.
PL Academic Research ist ein Imprint der Peter Lang GmbH.

Peter Lang – Frankfurt am Main · Bern · Bruxelles · New York ·
Oxford · Warszawa · Wien

Diese Publikation wurde begutachtet.

www.peterlang.com

Vorwort

Die vorliegende Arbeit wurde im Oktober 2016 vom Fachbereich Rechts- und Wirtschaftswissenschaften der Technischen Universität Darmstadt als Dissertation angenommen. Die Verteidigung fand im Juni 2017 statt. Literatur und Rechtsprechung wurden bis Juli 2017 berücksichtigt.

In ihrer Funktion als Dissertation soll die Arbeit zwar zuvorderst einen Beitrag zur Wissenschaft leisten. Dennoch orientiert sich die Fragestellung an einer praktischen Perspektive – nämlich der Sichtweise des nationalen Gesetzgebers, der Wirtschaftsakteure und der Verwender von Bauprodukten. Ihre Pflichten enden nicht mit dem Anwendungsbereich der EU-BauPV, sondern gehen weit darüber hinaus. Ich hoffe, dass die Arbeit den Betroffenen deshalb auch in der Praxis zumindest als Anhaltspunkt für den Umgang mit harmonisierten Bauprodukten dienen kann.

Mein Dank gilt meinem Doktorvater Herrn Professor Dr. Axel Wirth für die Betreuung der Arbeit. Ich möchte mich an dieser Stelle besonders für die Inspiration zur Wahl des Untersuchungsgegenstandes bedanken, der mir einen Zugang zu dem spannenden Rechtsgebiet des Produktrechts eröffnet hat. Ich danke außerdem Frau Professorin Dr. Janine Wendt für die Erstellung Zweitgutachtens.

Herzlich bedanken möchte ich mich bei Herrn Dipl.-Ing. Architekt Clemens Kirchmaier für die technische Beratung und die ausdauernde Unterstützung. Außerdem danke ich meinen Eltern für ihren Zuspruch und dass sie dieses Projekt ermöglicht haben.

Berlin, im Juli 2017   Marthe-Louise Fehse

Inhaltsübersicht

Inhaltsverzeichnis

Abkürzungsverzeichnis

a.A	andere Ansicht
Abl	Amtsblatt
Abs	Absatz
AEUV	Vertrag über die Arbeitsweise der EU
a.F	alte Fassung
AGB	Allgemeine Geschäftsbedingungen
Allg	Allgemein
Art	Artikel
ATV	Allgemeine Technische Vertragsbedingungen
BauPG	Bauproduktengesetz
BauO	Bauordnung
BauPR	Bauproduktenrichtlinie
BauR	Baurecht
BayBO	Bayerische Bauordnung
Begr	Begründer
Ber	berichtigt
Bes	Besonderes
Beschl	Beschluss
BFH	Bundesfinanzhof
BGB	Bürgerliches Gesetzbuch
BGBl	Bundesgesetzblatt
BGH	Bundesgerichtshof
bspw	beispielsweise
BT	Bundestag
BVerwG	Bundesverwaltungsgericht
CEN	Comité Européen de Normalisation
CENELEC	Comité Européen de Normalisation Eléctronique
Ders	derselbe
DIBt	Deutsches Institut für Bautechnik
Dies	dieselbe
DIN	Deutsches Institut für Normung
Diss	Dissertation
Drucks	Drucksache
DS	Der Sachverständige
DStR	Deutsches Steuerrecht
Ebd	ebenda
EFTA	Europäische Freihandelsassoziation
EG	Europäische Gemeinschaft
EGV	Vertrag der Europäischen Gemeinschaft
ETB	Europäisch Technische Bewertung

Sog	sogenannt
SchwarzArbG	Schwarzarbeitsgesetz
StGB	Strafgesetzbuch
St.Rspr	ständige Rechtsprechung
UA	Unterabsatz
u.a	unter anderem
UN	United Nations
Univ	Universität
Urt	Urteil
v	vom
v.a	vor allem
VersR	VersR
VerwR	Verwaltungsrecht
VG	Verwaltungsgericht
VGH	Verwaltungsgerichtshof
Vgl	vergleiche
VO	Verordnung
VOB	Verdingungsordnung für Bauleistungen
Vor	Vorbemerkungen
VwGO	Verwaltungsgerichtsordnung
VwVfG	Verwaltungsverfahrensgesetz
WPK	Werkseigene Produktionskontrolle
z.B	zum Beispiel
ZfBR	Zeitschrift für Baurecht
ZJS	Zeitschrift für das juristische Studium
Zugl	zugleich
ZPO	Zivilprozessordnung

Literaturverzeichnis

Abend, Kerstin: „Neues Unionsrecht für die Vermarktung von Bauprodukten, in: Europäische Zeitschrift für Wirtschaftsrecht 2013, S. 611 ff.
(zitiert als: Abend, Neues Unionsrecht für die Vermarktung von Bauprodukten, in: EuZW 2013, 611)

Arnold, Arnd / Dötsch, Wolfgang: „Ersatz von ‚Mangelfolgeaufwendungen'", in: Betriebsberater 2003, S. 2250.
(zitiert als: Arnold/Dötsch, Ersatz von Mangelfolgeaufwendungen, in: BB 2003, 2250)

Bamberger, Georg / Roth, Herbert [Hrsg.]: .....Beck'scher Online-Kommentar BGB, 42. Edition, München 2017.
(zitiert als: Beck-OK/*Bearbeiter*, BGB)

Baumbach, Adolf [Begr.]: Handelsgesetzbuch, 37. Auflage, München 2016.
(zitiert als: Baumbach/Hopt, HGB)

Bergmann, Jan [Hrsg.]: Handlexikon der Europäischen Union, 5. Auflage, Baden-Baden 2015.
(zitiert als: Bergmann/*Bearbeiter*, Handlexikon der EU, Stichwort)

Berkemann, Jörg / Halama, Günter: Handbuch zum Recht der Bau- und Umwelt-richtlinien der EG, 1. Auflage, Bonn 2008.
(zitiert als: Berkemann/Halama/Bearbeiter, Recht der Bau- und Umweltricht-linien)

Bieber, Roland / Epiney, Astrid / Haag, Marcel: Die Europäische Union, Europarecht und Politik, 10. Auflage, Baden-Baden 2013.
(zitiert als: Bieber/Epiney/Haag, Die EU)

Bier, Wolfang / Schneider, Jens-Peter / Schoch, Friedrich [Hrsg.]: Verwaltungsgerichts-ordnung Kommentar, Stand: 32. Ergänzungslieferung, Oktober 2016, München 2016.
(zitiert als: Schoch/Schneider/Bier/*Bearbeiter*, VwGO)

Bohnert, Joachim [Begr.]/ Krenberger, Benjamin / Krumm, Carsten [Hrsg.]: Ord-nungswidrigkeitengesetz, Kommentar, 4. Auflage, München 2016.
(zitiert als: Bohnert/Krenberger/Krumm/*Bearbeiter*, OWiG)

Büsken, Rainer / Kampmann, Axel: Der Produktbegriff nach der deliktischen Pro-duzentenhaftung und dem Produkthaftungsgesetz, in: Recht und Schaden 1991, S. 73 ff.
(zitiert als: Büsken/Kampmann, Produktbegriff nach der Produzentenhaftung und ProdHaftG, in: r+s 1991, 73)

Busse, Jürgen [Hrsg.]: Bayerische Bauordnung 2008, 124. Ergänzungslieferung, Stand: September 2017, München 2017.
(zitiert als: Simon/Busse/*Bearbeiter*, BayBO)

Calliess, Christian / Ruffert, Matthias *[Hrsg.]*: EUV/AEUV, Das Verfassungsrecht der Europäischen Union mit Europäischer Grundrechtecharta, 5. Auflage, München 2016.
(zitiert als: Calliess/Ruffert/*Bearbeiter*, EUV/AEUV)

Christensen, Guido / Fuchs, Andreas / Habersack, Mathias *[u.a.]*: AGB-Recht, Kommentar zu den §§ 305–310 BGB und zum UKlaG, 11. Auflage, Köln 2011.
(zitiert als: Ulmer/Brandner/Hensen/*Bearbeiter*, AGB-Recht)

Dauses, Manfred *[Hrsg.]*: Handbuch des EU-Wirtschaftsrechts, 40. Auflage, München 2016.
(zitiert als: Dauses/*Bearbeiter*, EU-Wirtschaftsrecht)

Dziallas, Olaf: Baurecht und Denkmalschutz, in: Neue Zeitschrift für Baurecht und Vergaberecht 2007, S. 163 ff.
(zitiert als: Dziallas, Baurecht und Denkmalschutz, in: NZBau 2007, 163)

Dziallas, Olaf / Kullick, Christian: „Rechtliche Implikationen bei der Zertifizierung von Bauprodukten", in: Neue Zeitschrift für Bau- und Vergaberecht 2012, S. 560 ff.
(zitiert als: Dziallas/Kullick, Rechtliche Implikationen bei der Zertifizierung von Bauprodukten, in: NZBau 2012, 560)

Eisenberg, Claudius: „Das neue Bauproduktenrecht – Bekanntes, Neues, Ungeklärtes", in: Neue Zeitschrift für Baurecht und Vergaberecht 2013, S. 675 ff.
(zitiert als: Eisenberg, Das neue Bauproduktenrecht, in: NZBau 2013, 675)

Englert, Klaus / Motzke, Gerd / Wirth, Axel *[Hrsg.]*: Baukommentar, 2. Auflage, Köln 2009.
(zitiert als: Englert/Motzke/Wirth/*Bearbeiter*, Baukommentar)

Englert, Klaus / Katzenbach, Rolf / Motzke, Gerd: Beck'scher VOB- und Vergaberechtskommentar, Vergabe- und Vertragsordnung für Bauleistungen Teil C, 3. Auflage, München 2014.
(zitiert als: Beck'scher VOB-Kommentar/*Bearbeiter*, VOB/C)

Eser, Albin *[u.a.]*: Strafgesetzbuch, Kommentar, 29. Auflage, München 2014.
(zitiert als: Schönke/Schröder/*Bearbeiter*, StGB)

Finke, Katja: Die Auswirkungen der europäischen technischen Normen und des Sicherheitsrechts auf das nationale Haftungsrecht (zugl. Diss. Univ. Köln 2000), München 2001.
(zitiert als: Finke, Auswirkungen europäischer technischer Normen auf das nationale Haftungsrecht)

Fischer, Thomas: Strafgesetzbuch mit Nebengesetzen, 64. Auflage, München 2017.
(zitiert als: Fischer, StGB)

Fuchs, Maximilian: „Die deliktsrechtliche Haftung für fehlerhafte Bauprodukte", in: Baurecht 1995, S. 747 ff.
(zitiert als: Fuchs, Die deliktsrechtliche Haftung für fehlerhafte Bauprodukte, in: BauR 1995, S. 747)

Fuchs, Maximilian / Baumgärtner, Alex: „Ansprüche aus Produzentenhaftung und Produkthaftung", in: Juristische Schulung 2011, S. 1057 ff.
(zitiert als: Fuchs/Baumgärtner, Ansprüche aus Produzentenhaftung und Produkthaftung, in: JuS 2011, 1057)

Gädtke, Horst / Temme, Hein-Georg / Heintz, Detlef / Czepuck, Knut *[Hrsg.]:* BauO NRW, 11. Auflage, Köln 2008.
(zitiert als: Gädtke/Temme/Heintz/Czepcuk/*Bearbeiter,* BauO NRW)

Ganten, Hans / Jansen, Günther / Voit, Wolfgang *[Hrsg.]:* Beck'scher VOB/B-Kommentar, Vergabe- und Vertragsordnung für Bauleistungen Teil B, 3. Auflage, München 2013.
(zitiert als: Ganten/Jansen/Voit/*Bearbeiter,* VOB/B)

Gauger, Dörte / Hartmannsberger, Roland: „Rechtliche Anforderungen an Verbraucherprodukte – Pflichten, Risiken, Praxisprobleme", in: Neue Juristische Wochenschrift 2014, S. 1137 ff.
(zitiert als: Gauger/Hartmannsberger, Rechtliche Anforderungen an Verbraucherprodukte, in: NJW 2014, 1137)

Gay, Barbara: „Die Mängelhaftung des Baustoffherstellers", in: Baurecht 2010, S. 1827 ff.
(zitiert als: Gay, Mängelhaftung des Baustoffherstellers, in: BauR 2010, 1827)

Glöckner, Jochen / Kleine-Möller, Nils / Merl, Heinrich *[Hrsg.]:* Handbuch des privaten Baurechts, 5. Auflage, München 2015.
(zitiert als: Kleine-Möller/Merl/*Bearbeiter,* Handbuch des privaten Baurechts)

Gornig, Gilbert: „Das Sicherheits- und Ordnungsrecht des Landes Sachsen-Anhalt – Das Gesetz über die öffentliche Sicherheit und Ordnung", in: Landes- und Kommunalverwaltung 1992, S. 254 ff.
(zitiert als: Gornig, Sicherheits- und Ordnungsrecht, in: LKV 1992, 254)

Grabitz, Eberhard / Hilf, Meinhard / Nettesheim, Martin *[Hrsg.]:* Das Recht der Europäischen Union, Band I EUV/ AEUV, Stand: 60. Ergänzungslieferung, Oktober 2016, München 2016.
(zitiert als: Grabitz/Hilf/Nettesheim/*Bearbeiter,* Das Recht der EU)

Grabitz, Eberhard / Hilf, Meinhard / Nettesheim, Martin *[Hrsg.]:* Das Recht der Europäischen Union, Band I EUV/ AEUV, Stand: 40. Ergänzungslieferung, Oktober 2009, München 2009.
(Grabitz/Hilf/*Bearbeiter,* Das Recht der EU, 40. Auflage)

Graf, Jürgen Peter *[Hrsg.]:* Beck'scher Online-Kommentar OWiG, 15. Edition, München 2017.
(zitiert als: Beck-OK/*Bearbeiter,* OWiG)

von der Groeben, Hans / Hatje, Armin, Schwarze, Jürgen *[Hrsg.]:* Kommentar zum Vertrag über die Europäische Union und zur Gründung der Europäischen Gemeinschaft, 7. Auflage, Baden-Baden 2015.
(zitiert als: Groeben/Schwarze/Hatje/*Bearbeiter,* Europäisches Unionsrecht)

Große-Suchsdorf, Ulrich *[u.a]*: Niedersächsische Bauordnung, Kommentar, 9. Auflage, München 2013.
(zitiert als: Große-Suchsdorf/*Bearbeiter*, NBauO)

Grunewald, Barbara / Schmidt, Karsten *[Hrsg.]*: Münchner Kommentar zum Handelsgesetzbuch, Band 5, 3. Auflage, München 2013.
(zitiert als: MüKo/*Bearbeiter*, HGB)

Haag, Kurt *[Hrsg.]*: Der Haftpflichtprozess, 27. Auflage, München 2015.
(zitiert als: Geigel, Haftpflichtprozess)

Halstenberg, Michael: „Die aktuellen Entwicklungen im Bauproduktenrecht und die zivilrechtlichen Konsequenzen", in: Baurecht 2017, S. 356 ff.
(zitiert als: Halstenberg, Die aktuellen Entwicklungen im Bauproduktenrecht und die zivilrechtlichen Konsequenzen, in: BauR 2017, 356)

Haratsch, Andreas / Koenig, Christian / Pechstein, Matthias: Europarecht, 9. Auflage, Tübingen 2014.
(zitiert als: Haratsch/Koenig/Pechstein, Europarecht)

Harr, Nina / Niemöller Christian: „Freier Warenverkehr und Produktsicherheit – Ein Gegensatz?", in: Neue Zeitschrift für Baurecht und Vergaberecht 2015, S. 274 ff.
(zitiert als: Harr/Niemöller, Freier Warenverkehr und Produktsicherheit, in: NZBau 2015, 274)

Harte-Bavendamm, Henning / Henning-Bodewig, Frauke *[Hrsg.]*: Gesetz gegen den unlauteren Wettbewerb (UWG), Kommentar, 4. Auflage, München 2016.
(zitiert als: Harte-Bavendamm/Henning-Bodewig/*Bearbeiter*, UWG)

Hartmannsberger, Roland / Herzig, Andreas: „Wettbewerbsrechtliche Folgen von Verstößen gegen formale Produktanforderungen", in: Gewerblicher Rechtsschutz und Urheberrecht – Rechtsprechungsreport 2016, S. 433 ff.
(zitiert als: Hartmannsberger/Herzig, Wettbewerbsrechtliche Folgen von Verstößen gegen formale Produktanforderungen, in: GRUR-RR 2016, 433)

Hauschka, Christoph / Moosmayer, Klaus / Lösler, Thomas *[Hrsg.]*: Corporate Compliance, Handbuch der Haftungsvermeidung im Unternehmen, 3. Auflage, München 2016.
(zitiert als: Hauschka/Moosmayer/Lösler/*Bearbeiter*, Corporate Compliance)

Heger, Martin / Kühl, Kristian *[Hrsg.]*: Strafgesetzbuch, Kommentar, 28. Auflage, München 2014.
(zitiert als: Lackner/Kühl/*Bearbeiter*, StGB)

Heintschel-Heinegg, Bernd von *[Hrsg.]*: Beck'scher Online Kommentar StGB, 34. Edition, Stand April 2017, München 2017.
(zitiert als: Beck-OK/*Bearbeiter*, StGB)

Hildner, Jörn: „Neuer Rechtsrahmen für Bauprodukte", in: Der Sachverständige 2013, S. 218 ff.
(zitiert als: Hildner, Neuer Rechtsrahmen für Bauprodukte, in: DS 2013, 218)

Hornmann, Gerhard: Hessische Bauordnung, 2. Auflage, München 2011.
(zitiert als: Hornmann, HBO)

Hürter, Daniel / Leidig, Alexander *[Hrsg.]*: Handbuch der Kauf- und Lieferverträge am Bau, 1. Auflage, Köln 2014.
(zitiert als: Handbuch der Kauf- und Lieferverträge am Bau/*Bearbeiter*)

Hwang, Shu-Perng: „Grundrechte unter Integrationsvorbehalt?", in: Europarecht 2014, S. 400 ff.
(zitiert als: Hwang, Grundrechte unter Integrationsvorbehalt, in: EuR 2014, 400)

Jansen, Günther / Kandel, Roland / Preussner, Matthias *[Hrsg.]*: Beck'scher-Online Kommentar zur VOB/B, 27. Edition, Stand April 2017, München 2017.
(zitiert als: Beck-OK/*Bearbeiter*, VOB/B)

Jansen, Günther / Seibel, Mark *[Hrsg.]*: Verdingungsordnung für Bauleistungen Teil B, 4. Auflage, München 2016.
(zitiert als: Nicklisch/Weick, VOB/B)

Jarass, Hans D. „Probleme des Europäischen Bauproduktenrechts", in: Neue Zeitschrift für Baurecht und Vergaberecht 2008, S. 145 ff.
(zitiert als: Jarass, Probleme des Bauproduktenrechts, in NZBau 2008, 145)

Joost, Detlev / Strohn, Lutz *[Hrsg.]*: Handelsgesetzbuch Band 2, 3. Auflage, München 2015.
(zitiert als: Ebenroth/Boujong/Joost/Strohn/Bearbeiter, HGB)

Kahl, Wolfgang / Dubber, Charlotte: „Die repressive Bauaufsicht", in: Zeitschrift für das juristische Studium, 2015, S. 558 ff.
(zitiert als: Kahl/Dubber, Repressive Bauaufsicht, ZJS 2015, 558).

Kaiser, Stefan / Leesmeister, Christian: Einführung in die VOB/C, Basiswissen für die Praxis, 1. Auflage, Köln 2014.
(zitiert als: Kaiser/Leesmeister, VOB/C)

Kapellmann, Hans / Messerschmidt, Burkhard *[Hrsg.]*: VOB Teile A und B, 5. Auflage, München 2015.
(zitiert als: Kapellmann/Messerschmidt/*Bearbeiter*, VOB/B)

Katzenmeier, Christian: „Produkthaftung und Gewährleistung des Herstellers teilmangelhafter Sachen", in: Neue Juristische Wochenschrift 1997, S. 486 ff.
(zitiert als: Katzenmeier, Produkthaftung und Gewährleistung des Herstellers, in: NJW 1997, 486)

Kindhäuser, Urs / Neumann, Ulfried / Peaffgen, Hans-Ullrich *[Hrsg.]*: Strafgesetzbuch, Kommentar, 4. Auflage, München 2013.
(zitiert als: Kindhäuser/Neumann/Paeffgen/*Bearbeiter*, StGB)

Klein, Eckart: „Grundrechtliche Schutzpflicht des Staates", in: Neue Juristische Wochenschrift 1989, S. 1633 ff.
(zitiert als: Klein, Grundrechtliche Schutzpflicht des Staates, in: NJW 1989, 1633)

Klindt, Thomas *[Hrsg.]*: Geräte- und Produktsicherheitsgesetz (GPSG), 1. Auflage, München 2007.
(zitiert als: Klindt/*Bearbeiter*, GPSG)

Klindt, Thomas / Kapoor, Arun: „Die Reform des Akkreditierungswesens im Europäischen Produktsicherheitsrecht", in: Europäische Zeitschrift für Wirtschaftsrecht 2009, S. 134 ff. (Kapoor/Klindt, Die Reform des Akkreditierungswesens, in: EuZW 2009, 134)

Klindt, Thomas / Kapoor, Arun: „'New Legislative Framework' im EU-Produktsicherheitsrecht, Neue Marktüberwachung in Europa?", in: Europäische Zeitschrift für Wirtschaftsrecht 2008, S. 649 ff.
(zitiert als: Kapoor/Klindt, New Legislative Framework, in: EuZW 2008, 649)

Klindt, Thomas *[Hrsg.]*: Produktsicherheitsgesetz (ProdSG), 2. Auflage, München 2015.
(zitiert als: Klindt/*Bearbeiter*, ProdSG)

Kniffka, Rolf / Koeble, Wolfgang *[Hrsg.]*: Kompendium des Baurechts, 4. Auflage, München 2014.
(zitiert als: Kniffka/Koeble/*Bearbeiter*, Kompendium des Baurechts)

Köhler, Helmut / Bornkamm, Joachim / Feddersen, Jörn *[Hrsg.]*: Gesetz gegen den unlauteren Wettbewerb, 34. Auflage, München 2016.
(zitiert als: Köhler/Bornkamm/Feddersen/*Bearbeiter*, UWG)

Kopp, Ferdinand *[Begr.]* / Ramsauer, Ulrich *[Hrsg.]*: Verwaltungsverfahrensgesetz Kommentar, 15. Auflage, München 2014.
(zitiert als: Kopp/Ramsauer/*Bearbeiter*, VwVfG)

Kopp, Ferdinand *[Begr.]* / Schenke, Wolf-Rüdiger *[Hrsg.]*: Verwaltungsgerichtsordnung Kommentar, 19. Auflage, München 2013.
(zitiert als: Kopp/Schenke/*Bearbeiter*, VwGO)

Korbion, Hermann / Mantscheff, Jack / Vygen, Klaus *[Hrsg.]*: Honorarordnung für Architekten und Ingenieure (HOAI), 9. Auflage, München 2016.
(zitiert als: Korbion/Mantscheff/Vygen/*Bearbeiter*, HOAI)

Larenz, Karl: Methodenlehre der Rechtswissenschaft, 5. Auflage, Berlin u.a. 1983.
(zitiert als: Larenz, Methodenlehre)

Leisner, Walter Georg: „Die subjektiv-historische Auslegung des Gemeinschaftsrechts als ‚Wille des Gesetzgebers' in der Judikatur des EuGH", in: Europarecht 2007, S. 689 ff.
(zitiert als: Leisner, Die subjektiv-historische Auslegung, in: EuR 2007, 689)

Leupertz, Stefan: „Baustofflieferung und Baustoffhandel – Im juristischen Niemandsland", in: Baurecht 2006, S. 1648 ff.
(zitiert als: Leupertz, Baustofflieferung und Baustoffhandel, in: BauR 2013, 1648)

Lorenz, Stephan: „Schulrechtreform 2002: Problemschwerpunkte drei Jahre danach", in: Neue Juristische Wochenschrift 2005, S. 1889 ff.
(zitiert als: Lorenz, Schuldrechtsreform 2002, in: NJW 2005, 1889)

Leupertz, Stefan / Wietersheim, Mark von *[Hrsg.]*: VOB Teile A und B, Kommentar, 19. Auflage, Köln 2015.
(zitiert als: Ingenstau/Korbion/*Bearbeiter*, VOB/B)

Maurer, Hartmut: Allgemeines Verwaltungsrecht, 18. Auflage, München 2011.
(zitiert als: Maurer, Allgemeines Verwaltungsrecht)

Meier, Bernd-Dieter: „Verbraucherschutz durch Strafrecht? Überlegungen zur strafrechtlichen Produkthaftung nach der 'Lederspray'-Entscheidung des BGH“, in: Neue Juristische Wochenschrift 1992, S. 3193 ff.
(zitiert als: Meier, Verbraucherschutz durch Strafrecht, in: NJW 1992, 3193)

Messerschmidt, Burkhard / Voit, Wolfang *[Hrsg.]*: Privates Baurecht, 2. Auflage, München 2012.
(zitiert als: Messerschmidt/Voit/*Bearbeiter*, Privates Baurecht)

Michalski, Lutz: „Produktbeobachtung und Rückrufpflicht des Produzenten“, in: Betriebsberater 1998, S. 961 ff.
(zitiert als: Rückrufpflicht des Produzenten, in: BB 1998, 961)

Micklitz, Werner: „Technische Normen, Produzentenhaftung und EWG-Vertrag“, in: Neue Juristische Wochenschrift 1983, S. 483 ff.
(zitiert als: Micklitz, Technische Normen und Produzentenhaftung, in: NJW 1983, 483)

Molitoris, Michael: „Kehrtwende des BGH bei Produktrückrufen? – Keine generelle Verpflichtung zur kostenfreien Nachrüstung/Reparatur von mit sicherheitsrelevanten Fehlern behafteten Produkten“, in: Neue Juristische Wochenschrift 2009, S. 1049 ff.
(zitiert als: Molitoris, Kehrtwende des BGH bei Produktrückrufen, in: NJW 2009, 1049)

Mugdan, Benno: Die gesammten [sic!] Materialien zum Bürgerlichen Gesetzbuch für das Deutsche Reich, Band I, Einführungsgesetz und Allgemeiner Theil [sic!], Berlin 1899.
(zitiert als: Mugdan, Mot. I)

Noak, Thorsten: „Einführung ins Ordnungswidrigkeitenrecht – Teil 1“, in: Zeitschrift für das juristische Studium 2012, S. 175 ff.
(zitiert als: Noak, Ordnungswidrigkeitenrecht, ZJS 2012, 175)

Oechsler, Jürgen: „Praktische Anwendungsprobleme des Nacherfüllungsanspruchs“, in: Neue Juristische Wochenschrift 2004, S. 1825 ff.
(zitiert als: Oechsler, Praktische Anwendungsprobleme des Nacherfüllungsanspruchs, in: NJW 2004, 1825)

Oetker, Hartmut *[Hrsg.]*: Kommentar zum Handelsgesetzbuch, 4. Auflage, München 2015.
(zitiert als: Oetker/*Bearbeiter*, HGB)

Ohly, Ansgar / Sosnitza, Olaf *[Hrsg.]*: Gesetz gegen den unlauteren Wettbewerb, Kommentar, 7. Auflage, München 2016.
(zitiert als: Ohly/Sosnitza/*Bearbeiter*, UWG)

Palandt, Otto *[Begr.]*: Bürgerliches Gesetzbuch, 76. Auflage, München 2017.
(zitiert als: Palandt/Bearbeiter, BGB)

Posser, Herbert / Wolff, Heinrich Amadeus *[Hrsg.]*: Beck'scher Online-Kommentar VwGO, 41. Edition, München 2017.
(zitiert als: Beck-OK/*Bearbeiter*, VwGO)

Potacs, Michael: „Effet utile als Auslegungsgrundsatz", in: Europarecht 2009, S. 465 ff.
(zitiert als: Potacs, Effet utile, in: EuR 2009, 465)

Reichert, Stefan / Wedemeyer, Marko: „Öffentlich-rechtliche Bauvorschriften in der Mängelsystematik des privaten Baurechts", in: Baurecht 2013, S. 1 ff.
(zitiert als: Reichert/Wedemeyer, Öffentlich-rechtliche Bauvorschriften in der Mängelsystematik des privaten Baurechts, in: BauR 2013, 1)

Reinicke, Dietrich / Tiedke, Klaus: Kaufrecht, 8. Auflage, Köln 2009.
(zitiert als: Reinicke/Tiedke, Kaufrecht)

Rixecker, Roland / Säcker, Franz Jürgen *[Hrsg.]*: Münchener Kommentar zum BGB, Band 1, 7. Auflage, München 2015.
– Münchener Kommentar zum BGB, Band 3, 7. Auflage, München 2016.
– Münchener Kommentar zum BGB, Band 4, 6. Auflage, München 2012.
– Münchener Kommentar zum BGB, Band 6, 7. Auflage, München 2017.
(alle zitiert als: MüKo/*Bearbeiter*, jew. Gesetz)

Rodeberg, Tobias: „Haftung für Verarbeitungshinweise", in: Zeitschrift für Baurecht 2010, S. 523 ff.
(zitiert als: Rodeberg, Haftung für Verarbeitungshinweise, in: ZfBR 2010, 523)

Schlutz, Joachim: „Haftungstatbestände des Produkthaftungsrechts – Die Haftung des Herstellers fehlerhafter Produkte. Sonstige Haftungstatbestände, strafrechtliche Verantwortung und steuerrechtliche Behandlung, in: Deutsches Steuerrecht 1994, S. 1811 ff.
(zitiert als: Schlutz, Haftungstatbestände des Produkthaftungsrechts, in: DStR 1994, 1811)

Schmidt-Aßmann, Eberhard / Schoch, Friedrich [Hrsg.]: Besonderes Verwaltungsrecht, 14. Auflage, Berlin 2008.
(zitiert als: Schmidt-Aßmann/Schoch/*Bearbeiter,* Bes. VerwR)

Schmitt, Marco / Tiedke, Klaus: „Der Anwendungsbereich des kaufrechtlichen Schadensersatzes statt der Leistung nach §§ 437 Nr. 3, 280 Abs. 1 und 3, 281 Abs. 1 BGB – Anwendungsbereich, Abgrenzung und Bezugspunkt des Vertretenmüssens", in: Betriebsberater 2005, S. 615 ff.
(zitiert als: Tiedke/Schmitt, Kaufrechtlicher Schadensersatz statt der Leistung, in: BB 2005, 615)

Schneider, Bernhard / Thielecke, Susanna: „Zur Abgrenzung der Kompetenzen von EU und Mitgliedstaaten im Bauproduktenrecht", in: Neue Zeitschrift für Verwaltungsrecht 2015, S. 34 ff.
(zitiert als: Schneider/Thielecke, Kompetenzen von EU und Mitgliedstaaten im Bauproduktenrecht, in: NVwZ 2015, 34)

Schremser, Roman / Pappler, Udo / Fornather, Jochen: Bauproduktenverordnung und CE-Kennzeichnung von Bauprodukten, Wien 2013.
(zitiert als: Schremser, EU-BauPV)

Schroeder, Werner: „Die Auslegung des EU-Rechts", in: Juristische Schulung 2004, S. 180 ff.
(zitiert als: Schroeder, Die Auslegung des EU-Rechts, in: JuS 2004, 180)

Schucht, Carsten: „Die neue Architektur im europäischen Produktsicherheitsrecht nach New Legislative Framework und Alignment Package", in: Europäische Zeitschrift für Wirtschaftsrecht 2014, S. 848 ff.
(zitiert als: Schucht, Neue Architektur im europäischen Sicherheitsrecht, in: EuZW 2014, 848)

– „Vorrang des europäischen Bauproduktenrechts vor nationalen Regimen", in: Neue Zeitschrift für Baurecht und Vergaberecht 2015, S. 592 ff.
(zitiert als: Schucht, Vorrang des europäischen Bauproduktenrechts, in: NZBau 2015, 592)

Schulze, Rainer u.a. [Hrsg.]: Bürgerliches Gesetzbuch Handkommentar, 9. Auflage, München 2017.
(zitiert als: Schulze/Bearbeiter, BGB)

Schulze, Rainer / Ebers, Martin: „Streitfragen im neuen Schuldrecht", in: Juristische Schulung 2004, S. 462 ff.
(zitiert als: Schulze/Ebers, Streitfragen im neuen Schuldrecht, in. JuS 2004, 462)

Schuster, Fabian / Spindler, Gerald [Hrsg.]: Recht der elektronischen Medien, Kommentar, 3. Auflage, München 2015.
(zitiert als: Spindler/Schuster/Bearbeiter, UWG)

Schwarz, Günter Christian [Begr.] / Wandt, Manfred: Gesetzliche Schuldverhältnisse, 3. Auflage, München 2009.
(zitiert als: Schwarz/Wandt, Gesetzliche Schuldverhältnisse)

Senge, Lothar [Hrsg.]: Karlsruher Kommentar zum Gesetz über Ordnungswidrigkeiten, 4. Auflage, München 2014.
(zitiert als: KK/Bearbeiter, OWiG)

Stelkens, Paul / Sachs, Michael / Bonk, Heinz-Joachim [Hrsg.]: Verwaltungsverfahrensgesetz, Kommentar, 8. Auflage, München 2014
(zitiert als: Stelkens/Bonk/Sachs/Bearbeiter, VwVfG)

Streinz, Rudolf [Hrsg.]: EUV/AEUV, Vertrag über die Europäische Union und Vertrag über die Arbeitsweise der Europäischen Union, 2. Auflage, München 2012.
(zitiert als: Streinz/Bearbeiter, EUV/AEUV)

Stürner, Rolf *[Hrsg.]*: Bürgerliches Gesetzbuch, 16. Auflage, München 2015.
(zitiert als: Jauernig/*Bearbeiter*, BGB)

Tettinger, Peter / Erbguth, Wilfried / Mann, Thomas: Besonderes Verwaltungsrecht, 11. Auflage, Heidelberg [u.a.] 2013.
(zitiert als: Tettinger/Erbguth/Mann, Bes. VerwR)

Thielecke, Susanna: „Die staatliche Überwachung von Bauprodukten nach dem Bauproduktengesetz und dem Geräte- und Produktsicherheitsgesetz", in: Zeitschrift für deutsches und internationales Bau- und Vergaberecht 2008, S. 640 ff.
(zitiert als: Thielecke, Staatliche Überwachung von Bauprodukten, in: ZfBR 2008, 640)

Tremml, Bernd / Luber, Michael: „Amtshaftung wegen rechtswidriger Produktwarnungen", in: Neue Juristische Wochenschrift 2013, S. 262 ff.
(zitiert als: Tremml/Luber, Amtshaftung wegen rechtswidriger Produktwarnungen, in: NJW 2013, 262)

Wagner, Gerhard: „Das neue ProdSG. Öffentlich-rechtliche Produktverantwortung und zivilrechtliche Folgen", in: Betriebsberater 1997, S. 2541 ff.
(zitiert als: Wagner, Öffentlich-rechtliche Produktverantwortung und zivilrechtliche Folgen, in: BB 1997, 2541)

Wandt, Mandfred: „Produkthaftung und Regreß [sic!] – Eine Einführung in die Grundlagen und die Grundfragen", in: Betriebsberater 1994, S. 1436 ff.
(zitiert als: Wandt, Produkthaftung und Regress, in: BB 1994, 1436)

Wiebauer, Bernd: „Import und Produktsicherheit", in: Europäische Zeitschrift für Wirtschaftsrecht 2012, S. 14 ff.
(zitiert als: Wiebauer, Import und Produktsicherheit, in: EuZW 2012, 14)

Winkelmüller, Michael / van Schewick, Florian: „Zur (Un-)Zulässigkeit nationaler Anforderungen an CE-gekennzeichnete Bauprodukte, zugleich Anmerkung zu EuGH, Urteil vom 16.10.2014 – Rs. C-100/13- Kommission /Deutschland", in: Baurecht 2014, S. 35 ff.
(zitiert als: Winkelmüller/van Schewick, Zur (Un-)Zulässigkeit nationaler Anforderungen an Bauprodukte, in: BauR 2015, 35)

Winkelmüller, Michael / van Schewick, Florian / Müller, Katharina Johanna: Praxishandbuch Bauproduktenrecht, Verfahren für Zulassung, Konformitätsbewertung und Kennzeichnung von Bauprodukten, München 2015.
(zitiert als: Winkelmüller/van Schewick/Müller, Praxishandbuch Bauprodukte)

Wirth, Axel / Kuffer, Johann *[Hrsg.]*: Der Baustoffhandel, Ein Rechtshandbuch für die Praxis, Stuttgart 2010.
(zitiert als: Wirth/Kuffer/*Bearbeiter*, Der Baustoffhandel)

Wirth, Hans-Rainer: „Das Ü-Zeichen ist tot. Es lebe das Ü-Zeichen?", in: Baurecht 2013, S. 405 ff.
(zitiert als: H. Wirth, Das Ü-Zeichen ist tot, in: BauR 2013, 405).

– „Die Auswirkungen der neuen EU-BauPV in der Praxis", in: Neue Zeitschrift für Baurecht und Vergaberecht 2013, S. 193 ff.
(zitiert als: H.Wirth, Auswirkungen der EU-BauPV, in: NZBau 2013, 193)

– „Die Europäische Bauproduktenverordnung – Problemstellungen der Leistungs-erklärung und der CE-Kennzeichnung im Bereich des europäischen harmonisier-ten Bauproduktenrechts der EU-BauPV", in: Baurecht 2013, S. 703 ff.
(zitiert als: H.Wirth, EU-BauPV, in: BauR 2013, 703)

Ziegler, Thomas: „Das private Baurecht im Kontext des europäischen Bauprodukten-rechts", in: Neue Zeitschrift für Baurecht und Vergaberecht 2017, S. 325 ff.
(zitiert als: Ziegler, „Das private Baurecht im Kontext des europäischen Bau-produktenrechts", in: NZBau 2017, 325)

§ 1 Einleitung

A. Das europäische Bauproduktenrecht als juristisches Niemandsland: Klärung der Haftungsrisiken für Mitgliedstaaten, Wirtschaftsakteure und Verwender

Das europäische Bauproduktenrecht gilt trotz seiner weitreichenden praktischen Konsequenzen als *„juristisches Niemandsland"*[1] für Mitgliedstaaten, Wirtschaftsakteure und die Verwender von Bauprodukten.

Das europäische Bauproduktenrecht wird im Wesentlichen durch die EU-Bauproduktenverordnung (EU-BauPV)[2] geprägt. Als europäischer Harmonisierungsrechtsakt regelt sie formelle Anforderungen, die an Bauprodukte gestellt werden, um sie auf dem Markt der Union als Ware anbieten zu dürfen (Art. 1 EU-BauPV).

Seit die EU-BauPV im Juli 2013 die vormals gültige Bauproduktenrichtlinie (BauPR)[3] abgelöst hat, stellen sich für Wirtschaftsakteure, Verwender und Mitgliedstaaten Anpassungs-, Auslegungs- und Anwendungsprobleme.[4] Diese Probleme ergeben sich nicht zuletzt aus einer lediglich fragmentarischen juristischen Aufarbeitung dieses wirtschaftlich relevanten Rechtsbereichs in Literatur und Rechtsprechung.[5]

Die Pflichten, die sich für die Wirtschaftsakteure und Mitgliedstaaten unmittelbar aus der EU-BauPV ergeben, nehmen Einfluss auf das nationale Recht. Die EU-BauPV stellt Anforderungen an die Ausgestaltung des nationalen Bauproduktenrechts. Mittelbar kann die EU-BauPV daneben sowohl die zivilrechtliche Haftung der Wirtschaftsakteure und Bauunternehmer auslösen,[6] als auch die Haftung der Verantwortlichen im ordnungsrechtlichen oder strafrechtlichen Rahmen.[7] Diese Wechselwirkungen zwischen der EU-BauPV und dem nationalen Recht erschweren den Umgang mit harmonisierten Bauprodukten für alle Beteiligten.

---

1 Begriff nach Leupertz, Baustofflieferung und Baustoffhandel: Im juristischen Niemandsland, in: BauR 2006, 1648.

2 Verordnung (EU) Nr. 305/2011 des Europäischen Parlaments und des Rats vom 9. März 2011 zur Festlegung harmonisierter Bedingungen für die Vermarktung von Bauprodukten und zur Aufhebung der Richtlinie 89/106/EWG des Rates, ABl. Nr. L. 88/5 vom 04.04.2011.

3 Richtlinie des Rates vom 21.12.1988 zur Angleichung der Rechts- und Verwaltungsvorschriften der Mitgliedstaaten über Bauprodukte (89/106/EWG), ABl. Nr. L. 040 vom 11.02.1989.

4 Klindt/*Schucht*, ProdSG, § 1, Rn. 94; H. Wirth, EU-BauPV, in: BauR 2013, 703 (703 f.).

5 Schon zur BauPR: Jarass, Probleme des Bauproduktenrechts, in: NZBau 2008, 145 f.

6 Winkelmüller/van Schewick /Müller, Praxishandbuch Bauprodukte, S. 1.

7 Winkelmüller/van Schewick /Müller, Praxishandbuch Bauprodukte, S. 1.

Ziel dieser Arbeit ist es deshalb, das europäische Bauproduktenrecht aus dem juristischen Niemandsland in die juristische Realität zu bringen. Dazu sollen bestehende nationale Regelungsdefizite identifiziert werden sowie Lösungen zur Minimierung der Haftungsrisiken für die Wirtschaftsakteure und die Verwender von Bauprodukten angeboten werden.

B. Vorgehensweise zur Identifizierung der Regelungsdefizite und Haftungsrisiken

Die Entwicklung der Lösungen für die bestehenden Regelungsdefizite und Haftungsrisiken erfolgt in vier Schritten. Der Lösungsweg setzt sich aus der Festlegung der anwendbaren Methodik, der Auslegung der EU-BauPV, der Analyse ihrer Auswirkungen und einer anschließenden Auswertung mit Lösungsansätzen zusammen.

I. Darstellung der Methodik und Hintergründe der EU-BauPV

Im ersten Schritt müssen die anzuwendenden Auslegungsmethoden festgestellt werden. Aus der Eigenschaft der EU-BauPV als europäischer Rechtsakt, ergeben sich methodische Besonderheiten. Auslegungsmethoden sind die Werkzeuge derer sich ein Jurist bedient, um den Inhalt einer Rechtsnorm definieren zu können.

Da die Methoden zur Auslegung nicht ohne historische, systematische und regulatorische Hintergründe der auszulegenden Vorschriften auskommen, müssen auch diese Hintergründe der EU-BauPV ergänzend dargestellt werden.

II. Bestimmung der Regelungsinhalte der EU-BauPV

Die Auslegung der EU-BauPV folgt im zweiten Schritt. Die Auslegung muss durch die Anwendung der im Europarecht anerkannten Methoden erfolgen. Die Auslegung muss sich dabei an der prognostizierten Perspektive des Europäischen Gerichtshofs (EuGH) orientieren, da diesem das Auslegungsmonopol für europäische Rechtsakte zusteht[8]. Nur durch eine Orientierung an der Auslegungspraxis des EuGHs sind die Ergebnisse für die Beteiligten praktisch verwertbar.

III. Feststellung der Auswirkungen auf das nationale Recht

In einem weiteren Schritt sollen die mittelbaren Auswirkungen für Deutschland als Mitgliedstaat und die Wirtschaftsakteure und Verwender von Bauprodukten analysiert werden. Die Auslegung der EU-BauPV bildet hierfür die Grundlage.

Im Hinblick auf die staatlichen Pflichten muss v.a. die Frage nach etwaigen Anpassungspflichten des nationalen Rechts beantwortet werden.

---

8 Von der Groeben/Schwarze/Hatje/*Obwexer*, Europäisches Unionsrecht, Art. 4 EUV, Rn. 57; Schroeder, Auslegung des EU-Rechts, in: JuS 2004, 180 (181).

Im Hinblick auf Wirtschaftsakteure und Verwender bedarf es der Klärung der Frage, welche nationalen Haftungsregelungen tatbestandlich erfüllt sind, wenn Pflichten der EU-BauPV verletzt werden. Hierzu bedarf es einer Auswertung aller Rechtsgebiete. Es stellen sich z.b. Fragen wie: Ist ein Produkt, auf dem ein fehlerhaftes CE-Kennzeichen angebracht ist, mangelhaft im Sinne des § 434 BGB? Stellt die EU-BauPV ein Schutzgesetz im Sinne des § 823 Abs. 2 BGB dar? Inwieweit ist eine Missachtung der in der EU-BauPV benannten Pflichten durch die Wirtschaftsakteure strafrechtlich relevant?

IV. Vorschläge zum Umgang mit Regelungsdefiziten und Haftungsrisiken

Die Auswirkungen der EU-BauPV auf das nationale Recht können anschließend auf bestehende Regelungsdefizite im nationalen Recht sowie auf bestehende Haftungsrisiken für die Wirtschaftsakteure und Verwender von Bauprodukten untersucht werden.

Für Deutschland als Mitgliedstaat sollen Regelungsvorschläge zur Anpassung des nationalen Rechts an die EU-BauPV gemacht werden. Den Wirtschaftsakteuren und Verwendern von Bauprodukten sollen Handlungsvorschläge für den rechtlichen Umgang mit bestehenden Haftungsrisiken unterbreitet werden.

§ 2 Maßgebliche Methodik und Regelungskontext

Die Auslegung der EU-BauPV setzt die Festlegung der maßgeblichen Methodik und die Darstellung ihres Regelungskontextes voraus.

Die Festlegung der Methodik ist geboten, da die Auslegung europäischer Rechtsakte nach anderen Methoden erfolgt, als die des nationalen Rechts. Der Regelungskontext bildet die Grundlage für die Auslegung, da er die Methoden mit der Entstehungsgeschichte, Zielsetzung und der Systematik der EU-BauPV ausfüllt.

A. Maßgebliche Methodik zur Auslegung der EU-BauPV

Die Auslegung der EU-BauPV erfolgt unter Anwendung sog. Auslegungsmethoden. Bei der Auslegung unbekannter Rechtstexte bedient sich der Jurist dieser Methoden, um den Regelungsgehalt des Textes zu ermitteln. Hierzu werden vor allem die Wortbedeutung, die grammatikalische Konstruktion, der Bedeutungszusammenhang, die Regelungsabsicht und objektiv-teleologische Gesichtspunkte betrachtet und zusammengeführt.[9]

I. Grundsätze zur Auslegung des Unionsrechts

Das Monopol für die Auslegung des europäischen Rechts liegt beim EuGH.[10] Zwar ist die Auslegung des Unionrechts im Wesentlichen mit der Auslegung des nationalen Rechts vergleichbar.[11] Dennoch richtet sich die Auslegung europäischer Rechtsakte nach eigenen Grundsätzen.[12] Unionrechtliche Begriffe müssen *autonom* – d.h. unabhängig von ihrer technischen Bedeutung im nationalen Recht – ausgelegt werden.[13]

Ausgangspunkt und zugleich Grenze der Auslegung ist der Wortlaut.[14] Die Wortlautauslegung betrifft die Erforschung der inhaltlichen Bedeutung eines Wortes in

---

9 Siehe hierzu Larenz, Methodenlehre, S. 320 ff.

10 Schroeder, Auslegung des EU-Rechts, in: JuS 2004, 180 (181).

11 So auch Grabitz/Hilf/Nettesheim/*Nettesheim*, Das Recht der EU, Art. 1 EGV, Rn. 58; Leisner, Die subjektiv-historische Auslegung, in: EuR 2007, 689 (694).

12 Schroeder, Auslegung des EU-Rechts, in: JuS 2004, 180 (181); hinsichtlich der unionsrechtlichen Auslegung nicht ohne Kritik, siehe z.B. Potacs, Effet utile, in: EuR 2009, 465.

13 U.a. EuGH, Urt. v. 26.05.1981, Rs. 157/80, Rn. 11; Urt. v. 24.01.1982, Rs. 64/81, Rn. 8; Schroeder, Auslegung des EU-Rechts, in: JuS 2004, 181 (184).

14 EuGH, Urt. v. 16.10.2008, Rs. C-313/07, Rn. 44; Leisner, Die subjektiv-historische Auslegung, in: EuR 2007, 689 (699); Calliess/Ruffert/*Wegener*, EUV/AEUV, Art. 19 EUV, Rn. 13.

seinem grammatikalischen Kontext.[15] Diese Methode bietet in der Regel den ersten Anhaltspunkt. Die Bedeutung des Wortlauts kann aber hinter der teleologischen Auslegung zurücktreten, wenn der Zweck der Regelung ein anderes Auslegungsergebnis nahe legt[16] und dabei die Wortlautgrenze nicht überschritten wird. Da die EU-BauPV in allen Amtssprachen der EU erschienen ist, kann der deutsche Text von anderen Sprachfassungen abweichen[17]. Der Wortlaut der deutschen Sprachfassung ist dann vergleichend auszuwerten[18] und darf nicht isoliert herangezogen werden.[19] Im Rahmen dieser vergleichenden Auswertung ist der Schwerpunkt der Regelungsbedeutung jeweils zu bestimmen.[20]

Die historische Auslegungsmethode vergleicht die aktuelle Regelung mit ihrer jeweiligen Vorgängerregelung.[21] Diese Methode ermöglicht den Vergleich der EU-BauPV mit der BauPR. Die historische Auslegung begründet sich mit der kontinuierlichen europäischen Integration[22] und der Vermutung für die Beständigkeit bereits geschaffener Rechtsstrukturen.[23]

Die systematische Auslegung ist im europäischen Bereich ähnlich bedeutsam, wie im nationalen Recht.[24] Diese Methode setzt die auszulegende Einzelvorschrift ins Verhältnis zu anderen Vorschriften innerhalb oder außerhalb ihres Ursprungsrechtsaktes.[25] Ziel dieser Methode ist entweder die Bildung von Umkehrschlüssen oder die Suche nach Gemeinsamkeiten mit ähnlichen Regelungen.

Von besonderer Bedeutung im Unionsrecht ist die Auslegung nach dem Sinn und Zweck einer Vorschrift (teleologische Auslegung).[26] Vor allem die Erwägungsgründe des jeweiligen europäischen Rechtsaktes fließen im Wege der Zweckbestimmung einer Vorschrift in ihre Auslegung ein.[27] Auch der EU-BauPV sind

---

15 Schroeder, Auslegung des EU-Rechts, in: JuS 2004, 180 (181).
16 Z.B. EuGH, Urt. v. 05.03.1963, Rs. 26/62, S. 27; Calliess/Ruffert/ *Wegener*, EUV/AEUV, Art. 19 EUV, Rn. 14; Dauses/Bleckmann/*Pieper*, EU-Wirtschaftsrecht, B.I. Rechtsquellen, Rn. 8.
17 Berkemann/Halama/*Berkemann*, Recht der Bau- und Umweltrichtlinien, Rn. 203.
18 Schroeder, Auslegung des EU-Rechts, in: JuS 2004, 180 (185); Calliess/Ruffert/*Wegener*, EUV/AEUV, Art. 19 EUV, Rn. 13; Berkemann/Halama/*Berkemann*, Recht der Bau- und Umweltrichtlinien, Rn. 203.
19 Berkemann/Halama/*Berkemann*, Recht der Bau- und Umweltrichtlinien, Rn. 203; Calliess/Ruffert/*Wegener*, EUV/AEUV, Art. 19 EUV, Rn. 13.
20 EuGH, Urt. v. 6.10.1982, Rs. 283/81, Rn. 18; Urt. v. 11.07.1985, Rs. 107/84, Rn. 10.
21 Berkemann/Halama/*Berkemann*, Recht der Bau- und Umweltrichtlinien, Rn. 208.
22 Berkemann/Halama/*Berkemann*, Recht der Bau- und Umweltrichtlinien, Rn. 203.
23 EuGH, Urt. v. 25.02.1969, Rs. 23/68, Rn. 13; Berkemann/Halama/*Berkemann*, Recht der Bau- und Umweltrichtlinien, Rn. 208.
24 Calliess/Ruffert/*Wegener*, EUV/AEUV, Art. 19 EUV, Rn. 15.
25 Calliess/Ruffert/Wegener, EUV/AEUV, Art. 19 EUV; Rn. 15.
26 Calliess/Ruffert/*Wegener*, EUV/AEUV, Art. 19 EUV, Rn. 14.
27 Berkemann/Halama/*Berkemann*, Recht der Bau- und Umweltrichtlinien, Rn. 207; Calliess/Ruffert/*Wegener*, EUV/AEUV, Art. 19 AEUV, Rn. 14.

Erwägungsgründe vorangestellt, die ebenfalls für eine teleologische Auslegung herangezogen werden können.

Eine Unterform der teleologischen Auslegung ist der sog. *effet utile*.[28] Europäische Vorschriften sollen nach diesem Grundsatz so ausgelegt werden, dass dem Ziel der europäischen Integration möglichst weitreichend genügt wird.[29] Dabei wird vor allem bei der Auslegung der EU-BauPV zu beachten sein, dass sie der Verwirklichung des gemeinsamen Binnenmarktes dient.[30]

Der EuGH gewichtet den Aspekt des *effet utile* bei der Auslegung in der Regel besonders stark.[31]

II. Der „Blue Guide" als Auslegungshilfe

Der sog. *Blue Guide* kann als Orientierungshilfe zur Auslegung der EU-BauPV dienen, obwohl er ausdrücklich nicht unmittelbar für die EU-BauPV gilt. Dafür müssen jedoch einige Besonderheiten beachtet werden.

Der Blue Guide enthält konkrete Auslegungshinweise zu europäischen Rechtsbegriffen und Konzepten im Bereich des Produktsicherheitsrechts. Es handelt sich um einen Auslegungsleitfaden der Europäischen Kommission für verschiedene europäische Produktharmonisierungsrichtlinien, die auf dem *Neuen Konzept* beruhen.[32] Das Neue Konzept ist eine Vorlage zur einheitlichen Konzeption europäischer Harmonisierungsrechtsakte aus dem Jahr 1985.[33] Auf der Grundlage des Neuen Konzepts ist unter anderem die BauPR entstanden. Der Blue Guide lässt jedoch lediglich Rückschlüsse auf den Willen des europäischen Gesetzgebers zu, da er kein Rechtsakt im Sinne des Art. 288 AEUV ist.

Während der Blue Guide 2000[34] ausdrücklich noch Hinweise zur Auslegung der BauPR enthielt, erklärte sich die neue Fassung des Blue Guide von 2014 für unanwendbar auf die EU-BauPV.[35]

Die Unanwendbarkeit des Blue Guides 2014 auf die EU-BauPV erklärt sich nicht zuletzt durch seine Zielgruppe. Der Leitfaden wendet sich in erster Linie an

---

28 Dazu ausführlich Potacs, Effet utile, in: EuR 2009, 465 ff.; von der Goeben/Schwarze/ *Gaitanides*, EG Art. 220, Rn. 55.

29 Ständige Rechtsprechung des EuGHs, vgl. etwa EuGH Urt. v. 04.12.1974, Rs. 41/74, Rn. 12; Urt. v. 01.02.1977, Rs. 51/76, Rn. 20/29; Urt. v. 09.11.1991, Rs. C-6/90, Rn. 32; Potacs, Effet utile, in: EuR 2009, 465 (467); Bieber/Epiney/Haag, Die EU, § 2, Rn. 72.

30 Siehe dazu auch § 1, B., 1.

31 Potacs, Effet utile, in: EuR 2009, 465 (467).

32 Der Blue Guide kann in der jeweils aktuellen Fassung auf den Internetseiten der Europäischen Kommission heruntergeladen werden: http://ec.europa.eu/DocsRoom/ documents/18027 (abgerufen am 10.08.2016).

33 Rat, Entschließung über eine Konzeption auf dem Gebiet der technischen Harmonisierung und der Normung vom 07.05.1985, ABl. EG Nr. C 136 vom 04.06.1985.

34 Als Vorauflage des Blue Guide 2014.

35 Blue Guide 2014, S.14.

„z.B. [...] *Handels- und Verbraucherverbände, Normenorganisationen, Hersteller, Importeure, Händler, Konformitätsbewertungsstellen, Gewerkschaften."*[36] – nicht hingegen an Juristen. Da die EU-BauPV in vielen Punkten nicht mehr mit dem Neuen Konzept übereinstimmt,[37] können nicht alle Aussagen des Blue Guides 2014 auf die EU-BauPV übertragen werden. Eine differenzierende Übertragung der Aussagen des Blue Guides setzt jedoch eine vertiefte Auseinandersetzung mit der rechtlichen Konzeption der EU-BauPV voraus. Diese juristische Auseinandersetzung kann von den Adressaten des Blue Guide in der Regel jedoch nicht erwartet werden, sodass ein gänzlicher Anwendungsausschluss durch die Kommission erfolgte.

Die juristische Heranziehung des Blue Guide zur Auslegung der EU-BauPV ist deshalb möglich, soweit die gebotene Differenzierung sichergestellt ist.

An den Stellen, an denen die EU-BauPV nicht vom Neuen Konzept abweicht und soweit sie identische Begrifflichkeiten verwendet, kann der Leitfaden deshalb bei der Auslegung herangezogen werden. Die Begriffe *„Hersteller"*[38] oder *„Händler"*[39] werden z.B. im Blue Guide genauso definiert wie in der EU-BauPV.

Trotz der Verwendung identischer Begriffe kann sich die Heranziehung aufgrund der Besonderheiten des Bauproduktenrechts verbieten.[40] Ob dies der Fall ist, muss für die jeweils auszulegende Vorschrift ermittelt werden. Die Hinweise des Blue Guides zur Konformitätserklärung lassen sich z.B. nicht ohne weiteres auf die Vorschriften der EU-BauPV zur Leistungserklärung übertragen, da beiden Erklärungen ein gänzlich unterschiedliches Konzept zu Grunde liegt.

III. Die „Guidance Paper" als Auslegungshilfe

Ähnliches wie für den Blue Guide gilt für die sog. *Guidance Paper*[41]. Die insgesamt zwölf Guidance Paper waren Verwaltungsvorschriften der Kommission zur praktischen Umsetzung der BauPR und beanspruchten ausdrücklich keine Rechtswirkung nach außen.[42] Auch sie können teilweise aber zur Auslegung der EU-BauPV herangezogen werden, wenn die jeweilige Aussage über die BauPR konkret auf die EU-BauPV übertragbar ist.[43] Das Guidance Paper D enthält z.B. Hinweise zur Anbringung des CE-Kennzeichens. Da sich die Vorschriften in BauPR und EU-BauPV insoweit entsprechen, können z.B. die Hinweise des Guidance Paper D bei der Auslegung der EU-BauPV herangezogen werden.

---

36 Blue Guide 2000, S. 4; Blue Guide 2014, S. 5.
37 Siehe dazu § 1, B., III.
38 Blue Guide 2014, S. 24; Art. 2 Nr. 19 EU-BauPV.
39 Blue Guide 2014, S. 28; Art. 2 Nr. 20 EU-BauPV.
40 Zu den Besonderheiten des Bauproduktenrechts, siehe § 1, B., III.
41 Auch „Leitpapiere".
42 Winkelmüller/van Schewick/Müller, Praxishandbuch Bauprodukte, Rn. 39.
43 Zu den Unterschieden zwischen BauPR und EU-BauPV, siehe § 2, B., II.

IV. Europarechtskonforme Auslegung des nationalen Rechts

Auch bei der Auslegung des nationalen Rechts muss der europäische Regelungsrahmen berücksichtigt werden. Dies gilt insbesondere für die nationalen Umsetzungsakte der EU-BauPV.[44] Allerdings hat die europarechtskonforme im Anwendungsbereich der EU-BauPV gegenüber der BauPR verloren. Der EU-BauPV kommt nunmehr gemäß Art. 288 Abs. 2 AEUV auch in den Mitgliedstaaten eine unmittelbare und verbindliche Wirkung zu,[45] ohne dass es eines gesonderten Umsetzungsaktes bedürfte. Die auf die EU-BauPV bezugnehmenden nationalen Regelungen dienen in der Regel der Anpassung an die Vorgaben der Verordnung. Die nationalen Regelungen sind im Lichte des (gesamten) Europarechts auszulegen.[46] Dieses Vorgehen folgt der Vermutung, dass sich der nationale Gesetzgeber unionsrechtskonform verhalten will.[47] Danach soll das nationale Recht selbst dahingehend verstanden werden, dass bis zur Wortlautgrenze diejenige Auslegungsmöglichkeit zu bevorzugen ist, welche eher der effektiven Durchsetzung des Unionsrechts entspricht.[48] Kann keine unionrechtskonforme Auslegung gefunden werden, wird die nationale Regelung nicht angewendet.[49] Die dadurch entstehende Lücke wird dann unionsrechtskonform geschlossen.[50]

B. Regelungskontext als Auslegungsgrundlage

Der Regelungskontext der EU-BauPV bildet die Grundlage für die Auslegung. Dafür sind die Zielsetzung der EU-BauPV, ihre Entstehungsgeschichte sowie systematische Besonderheiten von Bedeutung. Diese werden auch bei der Auslegung von Einzelregelungen eine Rolle spielen, da eine isolierte Betrachtung nicht zu brauchbaren Ergebnissen führen kann.

---

44 Die Landesbauordnungen und das BauPG.
45 Calliess/Ruffert/*Ruffert*, EUV/AEUV, Art. 288 AEUV, Rn. 19 f; Grabitz/Hilf/Nettesheim/*Nettesheim*, Recht der EU, Art. 288 AEUV; Rn. 99 f.
46 Von der Groeben/Schwarze/Hatje/*Obwexer*, Europäisches Unionsrecht, Art. 4 EUV, Rn. 117; Schoch/Schneider/Bier/*Stelkens*/*Panzer*, VwGO, § 1, Rn. 48.
47 Z.B. EuGH, Urt. v. 09.03.2004, Rs. C-397/01 bis C-403/01, Rn. 113; Kroll-Ludwigs/ Ludwigs, Richtlinienkonforme Rechtsfortbildung, in: ZJS 2009, 123 (124).
48 EuGH, Urt. v. 15.04.2008, Rs. C-268/06, Rn. 100; Berkemann/Halama/*Berkemann*, Recht der Bau- und Umweltrichtlinien, Rn. 231; Kroll-Ludwigs/Ludwigs, Richtlinienkonforme Rechtsfortbildung, in: ZJS 2009, 123 (124); von der Groeben/Schwarze/ *Obwexer*, Das Recht der EU, Art. 4 EUV, Rn. 117.
49 Kroll-Ludwigs/Ludwigs, Richtlinienkonforme Rechtsfortbildung, in: ZJS 2009, 123.
50 Von der Groeben/Schwarze/Hatje/*Obwexer*, Recht der EU, Art. 4 EUV, Rn. 119; Kroll-Ludwigs/Ludwigs, Richtlinienkonforme Rechtsfortbildung, in: ZJS 2009, 123.

I. Vereinheitlichung von Produktstandards als Zielsetzung der EU-BauPV

Das Ziel der EU-BauPV ist die Stärkung des gemeinsamen Binnenmarktes für Bauprodukte,[51] indem die Anforderungen an Bauprodukte europaweit vereinheitlicht werden. Anders als das nationale Bauproduktenrecht,[52] dienen die Produktanforderungen der EU-BauPV nur mittelbar der Bauwerkssicherheit.[53] Damit setzt die EU-BauPV das Regelungsziel ihrer Vorgängerregelung, der BauPR, fort.[54]

Aus europäischer Sicht müssen die technischen Anforderungen, die europaweit an Bauprodukte gestellt werden, vereinheitlicht werden, um den gemeinsamen Binnenmarkt zu fördern. Der gemeinsame Binnenmarkt ist schon seit der Gründung der Europäischen Union ein Kernziel ihrer Politik.[55] Dieser gemeinsame Markt setzt jedoch eine ungehinderte europaweite Produktdistribution voraus.[56] Diese wird durch unterschiedliche rechtliche und technische Anforderungsniveaus in den Mitgliedstaaten jedoch beeinträchtigt[57].

Der ungehinderte Vertrieb kann etwa durch die europäische Harmonisierung von Produktstandards erreicht werden, da nationale Besonderheiten dadurch ausgeschaltet werden. Die Harmonisierung von Produktanforderungen ermöglicht

---

51 Siehe auch Erwägungsgrund 2 EU-BauPV; so auch Abend, Neues Unionsrecht für Bauprodukte, in: EuZW 2013, 611; H. Wirth, EU-BauPV, in: BauR 2013, 703 (705); Winkelmüller/van Schewick/Müller, Praxishandbuch Bauprodukte, Rn.59, 65; Schucht, Vorrang des europäischen Bauproduktenrechts, in: NZBau 2015, 592 (596); Harr/Niemöller, Freier Warenverkehr und Produktsicherheit, in: NZBau 2015, 274 (276); Schneider/Thielecke, Kompetenzen der EU und Mitgliedstaaten im Bauproduktenrecht, in: NVwZ 2015, 34 (36); Eisenberg, Das neue Bauproduktenrecht, in: NZBau 2013, 675; Hildner, Neuer Rechtsrahmen für Bauprodukte, DS 2013, 218.
52 Große-Suchsdorf/ Wiechert, NBauO, Vor § 17, Rn. 1.
53 Jarass, Probleme des Bauproduktenrechts, in: NZBau 2008, 145.
54 Siehe auch Erwägungsgrund 2 EU-BauPV; so auch Abend, Neues Unionsrecht für Bauprodukte, in: EuZW 2013, 611; H. Wirth, EU-BauPV, in: BauR 2013, 703 (705); Winkelmüller/van Schewick/Müller, Praxishandbuch Bauprodukte, Rn.59, 65; Schucht, Vorrang des europäischen Bauproduktenrechts, in: NZBau 2015, 592 (596); Harr/Niemöller, Freier Warenverkehr und Produktsicherheit, in: NZBau 2015, 274 (276); Schneider/Thielecke, Kompetenzen der EU und Mitgliedstaaten im Bauproduktenrecht, in: NVwZ 2015, 34 (36); Eisenberg, Das neue Bauproduktenrecht, in: NZBau 2013, 675; Hildner, Neuer Rechtsrahmen für Bauprodukte, DS 2013, 218.
55 Streinz/Schröder, EUV/AEUV, Art. 26 AEUV, Rn. 1; Grabitz/Hilf/Nettesheim/Bast, Das Recht der EU, Art. 26 AEUV, Rn. 2; von der Groeben/Schwarze/Hatje/Vormizeele, Europäisches Unionsrecht, Art. 26 AEUV, Rn. 1.
56 Streinz/Schröder, EUV/AEUV, Art. 26 AEUV, Rn. 29.
57 Grabitz/Hilf/Tietje, Das Recht der EU, 40. Auflage, E 29. Technische Zugangserschwernisse bei Waren, Rn. 3.

es den Mitgliedstaaten dabei, sich auf einen gemeinsamen Standard zu einigen[58]. Außerhalb der Produktharmonisierung gilt das Prinzip der sog. gegenseitigen Anerkennung,[59] das dem einzelnen Mitgliedstaat kein Mitspracherecht einräumt.[60] Er muss vielmehr die Produktstandards anderer Mitgliedstaaten akzeptieren.[61] Das Prinzip der gegenseitigen Anerkennung wird aus der Warenverkehrsfreiheit hergeleitet.[62] Es besagt, dass ein Mitgliedstaat Produkte, die in einem anderen Mitgliedstaat nach dessen Anforderungen zulässig vertrieben werden, nicht behindern darf.[63]

Die Harmonisierung erfolgt strukturell – nicht nur im Bauproduktenrecht – nach dem Neuen Konzept. Sowohl die BauPR,[64] als auch die EU-BauPV entsprechen der Grundarchitektur des Neuen Konzepts; wenngleich die EU-BauPV an vielen Stellen davon abweicht. Der europäische Gesetzgeber erlässt einen Harmonisierungsrechtsakt, in dem er abstrakte Sicherheitsziele einer Produktgruppe festlegt.[65] Für die einzelnen Produkte werden dann konkrete Produktanforderungen festgelegt, die sich an den Sicherheitszielen des jeweiligen Harmonisierungsrechtsrechtsakts orientieren.[66] Dies erfolgt durch die gemeinsame Erarbeitung harmonisierter technischer Normen.[67] Über den Weg der technischen Normen ist eine flexible Anpassung an den Stand der Technik möglich, ohne dass eine ständige Aktualisierung des Harmonisierungsrechtsakts selbst erfolgen muss.[68]

58 Dziallas/Kullick, Rechtliche Implikationen bei der Zertifizierung von Bauprodukten, in: NZBau 2012, 560 (560); Simon/Busse/*Nolte*, BayBO, Art. 15, Rn. 7; Winkelmüller/van Schewick/Müller, Praxishandbuch Bauprodukte, Rn. 325.
59 Calliess/Ruffert/*Korte*, EUV/AEUV, Art. 114 AEUV, Rn. 32; Winkelmüller/van Schewick/Müller, Praxishandbuch Bauprodukte, Rn. 322, 325.
60 Zu den Schwierigkeiten vor der Harmonisierung: Micklitz, Technische Normen, Produzentenhaftung und EWG-Vertrag, in: NJW 1983, 483.
61 Klindt/Kapoor, New Legislative Framework, in: EuZW 2008, 649 (650).
62 Bergmann/*Bergmann*, Handlexikon der EU, Stichwort: Gegenseitige Anerkennung; Klindt/Kapoor, New Legislative Framework, in: EuZW 2008, 649 (650); Winkelmüller/van Schewick/Müller, Praxishandbuch Bauprodukte, Rn. 325.
63 Bergmann/*Bergmann*, Handlexikon der EU, Stichwort: Gegenseitige Anerkennung.
64 Winkelmüller/van Schewick/Müller, Praxishandbuch Bauprodukte, Rn. 15; Schucht, Vorrang des europäischen Bauproduktenrechts, in NZBau 2015, 592 (594); Schlussantrag des Generalanwalts vom 28.01.2016 zu EuGH, Rs. C-613/14.
65 Blue Guide 2000, S. 7; Hornmann, HBO, § 16, Rn. 14; Schucht, Vorrang des europäischen Bauproduktenrechts, in: NZBau 2015, 592 (594); Klindt/Kapoor, New Legislative Framework, in: EuZW 2008, 649 (650).
66 Klindt/Kapoor, New Legislative Framework, in: EuZW 2008, 649 (650).
67 Klindt/Kapoor, Die Reform des Akkreditierungswesens, in: EuZW 2009, 134 (135).
68 Klindt/Kapoor, New Legislative Framework, in: EuZW 2008, 649 (650).

II. Die EU-BauPV als Weiterentwicklung der BauPR

Zum 1. Juli 2013 trat die EU-BauPV in Kraft, welche gemäß Art. 64 die BauPR außer Kraft setzte. Die EU-BauPV stellt – sowohl inhaltlich, als auch regelungstechnisch – eine Weiterentwicklung zur BauPR dar. Inwieweit die EU-BauPV von der BauPR abweicht, ist für die Frage nach der Übertragbarkeit von Ausführungen von Literatur und Rechtsprechung zur BauPR von Bedeutung.

1. Abkehr von der Brauchbarkeitsvermutung

Eine Brauchbarkeitsvermutung[69] geht mit dem CE-Kennzeichen, anders als noch unter Geltung der BauPR, nicht mehr einher.[70] Die Brauchbarkeitsvermutung ging davon aus, dass harmonisierte Bauprodukte bauordnungsrechtlich verwendet werden dürfen, wenn sie das CE-Kennzeichen tragen.[71] Das CE-Kennzeichen wird an europäisch harmonisierte Produkte angebracht, um ihre Konformität mit den einschlägigen europäischen technischen Vorschriften zu bescheinigen. Für harmonisierte Produkte wirkt es als eine Art „EU-Reisepass".[72]

Hierin liegt ein wesentlicher Unterschied zwischen EU-BauPV und BauPR. Die technischen Spezifikationen – technische Normen oder Europäische Technische Bewertungen[73] – auf Grundlage der EU-BauPV legen keine konkreten qualitativen Produktanforderungen mehr fest. Sie bestimmen nunmehr vor allem eine einheitliche Terminologie und Untersuchungsverfahren für die Bestimmung der wesentlichen Merkmale eine Produktes.[74] Qualitative Anforderungen in der harmonisierten Norm werden lediglich im Rahmen einer Bandbreite möglicher qualitativer Beschaffenheit angegeben, sodass den Mitgliedstaaten die Festlegung einer Leistungsstufe oder Leistungsklasse innerhalb dieser Bandbreite individuell überlassen wird.[75] Unter einer Leistungsstufe wird gemäß Art. 2 Nr. 6 EU-BauPV *„das Ergebnis der Bewertung der Leistung eines Bauprodukts in Bezug auf seine Wesentlichen Merkmale, ausgedrückt als Zahlenwert"* verstanden. Eine Leistungsklasse ist gemäß Art. 2 Nr. 7 EU-BauPV *„eine Bandbreite von Leistungsstufen eines Bauproduktes, die durch einen Mindest- und einen Höchstwert abgegrenzt wird"*. Diese Festlegungen werden vom Deutschen Institut für Bautechnik (DIBt) in einer Verwaltungsvorschrift getroffen.

---

69 Noch zur BauPR: Dauses/*Langner*/*Klindt*, EU-Wirtschaftsrecht, C. Warenverkehr, VI. Technische Sicherheitsvorschriften, Rn. 110.

70 Schneider/Thielecke, Kompetenzen der EU und Mitgliedstaaten im Bauproduktenrecht, NVwZ 2015, 34 (37); Winkelmüller/van Schewick/Müller, Praxishandbuch Bauprodukte, Rn. 279.

71 Winkelmüller/van Schewick/Müller, Praxishandbuch Bauprodukte, Rn. 49.

72 Dziallas/Kullick, Rechtliche Implikationen bei der Zertifizierung von Bauprodukten, in: NZBau 2012, 560 (560).

73 Art. 2 Nr. 10 EU-BauPV; dazu § 3, B., I, 1., a).

74 Winkelmüller/van Schewick/Müller, Praxishandbuch Bauprodukte, Rn. 61.

75 Dauses/*Langner*/*Klindt*, EU-Wirtschaftsrecht, C. Warenverkehr, VI. Technische Sicherheitsvorschriften, Rn. 110.

Diese Änderung entspricht auch der Neuschaffung der Leistungserklärung in der EU-BauPV, welche die Konformitätserklärung der BauPR ablöst.[76] Die Leistungserklärung enthält die Prüfungsergebnisse der nach den harmonisierten Normen durchgeführten Untersuchungen. Die Verantwortung des Herstellers bezieht sich dabei aber lediglich auf die Richtigkeit der Leistungsangaben in der Leistungserklärung (Art. 8 Abs. 2 UA 3 EU-BauPV). Ob die Leistungen des Bauproduktes für die Verwendung ausreichen, ergibt sich nicht mehr aus der harmonisierten Norm,[77] sondern aus den Bauordnungen der Mitgliedstaaten. Auf Grundlage der Leistungserklärung wird das Bauprodukt – nunmehr verpflichtend – mit dem CE-Kennzeichen versehen (Art. 4 Abs. 1 i.V.m. Art. 8 Abs. 2 UA 1 EU-BauPV).[78] Im Zuge dessen wurden auch die Aufgaben der Mitgliedstaaten im Hinblick auf das CE-Kennzeichen und mögliche, damit verbundene Behinderungen konkretisiert.[79]

2. Verpflichtende Anwendung harmonisierter technischer Spezifikationen

Ein wesentlicher Unterschied zwischen der EU-BauPV und der BauPR liegt in der verpflichtenden Anwendung der einschlägigen harmonisierten technischen Spezifikationen. Sobald eine solche besteht, werden die Wirtschaftsakteure über Art. 4 EU-BauPV zu ihrer Anwendung verpflichtet.

Die Anwendung der harmonisierten technischen Spezifikationen war nach der BauPR freiwillig.[80] Die Hersteller hatten die Möglichkeit durch andere individuelle Verfahren, z.B. durch ein Gutachten, nachzuweisen, dass sie die technischen Anforderungen eingehalten hatten.[81] Hersteller, die die harmonisierten technischen Spezifikationen nicht anwendeten, durften das Produkt jedoch nicht mit dem CE-Kennzeichen versehen, sodass die Brauchbarkeitsvermutung nicht eintrat.[82]

---

76 Hildner, Neuer Rechtsrahmen für Bauprodukte, in: DS 2013, 218 (219); Eisenberg, Das neue Bauproduktenrecht, in: NZBau 2013, 675 (676); Winkelmüller/van Schewick/ Müller, Praxishandbuch Bauprodukte, Rn. 61; Schneider/Thielecke, Kompetenzen der EU und Mitgliedstaaten im Bauproduktenrecht, NVwZ 2015, 34 (36); Große-Suchsdorf/ Wiechert, NBauO, Vor § 17, Rn. 24.

77 So noch unter Geltung der BauPR: Jarass, Probleme des Bauproduktenrechts, in: NZBau 2008, 145 (146).

78 Siehe dazu auch § 3, B., I., 2., a).

79 Schneider/Thielecke, Kompetenzen der EU und Mitgliedstaaten im Bauproduktenrecht, NVwZ 2015, 34 (37).

80 Blue Guide 2014, S. 38; Hornmann, HBO, § 16, Rn. 14; siehe § 3, B., I., 1., a).

81 Jarass, Probleme des Bauproduktenrechts, in: NZBau 2008, 145 (147); so zum allgemeinen Produktsicherheitsrecht: Dauses/Langner/Klindt, EU-Wirtschaftsrecht, C. Warenverkehr, VI. Technische Sicherheitsvorschriften, Rn. 24.

82 So auch im allg. Produktsicherheitsrecht, s. Schucht, Neue Architektur im europäischen Produktsicherheitsrecht, in: EuZW 2014, 848 (848).

III. Bauwerksbezogener Ansatz als systematische Besonderheit

Die EU-BauPV verfolgt, anders als andere Harmonisierungsrichtlinien des Neuen Konzepts, keinen produktbezogenen, sondern einen bauwerksbezogenen Ansatz.[83]

Die Sicherheitsziele für Bauprodukte müssen bauwerksbezogen ausgestaltet werden, da sich die Sicherheit von Bauprodukten unmittelbar auf die Bauwerkssicherheit auswirkt.[84] Je nach geplantem Verwendungszweck müssen unterschiedliche Leistungsanforderungen an Bauprodukte gestellt werden.[85] Mit welchen Baumaterialien z.B. die Standsicherheit eines Gebäudes gewährleistet werden kann, hängt nicht zuletzt von dessen Größe, Nutzung oder dessen Standort ab. Der Ziegelstein in einer Gartenmauer muss z.B. unter dem Aspekt der Standsicherheit nicht dieselbe Leistung erbringen, wie wenn er in eine tragende Wand eines mehrstöckigen Gebäudes eingesetzt werden soll.[86]

Die Produktanforderungen sind deshalb bauwerksbezogen ausgestaltet.[87] Die EU-BauPV gibt lediglich zur Orientierung für die europäische Normungsarbeit *„Grundanforderungen an Bauwerke"* an.[88] Es liegt jedoch im Kompetenzbereich der Mitgliedstaaten, die Sicherheitsanforderungen an Bauwerke auszuformen.[89]

Auf europäischer Ebene werden die wesentlichen Merkmale, die ein Bauprodukt aufweisen muss, in einer harmonisierten technischen Spezifikation konkretisiert.[90] Die Festlegung der wesentlichen Merkmale orientiert sich an dem Verwendungszweck und den Grundanforderungen an Bauwerke. Bei der Erstellung der Norm kann für jedes Bauprodukt individuell bestimmt werden, welchen Verwendungszwecken es voraussichtlich dienen wird und welche wesentlichen Merkmale es im Hinblick auf diesen Verwendungszweck aufweisen muss, um diese Verwendung auch unter Berücksichtigung der Grundanforderungen an Bauwerke zu ermöglichen. Wesentliche Merkmale sind Eigenschaften wie z.B. die Schlagregendichte eines Fensters oder das Brandverhalten von Dämmmaterialien. Die wesentlichen Merkmale, die in der harmonisierten Norm festgelegt werden, müssen in der Leistungserklärung aufgelistet sein. Der planende Architekt (Verwender) kann dann der Leistungserklärung die wesentlichen Leistungsmerkmale entnehmen und

---

83 Abend, Neues Unionrecht für Bauprodukte, in: EuZW 2013, 611; Dauses/*Langner*/*Klindt*, EU-Wirtschaftsrecht, C. Warenverkehr, VI. Technische Sicherheitsvorschriften, Rn. 107.

84 Winkelmüller/van Schewick/Müller, Praxishandbuch Bauprodukte, Rn. 75; Abend, Neues Unionrecht für Bauprodukte, in: EuZW 2013, 611 (612).

85 Hildner, Neuer Rechtsrahmen für Bauprodukte, in: DS 3013, 218 (218).

86 Gädtke/Temme/Heintz/Czepuck, BauO NW, §§ 20–28, Rn. 8 (11. Auflage).

87 Jarass, Probleme des Bauproduktenrechts, in: NZBau 2008, 145 (146); Winkelmüller/van Schewick/Müller, Praxishandbuch Bauprodukte, Rn. 77.

88 Winkelmüller/van Schewick/Müller, Praxishandbuch Bauprodukte, Rn. 82 f.

89 Noch zur BauPR: Jarass, Probleme des europäischen Bauproduktenrechts, in: NZBau 2008, 145; zur EU-BauPV: Abend, Neues Unionrecht für Bauprodukte, in: EuZW 2013, 611 (612); Hildner, Neuer Rechtsrahmen für Bauprodukte, in: DS 2013, 218.

90 Abend, Neues Unionsrecht für Bauprodukte, in: EuZW 2013, 611 (612).

bestimmen, ob sich das Bauprodukt für die konkrete Verwendung im Bauwerk eignet und bauordnungsrechtlich zulässig ist.

Die harmonisierten Normen können Klassen und Leistungsstufen enthalten, die Rücksicht auf z.b. geografische Besonderheiten der notwendigen Anforderungen an Bauwerke in den Mitgliedstaaten nehmen.[91] So wird sichergestellt, dass die Mitgliedstaten die Möglichkeiten haben, die technischen Anforderungen an Bauprodukte an die nationalen Regelungen zur Bauwerkssicherheit anzupassen.

91 Art. 3 Abs. 2 BauPR; Große-Suchsdorf/*Wiechert*, NBauO, Vor § 17, Rn. 11.

§ 3 Bedeutung der Pflichten der EU-BauPV für ihre Adressaten

A. Wirtschaftsakteure und Mitgliedstaaten als Adressaten der EU-BauPV

I. Wirtschaftsakteure als unmittelbare Adressaten der EU-BauPV

Unmittelbare Adressaten der Verordnung sind die Wirtschaftsakteure.[92] Der Begriff wird in Art. 2 Nr. 18 EU-BauPV legal definiert. Danach sind Wirtschaftsakteure *„Hersteller, Importeur[e], Händler oder Bevollmächtigte[n]"*. Diese Begriffe müssen autonom anhand der Definitionen in Art. 2 EU-BauPV ausgelegt werden.

1. Hersteller

Hersteller ist nach Art. 2 Nr. 19 EU-BauPV *„jede natürliche oder juristische Person, die ein Bauprodukt herstellt beziehungsweise entwickeln oder herstellen lässt und dieses Produkt unter ihrem eigenen Namen oder ihrer eigenen Marke vermarktet."* Anders als z.B. in der REACH-VO[93] bedarf es eines Sitzes innerhalb der EU für die Herstellereigenschaft nach der EU-BauPV nicht zwingend. Die Verordnung richtet sich deshalb an alle Hersteller weltweit, die Bauprodukte in die Europäische Union einführen wollen.[94]

Der eigentliche Produzent gilt hingegen nicht mehr als Hersteller im Sinne des Art. 2 Nr. 19 EU-BauPV, wenn er das Produkt nicht im eigenen Namen oder unter seiner eigenen Handelsmarke in den Verkehr bringt.[95] Praktisch tritt dieser Fall ein, wenn ein Importeur oder Händler das Produkt unter seinem eigenen Namen oder seiner Handelsmarke in den Verkehr bringt. Art. 15 EU-BauPV überträgt die Pflichten des Herstellers für diesen Fall aber dem Importeur oder Händler, der die

---

92 So auch Eisenberg, Das neue Bauproduktenrecht, in: NZBau 2013, 675 (679).
93 VO (EG) Nr. 1907/2006 des Europäischen Parlamentes und des Rates vom 18. Dezember 2006 zur Registrierung, Bewertung, Zulassung und Beschränkung chemischer Stoffe (REACH), zur Schaffung einer europäischen Chemikalienagentur, zur Änderung der Richtlinie 1999/105/EG und zur Aufhebung der VO (EWG) Nr. 793/93 des Rates, der Verordnung (EG) Nr. 1488/94 der Kommission, der Richtlinie 91/55/ EWG, 95/105/EG, 2000/21/EG der Kommission, ABl. Nr. L 396 S. 1, aber. ABl. 2007, Nr. L 136 S. 3.
94 Blue Guide 2014, S. 30.
95 Ergibt sich aus Art. 2 Nr. 10 EU-BauPV; auch H. Wirth, Die EU-BauPV, in: BauR 2013, 703 (705).

Produkte vermarktet. Hierfür genügt bereits die Überlassung eines Produktes durch den Produzenten zur Verpackung oder Etikettierung.[96]

a) Unionrechtskonforme Auslegung des Begriffs „juristische Person"

Hersteller kann jede natürliche Person oder eine Personengemeinschaft mit Rechtspersönlichkeit sein.

Die Konkretisierung, was unter natürlichen und juristischen Personen zu verstehen ist, ist autonom nach dem Unionsrecht zu bestimmen. Die nach nationalem Recht vorgenommene Differenzierung zwischen Körperschaften und Personengesellschaften[97] hat keinerlei Bedeutung für die Herstellereigenschaft. Vielmehr ist die Aufzählung von natürlichen und juristischen Personen als Synonym für den Begriff *Rechtssubjekt* zu sehen. Die Formulierung in der EU-BauPV, die eine Differenzierung zwischen juristischen und natürlichen Personen andeutet, ist missverständlich. An keiner Stelle der EU-BauPV wird eine Differenzierung zwischen juristischen und natürlichen Personen nötig; an keiner Stelle werden juristischen und natürlichen Personen unterschiedliche Pflichten auferlegt. Legt man diese Erkenntnis zu Grunde, liegt eine einheitliche Auslegung nahe. Anders gesagt, könnte die Formulierung der *„natürlichen und juristischen Person"* durch die Formulierung „jedes Rechtssubjekt" ersetzt werden.

Dieses Verständnis hat Auswirkungen auf die Auslegung des Begriffes der *„juristischen Person"* in Art. 2 Nr. 19 EU-BauPV. Für Art. 2 Nr. 19 EU-BauPV kommt es ausschließlich darauf an, dass die *„juristische Person"* – unabhängig von ihrer Rechtsform – mit Rechtspersönlichkeit ausgestattet ist. Danach sind reine Personengesellschaften, wie etwa die OHG oder die Kommanditgesellschaft, genauso erfasst, wie juristische Personen im nationalen Sinn (z.B. eine GmbH oder Aktiengesellschaft). Dieses Ergebnis wird dadurch gestützt, dass der Sinn und Zweck der EU-BauPV, bzw., der Regelungen, die Hersteller betreffen, der Vereinheitlichung des Binnenmarktes dienen. Dazu sollen alle Hersteller von Bauprodukten gleichermaßen verpflichtet werden.

b) Produzent von Bauendprodukten

Produzenten, die lediglich Vor- oder Teilprodukte herstellen, fallen regelmäßig nicht unter die EU-BauPV, soweit die Produkte nicht mit der Absicht hergestellt werden, dauerhaft in *„Bauwerke des Hoch- oder Tiefbaus"* (Art. 2 Nr. 1 EU-BauPV) eingesetzt zu werden. Diese Beschränkung ergibt sich mittelbar aus der Definition des Art. 2 Nr. 19 EU-BauPV, da nur Produzenten von *Bauprodukten* Hersteller im Sinne der Verordnung sind.

---

96 Blue Guide 2014, S. 29.
97 Siehe dazu z.B. Mugdan, Mot. I, S. 395; Beck-OK/*Schöpflin*, BGB, § 21, Rn. 7; Beck-OK/*Schöne*, BGB, § 705, Rn. 3.

In diesem Herstellerbegriff äußert sich die unterschiedliche Zielsetzung der EU-BauPV im Vergleich zu den Richtlinien, die dem Verbraucherschutz dienen. Art. 3 Abs. 1 EG-Produkthaftungsrichtlinie (entspricht § 4 ProdHaftG) legt z.b. fest, dass Hersteller der *„Hersteller des Endprodukts, eines Grundprodukts oder eines Teilproduktes, sowie jede Person, die sich als Hersteller ausgibt, indem sie ihren Namen, ihr Markenzeichen oder ein anderes Erkennungszeichen auf dem Produkt anbringt.“* In der EG-Produkthaftungsrichtlinie geht es (neben Aspekten der Marktvereinheitlichung[98]) vor allem darum, den Verbraucherschutz stärken, indem dem Verbraucher gegenüber dem Hersteller zivilrechtliche, außervertragliche Schadensersatzansprüche gewährt werden.[99] Diese Regelung wirkt restriktiv, indem der Hersteller nach Entstehung eines Schadens in Anspruch genommen werden kann. Die Regelung der EU-BauPV wirkt im Hinblick auf ihre Zielsetzung, nämlich den Binnenmarkt zu vereinheitlichen, präventiv. Aufgrund dieser Ausrichtung werden in der Regel nur Endprodukte erfasst, da nur für diese eine Marktrelevanz angenommen wird. Dies schlägt sich auch im Herstellerbegriff nieder.

2. Händler

Ein Händler ist *„jede natürliche oder juristische Person in der Lieferkette außer dem Hersteller oder Importeur, die ein Bauprodukt auf dem Markt bereitstellt.“* (Art. 2 Nr. 20 EU-BauPV). Der Händler kauft selbst Bauprodukte bei einem Hersteller, einem Importeur oder einem Zwischenhändler, um sie den Endverwendern oder weiteren Händlern anzubieten. Händler können sowohl Einzelhändler, Großhändler oder andere Zwischenhändler in der Handelskette sein.[100] Sie müssen nicht in einem besonderen Vertragsverhältnis zum Hersteller stehen.[101]

Auch für die Händlereigenschaft kommt es lediglich darauf an, ob die natürliche oder juristische Person Rechtspersönlichkeit besitzt. Die diesbezüglichen Ausführungen zum Begriff des Herstellers gelten entsprechend.[102] Die Bereitstellung auf dem Markt kann *„entgeltlich oder unentgeltlich"* geschehen (Art. 2 Nr. 20 EU-BauPV). Eine unentgeltliche Abgabe eines Bauproduktes ist etwa denkbar, wenn der Händler dem Verwender zunächst Muster zur Verfügung stellt, um bei der Auswahl mehrerer Bauprodukte eine Kaufentscheidung zu erleichtern.

Unter den Voraussetzungen des Art. 15 EU-BauPV können den Händler zusätzlich die Herstellerpflichten des Art. 11 EU-BauPV treffen.[103] Der Händler verliert dadurch aber seine Eigenschaft als Händler im Sinne des Art. 2 Nr. 20 EU-BauPV nicht. Art. 15 EU-BauPV regelt, dass ein Händler, der Produkte im eigenen Namen

---

98   MüKo/*Wagner*, ProdHaftG, Einleitung, Rn. 2.
99   Klindt/*Klindt*, GPSG, Einführung, Rn. 43.
100   Blue Guide 2014, S. 34.
101   Blue Guide 2014, S. 34.
102   Siehe § 3, A., I., 1.
103   Siehe dazu § 3, A., I., 1.

in den Verkehr bringt, die gleichen Pflichten einzuhalten hat, wie der Hersteller.[104] Der Händler, der das Produkt zugleich unter eigenem Namen oder eigener Handelsmarke vermarktet, hat sowohl die Pflichten des Art. 11 EU-BauPV als auch die Pflichten des Art. 14 EU-BauPV zu befolgen. Denkbar sind hier vor allem Fälle, in denen große Baumärkte mit einer Vielzahl von Filialen, Eigenmarken in ihren Geschäften verkaufen. Der Produzent im tatsächlichen Sinne ist in diesem Fall von den Pflichten des Art. 11 EU-BauPV befreit. Er wird durch den Händler, der im eigenen Namen Bauprodukte in den Verkehr bringt, etwa im Hinblick auf die Kennzeichnungspflichten, abgelöst.[105]

3. Importeur

Ein Importeur ist *„jede in der Union ansässige natürliche oder juristische Person, die ein Bauprodukt aus einem Drittstaat auf dem Markt der Union in Verkehr bringt"* (Art. 2 Nr. 21 EU-BauPV). Auch den Importeur, der die Bauprodukte im eigenen Namen vermarktet, treffen über Art. 15 EU-BauPV zusätzlich die Pflichten des Art. 11 EU-BauPV.[106]

Anders als der Händler und der Hersteller, muss der Importeur innerhalb der Union ansässig sein.

4. Der Bevollmächtigte als „Beauftragter" des Herstellers

Ein Bevollmächtigter ist nach Art. 2 Nr. 22 EU-BauPV *„jede in der Union ansässige natürliche oder juristische Person, die von einem Hersteller schriftlich beauftragt wurde, in seinem Namen bestimmte Aufgaben wahrzunehmen"*.

Wie sich aus der Definition ergibt, muss der Bevollmächtigte seinen Sitz innerhalb der Europäischen Union haben. Unabhängig davon, ob der Hersteller innerhalb oder außerhalb der EU ansässig ist, steht es ihm offen, einen Bevollmächtigten zu beauftragen.[107] Die Benennung stellt jedoch lediglich ein Angebot an den Hersteller dar, seine Pflichten auszulagern, ohne – auch für Hersteller mit Sitz außerhalb der Union – eine Pflicht zur Beauftragung eines Bevollmächtigten zu begründen.[108]

Ein Bevollmächtigter muss vom Hersteller schriftlich bevollmächtigt werden. Was in diesem Fall eine schriftliche Vollmacht ist, bestimmt sich autonom nach dem Unionsrecht. Im Ergebnis entspricht die Schriftform den Anforderungen in § 126 BGB.

Betrachtet man zunächst nur den Wortlaut des Art. 2 Nr. 22 EU-BauPV könnte sowohl die Schriftform in Anlehnung an § 126 BGB erforderlich sein, als auch die Textform in Anlehnung des § 126b BGB ausreichen. Bei der Textform genügt unter

---

104   die Regelung gilt ebenso für den Importeur.
105   Siehe § 3, A., I., 1.
106   Siehe dazu entsprechend beim Händler, § 3, A., I., 2.
107   Blue Guide 2014, S. 32.
108   Blue Guide 2014, S. 32.

anderem, dass die Erklärung sich dauerhaft lesbar auf einem Datenträger befindet.[109] Die Schriftform gemäß § 126 BGB erfordert hingegen eine eigenhändige Unterschrift des Erklärenden unter einer Urkunde. Der Begriff der Textform in § 126b BGB geht auf einen europäischen Rechtsakt, nämlich die Verbraucherrechtsrichtlinie,[110] zurück.[111] Die EU-BauPV und die Verbraucherrechtlinie stammen mithin von demselben – europäischen – Gesetzgeber. In der Verbraucherrechtsrichtlinie wurde die Textform z.b. für die Widerrufserklärung eines Verbrauchers eingeführt.[112] In Anhang I der Verbraucherrechtsrichtlinie wird die für die Widerrufserklärung erforderliche Form als *„eindeutige Erklärung (z.B. ein mit der Post versandter Brief, Telefax oder E-Mail)"* definiert. Hätte der europäische Gesetzgeber in der EU-BauPV die Textform vorsehen wollen, hätte er in Art. 2 Nr. 22 EU-BauPV dieselbe Formulierung wie in der Verbraucherrechtsrichtlinie verwendet. Art. 2 Nr. 22 EU-BauPV formuliert aber ausdrücklich, dass eine schriftliche Bevollmächtigung erforderlich ist. Aus dem Wortlaut und der Systematik ergibt sich mithin, dass an die Bevollmächtigung strengere Anforderungen als die des § 126b BGB zu stellen sind. Es liegt deshalb nahe, zumindest entsprechend die Anforderungen des § 126 BGB für die Bevollmächtigung nach Art. 2 Nr. 22 EU-BauPV zu Grunde zu legen.

Art. 12 Abs. 2 EU-BauPV legt fest, welche Aufgaben der Bevollmächtigte für den Hersteller übernehmen muss. Weitere Aufgaben können sich aus der Vollmacht ergeben.[113] Im Innenverhältnis zwischen dem Bevollmächtigten und dem Hersteller wird in der Regel zumindest ein stillschweigender Vertrag über die gesetzlich genannten Aufgaben geschlossen.[114]

II. Mitgliedstaaten als Adressaten der EU-BauPV

Für die Mitgliedstaaten gibt es, anders als für die Wirtschaftsakteure, keinen Absatz oder Artikel, der mit *„Pflichten der Mitgliedstaaten"* überschrieben ist. Vielmehr sind die Pflichten, denen die Mitgliedstaaten nachkommen müssen, in der gesamten Verordnung verteilt. Dabei handelt es sich um qualitativ andere Pflichten, als die, welche die privaten Wirtschaftsakteure befolgen müssen. Verletzungen der hier aufgeführten Pflichten können im Wege eines Vertragsverletzungsverfahrens durch die Kommission (Art. 258 AEUV) vor dem EuGH gerügt werden.[115] Stellt der

---

109 MüKo/*Einsele*, BGB, § 126b, Rn. 4.
110 Richtlinie 2011/83/EU des Europäischen Parlaments und des Rates vom 25.10.2011 über die Rechte der Verbraucher, zur Änderung der Richtlinie 93/13/EWG des Rates und der Richtlinie 1999/44/EG des Europäischen Parlaments und des Tages sowie zur Aufhebung der Richtlinie 85/577/EWG des Rates und der Richtlinie 97/7/EG des Europäischen Parlaments und des Rates, ABl. L 305/64 v. 22.11.2011.
111 BT-Drucks. 17/12637, S. 44; MüKo/*Einsele*, BGB, § 126b, Rn. 1.
112 Schulze/*Wendtland*, BGB, § 126b, Rn. 1.
113 Siehe § 3, B., IV.
114 Zur Vertragsform, siehe § 4, B., IV., 2., a), cc), (1).
115 Calliess/Ruffert/*Cremer*, EUV/AEUV, Art. 258 AEUV, Rn. 2.

Mitgliedstaat die Vertragsverletzung nicht ab, kann er zu Strafzahlungen verpflichtet werden (Art. 260 Abs. 1, Abs. 2 AEUV).

Im Übrigen sind auch Island, Norwegen und Liechtenstein über das EWR-Abkommen in den Geltungsbereich[116] der EU-BauPV einbezogen. Diese Staaten treffen hinsichtlich der Grundfreiheiten die gleichen Rechte und Pflichten wie die Mitgliedstaaten der EU (Art. 6, Art. 7 EWR-Abkommen[117]).[118]

B. Pflichten der Wirtschaftsakteure

I. Pflichten des Herstellers

Der Hersteller ist dazu verpflichtet, nur Bauprodukte auf dem Markt bereitzustellen, welche die Anforderungen der EU-BauPV erfüllen.[119] Die EU-BauPV fasst die Pflichten des Herstellers in Art. 11 EU-BauPV zusammen. Art. 11 EU-BauPV nimmt jeweils Bezug zu weiteren Vorschriften der EU-BauPV, welche die Pflichten des Herstellers inhaltlich ausfüllen. Die Pflichten des Herstellers sind vergleichbar umfassend, da ihn aufgrund seiner Informationshoheit eine besondere Verantwortung bezüglich der Produktsicherheit trifft.

1. *Erstellung einer Leistungserklärung*

Der Hersteller ist gemäß Art. 4 Abs. 1 EU-BauPV verpflichtet, eine Leistungserklärung zu erstellen.[120] Die Leistungserklärung muss vorliegen, wenn ein Hersteller das Bauprodukt erstmals auf dem Markt der Union bereitstellt.[121] Art. 4 Abs. 1 EU-BauPV verpflichtet den Hersteller nicht, dem Bauprodukt die Leistungserklärung beizufügen.[122] Die Verpflichtung, dem Bauprodukt eine Abschrift der Leistungserklärung beizufügen, ergibt sich vielmehr für alle Wirtschaftsakteure aus Art. 7 EU-BauPV.

Die Erklärung gibt die Leistungen des Bauproduktes wieder. Nach Art. 2 Nr. 5 EU-BauPV ist die Leistung eines Bauproduktes *„die Leistung in Bezug auf die relevanten*

---

116 Dauses/*Müller-Graff*, EU-Wirtschaftsrecht, A.I. Verfassungsziele der Europäischen Union, Rn. 20 f.; Grabitz/Hilf/Nettesheim/*Weiß*, Das Recht der EU, Art. 207 AEUV, Rn. 260; Streinz/*Nettesheim/Duvigneau*, EUV/AEUV, Art. 207 AEUV, Rn. 76; Grabitz/Hilf/*Vöneky*, Das Recht der EU (40. Aufl. 2009), Art. 310 EGV, Rn. 72.

117 ABl. 1994 L 1/3; BGBl. 1993 II 266, geändert durch Gesetz vom 25. 8. 1993 (BGBl. 1993 II 1294; mit Ausführungsgesetz, BGBl. 1993 I 512, ber. BGBl. 1993 1529, geändert durch Gesetz vom 27. 9. 1993 (BGBl. 1993 I 1666)).

118 Von der Groeben/Schwarze/Hatje/*Bungenberg*, Das Recht der EU, Art. 217 AEUV, Rn. 100.

119 Blue Guide 2014, S. 29.

120 Winkelmüller/van Schewick/Müller, Praxishandbuch Bauprodukte, Rn. 141; Hildner, Neuer Rechtsrahmen für Bauprodukte, in: DS 2013, 218 (219), H. Wirth, EU-BauPV, in: BauR 2013, 703.

121 Zum Zeitpunkt siehe auch § 3, B., I., 1., f).

122 H. Wirth, EU-BauPV, in: BauR 2013, 703 (705).

Wesentlichen Merkmale eines Bauprodukts, die in Stufen oder Klassen oder in einer Beschreibung ausgedrückt wird". Die Leistungen sind also das Ergebnis der Untersuchungen des Bauproduktes auf die wesentlichen Merkmale, die für das jeweilige Bauprodukt in der harmonisierten Norm oder der Europäisch Technischen Bewertung festgelegt wurden.

a) Erstellung der Leistungserklärung als Regelfall

Der Hersteller ist in der Regel dazu verpflichtet, eine Leistungserklärung zu erstellen, wenn der Anwendungsbereich der EU-BauPV eröffnet ist. Anders als mit der nach der BauPR erstellten Konformitätserklärung, erklärt der Hersteller dabei keine angeforderte Leistung des Bauproduktes, sondern lediglich, dass die angegebene Leistung mit der tatsächlichen Leistung des Bauproduktes übereinstimmt[123] (Art. 4 Abs. 3 EU-BauPV).

Die Erstellung einer Leistungserklärung ist grundsätzlich erforderlich, wenn das Bauprodukt in den Anwendungsbereich einer harmonisierten technischen Spezifikation – eine harmonisierte Norm (hEN) oder eine *Europäische Technische Bewertung* (ETB) die für das Produkt ausgestellt wurde – fällt.[124] Ausnahmsweise bedarf es keiner Leistungserklärung, wenn die Voraussetzungen des Art. 5 EU-BauPV erfüllt sind.[125]

Der Hersteller muss selbst ermitteln, ob das Bauprodukt, das er in den Verkehr bringen will, in den Anwendungsbereich einer harmonisierten technischen Spezifikation fällt. Neue harmonisierte Normen und ETB werden gemäß Art. 17 Abs. 5 UA. 2 EU-BauPV im Amtsblatt C der Europäischen Union veröffentlicht.[126]

Grundlage für die Erstellung der Leistungserklärung sind die Ergebnisse der Untersuchungen zur Bestimmung der Leistung. Unterliegt das Bauprodukt z.B. einer harmonisierten Norm, kann der Hersteller dem jeweiligen Anhang ZA das System[127] entnehmen, das für die Untersuchung der Leistung des Produktes einschlägig ist. Soweit das System vorsieht, dass eine notifizierte Stelle hinzuzuziehen ist, kann der Hersteller in der NANDO-Datenbank[128] nach einer solchen suchen. Hat er die erforderlichen Untersuchungen (gegebenenfalls unter Hinzuziehung einer notifizierten Stelle) vorgenommen, kann er auf der Grundlage dieser Untersuchungen die Leistung des Bauproduktes in Form einer Leistungsstufe angeben.

---

123 Winkelmüller/van Schewick/Müller, Praixshandbuch Bauprodukte, Rn. 142; Hildner, Neuer Rechtsrahmen für Bauprodukte, in: DS 2013, 218 (219).
124 Hildner, Neuer Rechtsrahmen für Bauprodukte, in: DS 2013, 218 (219).
125 Siehe dazu § 3, B., I, 1., b); Hildner, Neuer Rechtrahmen für Bauprodukte, in: DS 2013, 218 (219).
126 Winkelmüller/van Schewick/Müller, Praxishandbuch Bauprodukte, Rn. 101; Hildner, Neuer Rechtrahmen für Bauprodukte, in: DS 2013, 218 (219).
127 Zu den Systemen, siehe § 3, B., I., 3.
128 Erreichbar unter http://ec.europa.eu/growth/tools-databases/nando/ (abgerufen am 23.09.2016).

b) Ausnahmen von der Erstellung der Leistungserklärung

Art. 5 EU-BauPV ist ein Ausnahmetatbestand[129] zu Art. 4 Abs. 1 EU-BauPV. Art. 5 EU-BauPV bestimmt drei Fallgruppen, in denen keine Leistungserklärung erstellt werden muss. Dies ist der Fall, wenn es sich um eine individuelle Fertigung oder Sonderanfertigung handelt (Art. 5 Abs. 1 EU-BauPV), wenn das Produkt auf der Baustelle gefertigt wird (Art. 5 Abs. 2 EU-BauPV) oder wenn das Bauprodukt aus kulturellen- oder denkmalschützenden Gesichtspunkten hergestellt wird (Art. 5 Abs. 3 EU-BauPV).

Rechtsfolge des Art. 5 EU-BauPV ist nicht, dass die Bauprodukte, die von der Pflicht zur Erstellung einer Leistungserklärung befreit sind, ohne Einhaltung jeglicher Vorschriften verwendet werden dürfen. Die einzelnen Tatbestände in Art. 5 EU-BauPV enthalten jeweils einen Verweis auf die einschlägigen nationalen Vorschriften. Die Verwendung der harmonisierten Bauprodukte richtet sich in den Fällen des Art. 5 EU-BauPV deshalb ausnahmsweise nach dem nationalen Bauproduktenrecht.

Mit der Befreiung nach Art. 5 EU-BauPV geht das Verbot einher, das Bauprodukt mit dem CE-Kennzeichen zu versehen (Art. 8 Abs. 2 UA. 2 EU-BauPV).[130] Der Hersteller kann im Fall des Art. 5 lit. a EU-BauPV aber ein vereinfachtes Verfahren im Sinne des Art. 38 EU-BauPV durchführen und so wahlweise das Produkt dem europäischen Bauproduktenrecht unterwerfen.[131] Dann kann er auf Grundlage einer sog. *Angemessenen Technischen Dokumentation* eine Leistungserklärung erstellen und das Bauprodukt mit einem CE-Kennzeichen versehen.

aa) Individuelle Fertigung und Sonderanfertigung

Die Begriffe der *„individuellen Fertigung"* und der *„Sonderanfertigung"* sind in der EU-BauPV nicht definiert. Eine genaue Bestimmung der Begriffe ist erforderlich, weil die Pflicht des Herstellers eine Leistungserklärung erstellen zu müssen und das Gebot bzw. das Verbot das Bauprodukt mit dem CE-Kennzeichen zu versehen, davon abhängt, ob einer der Ausnahmefälle des Art. 5 EU-BauPV einschlägig ist. Die Begriffe lassen sich mit Hilfe der Regelungsgeschichte und den Ausführungen im Guidance Paper M[132] konkretisieren.

Die individuelle Fertigung ist immer nur bei einem Einzelstück anzunehmen, während die Sonderanfertigung mengenmäßig auch mehrere Produkte umfassen

---

129 Dessen Auslegung nach Angaben einer Studie der Kommission die Anwender vor besondere Probleme stellt, siehe dazu „Analysis of the implementation of Construction Products Regulation, Executive Summary & Main Report", S. 199, abrufbar auf http://ec.europa.eu/DocsRoom/documents/13486/attachments/1/translations/en/ renditions/pdf (18.09.2016).
130 Siehe § 3, B., I., 2.
131 Siehe dazu § 3, B, I, 3., b).
132 Guidance Paper M, „Konformitätsbewertung unter der BauPR – Erstprüfung und werkseigene Produktionskontrolle.

kann. Voraussetzung für Letzteres ist jedoch, dass die Gestaltung des Produktes vom Kunden ausgeht.

(1) Eignung des „Guidance Paper M" als Auslegungshilfe

Schremser zieht zur Auslegung der Begriffe die Ausführungen im Guidance Paper M der Kommission heran.[133] Dies ist aufgrund der parallelen Ausgestaltung der entsprechenden Vorschriften in der EU-BauPV und der BauPR eine mögliche Methode zur Ermittlung des Inhalts der Begriffe[134] *„individuelle Fertigung"* und *„Sonderanfertigung"*.

Zwar bezieht sich das Guidance Paper M auf die Konformitätsbewertung, die in der EU-BauPV durch die Leistungserklärung abgelöst wurde.[135] Das Guidance Paper verwendet aber sowohl identische Begriffe, als auch stimmt der Anwendungsbereich von Konformitätserklärung und Leistungserklärung weitestgehend überein. Die Regelung in der EU-BauPV wurde im Vergleich zu der entsprechenden Ausnahmeregelung der BauPR vor allem sprachlich präzisiert. Einige der Abgrenzungskriterien, die das Guidance Paper zu Art. 13 BauPR präzisierte, wurden nunmehr wörtlich in den Verordnungstext aufgenommen. Die Konformitätserklärung und die Leistungserklärung stimmen überein, soweit sie die Pflicht zur jeweiligen Erstellung betreffen. Das Institut der Leistungserklärung unterscheidet sich zwar in ihrer Wirkweise von der Konformitätserklärung. Die Fälle in denen eine Erklärung jeweils erstellt werden muss sind jedoch – abgesehen von der nunmehr fehlenden Freiwilligkeit – gleichgeblieben.

(2) Individuelle Fertigung: Anfertigung im Einzelfall bei mengenmäßiger Beschränkung auf ein Stück

Eine individuelle Anfertigung liegt vor, wenn ein Bauprodukt für den Einzelfall angefertigt wurde und dabei auch mengenmäßig nur ein einziges Mal hergestellt wurde.

In Abschnitt 4.9.3. des Guidance Papers M heißt es: *„Individual (and non-series) production (art. 13 (5) of CPD), insofar required to be CE marked: (In order to fall into this category, a product must fulfil both criteria, individual and non-series production) They are products of individual design that are ordered for and installed in one and the same known work. They should neither be part of a range of equal products, which is manufactured in series of the same kind combining usual components in same way, nor should they and their field of applications (e.g. dimensions, weight) be offered on the general initiative of the manufacturer (e.g. by means of published catalogues or other ways of advertising). Under these conditions, individual (and non-series) production comprises products that are: individually designed*

---

133 Schremser, EU-BauPV, S. 67.
134 Siehe § 2, A., III.
135 Siehe § 2, B., II.

and manufactured, upon request und for specific purposes, needing to readjust the production machines for their manufacture in order to be used in work concerned; or custom-made for a specific order to obtain one or several end use performances different from products manufactured in series, even if produced according to the same manufacturing process/system design. "

In Art. 13 Abs. 5 BauPR hieß es: *„bei Einzelanfertigung (auch Nichtserienfertigung)"*, während nunmehr die Nachfolgeregelung in Art. 5 lit. a EU-BauPV formuliert: *„[...] das Bauprodukt individuell gefertigt wurde oder als Sonderanfertigung nicht im Rahmen einer Serienfertigung"*.

Die Formulierung des Art. 13 Abs. 5 BauPR gab nicht klar wieder, ob der Begriff der Einzelanfertigung mit dem Klammerzusatz durch den Begriff Nichtserienfertigung ergänzt werden sollte oder ob es sich bloß um ein Synonym für den Begriff der Einzelanfertigung handeln sollte. Durch die Aufnahme beider Begriffe und die dahingehend klarere Formulierung in der EU-BauPV wird deutlich, dass beide Begriffe eine unterschiedliche Bedeutung haben. Aufgrund dessen liegt es nahe, nur die einmalige Produktion vom Begriff der *„individuellen Anfertigung"* zu umfassen. Diese Auslegung ergibt sich i.Ü. daraus, dass der Mengenunterschied als einziges Unterscheidungskriterium zwischen den Begriffen *„individuelle Anfertigung"* und *„Sonderanfertigung nicht im Rahmen einer Serienanfertigung"* in Betracht kommt.

(3) Sonderanfertigung: Änderung der Produktionsroutine auf Kundeninitiative

Der Hersteller muss auch für eine Sonderanfertigung eine Leistungserklärung erstellen, wenn diese im Rahmen einer Serienfertigung gefertigt wurde. Eine Sonderanfertigung wird auf einen gesonderten Kundenauftrag hin gefertigt. Erforderlich ist zusätzlich, dass der Hersteller auf einen konkreten Auftrag eines Kunden hin tätig wird und der Kunde auch die Eigenschaften des Produktes vorgibt, sodass der Hersteller seine Produktionsroutine an den Auftrag anpassen muss. Ansonsten liegt nämlich eine Serienfertigung vor.

Einige Kriterien, die das Guidance Paper zum Begriff der Sonderanfertigung nennt, sind ausdrücklich in den Text der EU-BauPV aufgenommen worden: Das Produkt muss den jeweiligen nationalen Vorschriften entsprechen und auf einen besonderen Auftrag hin gefertigt worden sein.

Der Begriff der *„Serienfertigung"* ist damit aber weiterhin unklar. Das Guidance Paper zur BauPR gibt vor, dass es sich um eine Serienfertigung handelt, wenn ein Produkt in einem Prospekt, Katalog oder Ähnlichem, beworben wird. Diese Auslegung kann für die EU-BauPV übernommen werden. Sinn und Zweck dieser Auslegung ist, dass es sich denknotwendig bei einer herstellerseitigen Bewerbung nicht mehr um einen Auftrag des jeweiligen Kunden handeln kann. Vielmehr handelt es sich in diesen Fällen um eine Aufforderung des Herstellers an einen unbestimmten

Kreis von potentiellen Kunden ein Angebot abzugeben, was den im Katalog umschriebenen Inhalt hat.[136]

Nach dem Guidance Paper indiziert die Anpassung der Produktionsroutine an den Auftrag die Serienfertigung. Aufgrund derselben Zielsetzung der EU-BauPV und der BauPR, kann dieses Indiz auch auf die EU-BauPV übertragen werden. Jedenfalls ergibt sich aus dem Indiz ein abstraktes Kriterium für die Auslegung des Art. 5 lit. a. EU-BauPV.

Dem steht die Fertigung mehrerer Produkte nicht entgegen. Dies ergibt sich aus der unterschiedlichen Bedeutung der in Art. 5 lit. a. EU-BauPV verwendeten Begriffe. Da die individuelle Fertigung mengenmäßig nur ein Produkt umfasst, muss die Sonderanfertigung mehrere Produkte umfassen. Beide Tatbestandsalternativen hätten sonst eine synonyme Bedeutung, was aufgrund der Regelungsgeschichte der Norm nicht naheliegt.

bb) Fertigung des Produktes auf der Baustelle

Die Ausnahmeregelung des Art. 5 lit. b EU-BauPV befreit den Hersteller von Bauprodukten von der Erstellung einer Leistungserklärung, wenn das Bauprodukt erst auf der Baustelle zum Zweck des Einbaus zusammengesetzt wird. Die Vorschrift ist insgesamt restriktiv auszulegen, um Missbrauch vorzubeugen und dem Charakter als Ausnahmevorschrift Rechnung zu tragen.

Erforderlich ist, dass es sich bei den Produkten im Sinne des Art. 5 lit. b EU-BauPV nach ihrer Zusammensetzung um Bauprodukte gemäß Art. 2 Nr. 1 EU-BauPV handelt, da andernfalls ohnehin nach Art. 4 Abs. 1 EU-BauPV keine Leistungserklärung erstellt werden müsste. Das Bauprodukt muss auf der Baustelle zum Zwecke des Einbaus gefertigt werden. Vorbereitend hergestellte Komponenten können nur solange unter die Ausnahmeregelung des Art. 5 lit. b EU-BauPV fallen, wie sie selbst keine Bauprodukte im Sinne des Art. 2 Nr. 1 EU-BauPV sind. In diesem Fall handelt es sich nämlich bei den einzelnen Komponenten um Bauprodukte, die unabhängig von einer geplanten Zusammensetzung schon unter den Voraussetzungen des Art. 4 Abs. 1 EU-BauPV mit einer Leistungserklärung versehen werden müssen.

cc) Fertigung in einem nicht-industriellen Verfahren

Die Ausnahmeregelung greift nach Art. 5 lit. c EU-BauPV auch, wenn ein Bauprodukt auf traditionelle Weise oder in einer der Erhaltung des kulturellen Erbes angemessenen Renovierung von Bauwerken gefertigt wird. Dazu muss das Umfeld, in das das Bauprodukt später eingebaut werden soll, aufgrund seines besonderen architektonischen oder historischen Werkes, offiziell geschützt sein. Dieses Kriterium ist jedenfalls erfüllt, wenn ein Gebäude unter Denkmalschutz steht. Der Zusatz „*offiziell*" bekräftigt dabei, dass es sich nicht um eine beliebige Einschätzung handelt, sondern, dass ein gewisses Verfahren durchlaufen wird, was in der Regel staatlich

---

136 Dazu allgemein MüKo/*Busche*, § 145 BGB, Rn. 10 f.

initiiert worden ist. Die entsprechenden nationalen Vorschriften müssen hier, neben denjenigen der Bauordnung, beachtet werden. In den meisten Bundesländern ist beispielsweise für Umbaumaßnahmen die Denkmalschutzbehörde hinzuzuziehen, die aber dann regelmäßig intern von der Bauaufsichtsbehörde konsultiert wird und entsprechende Inhalte in das Baugenehmigungsverfahren einfließen lässt.[137] Der Sinn und Zweck der Vorschrift ist, solche Bauprodukte auszuklammern, die nicht mehr dem Stand der Technik entsprechen, die aber aus traditionellen und kulturellen Gründen in bestimmten Ausnahmefällen weiterverwendet werden müssen. Dass Denkmalschutz von offizieller Seite gefordert wird, begrenzt die Möglichkeiten des Missbrauchs, sodass im Übrigen relativ geringe Anforderungen an die Erfüllung der Voraussetzungen zu stellen sind.

c) Inhalt der Leistungserklärung nach Art. 6 EU-BauPV

Die Leistungserklärung gibt die Leistung von Bauprodukten in Bezug auf die wesentlichen Merkmale dieser Produkte gemäß den einschlägigen harmonisierten technischen Spezifikationen (als entsprechend den einschlägigen harmonisierten europäischen Norm oder der Europäisch Technischen Bewertung) an (Art. 6 Abs. 1 EU-BauPV).

Art. 6 Abs. 2 EU-BauPV listet die erforderlichen inhaltlichen Angaben auf.

Die Leistungserklärung muss einen Verweis auf den Produkttyp enthalten, für den sie erstellt wurde (Art. 6 Abs. 2 lit. a EU-BauPV). Der Begriff *Produkttyp* ist in Art. 2 Nr. 9 EU-BauPV legal definiert. Der Produkttyp umschreibt eine Kategorie, wie z.B. „Fensterrahmen aus Aluminium" oder „Lamellenmatten".

Die Leistungserklärung muss das System oder die Systeme zur Bewertung und Überprüfung der Leistungsbeständigkeit des Bauproduktes entsprechend der Anlage V der EU-BauPV angegeben sein (Art. 6 Abs. 2 lit. b EU-BauPV).

Es muss die Fundstelle und das Erstellungsdatum der harmonisierten Norm oder ETB, die zur Bewertung der einzelnen Merkmale verwendet wurde, angegeben werden (Art. 6 Abs. 2 lit. c EU-BauPV). Die Fundstelle bezeichnet die Veröffentlichung im Amtsblatt C. Kernstück der Leistungserklärung sind die Leistungen bezogen auf die wesentlichen Merkmale des Bauproduktes (Art. 6 Abs. 2 lit. d EU-BauPV).

Gemäß Art. 6 Abs. 3 EU-BauPV enthält die Leistungserklärung zusätzlich den Verwendungszweck, welcher der harmonisierten technischen Spezifikation zu entnehmen ist (Art. 6 Abs. 3 lit. a EU-BauPV). Der Verwendungszweck ist die Angabe, der gewöhnlichen Verwendung des Produktes, wie z.B. „Fenster für den Wohnungsbau und Nichtwohnungsbau". Beizufügen ist die Liste der wesentlichen Merkmale, die in der harmonisierten technischen Spezifikation für den erklärten Verwendungszweck festgelegt wurden (Art. 6 Abs. 3 lit. b EU-BauPV). Wesentliche Merkmale sind gemäß Art. 2 Nr. 4 EU-BauPV *„diejenigen Merkmale des Bauprodukts, die sich auf die Grundanforderungen an Bauwerke beziehen"*. Gemeint sind damit die Eigenschaften des Bauproduktes, deren Prüfung sich aus der harmonisierten Norm ergibt, wie

---

137   Dziallas, Baurecht und Denkmalschutz, in: NZBau 2007, 163 (164).

z.B. „Schlagregendichtheit" oder „Widerstandsfähigkeit gegen Wind". Die Leistung von zumindest einem der wesentlichen Merkmale des Bauproduktes ist anzugeben (Art. 6 Abs. 3 lit. e EU-BauPV). Für die aufgelisteten Merkmale, für die keine Leistung erklärt wird, werden die Buchstaben NPD (*„no performance determined / keine Leistung festgelegt"*) verwendet (Art. 6 Abs. 3 lit. f EU-BauPV).

Die Leistungserklärung muss alle vorgegebenen Informationen in dem Dokument selbst enthalten. Dies gilt auch, wenn die Informationen körperlich mit der Leistungserklärung verbunden sind. Dies ergibt sich unter anderem aus der Verbindlichkeit des Musters in Anhang III der EU-BauPV, von dem nur ausnahmsweise abgewichen werden darf.[138]

Auch die Angabe von Berechnungsformeln genügt den Anforderungen des Art. 6 EU-BauPV nicht. Dies ergibt sich aus der Anleitung zur Erstellung der Leistungserklärung in der delegierten Verordnung zur Änderung des Musters in Anhang III. Diese verbietet den Eintrag einer Formel zur Berechnung der Leistung.[139]

d) Verbindlicher Aufbau der Leistungserklärung nach dem Muster in Anhang III

Der Aufbau der Leistungserklärung muss entsprechend dem Muster in Anhang III der EU-BauPV, der durch die delegierte Verordnung Nr. 574/2014 ergänzt wird, gestaltet werden. Die Verordnung Nr. 574/2014 lässt in geringen Grenzen Abweichungen vom Muster zu. Inwieweit das Muster in Anhang III darüber hinaus als verbindlich anzusehen ist, entzieht sich einer einheitlichen Betrachtung.

Auf den ersten Blick erscheint das Problem wie künstlich geschaffen, da die detaillierte Umschreibung des Inhalts der Leistungserklärung in Art. 6 EU-BauPV wenig Spielraum für eine abweichende Gestaltung der Leistungserklärung bietet. Auf den zweiten Blick kann dieses Problem bei Fehlern bezüglich der Unterschrift unter der Leistungserklärung relevant werden. Die Unterschrift des Herstellers ist in Art. 6 EU-BauPV nicht als verbindlicher Inhalt der Leistungserklärung angegeben; die Unterschrift schließt aber im Muster in Anhang III die Leistungserklärung räumlich ab.

H. Wirth diskutiert, ob der Aufbau entsprechend der Musterleistungserklärung verbindlich ist.[140] Einerseits könne aus der Formulierung in Art. 6 Abs. 4 EU-BauPV *„wird unter Verwendung des Musters in Anhang III erstellt"* die Verbindlichkeit des Aufbaus herausgelesen werden.[141] Auf der anderen Seite könne das allgemeine Verständnis des Begriffs Muster auch eine gewisse Unverbindlichkeit im Sinne eines

---

138 Siehe § 3, B., I., 1., d).
139 Delegierte Verordnung (EU) Nr. 574/2014 der Kommission vom 21. Februar 2014 zur Änderung von Anhang III der Verordnung (EU) Nr. 305/2011 des Europäischen Parlaments und des Rates über das bei der Erstellung einer Leistungserklärung für Bauprodukte zu verwendende Muster (delegierte VO Nr. 574/2014).
140 H.Wirth, EU-BauPV, in: BauR 2013, 703 (713).
141 H.Wirth, EU-BauPV, in: BauR 2013, 703 (713).

Gestaltungsvorschlages bedeuten.[142] Darüber hinaus ergebe sich dieses Ergebnis aus den Bußgeldvorschriften des BauPG, da dort auf das Muster in Anhang III der EU-BauPV kein Bezug genommen werde.[143]

Die Verbindlichkeit des Musters in Anhang III ergibt sich vor allem aus der Systematik des Art. 6 EU-BauPV und der Bedeutung der Unterschrift. Der Wortlaut ist hingegen – auch im Vergleich mit anderen Sprachfassungen – nicht ergiebig.

Auch die englische und die französische Sprachversion geben durch die jeweilige Formulierung in Art. 6 Abs. 4 EU-BauPV keine Hinweise auf die nähere Bedeutung des Begriffs „Muster". Auch diese Sprachfassungen verwenden einen in der Wortbedeutung identischen Begriff für *„Muster".* Es heißt jeweils *„the declaration of performance shall be drawn up using the model set out in Annex III",* bzw., *„le déclaration des performances est stabile au moyen de modèle Figurant à l'annexe III".*

Da aber ein „Muster" auch im Falle seiner Verbindlichkeit immer auf den Einzelfall übertragen werden muss, spricht die Verwendung dieses Begriffes nicht zwangsläufig für die Unverbindlichkeit des Musters in Anhang III.

Die Inhalte der einzelnen Absätze des Art. 6 EU-BauPV deuten auf die verbindliche Anwendung des Musters hin.

Schon qualitativ besteht ein Unterschied in der Umschreibung des Inhalts in Art. 6 EU-BauPV und dem Muster der Leistungserklärung in Anhang III. Dieser liegt darin, dass Art. 6 EU-BauPV nur den *Inhalt* der Leistungserklärung festgelegt, während das Muster die *Form* ergänzt. Das Beispiel der Unterschrift stützt diese Differenzierung, da die Unterschrift der Form eines Dokuments und nicht dem Inhalt zuzuordnen ist (vgl. dazu etwa die Formvorschriften in §§ 125 ff. BGB). Diese Differenzierung lässt sich in systematischer Hinsicht damit begründen, dass die Verwendung des Musters in Art. 6 Abs. 4 EU-BauPV festgelegt wird, während der Inhalt der Leistungserklärung im engeren Sinne in den Absätzen 1 bis 3 beschrieben wird. Die Absätze des Art. 6 EU-BauPV weisen eine Stufenfolge hinsichtlich ihres Präzisierungsgrades auf. Art. 6 Abs. 4 EU-BauPV i.V.m. dem Muster in Anhang III ist eine detaillierte Präzisierung der Anforderungen, die in Art. 6 Abs. 1 bis 4 EU-BauPV festgelegt werden. Während Art. 6 Abs. 1 EU-BauPV noch allgemein formuliert, dass die Leistungserklärung die Leistung von Bauprodukten in Bezug auf die wesentlichen Merkmale dieser Produkte gemäß den einschlägigen harmonisierten Spezifikationen angibt, enthalten die folgenden Absätze präzisere Aufzählungen. In diesem Gefüge kann dann auch das Muster und Art. 6 Abs. 4 EU-BauPV gesehen werden.

Darüber hinaus greift das Argument, dass das BauPG sich in den Bußgeldvorschriften nicht auf das Muster in Anhang III der EU-BauPV bezieht,[144] nicht durch. Es handelt sich beim BauPG um einen nationalen Rechtsakt, der die EU-BauPV umsetzen soll. Aufgrund der Normenhierarchie kann das BauPG nicht den Inhalt

---

142   H.Wirth, EU-BauPV, in: BauR 2013, 703 (713).
143   H.Wirth, EU-BauPV, in: BauR 2013, 703 (713).
144   H. Wirth, EU-BauPV, in: BauR 2013, 703 (713).

der EU-BauPV bestimmen. Vielmehr wäre das BauPG europarechtskonform auszulegen, soweit es nicht mit der EU-BauPV in Einklang steht. Auch die Konkretisierung zur Verwendung des Musters in der delegierten Verordnung Nr. 574/2014 steht der Annahme, dass die Anwendung des Musters verbindlich ist, nicht entgegen. Zwar kann in dem in der delegierten Verordnung festgelegten Umfang von dem Muster abgewichen werden, allerdings spricht diese Regelung gerade dafür, dass das Muster im Übrigen verbindlich ist. Zur Erforderlichkeit der Unterschrift trifft aber auch die delegierte Verordnung keine Regelung. In den Erwägungsgründen der delegierten Verordnung über das zur Erstellung einer Leistungserklärung für Bauprodukte zu verwendende Muster, legt die Kommission zwar ausdrücklich fest, dass den Herstellern „[...] etwas *Spielraum eingeräumt [wird], solange sie deutlich und kohärent die nach Art. 6 der [EU-BauPV] erforderlichen wesentlichen Informationen angeben.*"[145] Die Erwägungsgründe in einem europäischen Rechtsakt dienen aber nur der Auslegung und stellen keine verbindliche Regelung dar. Hier erfolgt auch eine weitere Konkretisierung des Erwägungsgrundes in der delegierten Verordnung selbst. Sie benennt die Voraussetzungen, unter denen der Hersteller ausnahmsweise von dem Muster abweichen kann.

Dazu nennt die delegierte Verordnung in „*2. Flexibilität*", dass der Hersteller vom Layout abweichen könne, die Nummern des Musters kombinieren, zusammenfassen, in einer anderen Reihenfolge, mit Hilfe einer oder mehrerer Tabellen darstellen oder weglassen könne, wenn sie nicht relevant für die Leistung des Bauproduktes sind. Eine ausdrückliche Ausnahme für die Entbehrlichkeit der Unterschrift enthält die Aufzählung nicht, obwohl diese in Art. 6 EU-BauPV nicht genannt ist. Die delegierte Verordnung enthält ein weiteres Muster, das dem Vorbild des Musters in Anhang III entspricht. Doch auch das überarbeitete Muster in der delegierten Verordnung enthält eine Zeile für die Unterschrift sowie in der Anleitung zur Erstellung der Leistungserklärung die Aussage, dass die Leistungserklärung zu unterschreiben ist. Soweit die Erwägungsgründe darauf abstellen, dass eine Abweichung vom Muster im Rahmen der kohärenten Widergabe des Art. 6 EU-BauPV möglich ist, gilt dies nicht für die Unterschrift. Aus der Formulierung des Erwägungsgrundes 5 ist auch nicht herauszulesen, dass grundsätzlich auf die Unterschrift unter der Leistungserklärung verzichtet wird. Ein Abweichen von dem Muster in Anhang III soll vielmehr nur in den ausdrücklich genannten Ausnahmefällen möglich sein.

e) Zuordnung durch abschließende Unterzeichnung

Legt man das Muster einer Leistungserklärung in Anhang III zu Grunde, muss die Leistungserklärung unterschrieben werden. Maßgeblich ist, dass die Leistungserklärung dem Hersteller zugeordnet werden kann, während es für die Wirksamkeit

---

145 Erwägungsgrund 5 der Delegierten Verordnung (EU) Nr. 574/2014 der Kommission vom 21.Februar 2014 zur Änderung von Anhang III der Verordnung (EU) Nr. 305/2011 des Europäischen Parlaments und des Rates über das bei der Erstellung einer Leistungserklärung für Bauprodukte zu verwendende Muster.

der Leistungserklärung auf die Ermächtigung im Innenverhältnis grundsätzlich nicht ankommt.

Im Muster heißt es: *„Unterzeichnet für den Hersteller und im Namen des Herstellers von: (Name und Funktion), (Ort und Datum der Ausstellung), (Unterschrift)".* Die Angabe des Namens und der Funktion des Unterzeichners ist erforderlich, um die Leistungserklärung dem Hersteller zuordnen zu können. Die Benennung der unterzeichnenden Person unterstützt die Rückverfolgbarkeit etwaiger Fehler im Rahmen der Marktüberwachung.

Für die Wirksamkeit der Leistungserklärung müssen interne Handlungsbefugnisse unberücksichtigt bleiben. Der Hersteller ist insoweit nicht schutzwürdig. Da es sich bei der Leistungserklärung zudem ausschließlich um eine Wissenserklärung[146] handelt, ist eine Willenszurechnung der Erklärung nicht erforderlich. Es müssen deshalb keine hohen Anforderungen an die Unterzeichnungsbefugnis gestellt werden.

Die Wirksamkeit der Leistungserklärung ist auch nicht berührt, wenn ein Bevollmächtigter die Leistungserklärung erstellt, ohne über die nach Art. 12 EU-BauPV erforderliche schriftliche Vollmacht[147] des Herstellers zu verfügen. Auch hier muss das Innenverhältnis zwischen Hersteller und Bevollmächtigtem außer Betracht bleiben, da die Unterzeichnung v.a. die Maßnahmen der Marktüberwachung vereinfachen soll. Die Notwendigkeit der schriftlichen Bevollmächtigung zielt nicht unmittelbar auf die Zurechnung der Leistungserklärung zum Hersteller ab. Die schriftliche Bevollmächtigung ermöglicht es vielmehr im Zweifel die Verantwortlichkeit für den Verstoß gegen Pflichten der EU-BauPV bestimmen zu können.[148] Die Verantwortlichkeit greift somit erst auf der Sekundärebene ein und lässt die Wirksamkeit der Leistungserklärung als solche unberührt.

f) Zeitpunkt der Erstellung: Mit der Abgabe an weitere Wirtschaftsakteure

Die Leistungserklärung muss erstellt werden, bevor das jeweilige Bauprodukt an einen Händler oder Importeur abgegeben wird. Art. 4 Abs. 1 EU-BauPV legt fest, dass die Leistungserklärung für ein Bauprodukt erstellt werden muss, wenn es in den Verkehr gebracht wird. Inverkehrbringen ist nach Art. 2 Nr. 17 EU-BauPV die erstmalige Bereitstellung auf dem Markt. Nach Art. 2 Nr. 16 EU-BauPV ist hiervon jede *„entgeltliche oder unentgeltliche Abgabe eines Bauproduktes zum Vertrieb oder zu Verwendung auf dem Markt der Union im Rahmen einer Geschäftstätigkeit"* erfasst. Die Bereitstellung auf dem Markt bezieht sich zwar grundsätzlich auf das konkrete Bauprodukt und nicht auf den gesamten Produkttyp.[149] Da die Leistungserklärung dennoch für den gesamten Produkttyp erstellt wird, genügt es, wenn die

---

146 A.A.: H. Wirth, Die EU-BauPV, in: BauR 2013, 703 (711).
147 Siehe § 3, A., I., 4.
148 Siehe dazu § 3, B., II., 4.; § 4, B., II.
149 OLG Frankfurt a.M., Urt. v. 25.09.2014 – 6 U 99/14, Rn. 19.

Leistungserklärung vorliegt, sobald das erste Bauprodukt des Produkttyps auf dem Markt bereitgestellt wird.

2. Anbringung des CE-Kennzeichens

a) Kennzeichnungsverbot außerhalb der gesetzlichen Kennzeichnungspflicht

Der Hersteller ist nach Art. 11 Abs. 1, Art. 8 Abs. 2 EU-BauPV verpflichtet, das Bauprodukt vor dem Inverkehrbringen mit dem CE-Kennzeichen zu versehen.

Die Verpflichtung das Produkt mit dem CE-Kennzeichen zu versehen, ist unmittelbar mit der Pflicht des Herstellers zur Erstellung einer Leistungserklärung (Art. 8 Abs. 2, Art. 11 Abs. 1 EU-BauPV) verknüpft. Die Kennzeichnungspflicht entsteht, wenn der Hersteller nach Art. 4 Abs. 1 EU-BauPV eine Leistungserklärung für das Bauprodukt erstellen muss.[150] Ausnahmen von der Kennzeichnungspflicht ergeben sich deshalb parallel zu Art. 5 EU-BauPV.[151] Art. 8 Abs. 2 UA. 2 EU-BauPV verbietet die Kennzeichnung mit dem CE-Zeichen jedoch, wenn keine gesetzliche Kennzeichnungspflicht nach Art. 11 Abs. 1, 8 Abs. 2 EU-BauPV besteht.

b) Ausschließliche Kennzeichnungsberechtigung des Herstellers

Das Anbringen des CE-Kennzeichens ist gemäß Art. 11 Abs. 1 EU-BauPV ausschließlich dem Hersteller vorbehalten und damit dem Aufgabenkreis der übrigen Wirtschaftsakteure – insbesondere dem des Händlers und dem des Importeurs – entzogen. Ausnahmsweise kann jedoch der Händler oder Importeur zur Kennzeichnung verpflichtet sein, wenn die Voraussetzungen des Art. 15 EU-BauPV vorliegen. Art. 15 EU-BauPV richtet die *zusätzlichen* Herstellerpflichten an den Importeur oder den Händler, wenn diese ein Produkt im eigenen Namen unter einer eigenen Handelsmarke in den Verkehr bringen.

Dem Bevollmächtigten kann das Recht zur Anbringung der Kennzeichnung vom Hersteller übertragen werden. Hierzu ist die schriftliche Übertragung der Pflicht im Rahmen einer Vollmacht notwendig.[152] Die Kennzeichnungspflicht ist nicht ausdrücklich aus dem Aufgabenkreis des Bevollmächtigten in Art. 12 Abs. 1 EU-BauPV ausgenommen, andererseits ist sie auch nicht als eine der Regelaufgaben in Art. 12 Abs. 2 EU-BauPV genannt.

---

150 Winkelmüller/van Schewick/Müller, Praxishandbuch Bauprodukte, Rn. 205; Hildner, Neuer Rechtsrahmen für Bauprodukte, in: DS 2013, 218 (221).

151 Art. 5 EU-BauPV regelt Ausnahmen von der Pflicht zur Erstellung einer Leistungserklärung, siehe § 3, B., I., 1., b).

152 Siehe § 3, B., IV., 1.

c) Unzulässigkeit der Kombination von CE-Kennzeichen und
Leistungserklärung

Die Kombination des CE-Kennzeichens mit der Leistungserklärung ist rechtlich nicht zulässig. Eine Kombination beider Institute ist praktisch etwa in der Form denkbar, dass die Leistungserklärung gemeinsam mit den Angaben, welche das CE-Kennzeichen erfordert, direkt auf dem Bauprodukt angebracht werden.

Nach vereinzelten Ansichten in der Literatur soll eine Kombination von CE-Kennzeichen und Leistungserklärung nicht verboten sein.[153] Im Rahmen dessen wird vorgebracht, dass aufgrund der unterschiedlichen Anforderungen, die an das CE-Kennzeichen und die Leistungserklärung gestellt werden, eine Kombination von Leistungserklärung und CE-Kennzeichnung nicht sinnvoll sei.[154] Insbesondere wegen der Sprachproblematik sei dieses Vorgehen wohl nur für mittlere und kleinere Unternehmen mit nationalem Wirkungskreis sinnvoll.[155]

Für die Kombinationsmöglichkeit spricht zwar das funktionale Verhältnis zwischen CE-Kennzeichen und Leistungserklärungserklärung. Letztendlich stehen der Kombination aber formale Gesichtspunkte entgegen.

Die Leistungserklärung stellt ein *Mehr* gegenüber dem CE-Kennzeichen dar. In dem CE-Kennzeichen werden nur die wesentlichen Merkmale aufgelistet, für die der Hersteller auch eine Leistung erklärt hat, während die Leistungserklärung auch für die nicht erklärten Leistungen den Vermerk *NPD*[156] enthalten muss. Der Zweck des CE-Kennzeichens und der Leistungserklärung spricht nicht gegen die Kombination von Leistungserklärung und CE-Kennzeichen. Zweck des Kennzeichens, als auch der Leistungserklärung, ist die Information über die Eigenschaften des Bauproduktes und ihre Bewertung nach dem europäischen Recht. Das CE-Kennzeichen dient dazu, die Konformität des Produktes mit den einschlägigen europäischen Vorschriften festzustellen. Die Leistungserklärung hingegen gibt die Leistung des Bauproduktes detailliert wieder. Durch die Referenznummer, die sowohl in dem CE-Kennzeichen, als auch in der Leistungserklärung enthalten sein muss, entsteht eine Verknüpfung zwischen Leistungserklärung und Bauprodukt. Die Verknüpfung beider Institute über die Referenznummer ermöglicht es, dem Verwender und den Behörden die Leistung eines Bauproduktes zu überprüfen, da die Leistungserklärung unmissverständlich dem dazugehörigen Bauprodukt zugeordnet werden kann. Das CE-Kennzeichen auf dem Produkt weist in erster Linie darauf hin, dass eine Leistungserklärung zu dem jeweiligen Produkt existiert. Diese Verknüpfung ist nötig, da die Leistungserklärung regelmäßig nicht körperlich mit dem Bauprodukt verbunden ist.

Trotz der Verknüpfungsfunktion, steht der Kombination von CE-Kennzeichen und Leistungserklärung die jeweilige Form entgegen. Das CE-Kennzeichen muss

---

153   H. Wirth, EU-BauPV, in: BauR 2013, 703 (716).
154   H. Wirth, EU-BauPV, in: BauR 2013, 703 (716).
155   H. Wirth, EU-BauPV, in: BauR 2013, 703 (716).
156   *„no performance determined"*, § 3, B., I., 1., c).

unmittelbar am Bauprodukt angebracht werden, um eben jene Verknüpfung von Leistungserklärung und Bauprodukt zu ermöglichen. Die Leistungserklärung soll aber vorrangig in elektronischer Form zur Verfügung gestellt werden und nur auf Anfrage des Verwenders (oder einem anderen Wirtschaftsakteur) in gedruckter Form (Art. 7 Abs. 2 EU-BauPV). Wird das CE-Kennzeichen mit der Leistungserklärung kombiniert, ist ihre Bereitstellung praktisch nur in gedruckter Form möglich.

Gegen eine Kombination von CE-Kennzeichen und Leistungserklärung sprechen außerdem die Vorgaben des Musters in Anhang III der Verordnung. Dieses Muster sieht keinen Platz für das CE-Kennzeichen vor. Die Leistungserklärung müsste durch das Symbol des CE-Kennzeichens ergänzt werden, obwohl das Muster in Anhang III keinen Platz hierfür vorsieht.

d) Vorrangige Anbringung des Kennzeichens auf dem Bauprodukt

Das CE-Kennzeichen soll grundsätzlich auf dem Bauprodukt angebracht werden und nur ausnahmsweise auf seiner Verpackung (Art. 9 Abs. 1 EU-BauPV). Ein Ausnahmefall liegt vor, wenn die Anbringung auf dem Bauprodukt oder einem daran befestigten Etikett aus tatsächlichen Gründen nicht möglich ist. Es darf auch an der Verpackung angebracht werden, wenn eine Interessenabwägung ergibt, dass das Interesse an der Anbringung auf der Verpackung gegenüber dem Interesse an der Funktion des CE-Kennzeichens überwiegt. Muss das CE-Kennzeichen auf einem Bausatz angebracht werden, ist die Kennzeichnung auf der Verpackung nach den genannten Grundsätzen regelmäßig zulässig. Zwischen den benannten Orten der Anbringung besteht eine Stufenfolge.

Gemäß Art. 9 Abs. 1 EU-BauPV soll das CE-Kennzeichen fest an dem Bauprodukt oder einem daran befestigten Etikett angebracht werden und nur, wenn es anders nicht möglich ist, an der Verpackung oder den Begleitunterlagen.

Das trägt dem Zweck des CE-Kennzeichens Rechnung, da die Leistungserklärung dem konkreten Bauprodukt zugeordnet werden muss und dies nur über die Kennzeichnung gewährleistet werden kann. Auch aus dem Wortlaut des Art. 9 Abs. 1 EU-BauPV ergibt sich mithin eine Rangfolge zwischen der Anbringung auf dem Bauprodukt, der Anbringung auf der Verpackung und schließlich den Begleitunterlagen: *„Falls die Art des Produkts dies nicht zulässt [...]“.*

Dies ergibt sich auch aus den Ausführungen des *Guidance Paper D*. Die Anmerkungen des *Guidance Papers* können auch auf die EU-BauPV angewendet werden, weil sich gegenüber der BauPR jedenfalls hinsichtlich der Verknüpfungsfunktion des CE-Kennzeichens nichts geändert hat. Insbesondere Art. 9 Abs. 1 EU-BauPV entspricht wörtlich fast den Ausführungen des *Guidance Papers*. Dort heißt es in Punkt 3.2.:

„The CE marking and the accompanying information shall be placed on the product itself, on a label attached to it, on its packaging, or on the accompanying commercial documents. The order in which this list is presented clearly reflects a hierarchy of preference. Wherever possible, the CE marking and accompanying information shall be placed on the product itself. If this is not practicable, for physical, technical or economic

reasons, the CE marking and accompanying information may be placed in the next location specified, and so on until a suitable location is found. For some products, it may be appropriate to specify a combination of locations for the CE marking and the accompanying information, to reduce the information appearing on the product itself, whilst the complete information appears on the accompanying commercial documents. Where the information is split in this way, the location(s) lower in the hierarchy must always repeat that part of the information already placed higher up in the hierarchy. Technical specifications shall indicate where the CE marking and the accompanying information shall be placed for the product(s) covered, following the above principles, and the location(s) shall be the same for all products of a given type. "

Damit eine Anbringung des Kennzeichens auf der Verpackung erfolgen darf, muss die Art des Produktes eine dauerhafte Anbringung nicht „zulassen" oder nicht „rechtfertigen". Auf Grund der Verwendung unterschiedlicher Begriffe durch den Verordnungsgeber liegt eine unterschiedliche Auslegung der Begriffe nahe.

Das Guidance Paper konkretisiert diese Begriffe, mit Fällen, in denen das Anbringen aufgrund körperlicher, technischer oder wirtschaftlicher Gründe nicht möglich ist. Eindeutig zu beurteilen sind dabei Fälle, in denen aus tatsächlichen Gründen eine Anbringung auf dem Bauprodukt nicht möglich ist. Dies ist z.B. der Fall, wenn das Bauprodukt aus losen Bestandteilen besteht und die Anbringung aufgrund seiner Konsistenz nicht möglich ist. Anders liegt der Fall, wenn eine Anbringung zwar tatsächlich möglich ist, aber beispielsweise aus Gründen der Ästhetik das Erscheinungsbild des Bauproduktes beeinträchtigen würde oder die Anbringung mit erheblichen Kosten verbunden wäre.

Die Verwendung der Begriffe der Zulassung und Rechtfertigung im Wortlaut des Art. 9 Abs. 1 EU-BauPV ergibt einen Sinn, wenn sie eine unterschiedliche Bedeutung haben. Der Begriff der Zulassung meint die tatsächliche Unmöglichkeit, während die wirtschaftliche Unmöglichkeit den Begriff der Rechtfertigung ausfüllt.

Vor dem Hintergrund dieser Unterscheidung bedarf es der Präzisierung des Begriffes der Rechtfertigung. Die Formulierung legt nahe, dass es sich um eine Ausnahmeregelung handelt, die grundsätzlich restriktiv auszulegen ist. Sachgerechte Ergebnisse liefert in diesem Zusammenhang eine Interessenabwägung. Im Wege der Interessensabwägung muss das Herstellerinteresse mit dem Behördeninteresse abgewogen werden. Auf der einen Seite steht das Interesse des Herstellers, dass Bauprodukt unter wirtschaftlich vertretbarem Aufwand in den Verkehr zu bringen. Dem steht das Interesse der Behörden gegenüber, den Sinn der CE-Kennzeichnung zu wahren, der in der Zuordnung des Bauproduktes zu der Leistungserklärung und der Möglichkeit der rechtlichen Bewertung des Produktes liegt. Das Interesse des Herstellers wiegt dabei umso mehr, je teurer die Aufbringung des Kennzeichens auf dem Bauprodukt selbst wird, wohingegen das Interesse an einer Anbringung sinkt, je eher die Zuordnung auch durch ein Anbringen auf der Verpackung sichergestellt werden kann.

Das Guidance Paper D ermöglicht unter weiteren Voraussetzungen eine Aufteilung der Informationen des CE-Kennzeichens auf verschiedene Anbringungsorte. Dies kann eine Rolle spielen, wenn z.B. der Platz auf dem Bauprodukt selbst nicht für alle erforderlichen Informationen ausreicht. Der Grundsatz der Rangfolge der

Anbringung gilt für diesen Fall weiterhin. Die Möglichkeit, die Informationen aufzuteilen, muss in die Interessensabwägung als milderes Mittel einbezogen werden. Das Aufteilen der Informationen auf verschiedene Ort setzt nach den Ausführungen des Guidance Papers überdies voraus, dass die Informationen in dem rangniedrigeren Medium vollständig wiederholt werden.

Bei einem Bausatz reicht in der Regel die Anbringung des CE-Kennzeichens auf der Verpackung aus, wenn dieser durch eine solche zusammengefasst wird. Eine Anbringung des CE-Kennzeichens auf jedem einzelnen Teil des Bausatzes ist deshalb in der Regel unzulässig.

Gemäß Art. 2 Nr. 2 EU-BauPV ist auch ein Bausatz ein Bauprodukt im Sinne des Art. 2 Nr. 1 EU-BauPV. Grundsätzlich bleibt es deshalb bei der Anwendung des Art. 9 Abs. 1 EU-BauPV, der sich unterschiedslos auf alle Bauprodukte bezieht. Es bleibt deshalb auch bei der Anwendung der Kriterien zur Zulässigkeit und Rechtfertigung für die Bestimmung des Anbringungsortes.[157] Die Anbringung des Kennzeichens ist gemäß Art. 8 Abs. 2, Art. 11 Abs. 1 EU-BauPV an den Bausatz als Ganzen geknüpft. Die Pflicht zur Anbringung des CE-Kennzeichens entsteht erst mit der Zusammenfügung der einzelnen Komponenten zu einem Bausatz durch die Zweckbestimmung der Zusammenfügung und des Einbaus in ein Bauwerk zu einem Bauprodukt im Sinne der Verordnung (Art. 2 Nr. 2 EU-BauPV). Die Anbringung des CE-Kennzeichens an die einzelnen Komponenten, verstieße regelmäßig gegen Art. 8 Abs. 2 UA. 2 EU-BauPV, da für die einzelnen Komponenten eines Bausatzes keine Leistungserklärung erstellt wird.

e) Kumulation aller einschlägigen Harmonisierungsvorschriften

Art. 8 Abs. 3 EU-BauPV legt fest, dass der Hersteller mit der Kennzeichnung die Verantwortung für *„die Konformität des Bauproduktes mit dessen erklärter Leistung sowie für die Einhaltung aller geltenden Anforderungen, die in dieser Verordnung und in anderen einschlägigen Harmonisierungsvorschriften der Union, die die Anbringung vorsehen, festgelegt sind"* übernimmt. Es sind also nicht nur die Vorgaben der EU-BauPV von der Erklärungswirkung des CE-Kennzeichens erfasst, sondern auch Vorgaben anderer Harmonisierungsrechtsakte. Dies ist nötig, weil eine Differenzierung von CE-Kennzeichen nach unterschiedlichen Harmonisierungsrechtsakten der Zielsetzung des Zeichens zuwiderlaufen würde. Dadurch, dass das CE-Kennzeichen gleichzeitig für alle Harmonisierungsrechtsakte zutreffen muss, bleibt die Verantwortung für die Einhaltung sämtlicher einschlägiger Vorschriften beim Hersteller.

3. Leistungs- und Leistungsbeständigkeitsprüfung des Bauproduktes

Der Hersteller muss als Grundlage für die Leistungserklärung die Leistung eines Bauproduktes bestimmen, bevor er das Produkt in den Verkehr bringt. Die wesentlichen Merkmale und die maßgeblichen Untersuchungsverfahren ergeben sich aus

---

157 Siehe dazu § 3, B., I., 2., d).

der einschlägigen harmonisierten Norm. Die harmonisierten Normen enthalten einen sog. Anhang ZA, welcher Details dazu enthält, welche notifizierten Stellen in welchem Umfang in das Leistungsbewertungsverfahren einbezogen werden müssen. Während des Produktionsverfahrens muss der Hersteller geeignete Verfahren anwenden, um auch bei der Serienfertigung die Konformität von Produkt und Leistungserklärung kontinuierlich sicherzustellen. Auch nach dem Inverkehrbringen muss der Hersteller gemäß Art. 11 Abs. 3 UA. 3 EU-BauPV noch stichprobenartig Produkte prüfen, die sich schon im Markt befinden.

a) Leistungsprüfung nach Systemen in Anhang ZA der harmonisierten Norm

Der Anhang ZA der einschlägigen harmonisierten Norm oder ETB schreibt dem Hersteller ein bestimmtes Vorgehen zur Bewertung und Überprüfung der Leistungsbeständigkeit vor. Diese werden in Form von Systemen ausgedrückt. Welches System anzuwenden ist, legt die Kommission fest. Die Schritte des jeweiligen Systems regelt Anhang V zur EU-BauPV.

Die Systeme knüpfen an das Prinzip der Eigenverantwortlichkeit an. Dieses Prinzip ermöglicht dem Hersteller eine weitgehende Eigenständigkeit bei der Durchführung der Leistungsprüfung der Bauprodukte. Diese Eigenständigkeit ermöglicht es, offizielle Stellen in weiten Teilen aus der Bewertung der Leistung herauszuhalten. Die Systeme sehen jeweils unterschiedliche Anteile der Fremdbeteiligung vor. Der Umfang der Fremdbeteiligung ist davon abhängig, welche Auswirkungen die Leistung des Bauproduktes auf die Umwelt, die Gesundheit und Sicherheit von Menschen hat. Die Systeme sehen insoweit eine Abstufung zwischen Eigenprüfung und Fremdbeteiligung vor.

Anhang V EU-BauPV definiert die Systeme 1+, 1, 2+, 3 und 4. Das System 1+ stellt dabei die strengsten Anforderungen an die Leistungsüberprüfung, während System 4 die geringsten Anforderungen stellt.

Alle Systeme verpflichten den Hersteller zu einer werkseigenen Produktionskontrolle (WPK). In allen Systemen stellt die notifizierte Stelle dem Hersteller eine Bescheinigung aus. Diese Bescheinigung kann sich auf die Leistungsbeständigkeit oder die Konformität der werkseigenen Produktionskontrolle beziehen. Je nach System muss die unabhängige Stelle als Grundlage für die Ausstellung der Bescheinigung unterschiedliche Aspekte prüfen.

Ist das System 1+ oder 1 anzuwenden, ist der Hersteller verpflichtet, im Werk entnommene Produktproben nach einem festgelegten Prüfplan zu überprüfen sowie die WPK durchzuführen. Beim System 1+ stellt die notifizierte Stelle die Bescheinigung der Leistungsbeständigkeit auf Grundlage der Feststellung des Produkttyps, einer Werksinspektion, der laufenden Überwachung der WPK sowie einer stichprobenartigen Überprüfung von Produkten, die bereits in den Verkehr gebracht wurden, aus. Die Feststellung des Produkttyps soll anhand einer Typprüfung mit Probenentnahme, einer Typberechnung auf Grundlage von Werttabellen und Unterlagen zur Produktbeschreibung. Das System 1 sieht entspricht dem weitestgehend. Es verzichtet jedoch auf die stichprobenartige Prüfung nach dem Inverkehrbringen.

Das System 2+ enthält dieselben Herstellerstelleraufgaben, wie die Systeme 1 und 1+. Daneben kann der Hersteller die Typbestimmung, die in den Systemen 1 und 1+ der unabhängigen Stelle vorbehalten ist, selbst vornehmen. Im System 2+ muss die notifizierte Stelle das Werk inspizieren sowie die WPK laufend Überwachen, bewerten und evaluieren. Das System 2, wie es noch in der BauPR vorhanden war, wurde in der EU-BauPV ersatzlos gestrichen.[158] Die BauPR sah für die bereits benannten Systeme eine Inspektionskontrolle für die werkseigene Produktion vor, welche in der EU-BauPV ebenfalls nicht mehr vorhanden ist.[159]

Das System 3 verpflichtet den Hersteller nur zur WPK. Die notifizierte Stelle nimmt zwar die Feststellung des Produkttyps vor. Die Probenentnahme wird dabei aber vom Hersteller selbst durchgeführt.

System 4 sieht gar keine Beteiligung einer notifizierten Stelle vor. Der Hersteller ist jedoch verpflichtet die WPK durchzuführen sowie den Produkttyp festzustellen.

Welche notifizierten Stellen als Fremdbeteiligte hinzugezogen werden können, muss der Hersteller ermitteln. Dazu wird im Internet die sogenannte NANDO-Datenbank „New Approach Notified and Designated Organisations Information System" von der Kommission betrieben. Die Datenbank beinhaltet ein Verzeichnis aller notifizierten Stellen, die durch den Hersteller zur Mitwirkung eingebunden werden können.

Eine Überprüfung jedes einzelnen Bauproduktes ist nicht erforderlich. Die Prüfung erfolgt jeweils den gesamten Produkttyp, aufgrund von Stichprobenprüfungen. Dies ergibt sich aus dem Umfang der Untersuchungsbestandteile der einzelnen Systeme. Diese sehen in der Regel eine Typprüfung vor.

b) Vereinfachte Verfahren zur Leistungsprüfung

Der Hersteller kann die Leistungsprüfung unter weiteren Voraussetzungen durch sogenannte vereinfachte Verfahren nachweisen.[160] Die Voraussetzungen und Modalitäten des vereinfachten Verfahrens sind in den Art. 36 ff. EU-BauPV geregelt. Die Möglichkeit vereinfachter Verfahren ist eine Neuerung der EU-BauPV, die unter der BauPR nicht notwendig war, weil die Anwendung der harmonisierten Normen nicht verpflichtend war. Aufgrund der Kosten, die bei der Leistungsüberprüfung durch den Hersteller entstehen, ist insbesondere die Entlastung von Kleinstunternehmen erforderlich.[161]

aa) Prüfung desselben Produkttyps durch andere Hersteller

Art. 36 EU-BauPV weitet die Beschränkung der Leistungsprüfung auf den Produkttyp[162] auch auf die Typprüfung durch andere Hersteller aus.

---

158   Schremser, EU-BauPV, S. 52.
159   Schremser, EU-BauPV, S. 52.
160   Hildner, Neuer Rechtsrahmen für Bauprodukte, in: DS 2013, 218 (220).
161   Erwägungsgrund Nr. 38 EU-BauPV; Winkelmüller/van Schewick/Müller, Praxishandbuch Bauprodukte, Rn. 161.
162   Siehe § 3, B., I., 3.

Wenn nach einem der oben genannten Systeme eine Typprüfung vorgesehen ist, dürfen Hersteller diese durch eine *angemessene technische Dokumentation* ersetzen.[163] Diese Ausnahme ermöglicht es dem Hersteller, das Bauprodukt mit dem CE-Kennzeichen zu versehen, ohne dabei selbst die Überprüfung der Leistung des Bauproduktes vornehmen zu müssen. Dies ist in folgenden Fällen zulässig:

Ein Bauprodukt kann in Bezug auf ausgewählte wesentliche Merkmale auch ohne weitere Überprüfung (*„without testing"*) einer Leistungsstufe oder einer Leistungsklasse zugeordnet werden, wenn die harmonisierte technische Spezifikation oder ein entsprechender Beschluss der Kommission dies vorsieht.

Der Hersteller kann auch Prüfergebnisse anderer Hersteller nutzen, wenn dieser den gleichen Produkttyp auf den Markt gebracht hat, dieses Produkt bereits nach der technischen Spezifikation geprüft wurde und der andere Hersteller die Nutzung der Prüfergebnisse genehmigt hat.[164] Ein ähnlicher Fall liegt vor, wenn es sich bei dem Produkt um ein System von Bauteilen handelt, das nach einer Anleitung des Systemanbieters montiert wird und dieser Anbieter das Produkt bereits nach der einschlägigen technischen Spezifikation geprüft hat. Liegt auch in diesem Fall eine Genehmigung des Anbieters vor, darf der Hersteller die Prüfergebnisse für die Angaben in seiner Leistungserklärung verwenden.

Wenn die harmonisierte technische Spezifikation die Überprüfung nach den Systemen 1+ oder 1 vorsieht, muss die Technische Dokumentation gemäß dem Anhang V der Verordnung von einer notifizierten Stelle überprüft werden.

bb) Herstellung durch Kleinstunternehmen

Auch wenn der Hersteller ein Kleinstunternehmen ist, kann er sich dem vereinfachten Verfahren bedienen.[165] In diesem Verfahren wird es dem Hersteller ermöglicht, das Bauprodukt mit dem CE-Kennzeichen zu versehen. Er muss die Leistung des Bauproduktes nachweisen, ist dabei aber nicht an die Verfahren, welche die harmonisierte Norm vorgibt, gebunden.

Ein solches Kleinunternehmen kann, soweit die Systeme 3 der 4 einschlägig sind, das Verfahren zur Typprüfung durch ein anderes Verfahren ersetzen, das von der technischen Spezifikation abweicht. Außerdem können solche Bauprodukte, auf die System 3 anwendbar ist, nach den Bestimmungen in System 4 behandelt werden.

Der Hersteller muss dennoch eine *Spezifische Technische Dokumentation* erstellen. Damit weist er die Konformität des Produktes mit den geltenden Anforderungen sowie die Gleichwertigkeit mit den in den harmonisierten Normen festgelegten Verfahren nach. Der Begriff der Spezifischen Technischen Dokumentation ist in Art. 2 Nr. 15 EU-BauPV legal definiert. Danach handelt es sich um *„eine Dokumentation, mit der belegt wird, dass Verfahren im Rahmen für die Bewertung und Überprüfung*

---

163 Winkelmüller/van Schewick/Müller, Praxishandbuch Bauprodukte, Rn. 162 ff.
164 Winkelmüller/van Schewick/Müller, Praxishandbuch Bauprodukte, Rn. 164.
165 Winkelmüller/van Schewick/Müller, Praxishandbuch Bauprodukte, Rn. 167; Hildner, Neuer Rechtsrahmen für Bauprodukte, in: DS 2013, 218 (220).

der *Leistungsbeständigkeit geltenden Systems durch andere Verfahren ersetzt werden, wobei Voraussetzung ist, dass die Ergebnisse, die mit diesen anderen Verfahren erzielt werden, den Ergebnissen der entsprechenden harmonisierten Norm gleichwertig sind."* Daraus ergibt sich, dass der Hersteller die Gleichwertigkeit der Verfahren im Zweifel nachweisen muss.

Nach welchen Maßgaben die Leistung alternativ zu prüfen ist, legt die EU-BauPV hingegen nicht fest. Naheliegend ist, dass die Grundsätze des Neuen Konzepts entsprechend zur Anwendung kommen und der Hersteller nachweisen muss, dass die alternative Methode mit den Anforderungen der Norm gleichwertig ist. Die Lösung über diesen Weg ergibt sich daraus, dass nach Art. 37 EU-BauPV lediglich die Verbindlichkeit der Norm entfällt und die Situation dadurch dem Verfahren in der BauPR entspricht. Danach war der Hersteller ebenfalls nicht vollständig frei bei der Festlegung der Methoden zur Bestimmung der Leistung, sondern musste die Gleichwertigkeit der Methoden nachweisen. Da Art. 37 EU-BauPV auch nicht ausdrücklich festlegt, dass die nationalen Vorschriften zur Anwendung kommen (wie etwa bei Art. 5 lit. c EU-BauPV) muss es bei einer Anwendung der europäischen Vorgaben bleiben.

Den Begriff des Kleinstunternehmens definiert Art. 2 Nr. 27 EU-BauPV. Die Bestimmung verweist jedoch auf eine Empfehlung der Kommission[166], die den Begriff des Kleinstunternehmens ihrerseits definiert.

Dort heißt es in Anhang I, Titel 1, Art. 1 *„ein Unternehmen ist jede Einheit, unabhängig von ihrer Rechtsform, die eine wirtschaftliche Tätigkeit ausübt. Dazu gehören insbesondere auch jene Einheiten, die eine handwerkliche Tätigkeit oder andere Tätigkeiten als Einpersonenbetriebe oder Familienbetriebe ausüben, sowie Personengesellschaften oder Vereinigungen, die regelmäßig einer wirtschaftlichen Tätigkeit nachgehen."* Art. 2 Abs. 3 legt die Höchstgrenzen im Hinblick auf die Mitarbeiter und den Umsatz fest. Wenn die Höchstgrenzen überschritten werden, in ein Unternehmen nicht mehr als Kleinstunternehmen zu qualifizieren. Das Unternehmen darf maximal zehn Angestellte haben sowie sowohl einen Jahresumsatz als auch eine Jahresbilanz von maximal 10 Millionen Euro.

cc) Herstellung von Bauprodukten in Nicht-Serienfertigung

Ein vereinfachtes Verfahren kann auch durchgeführt werden, wenn ein Bauprodukt zwar von einer harmonisierten Norm erfasst ist, aber nicht im Rahmen einer Serienfertigung, sondern individuell angefertigt wurde. Dann hat der Hersteller die Möglichkeit eine *Spezifische Technische Dokumentation* anzufertigen, um die Übereinstimmung des Produktes mit den geltenden Vorschriften nachzuweisen. Ebenso wie in Art. 36 EU-BauPV muss bei der Vorgabe, dass die Systeme 1+ oder

---

166 Empfehlung/EG (2003/361/EC) der Kommission vom 6. Mai 2003, ABl. L 124 vom 10.05.2003, S. 36.

1 anzuwenden sind, eine notifizierte Produktzertifizierungsstelle die Spezifische Technische Dokumentation überprüfen.[167]

Diese Vorschrift spiegelt die Ausnahme zur Erstellung einer Leistungserklärung in Art. 5 EU-BauPV. Die in Art. 38 EU-BauPV verwendeten Begriffe sind entsprechend den Ausführungen zu Art. 5 EU-BauPV auszulegen.[168]

c) Kontinuierliche Überprüfung der Leistungsbeständigkeit

Mit der Bestimmung der Leistung vor dem Inverkehrbringen des Bauproduktes ist der Hersteller nicht von der Verantwortung für die Richtigkeit der Leistungsangaben befreit. Vielmehr muss er während der Produktion durch geeignete Verfahren sicherstellen, dass die Produkte den ermittelten Leistungswert beständig erfüllen (Art. 11 Abs. 3 UA. 1 EU-BauPV). Gemäß Art. 11 Abs. 3 UA. 2 EU-BauPV sind die Hersteller verpflichtet, stichprobenartig Bauprodukte auf ihre Leistungsbeständigkeit zu überprüfen, wenn sie ihren Produktbereich verlassen haben.

Die Pflicht, die Leistungsbeständigkeit zu überprüfen, ist nicht deckungsgleich mit der Pflicht, dem Bauprodukt eine inhaltlich richtige Leistungserklärung beizufügen. Die Pflicht zur ständigen Überprüfung der Leistungsbeständigkeit geht darüber hinaus. Da die Leistungserklärung für einen gesamten Produkttyp erstellt wird, kann die Leistungserklärung für den Produkttyp zutreffende Leistungsangaben abbilden, während aufgrund der Serienfertigung einzelne Produkte von den Angaben abweichen.

4. Erstellung einer Technischen Dokumentation

Art. 11 Abs. 1 EU-BauPV legt fest, dass der Hersteller eine sogenannte *Technische Dokumentation* erstellen muss. Diese Technische Dokumentation dient als Grundlage für die Leistungserklärung und das CE-Kennzeichen. Die Technische Dokumentation soll alle wichtigen Elemente, die im Zusammenhang mit dem System zur Bewertung und Überprüfung der Leistungsbeständigkeit relevant sind, enthalten. Art. 11 Abs. 2 EU-BauPV schreibt vor, dass die Technische Dokumentation zehn Jahre ab dem Inverkehrbringen des Produktes vom Hersteller aufzubewahren ist.

a) Zielsetzung: Behördliche Prüfbarkeit und Selbstüberwachung

Die Technische Dokumentation dokumentiert Vorgänge, die beim Herstellungsprozess und der anschließenden Untersuchung des Bauproduktes zur Bestimmung der Leistung gemacht wurden.

Aufgrund dieses Inhaltes ermöglicht es dem Hersteller selbst die Einhaltung der Anforderungen, die an das Bauprodukt in Form von Leistungsnachweisen gestellt werden, zu überprüfen.

---

167 Winkelmüller/van Schewick/Müller, Praxishandbuch Bauprodukte, Rn. 168; Hildner, Neuer Rechtsrahmen für Bauprodukte, in: DS 2013, 218 (220).
168 Siehe dazu § 3, B., I., 1., b).

Daneben ermöglicht die Technische Dokumentation die Überprüfung der Vorgaben der EU-BauPV durch die Behörden. Steht ein Produkt im Verdacht Gefahren zu verursachen, weil etwa die Leistungserklärung im Verdacht steht, inhaltlich fehlerhaft zu sein, ermöglicht die Technische Dokumentation unter Umständen die Gefahr genauer zu identifizieren.

b) Orientierung der formalen Gestaltung an der Zielsetzung

Die Verordnung enthält keine Regelungen hinsichtlich der formalen Gestaltung der Technischen Dokumentation. Weder ihre Form, noch ihr Inhalt sind genauer umschrieben. Dies erscheint vor dem Hintergrund der Vielschichtigkeit der Informationen, die im Zusammenhang mit der Fertigung von Bauprodukten entstehen, gewollt zu sein. Damit wird dem Hersteller im Hinblick auf Inhalt und Form der Dokumentation ein hohes Maß an Eigenverantwortung übertragen.

Die Pflicht eine Technische Dokumentation zu erstellen, sollte deshalb in diesem funktionalen Zusammenhang betrachtet werden.[169] Wie bereits festgestellt, dient die Dokumentation der Rückverfolgbarkeit, Überprüfbarkeit und Selbstkontrolle des Herstellers. Vor dem Hintergrund dieser Ziele, muss die Technische Dokumentation auch im Hinblick auf den Inhalt und die formale Gestaltung, erstellt werden. Auch hinsichtlich der Sorgfalt wird man vom Hersteller eine gewisse Eigenverantwortlichkeit erwarten müssen. Der Blue Guide 2014 erläutert für andere Harmonisierungsrechtsakte, dass aus der technischen Dokumentation *„Angaben über den Entwurf, die Fertigung und die Funktionsweise des Produktes hervorgehen"*[170] sollen. Diese Umschreibung kann auch für die EU-BauPV zumindest als Orientierung herangezogen werden.

Die Pflicht zur Dokumentation ist unabhängig von etwaigen weiteren Haftungsansprüchen. Aufgrund der Pflicht die Leistungsangaben kontinuierlich zu überprüfen besteht auch dann, wenn die Dokumentation ordnungsgemäß im Sinne der Bauproduktenverordnung erfüllt ist, die Möglichkeit Marktüberwachungsmaßnahmen gegen den Hersteller zu verhängen.[171]

5. Zehnjährige Aufbewahrungspflicht der technischen Unterlagen

Gemäß Art. 11 Abs. 1 UA. 1 EU-BauPV ist der Hersteller dazu verpflichtet, die technischen Unterlagen und die Leistungserklärung zehn Jahre ab dem Inverkehrbringen des Produktes aufzubewahren.

Unter den Begriff der technischen Unterlagen fallen sowohl die Technische Dokumentation, als auch die die Spezifische Technische Dokumentation, nicht hingegen die Gebrauchsanleitung und Sicherheitsinformation.

---

169 Ähnlich offen: Blue Guide 2014, S. 55.
170 Blue Guide 2014, S. 54.
171 Siehe § 4, B., II., 1.

Der Begriff der technischen Unterlagen ist in der EU-BauPV nicht definiert. Die Literatur verweist in Bezug auf diesen Begriff auf zwei Unklarheiten: Es sei nicht eindeutig, ob die Spezifische Technische Dokumentation gemäß Art. 2 Nr. 15 EU-BauPV sowie ob die Gebrauchsanleitung und die Sicherheitsinformation unter den Begriff fallen.[172] Es wird ein Präzisierungsversuch vorgenommen, dessen Ausgangspunkt die Motivation des Gesetzgebers darstellt.[173] Danach muss zu jedem Zeitpunkt die Kontrolle der Informationen möglich sein, die der Leistungserklärung zugrunde liegen.[174] Obwohl diese Feststellung im Ergebnis zutrifft, führt sie bei der Abgrenzung zu Sicherheitsinformation und Gebrauchsanleitung und Spezifischer Technischer Dokumentation nicht weiter.

Die Gebrauchsanleitung und die Sicherheitsinformation sind kein Ergebnis der Sammlung von Informationen während des Herstellungsvorgangs. Vielmehr muss die Anleitung auf Grundlage der Informationen, die in der Technischen Dokumentation gesammelt werden, erstellt werden. Das ergibt sich schon daraus, dass die Gebrauchsanleitung und die Sicherheitsinformation in irgendeiner Form aufbereitet werden muss, damit sie für den Verwender leicht verständlich ist. Das kann nicht ohne Weiteres durch die Weitergabe der technischen Dokumentation geschehen. Die Sicherheitsinformationen und die Gebrauchsanleitung bauen somit auf der Technischen Dokumentation auf und sind nicht in ihr inbegriffen.

Die Spezifische Technische Dokumentation soll insbesondere nachweisen, dass die verwendeten Methoden mit denjenigen, welche die harmonisierte technische Spezifikation angibt, gleichwertig sind und den Nachweis der Konformität leisten, Art. 2 Nr. 15 EU-BauPV. Auch diese Unterlagen können den Marktüberwachungsbehörden und den Bauaufsichtsbehörden helfen, zu überblicken, auf welchen Grundlagen die Bauprodukte geprüft wurden. Sie ermöglichen ihnen so die Einordnung der Ergebnisse der Untersuchung. Auch die Spezifische Technische Dokumentation dient somit der jederzeitigen Überprüfung.

Letztlich ist es also sowohl die einfache technische Dokumentation, wie auch die Spezifische Technische Dokumentation, welche nach dem Sinn und Zweck unter den Begriff der technischen Unterlagen fallen. Da beide Arten der Dokumentation in einem Alternativverhältnis zu einander stehen, erklärt sich die Verwendung des Oberbegriffes *„technische Unterlagen"* durch den Verordnungsgeber in diesem Zusammenhang.

6. Bereitstellung einer Abschrift der Leistungserklärung

Der Hersteller muss nicht nur eine Leistungserklärung erstellen, sondern dem nächsten Akteur in der Handelskette eine Abschrift der Leistungserklärung zur Verfügung stellen (Art. 7 EU-BauPV).

---

172 H. Wirth, EU-BauPV, in: BauR 2013, 703 (716, 717).
173 H. Wirth, EU-BauPV, in: BauR 2013, 703 (717).
174 H. Wirth, EU-BauPV, in: BauR 2013, 703 (717).

a) Bereitstellung einer Abschrift als öffentlich-rechtliche Pflicht

Die Pflicht zur Verfügungstellung der Leistungserklärung besteht unabhängig von dem Verlangen des Abnehmers. Sie stellt vor allem eine öffentlich-rechtliche Pflicht dar, die nur mittelbar einen zivilrechtlichen Anspruch begründet. Eine Pflicht zur Bereitstellung der Abschrift, die vom Verlangen des Abnehmers abhängig ist, ergibt sich auch nicht aus Art. 7 Abs. 2 EU-BauPV. Danach muss eine Abschrift der Leistungserklärung nur in gedruckter Form zur Verfügung gestellt werden, sofern diese vom Abnehmer gefordert wird. Die Vorschrift betrifft jedoch lediglich das Verhältnis zwischen der elektronischen und der gedruckten Form der Leistungserklärung. Dies ergibt sich aus dem Kontext zu Art. 7 Abs.1 UA. 1 EU-BauPV. Art. 7 Abs. 2 EU-BauPV regelt also nicht die Frage, ob auf Verlangen des Abnehmers eine Abschrift der Leistungserklärung übergeben werden muss, sondern wie diese auszusehen hat.

b) Beifügung einer Abschrift zum Bauprodukt

Die Abschrift der Leistungserklärung muss dem Bauprodukt nicht zwangsläufig körperlich beigefügt werden. Dies ergibt sich daraus, dass die Abschrift auch in elektronischer Form oder auf der Homepage zur Verfügung gestellt werden kann.

c) Zeitpunkt der Aushändigung der Abschrift

aa) Grundsatz: Aushändigung mit Übergabe der Ware

Der Zeitpunkt der Verpflichtung zur Bereitstellung einer Abschrift der Leistungserklärung ist gemäß Art. 7 Abs. 1 EU-BauPV an das Bereitstellen des Bauproduktes auf dem Markt geknüpft. Nach Art. 2 Nr. 16 EU-BauPV ist hiervon jede *„entgeltliche oder unentgeltliche Abgabe eines Bauproduktes zum Vertrieb oder zur Verwendung auf dem Markt der Union im Rahmen einer Geschäftstätigkeit"* erfasst. Unter einer Abgabe ist der körperliche Übergabeakt zu verstehen.[175] Die Abschrift der Leistungserklärung ist deshalb spätestens zu übergeben, wenn der nächste Wirtschaftsakteur in der Lieferkette den unmittelbaren Besitz an den Bauprodukten erlangt.[176] Die Abschrift kann deshalb schon vor der Auslieferung der Bauprodukte übergeben werden.[177] Dies ermöglicht es z.B., die Abschrift bereits mit der Auftragsbestätigung zu übergeben.[178]

bb) Ausnahme: Einmalige Bereitstellung bei einem Los gleicher Produkte

Art. 7 Abs. 1 EU-BauPV legt ebenfalls fest, dass eine Abschrift der Leistungserklärung nur einmal zur Verfügung gestellt werden muss, wenn ein Abnehmer ein Los gleicher Produkte geliefert bekommt. Die Vorschrift ist eine Ausnahme zu dem

---

175 H.Wirth, die Auswirkungen der EU-BauPV in der Praxis, in: NZBau 2013, 193 (196).

176 So auch unter Verweis auf § 8 Abs. 1 BauPG: H.Wirth, die Auswirkungen der EU-BauPV in der Praxis, in: NZBau 2013, 193 (196).

177 H.Wirth, ebd.

178 H.Wirth, ebd.

Grundsatz, dass jedem einzelnen Bauprodukt eine Abschrift der Leistungserklärung beigefügt werden muss. Wie weit die Ausnahme reicht, hängt maßgeblich damit zusammen, was unter einem „Los" zu verstehen ist und ob es dafür eine zeitliche Begrenzung gibt. Ein Los ist ein *„geschlossener Posten einer Produktart oder einer Baugruppe, der ohne Unterbrechung durch die Produktion anderer Produktarten erzeugt wird.*"[179] Nach dem Wortlaut kann man also davon ausgehen, dass es sich um eine einzige Charge handelt. Bei einer Serienfertigung sind die Produkte, die in einer Charge gefertigt werden, regelmäßig identisch. Darin liegt auch der Sinn und Zweck der Regelung. Solange die vielen Produkte, die der Abnehmer enthält, identisch sind, ist die einmalige Zurverfügungstellung der Abschrift der Leistungserklärung ausreichend. Es wäre sinnlos dem Abnehmer, bei einer Lieferung von z.B. tausend Glasscheiben, tausend identische Abschriften einer Leistungserklärung zur Verfügung zu stellen. Der zeitliche Umfang der Produktion ist jedoch nicht das maßgebliche Kriterium, für das Vorliegen eines Loses. Vielmehr ist entscheidend, inwieweit die Produkte identisch hergestellt wurden und insoweit die gleiche Leistung aufweisen. Wenn der Hersteller zehn Jahre lang ein einziges Bauprodukt herstellt, dessen Leistung und Produktionsart sich nicht verändert und er in diesen zehn Jahren ständige Geschäftsbeziehungen zu seinem Abnehmer unterhält, braucht er die Abschrift der Leistungserklärung nur einmal zu erstellen.

d) Inhaltlich-formale Anforderungen an die Abschrift der Leistungserklärung

Die formalen Anforderungen an die Abschrift stimmen weitgehend mit denen überein, die an die Leistungserklärung selbst gestellt werden. Unklar ist die Verordnung lediglich zu Sprachfragen und der äußeren Form der Abschrift.

aa) Festlegung der maßgeblichen Sprache durch den Zielstaat

In bestimmten Fallkonstellationen ist die Festlegung der Sprache, in der die Leistungserklärung verfasst werden muss, schwierig zu bestimmen. Art. 7 Abs. 4 EU-BauPV enthält eine vermeintlich eindeutige Sprachenregelung. Danach ist der Hersteller verpflichtet, die Leistungserklärung in der Sprache zur Verfügung zu stellen, die von dem Mitgliedstaat, in den das Bauprodukt geliefert werden soll, vorgeschrieben wird.

Auch bei einem Streckengeschäft, bei dem der Hersteller auf Veranlassung des Händlers in einen anderssprachigen Mitgliedstaat liefert, ist für den Hersteller bei der Erstellung der Abschrift der Leistungserklärung die Sprache des geplanten Auslieferungsortes maßgeblich. Die Bestimmung der Sprache in diesem Fall sieht *H. Wirth* als problematisch an.[180] Dies ist z.B. der Fall, wenn ein Hersteller mit Sitz in Deutschland über einen ebenfalls in Deutschland ansässigen Händler an einen

---

179 Gabler Wirtschaftslexikon, Stichwort: Los, http://wirtschaftslexikon.gabler.de/ Archiv/58091/los-v5.html (18.09.2016).
180 Dazu: H. Wirth, EU-BauPV, in: BauR 2013, 703 (710).

Verwender eines anderen Mitgliedstaates liefert, der nicht Deutsch als maßgebliche Sprache anerkennt.

H. Wirth setzt die Lösung am Begriff der Abgabe an.[181] Mit der Abgabe könne nur der körperliche Akt der Übergabe gemeint sein, der insoweit in dem anderen Staat stattfinden würde.[182] Er begründet diese Lösung mit der Kenntnis des Herstellers, in einen anderen Mitgliedstaat zu liefern sowie, dass der Zwischenhändler nicht in den unmittelbaren Besitz der Ware kommt.[183] Darüber hinaus führt er den Wortlaut des Art. 11 Abs. 6 EU-BauPV an, der für die Gebrauchsanleitung und Sicherheitsinformation die Sprache des Bereitstellungsortes festlegt, was erst Recht für die Leistungserklärung gelten soll.[184] Dem ist nur im Ergebnis zuzustimmen. Als weitere Möglichkeit komme außerdem der Ort des Kaufvertragsschlusses zur Bestimmung der Sprachenfrage in Betracht.[185]

Kritisch ist dabei der Erst-Recht-Schluss von der Gebrauchsanleitung und Sicherheitsinformation auf die Leistungserklärung (z.B. in Art. 11 Abs. 6 EU-BauPV) zu sehen. Die Regelungen in Art. 11 Abs. 6 EU-BauPV und diejenigen zur Leistungserklärung stehen nicht im Stufenverhältnis zueinander, sodass ein Erst-Recht-Schluss methodisch nicht geboten ist. Ein Erst-Recht-Schluss ist nur zulässig, wenn von einer weiteren oder wichtigeren Regel auf eine engere oder unbedeutendere Regel geschlossen werden kann.[186] Die Regeln über die Gebrauchsanleitung und Sicherheitsinformation gemäß Art. 11 Abs. 6 EU-BauPV einerseits und die Reglungen über die Leistungserklärung haben jedoch vollständig unterschiedliche Regelungsgegenstände, sodass eine Abstufung nicht vorliegt. Die Erstellung der Leistungserklärung trägt zur Vereinheitlichung des Marktes bei; die Beifügung von Sicherheitsinformationen und Gebrauchsanleitungen hingegen nur mittelbar. Die Gebrauchsanleitung und Sicherheitsinformation dienen zuvorderst der Klarstellung und der Sicherheit. Eine Bedeutung für die Vereinheitlichung des Binnenmarktes ist jedoch nicht ersichtlich.

Die Erstellung der Leistungserklärung dient jedoch dem Hauptziel der Verordnung. Durch die Angaben der Leistung, der einschlägigen harmonisierten Norm, dem Verwendungszweck oder der Referenznummer, werden auf der Grundlage einheitlicher Standards die Leistung eines Produktes angegeben. Diese ist für den Handel von essentieller Bedeutung.

Aus systematischen Gesichtspunkten kann der Ort des Kaufvertragsabschlusses[187] für die Sprachenfrage nicht ausschlaggebend sein. Ginge man nach dem Ort des Kaufvertragsabschlusses (im oben angeführten Beispiel läge dieser Ort in Deutschland) würde die Leistungserklärung auf Deutsch zu erstellen sein. Diese

---

181 H.Wirth, EU-BauPV, in: BauR 2013, 703 (710).
182 H.Wirth, EU-BauPV, in: BauR 2013, 703 (710).
183 H.Wirth, EU-BauPV, in: BauR 2013, 703 (710).
184 H.Wirth, EU-BauPV, in: BauR 2013, 703 (710).
185 H.Wirth, EU-BauPV, in: BauR 2013, 703 (710).
186 Zippelius, Methodenlehre, S. 55 f.
187 Von H. Wirth als mögliche Auslegungsalternative eingeführt, EU-BauPV, in: BauR 2013, 703 (710).

Auslegung wäre gegenüber der anderen Alternative, die Übergabe als maßgeblich anzusehen, vorzuziehen, wenn im Rahmen der EU-BauPV vor allem Erwägungen wie Billigkeit oder Zumutbarkeit zu berücksichtigten wären. Es wäre billig auf den Kaufvertragsabschluss abzustellen, da der Hersteller von dem Ort des Vertragsschlusses weiß, während er den Ort, an dem die tatsächliche Übergabe stattfindet, regelmäßig nicht kennt. Eine billige Verteilung der Lasten der Wirtschaftsakteure ist aber in der EU-BauPV nicht angelegt. Die Verordnung zielt einzig darauf ab, den freien Warenverkehr mit Bauprodukten zu gewährleisten. Ob es dem Hersteller zumutbar ist, eine fremdsprachige Leistungserklärung zu erstellen, wenn er mit einem nationalen Händler einen Vertag schließt, kann für die Pflicht eine anderssprachige Abschrift der Leistungserklärung zu erstellen, nicht ausschlaggebend sein.

bb) Vorrang der elektronischen Form bei Wahlrecht des Abnehmers

Die Abschrift der Leistungserklärung muss entweder in gedruckter oder elektronischer Form zur Verfügung gestellt werden (Art. 7 Abs. 1 EU-BauPV). Dem Abnehmer steht insoweit ein Wahlrecht zu (Art. 7 Abs. 2 EU-BauPV). Die elektronische Form ist nicht gleichbedeutend mit der Bereitstellung der Abschrift auf der Homepage, sondern meint die Zurverfügungstellung auf einer DVD, einem USB-Stick, ähnlichen Speichermedien oder einer E-Mail.[188] Die Bereitstellung auf der Homepage hat gemäß Art. 7 Abs. 3 EU-BauPV nach gesonderten Regeln zu erfolgen.[189]

Die Leistungserklärung kann auch ausschließlich in elektronischer Form abgegeben werden.[190] Die Formulierung in Art. 7 Abs. 2 EU-BauPV, wonach *„[e]ine Abschrift der Leistungserklärung in gedruckter Form [nur dann] zur Verfügung gestellt [wird], sofern diese vom Abnehmer gefordert"*, lässt darauf schließen, dass die elektronische Form Vorrang vor der gedruckten Form hat.[191] Aus dem Wortlaut ergibt sich im Übrigen (*„sofern"*), dass die gedruckte Form gar keine Rolle spielt, wenn der Abnehmer sie nicht ausdrücklich verlangt. Art. 7 Abs. 2 EU-BauPV verbietet es dem Hersteller somit, die Leistungserklärung grundsätzlich nur in Papierform zur Verfügung zu stellen.

cc) Veröffentlichung auf der Homepage des Herstellers als Sonderform

Will ein Hersteller die Abschrift der Leistungserklärung auf seiner Homepage zur Verfügung stellen, muss er die Bedingungen des delegierten Rechtsaktes EU Nr. 157/2014[192] einhalten. Danach darf der Inhalt der Leistungserklärung nach dem

---

188 H.Wirth, Die Auswirkungen der EU-BauPV in der Praxis, in: NZBau 2013, 193 (196).
189 Siehe § 3, B., I., 6., d), cc).
190 Schremser, EU-BauPV, S. 52.
191 Schremser, EU-BauPV, S. 52.
192 Dabei handelt es sich um einen Rechtsakt, in dem die Kommission gem. Art. 60 lit. b, Art. 7 Abs. 3 EU-BauPV Festlegungen zu den Bedingungen einer elektronischen Abschrift der Leistungserklärung getroffen hat.

Einstellen auf der Webseite nicht mehr verändert werden. Es muss durch ausreichende Wartung und Betreuung der Webseite sichergestellt sein, dass die übrigen Wirtschaftsakteure kontinuierlich Zugriff auf diese haben. Weiter müssen den übrigen Wirtschaftsakteuren ausreichende Informationen gegeben werden, auf welchen Weg sie zu der Abschrift der Leistungserklärung gelangen. Die Leistungserklärung muss, auch in diesem Fall, zehn Jahre aufbewahrt werden.

Im Fall der Veröffentlichung der Abschrift der Leistungserklärung auf der Homepage ist das Wahlrecht des Abnehmers gemäß Art. 7 Abs. 2 EU-BauPV ausgeschlossen. Der Ausschluss des Wahlrechts ergibt sich aus dem Wortlaut des Art. 7 Abs. 3 EU-BauPV. Dort wird die Möglichkeit der Veröffentlichung der Abschrift der Leistungserklärung auf der Homepage „*[a]bweichend von den Absätzen 1 und 2 [...]*" eröffnet. Insoweit wird auch das Wahlrecht in Art. 7 Abs. 2 EU-BauPV abbedungen.

7. Beifügung der Gebrauchsanleitung und Sicherheitsinformation

Art. 11 Abs. 6 EU-BauPV legt fest, dass der Hersteller dem Bauprodukt eine Gebrauchsanleitung und Sicherheitsinformationen beifügen muss, die in dem Mitgliedstaat in dem das Produkt verwendet wird, leicht verstanden werden kann.

a) Gebrauchsanleitung: Verarbeitungs-, Lagerungs- und Transporthinweise

Art. 11 Abs. 6 EU-BauPV schreibt vor, dass dem Bauprodukt eine Anleitung beigefügt werden muss. Die Anleitung enthält vor allem Verarbeitungs-, Lagerungs- und Transporthinweise. Genaue Angaben zum erforderlichen Inhalt der Anleitung gibt Art. 11 Abs. 6 EU-BauPV nicht. Vor dem Hintergrund des Zwecks der Regelung, muss die Anleitung es aber ermöglichen, dass der Verwender, unabhängig von der Herkunft des Bauproduktes, fachgerecht mit diesem umgehen kann.

Der Begriff der Anleitung wird an keiner Stelle der Verordnung definiert. Es wird sowohl der Begriff „*Anleitungen*" (Art. 14 Abs. 2 EU-BauPV), als auch der Begriff der „*Gebrauchsanleitung*" (Art. 11 Abs. 6 EU-BauPV) verwendet. Beide Begriffe sind synonym zu verstehen, da sowohl in der englischen, als auch in der französischen Sprachversion einheitliche Begriffe verwendet werden. Die einheitliche Verwendung in den anderen Sprachfassungen legt nahe, dass die uneinheitliche Verwendung in der deutschen Sprachfassung auf Ungenauigkeiten bei der der Übersetzung zurückgeht.

In der Literatur wurde eine Auslegung unter Rückgriff auf die Bedienungs- und Montageanleitung versucht.[193] Unter Berücksichtigung der Rechtsprechung zu § 434 Abs. 2 Satz 2 BGB wurde angenommen, dass eine Montageanleitung nur für solche Produkte erforderlich ist, die zum Zusammenbau bestimmt sind und deren Einzelteile als Bausatz geliefert werden, während in einer Bedienungsanleitung eine Montage, beziehungsweise Handlung beschrieben wird, die bei normalem Gebrauch

---

193 H.Wirth, EU-BauPV, in: BauR 2013, 703 (708).

mehrfach wiederholt werden muss.[194] Mit dem Argument, dass die Rechtsfolge die Fehlerhaftigkeit einer Montageanleitung sowie eine unzureichende Bedienungsanleitung zur Mangelhaftigkeit der Kaufsache führen kann, wird diese Auslegung im Ergebnis abgelehnt.[195]

Die Bedeutung des Begriffs der Anleitung ist in ihrem funktionalen Kontext zu sehen und ist deshalb auf Informationen beschränkt, die der Nutzer für einen sicheren und zweckmäßigen Umgang mit dem Produkt benötigt.

Zweifelhaft ist, ob eine umfassende Neuregelung durch das Erfordernis von Gebrauchs- und Montageanleitungen, an welche die gleichen strengen Anforderungen zu stellen sind, wie an solche nach § 434 BGB, gewollt ist.[196] Auch darüber hinaus überzeugt der oben beschriebene Auslegungsansatz nicht. Zwar gehen die Formulierungen in § 434 BGB ebenfalls auf Rechtsakte der EU zurück, die grundsätzlich eine richtlinienkonforme Auslegung erfordern. Insoweit käme allenfalls ein Rückgriff auf die zugrundeliegende Richtlinie in Betracht. Der EU-BauPV ist nicht immanent, dass der Verordnungsgeber bei der Erarbeitung der Verordnung die Begrifflichkeiten des Zivilrechts zu Grunde gelegt hat. Aus der Auslegung oder Heranziehung des nationalen Zivilrechts kann mithin kein Schluss auf die Bedeutung der EU-BauPV gezogen werden.

Auch die anderen Sprachversionen geben keinen Hinweis auf eine besonders strenge Auslegung im Sinne der oben genannten Montageanleitung. Sowohl die englische als auch die französische Version sprechen von *„instructions"*. Übersetzt bedeutet der Begriff in beiden Sprachen so viel wie Gebrauchsanleitung, Anleitung, Beschreibung. Montageanleitung wäre ins Englische etwa mit dem Begriff *„assembly instructions"* und ins Französische mit dem Begriff *„notice de montage"* zu übersetzen.

Ausgehend vom allgemeinen Sprachverständnis, können Verwendungshinweise etc. grundsätzlich unter den Begriff der Anleitung fallen. Die Vorschrift spricht allerdings nur von der *Beifügung*, während keinerlei Anhaltspunkte für die inhaltliche Ausgestaltung enthalten sind.

Der Anleitungsbegriff der EU-BauPV ist vor dem Hintergrund seiner Funktion zu interpretieren. Falls Informationen erforderlich sind, soll eine Gebrauchsanleitung erstellt werden. Die Verpflichtung ist darauf begrenzt, dass sich der Verwender, unabhängig von der Herkunft des Bauproduktes, darauf verlassen können soll, dass er entsprechende Informationen einsehen kann, wenn sie erforderlich sind. Nach dem Produkthaftungsgesetz oder den Regelungen des BGB wird eine direkte zivilrechtliche Haftung begründet, sofern eine Gebrauchsanleitung fehlerhaft ist oder Instruktionsfehler auf eine unvollständige Anleitung zurückzuführen sind.[197] Der Sinn und Zweck solcher Regelungen ist, Sicherheit zu gewährleisten und dem Verwender Schadensersatzansprüche zu gewähren, die ihm sonst mangels Verschulden

---

194   H.Wirth, EU-BauPV, in: BauR 2013, 703 (708).
195   H.Wirth, EU-BauPV, in: BauR 2013, 703 (708), m.w.N.
196   H. Wirth, ebd.
197   Siehe § 4, B., III., 3., b).

oder Vertrag nicht zugestanden hätten. Zwar dienen auch die Anleitungen und Informationen nach der EU-BauPV mittelbar der Sicherheit. Die Zugrundelegung der Gebrauchsanleitung in der Verordnung schafft aber keinen zivilrechtlichen Ausgleich zwischen Privaten. Die Regelung dient insoweit vor allem der Sicherheit des Verwenders, dadurch, dass der leichte Zugang zu Informationen ermöglicht wird. Auch der Hinweis auf die Sprache, die in dem Mitgliedstaat, in dem das Bauprodukt verwendet wird, leicht verstanden werden kann, macht deutlich, dass es maßgeblich auf den Adressaten der Anleitung ankommt. Der Verwender soll die Möglichkeit haben, auch solche Verwendbarkeitshinweise oder Aufbauanleitungen zu verstehen und mit ihnen zu arbeiten, dass trotz der Herkunft des Bauproduktes keine Barriere für seine Verwendung entsteht. Insoweit soll dem Verwender lediglich die Möglichkeit eingeräumt werden, relevante Zusatzinformationen, die gerade nicht Gegenstand der Leistungserklärung sind, mitteilen zu können.

Da die EU-BauPV auf die Sicherheit des Bauproduktes in seinem eingebauten Zustand abzielt, sind vor allem solche Informationen erforderlich, die diesen Zweck fördern. Angaben zur Vermeidung von Fehlverwendungen während der Arbeit mit dem Produkt sind deshalb nach der EU-BauPV streng genommen nicht erforderlich. Der Übergang ist jedoch fließend. Die falsche Lagerung eines Produktes kann dessen Leistung verändern. So kann auch die falsche Lagerung zu einer Gefahr des Produktes im eingebauten Zustand führen.

b) Formulierung in einer leicht verständlichen Sprache

Art. 11 Abs. 6 EU-BauPV erfordert, dass die Anleitung und die Sicherheitsinformationen in einer vom Mitgliedstaat festgelegten Sprache gestaltet werden sollen, die darüber hinaus von den Verwendern leicht verstanden werden kann.

Der Zusatz *„die von den Benutzern leicht verstanden werden kann"* bezieht sich auf die Sprache und nicht etwa auf die Formulierung.

Die EU-BauPV enthält an vielen Stellen ähnlich formulierte Regelungen, die sich durchgängig ausdrücklich auf die Sprache beziehen. Art. 14 Abs. 2 EU-BauPV legt z.B. fest, dass die *„[...] erforderlichen Unterlagen, sowie Anleitungen und Sicherheitsinformationen in einer von dem betreffenden Mitgliedstaat festgelegten Sprache, die von den Behörden leicht verstanden werden kann [...]"* beizufügen sind. Diese Anordnung ist der Regelung des Art. 11 Abs. 6 EU-BauPV am ähnlichsten, da es auch hier um die Sprache der Sicherheitsinformationen und Gebrauchsanleitung geht. Art. 14 Abs. 2 EU-BauPV formuliert die Begriffe *„Gebrauchsanleitung und Sicherheitsinformationen"* im Plural, während sich der Zusatz *„die leicht verstanden werden kann"* eindeutig auf einen Singular bezieht. Demnach kann sich das Erfordernis der leichten Verständlichkeit grammatikalisch nur auf die Sprache beziehen. Da es sich bei Art. 14 Abs. 2 EU-BauPV um eine Parallelregelung zu Art. 11 Abs. 6 EU-BauPV handelt, müssen beide einheitlich verstanden werden. Das gleiche gilt für die Regelung in Art. 13 Abs. 4 EU-BauPV, wonach sich die leichte Verständlichkeit ebenfalls auf die Sprache bezieht.

Das Erfordernis der leichten Verständlichkeit ist nicht vor dem Hintergrund, dass ein Mitgliedstaat in der Regel seine Amtssprache festlegt und diese von den Verwendern leicht verstanden werden kann, überflüssig. Dies ist zwar in Deutschland der Fall, da das BauPG eine entsprechende Regelung enthält. Denkbar ist aber auch, dass ein Mitgliedstaat neben seiner eigenen Amtssprache eine zweite Sprache, z.B. Englisch als Sprache des internationalen Handels, festlegen kann. Bei der Festlegung einer Sprache, die nicht Amtssprache ist, muss dann gewährleistet sein, dass die Sprache leicht verständlich ist.

c) Gesetzlich vorgeschriebene Sicherheitsinformationen

Der Umfang und der Inhalt der Sicherheitsinformationen ergibt aus den gesetzlich vorgeschriebenen Sicherheitsinformationen in anderen europäischen Rechtsakten.[198] Aus der EU-BauPV ergeben sich keine über die Sicherheitsinformationen nach der REACH-Verordnung hinausgehende Pflichten zur Beifügung weiterer Sicherheitsinformationen, es sei denn, andere Rechtsakte sehen dies ausdrücklich vor.[199] Dies steht mit der Zielsetzung der EU-BauPV im Einklang. Es ist kein vornehmliches Anliegen der EU-BauPV, die Sicherheit von Produkten herzustellen oder für Verbraucherschutz zu sorgen. Die Vorschrift entfaltet ihren Sinn in der Klärung des Verhältnisses der EU-BauPV zu anderen Rechtsakten. Es muss für den Hersteller geklärt sein, in welchem Verhältnis verschiedene Vorschriften über die Prüfung und Kennzeichnung von Produkten zueinanderstehen. Art. 9 Abs. 3 EU-BauPV nimmt ausdrücklich Bezug auf die Kennzeichnung mit Piktogrammen, die gegebenenfalls hinter dem CE-Kennzeichen angebracht werden müssen. Diese Regelung kann nur als Klarstellung für den Hersteller verstanden werden, inwieweit andere Kennzeichen neben dem CE-Kennzeichen angebracht werden dürfen oder müssen.

d) Beifügung der Sicherheitsinformationen nach speziellerem Rechtsakt

Der Ort und die Art der Beifügung der Sicherheitsinformation ergibt sich ebenfalls aus dem spezielleren Rechtsakt, der zur Beifügung der Sicherheitsinformationen verpflichtet. Im Übrigen ist eine elektronische Beifügung zulässig.[200]

Die Verordnung selbst enthält keine Regelung darüber, in welcher Form und an welcher Stelle die Sicherheitsinformation dem Produkt beigefügt sein muss.[201] Für die Sicherheitsinformation ist die Anwendung der Vorschriften der REACH-Verordnung vorrangig, sodass die Beifügung elektronisch erfolgen muss.[202]

Außerhalb des Anwendungsbereichs der REACH-Verordnung ist eine elektronische Beifügung zulässig.[203] Dies ergibt sich aus dem Sinn und Zweck des Art. 11

---

198   H.Wirth, EU-BauPV, in: BauR 2013, 703 (710).
199   H.Wirth, EU-BauPV, in: BauR 2013, 703 (710).
200   H.Wirth, EU-BauPV, in: BauR 2013, 703 (709).
201   H.Wirth, EU-BauPV, in: BauR 2013, 703 (709).
202   H.Wirth, EU-BauPV, in: BauR 2013, 703 (710).
203   H.Wirth, EU-BauPV, in: BauR 2013, 703 (709).

Abs. 6 EU-BauPV. Die Vorschrift zur Beifügung der Sicherheitsinformationen, dient der Klärung des Verhältnisses von anderen Sicherheitsvorgaben zu den Vorgaben der EU-BauPV. Vor diesem Hintergrund ist auch die Art und Weise der Beifügung zu verstehen. Es geht nicht in erster Linie um den Verbraucherschutz, sondern darum, dass neben den Kennzeichnungs- und Informationspflichten der EU-BauPV auch sonstige öffentlich-rechtliche Pflichten eingehalten werden. Dabei muss nicht auf die Praktikabilität abgestellt werden, sondern darauf, wie die Sicherheitsinformationen mit den Verpflichtungen der EU-BauPV verknüpft werden können. Soweit also die speziellen Vorschriften nichts Anderes vorsehen, sind die Hersteller frei in der Wahl der Art und Weise der Beifügung. Es liegt insoweit keine planwidrige Regelungslücke vor, welche die entsprechende Anwendung des Art. 7 Abs. 1 EU-BauPV erforderlich machen würde. Ebenso wie bei der Zurverfügungstellung der Leistungserklärung reicht für die Abschrift der Leistungserklärung grundsätzlich die elektronische Beifügung.

8. Identifizierung und Rückverfolgbarkeit des Bauproduktes

Das Bauprodukt muss durch eine ausreichende Kennzeichnung identifizierbar und rückverfolgbar sein. Der Zweck liegt in der effektiven Kontrolle der sich im Markt befindlichen Produkte durch die Marktüberwachungsbehörden.[204]

Während die EU-BauPV die erforderlichen Informationen regelt, enthält sie keine detaillierten Informationen zu der Art und Weise der Kennzeichnung. Die Anforderungen der EU-BauPV sind an die Bestimmungen des Beschlusses Nr. 768/2008/ EG zur Verordnung (EG) Nr. 765/2008 angelehnt.

Der Hersteller muss seinen Namen, seinen eingetragenen Handelsnamen oder seine eingetragene Marke sowie eine Kontaktanschrift auf dem Bauprodukt selbst, den Begleitdokumenten oder der Verpackung angeben (Art. 11 Abs. 5 EU-BauPV).

Ebendort muss er das Produkt mit einer Nummer versehen, welche die Identifikation des Produkts ermöglicht. Möglich sind Artikel-, Typen-, Chargen oder Seriennummern (Art. 11 Abs. 4 EU-BauPV). Dass die Nummern unter Umständen nach dem Einbau in das Bauwerk nicht mehr lesbar sind, steht der Pflicht nicht entgegen, da sie zum Zeitpunkt des Inverkehrbringens entsteht.

9. Korrektur-, Rückruf- und Informationspflichten

Art. 11 Abs. 7 EU-BauPV verpflichtet den Hersteller auch nach dem Inverkehrbringen des Bauproduktes.

Art. 11 Abs. 7 EU-BauPV sieht Maßnahmen vor, die der Hersteller ergreifen muss, wenn das Bauprodukt nicht mit den Anforderungen der EU-BauPV übereinstimmt. Er ist zu Korrekturmaßnahmen verpflichtet, soweit ein Grund zu der Annahme besteht, dass das Bauprodukt aus irgendwelchen Gründen nicht der in der Leistungserklärung beschriebenen Leistung entspricht. Gegebenenfalls muss

---

204 Blue Guide 2014, S. 51.

der Hersteller das Produkt zurückzurufen. Art. 11 Abs. 7 EU-BauPV trägt dem Verantwortungsprinzip Rechnung. Da die Marktüberwachungsbehörden nur auf einen begründeten Verdacht hin tätig werden, ist die Selbstüberwachung der Hersteller die Regel. Daneben ist ein Rückruf aber gegebenenfalls auch zum Schutz vor zivilrechtlichen Haftungsansprüchen sinnvoll.

a) Vorrangige Anwendung von Korrekturmaßnahmen

Der Hersteller, der einen Anhaltspunkt dafür hat, dass ein Bauprodukt, das er in den Verkehr gebracht hat, nicht den Anforderungen der EU-BauPV entspricht, insbesondere, dass die Leistungserklärung nicht der tatsächlichen Leistung des Bauproduktes entspricht, muss in erster Linie Korrekturmaßnahmen vornehmen. Worin die Korrekturmaßnahmen bestehen, legt die EU-BauPV nicht fest. Eine Korrekturmaßnahme kann deshalb jede Maßnahme sein, welche die Konformität des Produktes mit der EU-BauPV oder der Leistungserklärung herstellt. Korrekturmaßnahme kann z.B. die Eintragung der richtigen Leistungsangaben in der Leistungserklärung oder das Nachliefern der Gebrauchsanleitung sein.

b) Rücknahme und Rückruf nach Verlassen der Herstellersphäre

Als *ultima ratio* muss der Hersteller die nicht konformen Bauprodukte *zurücknehmen* oder *zurückrufen*, soweit die Produkte seinen Machtbereich bereits verlassen haben. Eine Rückrufaktion ist jedoch nur erforderlich, *„soweit [sie] angemessen"* ist. Zur Feststellung der Angemessenheit muss eine entsprechende Prüfung erfolgen, die im Wesentlichen aus einer Interessenabwägung besteht.

Bei Bauprodukten genügt in der Regel schon die Korrektur der Leistungserklärung. Anders als bei anderen Produktarten, ergibt sich die Gefährlichkeit eines Bauproduktes erst aus seiner Verwendung im Bauwerk. Ob ein Bauprodukt gefährlich ist, muss der Verwender auf Grundlage der Angaben der Leistungserklärung nach Maßgabe der nationalen Bauordnungen entscheiden. Wenn die Leistungserklärung korrigiert wird, hängt die Gefährlichkeit des Produktes deshalb von der Entscheidung des Verwenders ab, das Produkt dennoch zu verwenden. Das Bauprodukt selbst ist nach der Korrektur in der Regel nicht gefährlich und muss deshalb in der Regel nicht zurückgerufen werden. Ein Rückruf wird nur erforderlich, wenn das Bauprodukt Gefahren begründet, die unabhängig von der Art und Weise der Verwendung im Gebäude bestehen. Eine solche Gefahr besteht z.B. wenn das Produkt gesundheitsschädigende Stoffe enthält.

aa) Erforderlichkeit eines Rückrufs bei Produktbesitz des Verwenders

Der Rückruf unterscheidet sich von der Rücknahme dadurch, dass das Endprodukt bereits in den Machtbereich des Verwenders gelangt ist. Eine Rücknahme ist gemäß Art. 2 Nr. 23 EU-BauPV *„jede Maßnahme, mit der verhindert werden soll, dass ein in der Lieferkette befindliches Bauprodukt auf dem Markt bereitgestellt wird"*. Unter dem Rückruf versteht die EU-BauPV gemäß Art. 2 Nr. 24 EU-BauPV *„jede Maßnahme,* *die auf Erwirkung der Rückgabe eines dem Endverwender bereits bereitgestellten Bauprodukts abzielt"*.

Die Rücknahme und der Rückruf eines Produkttyps oder einer Charge können kumulativ erfolgen. Eine alternative Durchführung ist nicht vorgesehen. Die Möglichkeit Rückruf und Rücknahme nebeneinander durchzuführen ist auch sachgerecht, da so alle betroffenen Bauprodukte erfasst werden, unabhängig davon, wie weit einzelne Bauprodukte in der Lieferkette schon weitergereicht wurden. Durch das Nebeneinander von Rückruf und Rücknahme finden sowohl solche Bauprodukte den Weg zurück zum Hersteller, die sich bereits beim Verwender befinden, als auch solche, die sich noch bei einem Wirtschaftsakteur befinden.

bb) Interessenabwägung zwischen Hersteller- und Marktinteresse

Eine Rücknahme oder ein Rückruf des Produktes sind nur vom Hersteller zu verlangen, wenn die jeweilige Maßnahme verhältnismäßig ist. Die Verhältnismäßigkeit einer Maßnahme ist sachgerecht durch eine Interessensabwägung prüfbar. Das Interesse des Marktes an konformen Bauprodukten steht dem Interesse des Herstellers, das Bauprodukt weiterhin unverändert im Markt zu halten, gegenüber. In die Interessensabwägung sind nur die Interessen des Herstellers und nicht etwa die Interessen anderer Wirtschaftsakteure, die bereits im Besitz der Sache sind, einzustellen, da sich die Pflicht zum Rückruf oder zur Rücknahme ausschließlich an ihn richtet. Das Interesse des Herstellers ist nicht wegen der Pflicht nur nach Art. 11 EU-BauPV nur konforme Produkte auf dem Markt bereitzustellen, mit dem Marktinteresse identisch, da sowohl die Pflicht gemäß Art. 11 Abs. 1 EU-BauPV und die Pflicht zum Rückruf oder zur Rücknahme die wirtschaftliche Handlungsfreiheit des Herstellers begrenzt.

cc) Information der nationalen Behörden bei Gefahren durch Nichtkonformität

Wenn mit einem Bauprodukt eine Gefahr verbunden ist, muss der Hersteller die nationalen Behörden über die Nichtkonformität in Kenntnis setzen. Dazu gehört die Information, inwieweit das Bauprodukt nicht konform ist und welche Korrekturmaßnahmen ergriffen wurden (Art. 11 Abs. 7 EU-BauPV).

(1) Gefahr: Bedrohung der Rechtsgüter des Art. 58 Abs. 1 EU-BauPV

Eine Gefahr im Sinne der EU-BauPV ist eine Sachlage, die unter Zugrundelegung einer objektiven Betrachtung wahrscheinlich zu einer Verletzung der Einhaltung der Grundanforderungen an Bauwerke, der Gesundheit oder Sicherheit von Menschen oder anderer öffentlicher schützenswerter Interessen führen wird. Der Begriff der Gefahr ist in der EU-BauPV nicht definiert. Zur Auslegung des Gefahrenbegriffes der EU-BauPV kann auf die allgemeine Struktur bestehender Gefahrendefinitionen zurückgegriffen werden.

Aus dem Vergleich mehrerer nationaler, wie europäischer Gefahrbegriffe ergibt sich, dass diese im Wesentlichen aus zwei Komponenten bestehen. Den Definitionen gemein ist, dass sie einen drohenden Schaden fordern. Daneben werden in der Regel spezifische Rechtsgüter festgelegt, für welche der Schaden drohen muss. Diese Grundstruktur kann auf den Gefahrenbegriff der EU-BauPV übertragen werden, da die Situationen miteinander vergleichbar sind.

Das ProdSG definiert „*Gefahr*" als „*die mögliche Ursache eines Schadens*" (§ 2 Nr. 10 ProdSG). Das Strafgesetzbuch (StGB) versteht die Gefahr „*[...] als einen Zustand, in dem nach den konkreten Umständen der Eintritt eines Schadens naheliegt.*"[205] Ordnungsrechtlich wird unter einer Gefahr eine Sachlage oder ein Verhalten verstanden, das bei ungehindertem Ablauf des objektiv zu erwartenden Geschehens mit Wahrscheinlichkeit die öffentliche Sicherheit und Ordnung schädigen wird.[206] Diese Definitionen regeln jeweils die Voraussetzungen für die Rechtmäßigkeit einer Abwehrhandlung, die der Gefahr präventiv begegnen soll.

Die Situation, dass Bauprodukte in den Verkehr gebracht wurden, die den Anforderungen der EU-BauPV nicht genügen, ist damit vergleichbar. Auch dann müssen für den Fall, dass eine Gefahr droht, Präventivmaßnahmen ergriffen werden. Die vorgestellten Gefahrenbegriffe können deshalb auch für die Auslegung des Gefahrenbegriffs der EU-BauPV herangezogen werden. Bricht man die Gefahrenbegriffe auf ihre Kernelemente herunter, ist zumindest für die ordnungsrechtliche, wie auch für die strafrechtliche Definition erforderlich, dass zumindest unter Zugrundelegung einer objektiven Betrachtung die konkrete Verletzung von Rechtsgütern zu befürchten ist. Für die Gefahr im Sinne des § 34 StGB sind diese Rechtsgüter gesondert festgelegt und entsprechen der nicht abschließenden Auflistung in § 34 StGB.[207] Der ordnungsrechtliche Gefahrenbegriff schützt die Rechtsgüter der öffentlichen Sicherheit und Ordnung.[208] Auch die ProdSRL erfordert für die einfache Gefahr eine Bedrohung spezifischer Rechtsgüter. Dies ergibt sich aus einem Umkehrschluss daraus, dass für die ernste Gefahr kein Schaden an einem spezifischen Rechtsgut erforderlich ist. Art. 2 lit. d ProdSRL definiert die „*ernste Gefahr*" als „*jede ernste Gefahr, die ein rasches Eingreifen der Behörden erfordert, auch wenn sie keine unmittelbare Auswirkung hat*". Art. 2 lit. d ProdSRL stellt für die ernste Gefahr klar, dass sie auch vorliegt, wenn keine Auswirkungen auf geschützte Rechtsgüter drohen. Die ernste Gefahr ist eine Steigerung zur einfachen Gefahr. An die Annahme einer einfachen Gefahr müssen deshalb strengere Anforderungen gestellt werden.

Auch für die Gefahr im Sinne des Art. 58 EU-BauPV bedarf es deshalb der Festlegung der gefährdeten Rechtsgüter. Art. 58 Abs. 1 EU-BauPV enthält eine Auflistung von Rechtsgütern, die im Zusammenhang mit der Gefahr genannt werden.

---

205 Hier zu § 34 StGB: Lackner/Kühl/*Lackner*, StGB, § 34, Rn. 2.
206 Vgl. dazu z.B. VG Münster, Urteil vom 10.03.1982 – 6 K 816/81; ähnlich auch Tettinger/Erbguth/Mann, Bes. VerwR, Rn. 463 m.w.N.
207 Lackner/Kühl/*Lackner*, StGB, § 34, Rn. 4.
208 Tettinger/Erbguth/Mann, Bes.VerwR, Rn. 440 ff. m.w.N.

Die Gefahr kann sich nach Art. 58 Abs. 1 EU-BauPV auf „*die Einhaltung der Grund-anforderungen an Bauwerken, [...] die Gesundheit und Sicherheit von Menschen oder für andere im öffentlichen Interesse stehende schützenswerte Aspekte*" beziehen. Die in Art. 58 Abs. 1 EU-BauPV genannten Rechtsgüter sind spezifische, von der EU-BauPV geschützte, Güter. Während die Kerndefinition des Gefahrenbegriffs auch für die EU-BauPV übernommen werden kann, können die jeweils geschützten Rechtsgüter der umschriebenen Gefahrenbegriffe nicht auf die EU-BauPV übertragen werden. Insbesondere die Übertragung der ordnungsrechtlich geschützten Rechtsgüter kann nicht übertragen werden. „*Es ist darunter die Unverletzlichkeit der Rechtsordnung, der subjektiven Rechte und Rechtsgüter des einzelnen sowie des Bestandes, der Ein-richtungen und Veranstaltungen des Staates oder sonstiger Träger der Hoheitsgewalt zu verstehen.*"[209] Die öffentliche Ordnung wird definiert als „*[...] die Gesamtheit der im Rahmen der verfassungsmäßigen Ordnung liegenden ungeschriebenen Regeln für das Verhalten des einzelnen in der Öffentlichkeit, dessen Beachtung nach den jeweils herrschenden Anschauungen als unerläßliche [sic!] Voraussetzung eines geordneten staatsbürgerlichen Zusammenlebens betrachtet wird.*"[210] Wenn ein Bauprodukt auf dem Markt bereitgestellt wurde, dessen Leistungserklärung nicht mit der erklärten Leistung übereinstimmt, wurden die Vorschriften der EU-BauPV verletzt. Wenn die Unterrichtungspflicht des Art. 11 Abs. 7 EU-BauPV einschlägig ist, ist die Rechtsord-nung also immer bereits verletzt worden. Das zusätzliche Erfordernis, dass eine Ge-fahr von dem Bauprodukt ausgehen muss, würde dann leerlaufen. Die Schutzgüter der EU-BauPV sind schon deshalb nicht mit den ordnungsrechtlich geschützten Rechtsgütern identisch.

(2) Angaben zur Nichtkonformität und Korrekturmaßnahmen

Der Hersteller muss die nationalen Behörden darüber informieren, worin die Nicht-konformität besteht und welche Korrekturmaßnahmen er bereits ergriffen hat. Dies ermöglicht den Mitgliedstaaten auf der Grundlage der Information gegebenenfalls weitere Sicherheitsmaßnahmen im Wege der Marktüberwachungsmaßnahmen nach Art. 56 ff. EU-BauPV zu ergreifen.

10. Kooperation mit den Behörden

Art. 11 Abs. 8 EU-BauPV begründet eine Kooperationspflicht des Herstellers mit den Behörden. Nach dem Inverkehrbringen ist der Hersteller gemäß Art. 11 Abs. 8 EU-BauPV verpflichtet, den Behörden auf begründetes Verlangen alle notwendigen Informationen und Unterlagen auszuhändigen, die sie verlangen.

Der Hersteller muss den Behörden die Unterlagen in einer Sprache aushändigen, die von der Behörde leicht verstanden werden kann.

---

209 Gornig, Sicherheits- und Ordnungsrecht, in: LKV 1992, 254 (255).
210 Gornig, Sicherheits- und Ordnungsrecht, in: LKV 1992, 254 (255).

II. Pflichten des Importeurs

Die Pflichten des Importeurs sind in Art. 13 EU-BauPV geregelt. Auch die Pflichten die sich an den Importeur richten, entstehen zu unterschiedlichen Zeitpunkten.

1. Import unionsrechtskonformer Bauprodukte aus Drittstaaten

Importeure dürfen gemäß Art. 13 Abs. 1 EU-BauPV nur Produkte in den Unionsmarkt einführen, welche die Anforderungen der EU-BauPV erfüllen.

Dabei handelt es sich um ein Gebot, welches im Wege der Marktüberwachungsmaßnahmen zum Zeitpunkt des Inverkehrbringens durch den Importeur durchgesetzt werden kann.[211]

Der Importeur ist in der Handelskette aufgrund der Definition des Art. 2 Nr. 21 EU-BauPV zwingend zwischen den Hersteller aus einem Drittstaat und den Händler geschaltet. Die Bereitstellung rechtskonformer Bauprodukte trotz des Imports aus Drittstaaten wird über die Verantwortung der Importeure zusätzlich sichergestellt. Bereits die fehlende Verfügbarkeit notifizierter Stellen außerhalb der Europäischen Union, erschwert den außereuropäischen Herstellern die Einhaltung der Harmonisierungsvorschriften. Dem wird mit den umfänglichen Prüfpflichten des Importeurs in Art. 13 EU-BauPV begegnet.

2. Verbot des Inverkehrbringens nicht verordnungskonformer Bauprodukte

Gemäß Art. 13 Abs. 1 EU-BauPV ist der Importeur verpflichtet, nur Bauprodukte in den Verkehr zu bringen, welche die von der EU-BauPV gestellten Anforderungen erfüllen.

a) Überprüfung der Angaben des Herstellers

Der Importeur muss gemäß Art. 13 Abs. 2 EU-BauPV überprüfen, ob der Hersteller den Pflichten des Art. 11 EU-BauPV hinreichend nachgekommen ist.[212]

Art. 13 Abs. 2 UA. 1 EU-BauPV sieht zunächst eine Überprüfung der formalen Produktanforderungen durch den Importeur vor. Im Rahmen dessen muss der Importeur die äußerlich erkennbaren Anforderungen, die an das Bauprodukt gestellt werden, prüfen. Davon erfasst ist z.B. die Überprüfung, ob das Bauprodukt mit dem CE-Kennzeichen versehen ist oder ob die Abschrift der Leistungserklärung beigefügt ist. Die Überprüfung der Leistungsangaben auf ihre Übereinstimmung mit der tatsächlichen Leistung des Produktes fällt nicht unter diese Pflicht.

---

211 So parallel zum ProdSG: Wiebauer, Import und Produktsicherheit, in: EuZW 2012, 14 (15).

212 Siehe dazu § 3, B., I.

Art. 13 Abs. 2 UA. 1 EU-BauPV listet detailliert auf, welche Herstellerpflichten der Importeur überprüfen muss.

Lediglich die Formulierung, dass „die erforderlichen Unterlagen" beigefügt sein müssen, bedarf der Präzisierung. Die erforderlichen Unterlagen im Sinne des Art. 13 Abs. 2 UA. 1 EU-BauPV sind die Abschrift der Leistungserklärung sowie die Gebrauchsanleitung und Sicherheitsinformation.

Aus dem Kontext der Vorschrift ergibt sich, dass es sich nur um Unterlagen handeln kann, zu deren Weitergabe an nachfolgende Wirtschaftsakteure der Hersteller verpflichtet ist. Dazu zählen gemäß Art. 7 EU-BauPV die Abschrift der Leistungserklärung sowie die Gebrauchsanleitung und Sicherheitsinformation gemäß Art. 11 Abs. 6 EU-BauPV.

Die technischen Unterlagen hingegen, das heißt vor allem die technische Dokumentation, verbleibt für zehn Jahre nach dem Inverkehrbringen beim Hersteller (Art. 11 Abs. 2 EU-BauPV). Für die technische Dokumentation besteht deshalb keine Pflicht des Herstellers zur Weitergabe an den Importeur. Die Überprüfungspflicht des Importeurs kann sich deshalb schon praktisch nicht auf die technische Dokumentation beziehen.

Nach Art. 13 Abs. 2 UA. 2 EU-BauPV dürfen Importeure das Produkt nicht auf dem Markt bereitstellen, solange Zweifel an seiner Konformität mit der EU-BauPV stehen: „Importeure, die der Auffassung sind oder Grund zu der Annahme haben, dass das Bauprodukt nicht der Leistungserklärung oder sonstigen nach dieser Verordnung geltenden Anforderungen entspricht, bringen das Bauprodukt erst dann in Verkehr, wenn es der beigefügten Leistungserklärung und sonstigen nach dieser Verordnung geltenden Anforderungen entspricht oder nachdem die Leistungserklärung korrigiert wurde."

Der Importeur muss Korrekturmaßnahmen ergreifen. Nach dem Wortlaut des Art. 13 Abs. 2 UA. EU-BauPV ist es ausreichend, dass er auf eine Korrektur durch den Hersteller hinwirkt. In diesem Punkt unterscheidet sich Art. 13 Abs. 2 UA. 2 EU-BauPV von der Nachmarktpflicht in Art. 13 Abs. 7 EU-BauPV. Danach muss der Importeur nämlich Korrekturmaßnahmen – jedenfalls in Grenzen – selbst vornehmen.[213]

b) Wahrung der Konformität bei Lagerung oder Transport des Produktes

Den Importeur ist nach Art. 13 Abs. 5 EU-BauPV verpflichtet, alle Maßnahmen zu unterlassen, welche die Konformität des Bauproduktes mit der in der Leistungserklärung angegeben Leistung beeinträchtigen könnten, solange sich die Bauprodukte in seinem Einflussbereich befinden.

Damit sind vor allem die Lagerungs- und Transportbedingungen gemeint, denen die Bauprodukte ausgesetzt sind, nachdem sie den Machtbereich des Herstellers verlassen haben. Die Regelung in Art. 13 Abs. 5 EU-BauPV ist deklaratorisch, da sie sich bereits aus Art. 13 Abs. 1 EU-BauPV ergibt. Danach darf der Importeur

---

213   Siehe § 3, B., II., 2., g).

ohnehin nur solche Bauprodukte auf dem europäischen Markt bereitstellen, die den Anforderungen der Verordnung genügen. Art. 13 Abs. 1 EU-BauPV beinhaltet auch, dass die Abschrift der Leistungserklärung, die dem Produkt beigefügt ist, der tatsächlichen Leistung des Bauproduktes entspricht. Davon ist selbstverständlich der Importeur nicht deshalb entbunden, weil er die Abweichungen selbst – wenn auch nur fahrlässig – herbeigeführt hat.

c) Bereithaltung der Abschrift der Leistungserklärung

Gemäß Art. 13 Abs. 8 EU-BauPV muss der Importeur für die Marktüberwachungsbehörden eine Abschrift der Leistungserklärung bereithalten solange sich das Bauprodukt in seinem Herrschaftsbereich befindet.

d) Anbringung des Namens und der Kontaktanschrift

Der Importeur muss gemäß Art. 13 Abs. 3 EU-BauPV seinen Namen, seinen eingetragenen Handelsnamen oder seine eingetragene Marke sowie seine Kontaktanschrift auf dem Bauprodukt anbringen. Falls die Anbringung auf dem Bauprodukt nicht möglich ist, darf er diese Informationen auf der Verpackung oder den beigefügten Unterlagen anbringen.

Eine ähnliche Formulierung enthält Art. 9 Abs. 1 EU-BauPV in Bezug auf den Anbringungsort des CE-Kennzeichens. Anders als Art. 9 Abs. 1 EU-BauPV fehlt es nach dem Wortlaut des Art. 13 Abs. 3 EU-BauPV an der Möglichkeit der Anbringung auf der Verpackung oder den Begleitunterlagen, falls die Anbringung auf dem Bauprodukt „nicht zu rechtfertigen ist".

Eine analoge Anwendung des Art. 9 Abs. 1 EU-BauPV kommt jedoch nicht in Betracht. Es liegt zwar eine vergleichbare Interessenslage vor, jedoch ist die Regelungslücke nicht planwidrig. Der Blue Guide 2014 stellt ausdrücklich fest, dass ästhetische oder wirtschaftliche Gründe die Anbringung der Identifizierungskennzeichnung auf der Verpackung nicht rechtfertigen.[214] Da das Bauproduktenrecht hier mit dem allgemeinen Produktsicherheitsrecht übereinstimmt, deutet die Formulierung in Art. 13 Abs. 3 EU-BauPV nicht auf ein Redaktionsversehen des Verordnungsgebers hin.

e) Stichprobenartige Überprüfung der Leistungsangaben

Art. 13 Abs. 6 EU-BauPV verpflichtet den Importeur zur stichprobenartigen Überprüfung der Leistungsangaben, die er in der Leistungserklärung gemacht hat.

Bevor kein negatives Evaluierungsergebnis im Sinne des Art. 56 Abs. 1 UA. 1 EU-BauPV vorliegt, kann der Importeur von einer öffentlichen Stelle präventiv nicht zur Durchführung der Untersuchungen verpflichtet werden. Die Pflicht des Importeurs nach Art. 13 Abs. 2 UA. 1 EU-BauPV zur Überprüfung der formalen Angaben

---

214   Blue Guide 2014, S. 53.

wird durch eine inhaltliche Prüfkomponente ergänzt. Der Importeur muss sich vergewissern, dass der Hersteller *allen* ihm auferlegten Pflichten nachgekommen ist. Zur Durchführung der Überprüfung der Leistungsangaben werden in der EU-BauPV keine Angaben gemacht. Insbesondere Anforderungen an die Qualität und Quantität der Überprüfung sind nicht enthalten. Der Importeur muss deshalb selbst über den Umfang und die qualitative Ausgestaltung der Prüfungen entscheiden. Art. 13 Abs. 6 EU-BauPV formuliert einleitend hinsichtlich der Pflicht zur Durchführung von stichprobenartigen Untersuchungen *„falls dies als zweckmäßig betrachtet wird [...]“*.

Bei der Entscheidung über die Art und den Umfang der Prüfung sollte für den Importeur maßgebend sein, dass er nur konforme Bauprodukte auf dem Markt der Union bereitstellen darf. Schon um etwaigen Haftungskonsequenzen unentdeckter Gefahren zu entgehen, sollte der Importeur möglichst viele Produkte überprüfen lassen. Auch der Umfang der Untersuchungen muss vom Importeur nach dem Prinzip der Eigenverantwortlichkeit und nach den Umständen des Einzelfalls bestimmt werden. Die Untersuchungen müssen demnach einen solchen Umfang und eine solche Qualität haben, dass die Bereitstellung konformer Bauprodukte sichergestellt werden kann. Eine generelle Bestimmung des Umfanges der Überprüfungspflicht ist nicht möglich. Je abstrakter die Leistung eines Bauproduktes ist, desto weniger wird man ohne vertiefte Prüfung abschätzen können, ob die Angaben in der Leistungserklärung der wahren Leistung entsprechen. In diesen Fällen ist eine umfangreichere Untersuchung angezeigt.

Der Importeur muss nur die Produkte prüfen, die er selbst in den europäischen Markt einführen will oder schon eingeführt hat.

Die EU-BauPV enthält hierzu keine eindeutige Aussage, da nach Art. 13 Abs. 6 EU-BauPV *„Stichproben von in Verkehr befindlichen oder auf dem Markt bereitgestellten Bauprodukten“* durch den Importeur genommen und geprüft werden sollen. Im Gegensatz zu Art. 13 Abs. 6 EU-BauPV lautet die Formulierung in Art. 13 Abs. 7 EU-BauPV: *„Importeure, die der Auffassung sind oder Grund zu der Annahme haben, dass ein von ihnen in Verkehr gebrachtes Bauprodukt nicht der Leistungserklärung oder sonstigen nach dieser Verordnung geltenden Anforderungen entspricht [...]“*. Der Vergleich und das Fehlen des Zusatzes *„von ihnen in Verkehr gebrachtes Bauprodukt“* in Art. 13 Abs. 6 EU-BauPV, deutet darauf hin, dass eben doch eine Pflicht des Importeurs, sämtliche in den Markt eingeführte Bauprodukte untersuchen zu müssen, gewollt ist. Die Rolle und die Ausgestaltung der Pflichten des Importeurs, deutet aber eher auf ein Redaktionsversehen in Art. 13 Abs. 6 EU-BauPV hin. Das Konzept, den Importeur aufgrund des von ihm geschaffenen Risikos zusätzliche Kontrollen durchführen zu müssen, spricht dafür, dass er nur für solche Bauprodukte verantwortlich sein soll, die er selbst importiert hat. Es wäre willkürlich, ausgerechnet den Importeur auszuwählen, Untersuchungen hinsichtlich aller Bauprodukte durchzuführen, während er im Übrigen in einer Reihe mit den übrigen Wirtschaftsakteuren genannt wird. Gerade im Hinblick auf Kosten und Aufwand wäre es nicht gerechtfertigt, dem Importeur generell Pflichten auferlegen, ein Risiko zu minimieren, dass er nicht konkret gesetzt hat.

f) Dokumentierungspflichten bei materieller Nichtkonformität

Art. 13 Abs. 6 EU-BauPV verpflichtet den Importeur ein Verzeichnis über die nicht konformen Produkte und Produktrückrufe zu führen und die Händler fortlaufend über diese Erkenntnisse zu informieren. Die Pflicht ist an ein negatives Untersuchungsergebnis oder eine Beschwerde durch einen anderen Wirtschaftsakteur oder Verwender geknüpft. Die Dokumentationspflicht bezieht sich nur auf falsche Leistungsangaben in der Leistungserklärung. Dies ergibt sich aus der Systematik des Art. 13 Abs. 6 EU-BauPV, da die Pflicht zur Dokumentation im Zusammenhang mit den inhaltlichen Prüfpflichten in Art. 13 Abs. 6 EU-BauPV genannt wird.

g) Korrektur- Rückruf und Informationspflichten

Falls der Importeur durch seine Untersuchungen feststellt, dass das Bauprodukt nicht mit der erklärten Leistung übereinstimmt, ist er nach Art. 13 Abs. 7 EU-BauPV zu Korrektur-, Rückruf- und Informationsmaßnahmen verpflichtet. Art. 13 Abs. 7 EU-BauPV unterscheidet sich von Art. 13 Abs. 2 UA. 2 EU-BauPV, insoweit, wie nach Art. 13 Abs. 2 UA. 2 EU-BauPV vor dem Inverkehrbringen eines Bauproduktes die Korrekturmaßmaßnahmen durch den Importeur lediglich veranlasst werden müssen, während der Importeur nach Art. 13 Abs. 7 EU-BauPV selbst die Korrekturen vornehmen muss.

Der Importeur ist zur Vornahme von Korrekturmaßnahmen verpflichtet, wenn er Grund zu der Annahme hat, dass ein Bauprodukt den Anforderungen der Verordnung nicht entspricht oder dass die erklärte Leistung der tatsächlichen Leistung des Bauproduktes nicht entspricht. Anlass für die Pflichten nach Art. 13 Abs. 7 EU-BauPV kann vor allem ein negatives Ergebnis der durchgeführten Untersuchung nach Art. 13 Abs. 6 EU-BauPV sein.

aa) Eigene Korrekturmaßnahmen nach dem Inverkehrbringen

Nach Art. 13 Abs. 7 EU-BauPV soll der Importeur *„unverzüglich die erforderlichen Korrekturmaßnahmen [ergreifen], um die Konformität des Bauproduktes herzustellen oder es, soweit angemessen, zurückzunehmen oder zurückzurufen."*

Dies kann erforderlich werden, wenn der Importeur das Bauprodukt verändert. Eine teleologische Einschränkung des Art. 13 Abs. 7 EU-BauPV ergibt sich nicht etwa aus der Rechtsfolge des Art. 15 EU-BauPV. Danach hat der Importeur die gleichen Pflichten wie der Hersteller zu erfüllen, wenn er das Bauprodukt verändert. Dass Art. 13 Abs. 7 EU-BauPV nicht ausdrücklich einen Ausnahmefall von Art. 15 EU-BauPV darstellt, bedeutet nicht, dass die Veränderung von Bauprodukten durch einen anderen Wirtschaftsakteur als den Hersteller *per se* nicht gewollt ist. Art. 15 EU-BauPV erfordert nämlich, dass das Bauprodukt so verändert wird, dass die Konformität des Produktes mit der Leistungserklärung beeinflusst werden kann. Art. 13 Abs. 7 EU-BauPV betrifft aber gerade den umgekehrten Fall. Ist diese Vorschrift einschlägig, weicht die Leistungserklärung bereits von der tatsächlichen Leistung des Bauproduktes ab. Der Importeur stellt sie lediglich wieder her.

Der Importeur ist befugt, die Informationen in der Abschrift der Leistungserklärung selbst zu verändern. Eine Kenntlichmachung, welche Angaben verändert wurden, ist nicht erforderlich.

Die Pflicht zur Kenntlichmachung könnte sich daraus ergeben, dass eine „Abschrift" die identische Wiedergabe der Informationen aus der Originalerklärung indiziert. Die Wirtschaftsakteure, die eine Abschrift der Leistungserklärung erhalten, gehen davon aus, dass diese Abschrift der Originalerklärung entspricht, für die der Hersteller die Verantwortung übernommen hat.

Die Kenntlichmachung ist aber vor dem Hintergrund der Zielsetzung der Korrekturpflicht nicht erforderlich. Die Korrektur der Angaben zielt darauf ab, Gefahren zu vermeiden, die auf einer Fehleinschätzung der bauordnungsrechtlichen Verwendbarkeit beruhen. Dieser Gefahr wird aber durch die Abänderung der Leistungserklärung begegnet. Dabei kommt es nicht auf die Urheberschaft dieser Korrektur an. Da es sich schon bei der Leistungserklärung um eine bloße Wissenserklärung handelt, ist eine Willenszurechnung der Leistungsangaben nicht erforderlich. Der Hersteller muss insoweit nicht vor falschen Leistungsangaben durch den Importeur geschützt werden. Die Korrekturmaßnahmen unterliegen der Marktüberwachung. Eine Abgrenzung der korrigierten Leistungsangaben und der ursprünglichen Herstellererklärung ist durch einen Vergleich der Originalerklärung und der Abschrift möglich. Der Importeur hat kein Interesse an einer willkürlichen Abänderung der Leistungsangaben, da er selbst für unrichtige Leistungsangaben haftet.

Die Originalleistungserklärung kann grundsätzlich nicht vom Importeur verändert werden, da sie ursprünglich nur vom Hersteller oder seinem Bevollmächtigten ausgestellt wird. Eine Ausnahme stellt der Fall dar, dass der Importeur gleichzeitig Bevollmächtigter des Herstellers ist oder gemäß Art. 15 EU-BauPV die gleichen Pflichten wie ein Hersteller zur erfüllen hat. Auch faktisch ist eine Korrektur der Leistungserklärung selbst ohne den verwahrenden Wirtschaftsakteur nicht möglich. Auch bei einem Import verbleibt die Leistungserklärung jedoch beim Hersteller oder Importeur.

bb) Rückruf- und Rücknahmepflicht

Hinsichtlich der Rücknahme- und Rückrufpflichten gelten die Ausführungen zu den Pflichten des Herstellers entsprechend.[215]

cc) Informationspflichten bei gefährlichen nichtkonformen Produkten

Auch die Importeure sind verpflichtet, die nationalen Behörden über nichtkonforme Produkte zu informieren, wenn von ihnen eine Gefahr ausgeht. Der Importeur muss auch den Hersteller über die festgestellte Nichtkonformität und die Gefahr unterrichten. Für den Begriff der Gefahr gelten die Erläuterungen zu den

---

215 Siehe dazu § 3, B., I., 9.

Informationspflichten des Herstellers entsprechend, da sich begrifflich keine Abweichungen ergeben.[216]

h) Kooperation und Aushändigung aller erforderlichen Unterlagen

Der Importeur ist gemäß Art. 13 Abs. 9 EU-BauPV zur Kooperation mit den nationalen Behörden verpflichtet. Er muss den nationalen Behörden auf begründetes Verlangen alle erforderlichen Dokumente und Unterlagen auszuhändigen.

Diese Pflicht ist – anders als die Bereithaltung der Abschrift der Leistungserklärung in Art. 13 Abs. 8 EU-BauPV – nicht auf den Zeitraum vor dem Inverkehrbringen beschränkt. Der Importeur ist verpflichtet, die Unterlagen an die Behörden auf Verlangen in einer Sprache auszuhändigen, die von dieser leicht verstanden werden kann.

§ 6 Satz 2 BauPG stellt auch in diesem Fall die Fiktion auf, dass die deutsche Sprache als leicht zu verstehen gilt. Ist ein Importeur Teil der Handelskette, ist der Hersteller begriffsnotwendig nicht in der EU und somit nicht in Deutschland ansässig. Die Arbeitssprache des Herstellers ist in diesen Fällen regelmäßig nicht Deutsch. Dem Hersteller selbst ist bereits verpflichtet, die Unterlagen in einer leicht verständlichen Sprache vorzulegen. Ist der Hersteller dieser Maßgabe selbst nicht nachgekommen, ist der Importeur verpflichtet, die Unterlagen in eine andere Sprache übersetzen zu lassen.

Der Importeur muss eine Abschrift der Leistungserklärung gemäß Art. 13 Abs. 8 EU-BauPV zehn Jahre ab dem Inverkehrbringen des Bauproduktes noch bereithalten. Diese Pflicht richtet sich allein an den Importeur. Der Hersteller muss nur die Originalunterlagen und die technische Dokumentation während dieser Zeit bereithalten. Auch der Händler ist nicht zehn Jahre zur Aufbewahrung der Abschrift der Leistungserklärung verpflichtet.

i) Bereitstellung einer Abschrift der Leistungserklärung

Die Pflicht, eine Abschrift der Leistungserklärung zur Verfügung zu stellen, richtet sich gemäß Art. 7 EU-BauPV an alle Wirtschaftsakteure. Sobald ein Wirtschaftsakteur ein Bauprodukt auf dem Markt der Union bereitstellt, richtet sich die Plicht auch an den Importeur.

Da der Importeur in der Regel das zweite Glied in der Handelskette ist, kann sich als Konsequenz aus Art. 7 Abs. 1 UA. 1 EU-BauPV das praktische Problem ergeben, dass dem Importeur selbst nur die elektronische Form einer Abschrift zur Verfügung gestellt worden ist, während sein Abnehmer die gedruckte Form verlangt. Er kann aber die Leistungserklärung in diesem Fall ausdrucken. Die EU-BauPV enthält keine Anhaltspunkte, die gegen ein solches Vorgehen sprechen. Hätte der Importeur selbst nur eine gedruckte Form der Leistungserklärung erhalten, wäre er auch auf die Anfertigung einer Kopie angewiesen. Zwischen einem bloßen Ausdruck und

---

216 Siehe dazu § 3., B. I., 9.

einer manuellen oder automatischen Kopie kann wertungsmäßig kein Unterschied bestehen, da inhaltlich in beiden Fällen keine Änderungen vorgenommen werden.

III. Pflichten des Händlers

1. Sorgfaltspflicht zur Einhaltung der EU-BauPV

Gemäß Art. 14 Abs. 1 EU-BauPV müssen die Händler die Vorschriften der EU-BauPV mit der *gebührenden Sorgfalt* beachten, wenn sie ein Bauprodukt auf dem Markt bereitstellen. Die Sorgfaltspflicht bezieht sich auf alle Pflichten des Händlers. Zweifel an der Einhaltung der Sorgfaltspflicht entstehen in der Regel jedoch nur bei relativen Pflichten des Händlers.

Relative Pflichten sind solche Pflichten, deren Einhaltung hinsichtlich ihrer Intensität variieren kann. Eine solche relative Pflicht stellt z.B. die Prüfpflicht nach Art. 14 Abs. 2 EU-BauPV dar. Danach ist dem Händler selbst überlassen, welche Untersuchungsmethoden er anwendet, um die Herstellerpflichten nachzuprüfen. Wenn dem Bauprodukt dennoch eine fehlerhafte Leistungserklärung beigefügt wurde und der Händler dies nicht erkennt, obwohl er dies mit der gebührenden Sorgfalt geprüft hat, liegt keine Pflichtverletzung vor.

Anders liegt es jedoch bei absoluten Pflichten. Absolute Pflichten sind solche Pflichten, bei denen eine Differenzierung nach der Art und Weise nicht erfolgen kann. Bei den absoluten Pflichten geht es nur um die Frage nach dem *Ob*. Eine absolute Pflicht ist z.B. die Pflicht des Händlers, dem Bauprodukt die Abschrift der Leistungserklärung beizufügen. Unterlässt der Händler diese Pflicht, hat er schon aufgrund des Unterlassens die gebührende Sorgfalt missachtet, sodass es keiner vertieften Prüfung mehr bedarf. Der Händler muss den rechtlichen Rahmen sowie dessen Konsequenzen kennen, wenn er mit Bauprodukten handelt.[217] D.h. der Händler muss wissen, dass er dem Bauprodukt eine Abschrift der Leistungserklärung beifügen muss oder dass er das Bauprodukt nach Art. 14 Abs. 2 EU-BauPV prüfen muss, bevor er es auf dem Markt bereitstellt.

Ob der Händler die erforderliche Sorgfalt angewendet hat, bestimmt sich nach dem *„Ausmaß an Urteilsvermögen, Sorgfalt, Umsicht, Entschlossenheit und Engagement einer Person, von dem unter den jeweiligen Umständen normalerweise ausgegangen werden kann.*"[218] Das bedeutet, dass die *ex-ante* Sicht eines Durchschnittshändlers zu Grunde zu legen ist.

In Art. 14 Abs. 1 EU-BauPV liegt eine Abstufung zu den Sorgfaltsanforderungen, die an den Importeur und den Hersteller gestellt werden. Die Pflichten des Importeurs und des Händlers sind unbedingt, da sie keine Sorgfaltsabstufung vorsehen. Die Sorgfaltspflichten des Händlers müssen vor dem Hintergrund dieser Abstufung hinter den Anforderungen, die an den Hersteller und Importeur gestellt werden, zurückbleiben. Für die Feststellung der Einhaltung der Sorgfaltspflichten durch den

---

217 Blue Guide 2014, S. 34.
218 Blue Guide 2014, S. 34, Fn. 111.

Händler kann es deshalb nur darauf ankommen, ob er unter gewöhnlichen Umständen die Nichtkonformität des Bauproduktes hätte erkennen können. Die Frage wird man regelmäßig verneinen müssen, wenn der Händler geeignete Methoden zur Feststellung der Nichtkonformität in einem Umfang angewendet hat, welche die Nichtkonformität unter normalen Umständen offengelegt hätte.

2. Verbot der Bereitstellung nicht konformer Bauprodukte

a) Keine Bereitstellung bei Kenntnis oder Verdacht der Nichtkonformität

Gemäß Art. 14 Abs. 2 EU-BauPV darf der Händler ein Produkt nicht auf dem Markt bereitstellen, wenn er der Auffassung ist oder einen Grund zur Annahme hat, dass die Vorschriften der EU-BauPV nicht eingehalten wurden. Dann muss der Händler das Produkt gemäß Art. 14 Abs. 2 UA. 2 EU-BauPV zunächst zurückhalten. Er darf es erst auf dem Markt bereitstellen, wenn sich der Verdacht nicht erhärtet hat oder wenn die Leistungserklärung und ihre Abschrift korrigiert wurde.

Die Prüfung, die ihn zu dieser Erkenntnis bringt, ist gemäß Art. 14 Abs. 1 EU-BauPV unter Anwendung der gebührenden Sorgfalt durchzuführen. Ein Pflichtverstoß des Händlers gegen die EU-BauPV liegt deshalb – anders als beim Hersteller und Importeur – nicht bei jeder Bereitstellung eines nicht konformen Bauproduktes vor, sondern nur bei Kenntnis und fahrlässiger Unkenntnis von der Nichtkonformität des Produktes mit der EU-BauPV.

Die in Art. 14 Abs. 2 EU-BauPV verwendete Umschreibung der Kenntnisgrade „*der Auffassung [sein] oder Grund zu der Annahme haben, dass das Bauprodukt nicht der Leistungserklärung oder sonstigen nach [der EU-BauPV] geltenden Anforderungen entspricht [...]*" deutet nach dem Wortlaut auf ein Alternativverhältnis hin. Beide Alternativen müssen deshalb eine unterschiedliche Bedeutung haben. Der Begriff der „*Auffassung*" deutet auf nach der Wortbedeutung auf das Erfordernis der positiven Kenntnis des Herstellers von der Nichtkonformität des Bauproduktes hin. Währenddessen der „*Grund zur Annahme*" nach der Wortbedeutung – und in Abgrenzung zur Bedeutung des Begriffs „*Auffassung*" –für das Erfordernis eines objektiv erkennbaren Grundes der Nichtkonformität spricht. In subjektiver Hinsicht muss der Händler diesen objektiven Grund erkannt oder fahrlässig nicht erkannt haben.

Der Händler ist gemäß Art. 14 Abs. 2 EU-BauPV – anders als der Importeur – nur verpflichtet, das Bauprodukt auf seine formalen Anforderungen zu prüfen. Dazu gehört insbesondere, sich zu vergewissern, dass der Hersteller die ihm obliegenden Pflichten erfüllt hat. Der Händler muss feststellen, ob das Bauprodukt mit dem CE-Kennzeichen versehen wurde und ob dem Bauprodukt die erforderlichen Unterlagen beigefügt sind. Die Pflicht zur Prüfung der formalen Anforderungen beinhaltet auch, die Prüfung, ob der Importeur und der Hersteller seine Identität und Informationen hinsichtlich der Rückverfolgbarkeit des Produktes (zum Beispiel Typen- oder Seriennummern) angegeben haben. Soweit ein Importeur eingeschaltet wurde, muss er auch kontrollieren, ob der Importeur seinen Namen und seine Adresse angegeben hat. Anders als der Importeur muss der Händler seinen Namen aber nicht selbst anbringen.

Der Händler ist hingegen regelmäßig nicht zur Prüfung der Leistungsangaben der Leistungserklärung verpflichtet. Hat er eine Leistungserklärung nicht auf ihre Richtigkeit geprüft und aus diesem Grund nicht erkannt, dass die erklärte Leistung der tatsächlichen Leistung des Bauproduktes nicht entspricht, hat er regelmäßig nicht gegen Art. 14 Abs. 1 EU-BauPV, Art. 14 Abs. 2 UA. 2 EU-BauPV verstoßen. Der Händler hat bei der Anwendung der Vorschriften der EU-BauPV die gebührende Sorgfalt beachtet, weil die inhaltliche Prüfung der Leistungserklärung grundsätzlich nicht zu seinen Aufgaben gehört. Anders liegt der Fall hingegen wenn der Händler die Unrichtigkeit der Leistungsangaben aus anderen Gründen kannte oder hätte kennen müssen, als er das Produkt auf dem Markt bereitstellte.

b) Wahrung der Konformität bei Lagerung oder Transport des Produktes

Art. 14 Abs. 3 EU-BauPV enthält die Pflicht zur Wahrung der Konformität, solange sich das Bauprodukt im Machtbereich des Händlers befindet. Diese Pflicht entspricht der Pflicht des Importeurs gemäß Art. 13 Abs. 5 EU-BauPV, sodass auf die dortigen Ausführungen verwiesen werden kann.[219]

3. Korrektur und Information vor dem Inverkehrbringen

a) Keine Korrektur der Leistungserklärung durch den Händler

Der Händler ist auf Grundlage des Art. 14 Abs. 2 UA. 2 EU-BauPV nicht selbst zur Korrektur der Leistungserklärung oder ihrer Abschrift berechtigt oder verpflichtet. Art. 14 Abs. 2 UA. 2 EU-BauPV stellt vielmehr objektiv fest, dass die Korrektur durch einen berechtigten Wirtschaftsakteur vorgenommen werden muss, damit das Bereitstellungsverbot gegenstandslos wird. Dies ergibt sich aus dem Wortlaut in Art. 14 Abs. 2 UA. 2 EU-BauPV *„nachdem die Leistungserklärung korrigiert wurde"*, der keine subjektive Handlungspflicht des Händlers vorsieht.

b) Information der Marktüberwachung und Wirtschaftsakteure bei Gefahr

Der Händler muss, wenn mit dem nicht konformen Produkt Gefahren verbunden sind, alle Wirtschaftsakteure, die vor ihm in der Handelskette stehen, über die Nichtkonformität und die Gefahren informieren. Wirtschaftsakteure vor ihm in der Handelskette sind regelmäßig der Hersteller und ggf. der Importeur. Der Hersteller muss darüber hinaus auch die nationalen Behörden informieren. Für den Begriff der Gefahr ist der für die übrige EU-BauPV geltende Gefahrenbegriff zu Grunde zu legen.[220]

---

219 Siehe § 3, B. II., 2., b).
220 Siehe dazu § 3, B., I., 9., b), cc), (1).

4. Korrektur und Information nach Inverkehrbringen

a) Veranlassung von Korrekturmaßnahmen

Art. 14 Abs. 4 EU-BauPV sieht die „Sicherstellung der Ergreifung der erforderlichen Korrekturmaßnahmen" vor, wenn der Händler nach der Bereitstellung auf dem Markt der Auffassung ist oder Grund zu der Annahme hat, dass ein Produkt nicht mit der EU-BauPV konform ist oder die Leistungserklärung inhaltlich fehlerhaft ist. Der Händler ist nach der Formulierung in Art. 14 Abs. 4 EU-BauPV nicht dazu berechtigt oder verpflichtet, selbst die Leistungserklärung zu korrigieren. Dadurch, dass der Händler keine eigenständigen Untersuchungen zur Überprüfung der Richtigkeit des Inhalts der Leistungserklärung vornehmen muss, wäre ihm nach dem Inverkehrbringen eine exakte Korrektur der Abschrift der Leistungserklärung auch nicht möglich, da er ohne die Untersuchung die tatsächliche Leistung des Bauprodukts nicht kennen kann. Diese Auslegung ergibt sich auch aus dem Vergleich mit der entsprechenden Pflicht des Importeurs in Art. 13 Abs. 7 EU-BauPV. Art. 13 Abs. 7 EU-BauPV, der ebenfalls Regelungen zur Korrekturpflicht nach dem Inverkehrbringen eines Bauproduktes enthält, formuliert hinsichtlich der Korrekturpflichten des Importeurs, dass dieser „unverzüglich die erforderlichen Korrekturmaßnahmen" zu ergreifen hat.

b) Rücknahme und Rückruf des Produktes bei Zumutbarkeit

Ebenso sieht Art. 14 Abs. 4 EU-BauPV vor, dass der Händler das entsprechende Bauprodukt eventuell zurückrufen oder zurückzunehmen hat. Dies gilt nur, wenn ihm diese Maßnahmen zumutbar sind.[221] Auch hier muss eine Interessenabwägung durchgeführt werden, deren Maßstab die drohenden Gefahren sind. Darüber hinaus muss er die nationalen Behörden über die Nichtkonformität unterrichten.

5. Aushändigung technischer Unterlagen an die Behörden

Der Händler ist gemäß Art. 14 Abs. 5 EU-BauPV zur Kooperation mit den zuständigen Behörden verpflichtet. Er muss alle Unterlagen auf Verlangen der nationalen Behörden an diese aushändigen. Die Unterlagen müssen ebenfalls in einer Sprache ausgehändigt werden, die von den Behörden leicht verstanden werden kann. Auch für Art. 14 Abs. 5 EU-BauPV gilt die Fiktion des § 6 Satz 2 BauPG. Danach gilt die deutsche Sprache als leicht zu verstehen. Ebenso wie der Importeur ist deshalb der Händler ggf. zu einer Übersetzung verpflichtet.

6. Bereitstellung einer Abschrift der Leistungserklärung

Auch der Händler ist, wie die übrigen Wirtschaftsakteure, zur Zurverfügungstellung einer Abschrift der Leistungserklärung gemäß Art. 7 EU-BauPV verpflichtet.

---

221 Siehe zur Abwägung § 3, B., I., 9., b), bb).

Hinsichtlich der Formalien der Bereitstellung gilt das für die Pflichten des Herstellers und des Importeurs Ausgeführte entsprechend.

Ein Problem, das in Bezug auf die Pflicht des Händlers zur Abschrift der Leistungserklärung behandelt wird, sieht die Literatur darin, dass der Händler eine Abschrift der Leistungserklärung in einer anderen Sprache erhält, als in der, in der er sie selbst bereitstellen muss.[222] Diese Konstellation liegt regelmäßig vor, wenn der Händler und der Verwender in unterschiedlichen Mitgliedstaaten ansässig sind und diese Staaten nicht dieselbe Amtssprache haben. Ein solcher Fall liegt z.B. vor, wenn der Hersteller die Abschrift der Leistungserklärung für einen in Deutschland ansässigen Händler auf Deutsch bereitstellt, der Händler das Bauprodukt aber an einen in Frankreich ansässigen Verwender abgeben will. Das Problem besteht nicht, wenn der Hersteller auf freiwilliger Basis eine fremdsprachige Leistungserklärung zur Verfügung stellt. Da der Hersteller jedoch aufgrund der EU-BauPV nicht dazu verpflichtet ist, wird das Problem regelmäßig nicht durch die freiwillige Zurverfügungstellung der Abschrift der Leistungserklärung in sämtlichen Sprachen der EU gelöst. Die Lösung muss deshalb im gesetzlichen Kontext zu suchen sein.

Nach der Literatur genügt die Beifügung der Originalabschrift der Leistungserklärung ohne Übersetzung.[223] Fraglich sei aufgrund des unklaren Satzbaus, ob sich der Teil *„in einem vom betreffenden Mitgliedstaat festgelegten Sprache"* oder ebenfalls auf den Teil *„die gemäß dieser Verordnung erforderlichen Unterlagen"* beziehe.[224] Die Ausweitung *„auf alle erforderlichen Unterlagen"* und damit auch auf die Leistungserklärung, wird schließlich mit der Begründung abgelehnt, dass nur der Hersteller praktisch eine sinnvolle Leistungserklärung erstellen könne und dieser nicht dazu verpflichtet sein könne von vornherein eine Leistungserklärung in allen relevanten Amtssprachen der EU auszustellen.[225] Außerdem sei das Erfordernis der leichten Verständlichkeit auch sonst nur in Art. 14 Abs. 2 EU-BauPV im Zusammenhang mit *„Anleitungen und Sicherheitsinformationen"* genannt.[226]

Dieser Auffassung ist jedoch nicht zu folgen. Der Händler muss die Abschrift der Leistungserklärung in die im Zielstaat des Produktes festgelegte Sprache übersetzen.

Die Übersetzung der Abschrift der Leistungserklärung durch den Händler ist zulässig. Richtig ist, dass der Händler keine eigene Leistungserklärung erstellen darf, da diese Aufgabe ausschließlich dem Hersteller vorbehalten ist.[227] Art. 7 EU-BauPV sieht hingegen nicht vor, dass die Wirtschaftsakteure verpflichtet sind, die Abschrift der Leistungserklärung weiterzugeben, die sie selbst vom Hersteller bekommen haben. Vielmehr ist die Verpflichtung zur Erstellung einer Abschrift der Leistungserklärung an jeden einzelnen Wirtschaftsakteur unabhängig gerichtet.

222   Problematik bei H. Wirth, EU-BauPV, in: BauR 2013, 703 (711).
223   H. Wirth, EU-BauPV, in: BauR 2013, 703 (712).
224   H. Wirth, EU-BauPV, in: BauR 2013, 703 (712).
225   H. Wirth, EU-BauPV, in: BauR 2013, 703 (712).
226   H. Wirth, EU-BauPV, in: BauR 2013, 703 (712).
227   So H. Wirth, EU-BauPV, BauR 2013, 703 (711).

Art. 7 Abs. 4 EU-BauPV regelt, dass die Zurverfügungstellung in einer bestimmten Sprache zu erfolgen hat. In dieser Vorschrift wird die Übersetzung der Abschrift der Leistungserklärung vorausgesetzt.

Die in der Literatur verfolgte Wortlautauslegung des Art. 14 Abs. 2 EU-BauPV geht jedoch fehl. Die Argumentation trifft zwar bezogen auf Art. 14 Abs. 2 EU-BauPV zu, allerdings ergibt sich die Pflicht zur Zurverfügungstellung einer Abschrift der Leistungserklärung nicht aus Art. 14 Abs. 2 EU-BauPV, sondern aus Art. 7 EU-BauPV. Art. 7 Abs. 4 EU-BauPV legt fest, dass die *„Leistungserklärung [...] in der Sprache beziehungsweise in den Sprachen zur Verfügung gestellt [wird], die von dem Mitgliedstaat in dem das Produkt bereitgestellt wird, vorgeschrieben werden."* Aus diesem eindeutigen Wortlaut ergibt sich, dass die Zurverfügungstellung der Abschrift der Leistungserklärung in der Sprache, in der der Händler sie bekommen hat, nur ausreicht, wenn der Zielmitgliedstaat dieselbe Sprache festgelegt hat.

IV. Pflichten des Bevollmächtigten

1. Übertragung der Herstellerpflichten durch Vollmacht

Die Aufgaben des Bevollmächtigten unterscheiden sich von der Struktur der übrigen Wirtschaftsakteure. Die EU-BauPV richtet keine gesetzlichen Pflichten an den Bevollmächtigten. Art. 12 EU-BauPV bestimmt vielmehr, in welchem Umfang der Bevollmächtigte die Pflichten des Herstellers übernehmen darf. Der Bevollmächtigte fungiert also als eine Art „Dienstleister" für den Hersteller.

2. Begrenzung der Übertragbarkeit der Aufgaben

Maßgeblich entscheidet die durch den Hersteller ausgestellte Vollmacht darüber, welchen Aufgabenkreis der Bevollmächtigte wahrnimmt (Art. 12 Abs. 2 EU-BauPV). Der Hersteller ist weitgehend frei in der Festlegung des Aufgabenkreises des Bevollmächtigten.

Das auf den Bevollmächtigten übertragbare Aufgabenspektrum ist dadurch begrenzt, dass nur Pflichten, die dem Hersteller auferlegt wurden, übertragen werden können. Der Hersteller kann dem Bevollmächtigten nur solche Aufgaben übertragen, die er im Regelfall selbst übernehmen muss. Übertragbar sind deshalb nur die Pflichten, die Art. 11 EU-BauPV und Art. 7 Abs. 1 EU-BauPV an den Hersteller richten. Art. 12 EU-BauPV nimmt die Erstellung einer technischen Dokumentation aus dem Aufgabenkreis, der durch die Vollmacht übertragen werden kann, heraus (Art. 12 Abs. 1 UA. 2 EU-BauPV).

Darüber hinaus legt Art. 12 Abs. 2 EU-BauPV Aufgaben fest, die der Bevollmächtigte zwingend wahrnehmen muss, wenn er beauftragt wurde. Der Bevollmächtigte muss für einen Zeitraum für zehn Jahre ab dem Inverkehrbringen des Bauproduktes, die Leistungserklärung und die technische Dokumentation aufbewahren und sie gegebenenfalls den zuständigen nationalen Behörden aushändigen. Das Gleiche gilt für alle übrigen Informationen, die für die Konformität des Bauproduktes relevant sind. Der Bevollmächtigte ist auch zur Kooperation mit den nationalen Behörden verpflichtet, deren Umfang sich auf den in der Vollmacht festgelegten Aufgabenkreis beschränkt.

Der Bevollmächtigte ist regelmäßig nicht selbst zur Bereitstellung einer Abschrift der Leistungserklärung nach Art. 7 Abs. 1 EU-BauPV verpflichtet, weil er die Produkte nicht selbst auf dem Markt bereitstellt. Möglich ist aber, dass er die Pflicht in Art. 7 EU-BauPV im Auftrag des Herstellers für diesen wahrnimmt. In diesem Fall handelt der Händler aber nicht im eignen Namen, sondern im Namen des Herstellers.

C. Pflichten der Mitgliedstaaten

Die EU-BauPV adressiert Pflichten an die Mitgliedstaaten. Davon ist die generelle Pflicht erfasst, die nationale Rechtsordnung an die europäischen Verträge und die Gesetzgebung anzupassen[228]. Zur Erreichung dieses Ziels sind die Mitgliedstaaten sowohl verpflichtet zu handeln, als auch unionsrechtswidrige Handlungen zu unterlassen[229]. Speziell aus der EU-BauPV ergeben sich darüber hinaus mitgliedstaatliche Handlungspflichten, die darauf gerichtet sind, behördliche Infrastrukturen für die Überwachung und die praktische Umsetzung der EU-BauPV zur Verfügung zu stellen.[230]

I. Unterlassen unionsrechtswidriger Handlungen

1. Primärrechtliches Verbot unionsrechtswidriger Regelungen und Handlungen

Die Mitgliedstaaten sind verpflichtet, das gesamte nationale Recht an die durch die EU-BauPV geschaffene Rechtslage anzupassen. Diese Pflicht leitet sich aus dem europäischen Primärrecht ab. Art. 4 EUV etabliert eine allgemeine Treuepflicht, wonach sich die Mitgliedstaaten unionsrechtskonform zu verhalten haben.[231] Die Treuepflicht umfasst auch die Pflicht, das nationale Recht so auszugestalten, dass es nicht gegen europäische Rechtsakte verstößt.[232] Das nationale Recht soll darüber

---

228 Streinz/*Schroeder*, EUV/AEUV, Art. 288, Rn. 62; von der Groeben/Schwarze/Hatje/ *Obwexer*, Europäisches Unionsrecht, Art. 4 EUV, Rn. 112.

229 Grabitz/Hilf/Nettesheim/*von Bogdandy/Schill*, Das Recht der EU, Art. 4 EUV, Rn. 59, 61.

230 Siehe § 3, C., II.

231 Grabitz/Hilf/Nettesheim/*von Bogdandy/Schill*, Das Recht der EU, Art. 4 EUV, Rn. 59, 61.

232 Streinz/*Schroeder*, EUV/AEUV, Art. 288, Rn. 62; von der Groeben/Schwarze/Hatje/ *Obwexer*, Europäisches Unionsrecht, Art. 4 EUV, Rn. 112.

hinaus eine möglichst effektive Anwendung des Unionsrechts ermöglichen.[233] Dieses Gebot gilt auch für die Anpassung des nationalen Rechts an Verordnungen, obwohl diese aufgrund ihrer unmittelbaren Wirkung ohnehin Anwendungsvorrang entfalten.[234]

2. Art. 8 EU-BauPV als spezielles sekundärrechtliches Behinderungsverbot

Die EU-BauPV enthält über die allgemeine Treuepflicht hinaus spezielle Anpassungspflichten. Insbesondere Art. 8 EU-BauPV enthält Handlungsverbote, die sich an die Mitgliedstaaten richten. Art. 8 EU-BauPV verbietet grundsätzlich, dass Anforderungen an harmonisierte Bauprodukte gestellt werden, die über Maßgaben der EU-BauPV hinausgehen. Art. 8 Abs. 3 EU-BauPV weitet dieses Verbot ausdrücklich auf Kennzeichnungserfordernisse aus. Art. 8 Abs. 4 EU-BauPV konturiert das Verbot zusätzlich.

a) Abschließende Wirkung der harmonisierten Normen

Im Hinblick auf unvollständige Normen wird diskutiert, ob eine nationale Nachregulierung von Produktanforderungen zulässig sein soll. Die Entscheidung wird von der Beantwortung der Frage abhängig gemacht, ob die harmonisierten Normen eine abschließende Regelung enthalten.[235] Diese Frage hat Auswirkungen auf den Anwendungsbereich der Verbote in Art. 8 EU-BauPV. Soweit die Normen abschließend sind, findet Art. 8 EU-BauPV auf alle mitgliedstaatlichen Maßnahmen, die sich auf harmonisierte Bauprodukte beziehen, Anwendung. Die Konsequenz der Gegenansicht wäre jedoch, dass die mitgliedstaatliche Nachregulierung von den Voraussetzungen des Art. 8 EU-BauPV unabhängig ist, soweit sie sich auf Eigenschaften bezieht, die nicht in der harmonisierten Norm gelistet sind. Im Ergebnis ist jedoch von der abschließenden Wirkung auszugehen, sodass sämtliche mitgliedstaatliche Maßnahmen gegen harmonisierte Bauprodukte an Art. 8 EU-BauPV gemessen werden müssen.

aa) Problem: Nationale Nachregulierung bei unvollständigen Normen

Das praktische Problem der Mitgliedstaaten resultiert aus unvollständigen harmonisierten Normen zur Leistungsprüfung von Bauprodukten.

Das System der EU-BauPV geht im Grundsatz von dem Idealfall aus, dass die harmonisierten Normen ausreichen, um die Anforderungen der nationalen

---

233 Streinz/*Schroeder*, EUV/AEUV, Art. 288 AEUV, Rn. 62; von der Groeben/Schwarze/Hatje/*Geismann*, Europäisches Unionsrecht, Art. 288 AEUV, Rn. 15; von der Groeben/Schwarze/Hatje/*Obwexer*, Europäisches Unionsrecht, Art. 4 EUV, Rn. 113.

234 EuGH, Urt. v. 26.04.1988, Rs. 74/86, Rn. 10; von der Groeben/Schwarze/Hatje/*Geismann*, Europäisches Unionsrecht, Art. 288 AEUV, Rn. 15.

235 Siehe § 3, C., I., 2., a), cc).

Bauwerkssicherheit nachzuweisen. Im Idealfall enthält die harmonisierte technische Spezifikation alle wesentlichen Merkmale, die erforderlich sind, um zu bestimmen, ob die Anforderungen der Bauwerkssicherheit erfüllt sind.[236] Diese wesentlichen Merkmale sind dann in der Leistungserklärung des Produktes ausgewiesen.

Problematisch ist deshalb aus nationaler Sicht der Fall, dass die harmonisierten technischen Normen wesentliche Merkmale, die zur Bestimmung der Einhaltung der Bauwerkssicherheit erforderlich sind, nicht ausweisen.[237] Muss für eine bauliche Anlage aufgrund ihrer Nutzung z.B. im Rahmen des Brandschutzes nach dem nationalen Recht auch das Risiko eines Schwelbrandes ausgeschlossen werden, ist für die Bestimmung, ob diese Anforderung erfüllt ist, die Angabe über das Glimmverhalten des Produktes erforderlich. Weist die Leistungserklärung das wesentliche Merkmal „Glimmverhalten" nicht aus und enthält insoweit keinen Leistungswert, kann das Sicherheitsrisiko eines Schwelbrandes von der Bauaufsicht nicht bewertet werden.[238]

Um hingegen die Bewertungen vornehmen zu können, bedarf es aus nationaler Sicht einer anderweitigen Bestimmung der nicht ausgewiesenen wesentlichen Merkmale. Häufig stehen jedoch unterschiedliche Bewertungsverfahren zur Verfügung, die nicht alle gleichermaßen anerkannt werden.

Da die Anforderungen an die Bauwerkssicherheit in den Mitgliedstaaten teilweise unterschiedlich ausgestaltet sind und die technischen Normen diese Anforderungen nur unzureichend zusammenfassen, kommen unvollständige Normen häufig vor.

Schon unter Geltung der BauPR war umstritten, ob die Bauaufsicht zur Lückenschließung zusätzliche Anforderungen an harmonisierte Bauprodukte stellen durfte.[239] Diese Frage hat der EuGH in Bezug auf die bereits außer Kraft getretene BauPR mittlerweile beantwortet und jedenfalls *produktunmittelbare* Anforderungen für europarechtswidrig erklärt.[240] Das Urteil beansprucht jedoch keine unmittelbare Geltung für die EU-BauPV, sodass die Frage auch nach dem Urteil noch offen ist. Auch in der Literatur wird die Frage nach wie vor nicht einheitlich beurteilt.[241] Daneben ist noch keine Aussage zu produktmittelbaren Anforderungen unter Geltung der EU-BauPV getroffen worden.

---

236 Eisenberg, Das neue Bauproduktenrecht, in: NZBau 2013, 675 (678).
237 Schneider/Thielecke, Kompetenzen von EU und Mitgliedstaaten im Bauproduktenrecht, in: NVwZ 2015, 34 (34).
238 Schneider/Thielecke, Kompetenzen von EU und Mitgliedstaaten im Bauproduktenrecht, in: NVwZ 2015, 34 (34).
239 Vgl. etwa H.Wirth, Das Ü-Zeichen ist tot, in: BauR 2013, 405 ff.; ders., Die Auswirkungen der neuen EU-BauPV in der Praxis, in: NZBau 2013, 193 (194 f.); Hildner, Neuer Rechtsrahmen für Bauprodukte, in: DS 2013, 218 (221); Schneider/Thielecke, Kompetenzen von EU und Mitgliedstaaten im Bauproduktenrecht, in: NVwZ 2015, 34 ff.; Eisenberg, Das neue Bauproduktenrecht, in: NZBau 2013, 675 (678).
240 EuGH, Urt. v. 16.10.2014, Rs. C-100/13 – Kommission/Deutschland.
241 auch Schucht, Vorrang des europäischen Bauproduktenrechts, in: NZBau 2015, 592 (596).

bb) EuGH zur BauPR: Unzulässigkeit zusätzlicher nationaler Anforderungen

Der EuGH hat im Oktober 2014 in zur Unzulässigkeit zusätzlicher produktunmittelbare Produktanforderungen entschieden. Dem Urteil in der Rechtssache C-100/13 liegt eine Vertragsverletzungsklage (Art. 258 AEUV) der Kommission gegen die Bundesrepublik Deutschland zu Grunde.

(1) Gegenstand: Produktunmittelbare nationale Produktanforderungen

Gegenstand des Verfahrens war das Vorgehen des DIBt im Rahmen der Aufstellung der Bauregellisten. Nach Maßgabe der Musterbauordnung (MBO)[242] a.f. regelte das DIBt Anforderungen an Bauprodukte über die sog. Bauregellisten. Bauregellisten sind Verwaltungsvorschriften,[243] die die technischen Anforderungen an die Verwendung von Bauprodukten regeln. Die Bauregelliste B enthielt die Anforderungen für harmonisierte Bauprodukte (§ 17 Abs. 1 Nr. 2, Abs. 7 MBO a.F.), während in der Bauregeliste A „nationale" Produktanforderungen geregelt waren[244]. Für Eigenschaften, die aufgrund einer Lücke in der harmonisierten Norm nicht in der Konformitätserklärung bzw. der Leistungserklärung nachgewiesen wurden, enthielt die Bauregelliste B einen Verweis in die Bauregelliste A.[245] Über den Verweis wurden zusätzliche nationale Verwendbarkeitsnachweise für die noch fehlenden Leistungsmerkmale des harmonisierten Bauproduktes aufgestellt. Das Produkt musste zum Nachweis das nationale Übereinstimmungskennzeichen (Ü-Zeichen)[246] tragen. Dem Ü-Zeichen kommt im nationalen Bereich eine ähnliche Wirkung zu, wie dem CE-Kennzeichen im harmonisierten Bereich.

Das Urteil bezieht sich in seiner Rechtskraft lediglich auf die BauPR sowie nur auf drei Produkte.[247] Die Rechtskraft eines Urteils in einem Vertragsverletzungsverfahren, umfasst nur die Rechts- und Tatsachenfragen, die Gegenstand der Entscheidung waren.[248] Es hat deshalb keine unmittelbare Wirkung auf die EU-BauPV.[249]

---

242 Die Musterbauordnung stellt kein geltendes Recht dar. Sie ist ein gemeinsamer Musterentwurf der Bauministerkonferenz, der den Ländern als Vorlage für die Bauordnungen dient. Die MBO wurde hier in der Fassung vom 13.05.2016 zu Grunde gelegt.

243 OVG Münster, Beschl. v. 20.07.2010 – 2 A 61/08, Rn. 11 ff.; VG Düsseldorf, Urt. v. 08.11.2007 – 4 K 3125/06, Rn. 22 (Soweit nicht anders ausgewiesen, wurde die nationale Rechtsprechung nach *juris* zitiert).

244 Simon/Busse/*Nolte*, BayBO, Art. 15, Rn. 48b.

245 Begründung der deutschen Behörden, EuGH, Urt. v. 16.10.2014 – Rs. C-100/13, Rn. 28.

246 § 21 Abs. 3 MBO.

247 So auch Schneider/Thielecke, Kompetenzen der EU und Mitgliedstaaten im Bauproduktenrecht, NVwZ 2015, 34 (36); Schucht, Vorrang des europäischen Bauproduktenrechts, in: NZBau 2015, 592 (596).

248 EuGH, Urt. v. 29.06.2010, Rs. C-526/08, Rn. 27.

249 Schneider/Thielecke, Kompetenzen von EU und Mitgliedstaaten im Bauproduktenrecht, in: NVwZ 2015, 34 (36).

(2) Wesentliche Entscheidungsgründe

Der EuGH wertet das Vorgehen der Bundesrepublik Deutschland, über die Bauregellisten zusätzliche Anforderungen für den Marktzugang und die Verwendung von Bauprodukten zu stellen, die bereits von den genannten harmonisierten Normen erfasst sind, als Verstoß gegen Art. 4 Abs. 2 und Art. 6 Abs. 1 BauPR.

Der EuGH argumentiert vor allem mit der Zielsetzung der BauPR, die in dem Abbau von Handelshemmnissen liegt.[250] Wären zusätzliche Anforderungen durch die Mitgliedstaaten möglich, würde dies der Zielsetzung der Richtlinie zuwiderlaufen.[251] Art. 4 Abs. 2 BauPR sehe bei CE-gekennzeichneten Bauprodukten vor, dass der Mitgliedstaat von der Brauchbarkeit des Produktes ausgeht (Brauchbarkeitsvermutung).[252] Der EuGH führt außerdem das Verbot in Art. 6 Abs. 1 UA. 1 BauPR an,[253] wonach die Mitgliedstaaten den freien Verkehr, das Inverkehrbringen und die Verwendung von Produkten, die der BauPR entsprechen, auf ihrem Gebiet nicht behindern dürfen. Die BauPR sehe in Art. 5 und Art. 21 Maßnahmen vor, die die Mitgliedstaaten in dem Fall, dass die harmonisierte Norm lückenhaft ist, durchlaufen können um eine Norm zu ändern.[254] Eine Beachtung der Grundrechte könne deshalb nicht einbezogen werden, weil diese nur im Wege einer Rechtfertigung von Eingriffen in die Warenverkehrsfreiheit beachtet werden können, die Regelungen in der BauPR aber aufgrund ihrer abschließenden Wirkung einen Rückgriff auf die Grundfreiheiten verbieten.[255]

Für die drei Produkte forderten die deutschen Behörden das Ü-Zeichen als Verwendbarkeitsnachweis, obwohl die BauPR bereits das CE-Kennzeichen als Verwendbarkeitsnachweis vorsah. Es bezieht sich auf Elastomer-Dichtungen nach EN 681–2:2000. Für dieses Bauprodukt wurde in der Bauregelliste A ergänzt, dass eine Übereinstimmungserklärung des Herstellers nach vorheriger Prüfung einer unabhängigen Prüfstelle erfolgen sollte. Weiter bezog sich das Urteil auf Wärmedämmstoffe aus Mineralwolle nach EN 13162:2008. Da die harmonisierte Norm keine Prüfung für die Bewertung des Glimmverhaltens vorsah, musste dieses durch eine allgemeine bauaufsichtliche Zulassung nachgewiesen werden. Außerdem bezog sich das Urteil auf Fenster und Außentüren nach EN 13241–1. Bis die harmonisierte Norm ergänzt wurde, wurde auch deren Brandverhalten nach den Anforderungen einer technischen Regel in der Bauregelliste A geprüft.

Der EuGH hat festgestellt, dass die Bundesrepublik Deutschland seine Verpflichtungen aus den Art. 4 Abs. 2 und Art. 6 Abs. 1 BauPR verletzt hat. Daraus ergibt sich

---

250 EuGH, Urt v. 16.10.2014, Rs. C-100/13, Rn. 51.
251 EuGH, Urt v. 16.10.2014, Rs. C-100/13, Rn. 60.
252 EuGH, Urt v. 16.10.2014, Rs. C-100/13, Rn. 53.
253 EuGH, Urt v. 16.10.2014, Rs. C-100/13, Rn. 56.
254 EuGH, Urt v. 16.10.2014, Rs. C-100/13, Rn. 57.
255 EuGH, Urt v. 16.10.2014, Rs. C-100/13, Rn. 62.

eine weitere Beschränkung: Die Feststellung des EuGHs bezieht sich damit nicht auf die EU-BauPV, sondern auf die bereits außer Kraft getretene BauPR.[256]

Es besteht weitgehend Einigkeit darüber, dass trotz der beschränkten Rechtskraft die Ausführungen zu den einzelnen Produkten beispielhaft erfolgt sind und es sich insoweit um grundsätzliche Überlegungen des EuGHs handelt, die auch auf andere Produkte übertragen werden können, bei denen vom DIBt nach dem gleichen Muster verfahren worden ist.[257]

cc) Meinungsstand in der Literatur

(1) Unzulässigkeit zusätzlicher nationaler Anforderungen

Ein Teil der Literatur hält zusätzliche nationale Anforderungen an harmonisierte Bauprodukte für unzulässig.

H. Wirth meint, dass zusätzliche nationale Anforderungen nicht mit der EU-BauPV vereinbar sind.[258]

Auch nach der EU-BauPV habe das DIBt nur die Möglichkeit, für harmonisierte Bauprodukte in der Bauregelliste B Teil 1 Stufen und Leistungsklassen festzulegen, die in der Norm angelegt sind.[259] Dies gelte jedoch nicht für Eigenschaften über die Norm hinaus.[260] Art. 8 Abs. 3 EU-BauPV stelle nun ausdrücklich das Verbot weiterer Kennzeichen neben dem CE-Kennzeichen fest.[261] Die Verwendung eines Bauproduktes sei wegen Art. 8 Abs. 4 EU-BauPV in der EU-BauPV abschließend geregelt, sodass es keiner weitergehenden nationalen Regelung mehr bedürfe.[262] Dies gelte jedenfalls, solange ein Bauprodukt mit einem CE-Kennzeichen versehen sei, da von dessen Richtigkeit auszugehen sei.[263] Andere Kennzeichen seien deshalb nur bei nicht harmonisierten Normen möglich.[264] Über die Festlegung von Leistungsklassen und -Stufen hinaus müsse der Mitgliedstaat im Normungsprozess mitwirken.[265] Im

256 Schneider/Thielecke, Kompetenzen EU und Mitgliedstaaten im Bauproduktenrecht, NVwZ 2015, 34 (36).
257 Schucht, Vorrang des europäischen Bauproduktenrechts, in: NZBau 2015, 592 (596); Niemöller/Harr, Freier Warenverkehr und Produktsicherheit, in: NZBau 2015, 274 (276); Winkelmüller/van Schewick, Zur Unzulässigkeit nationaler Anforderungen an Bauprodukte, in: BauR 2015, 35 (38); a.A.: Schneider/Thielecke, Kompetenzen von EU und Mitgliedstaaten im Bauproduktenrecht, in: NVwZ 2015, 34 (36).
258 H. Wirth, Das Ü-Zeichen ist tot, in: BauR 2013, 405 (411 ff.).
259 H. Wirth, Das Ü-Zeichen ist tot, in: BauR 2013, 405 (412).
260 H. Wirth, Das Ü-Zeichen ist tot, in: BauR 2013, 405 (412).
261 H. Wirth, Das Ü-Zeichen ist tot, in: BauR 2013, 405 (412).
262 H. Wirth, Das Ü-Zeichen ist tot, in: BauR 2013, 405 (412).
263 H. Wirth, Das Ü-Zeichen ist tot, in: BauR 2013, 405 (412).
264 H. Wirth, Das Ü-Zeichen ist tot, in: BauR 2013, 405 (413).
265 H. Wirth, Das Ü-Zeichen ist tot, in: BauR 2013, 405 (413).

Übrigen könne der Mitgliedstaat bei formellen Mängeln der harmonisierten Norm das Verfahren nach Art. 18 EU-BauPV einleiten.[266]

Das Verfahren nach Art. 18 EU-BauPV entspreche allerdings nicht mehr dem Schutzklauselverfahren in Art. 21 BauPR.[267] Auch die Maßnahmen in den Art. 57, 58 EU-BauPV entsprächen dem Schutzklauselverfahren der BauPR nicht mehr.[268]

Auch *Schucht* tritt für die Unzulässigkeit zusätzlicher nationaler Anforderungen an harmonisierte Bauprodukte ein.[269] Die Argumentation des EuGHs zur BauPR lasse sich auch auf die EU-BauPV übertragen.[270] Das Behinderungsverbot des Art. 6 Abs. 1 der BauPR setze sich in Art. 8 Abs. 4, 5 EU-BauPV fort.[271] Jede Behinderung oder Stellung zusätzlicher Anforderungen an CE-gekennzeichnete Bauprodukte sei danach verboten.[272]

Harr und *Niemöller* meinen, dass das Vorgehen des DIBt gegen die EU-BauPV verstöße, weil sich die Argumentation des EuGHs auf die EU-BauPV übertragen lasse.[273] Der EuGH habe die Argumentation in seinem Urteil nicht nur auf die BauPR begrenzt, sondern allgemeine Aussagen getroffen, die auf die EU-BauPV übertragbar seien.[274] Die EU-BauPV verfolge den freien Warenverkehr noch mehr als die BauPR, weshalb auch die wesentlichen Argumente übertragen werden können.[275] Dass nationale Sonderwege vermieden werden sollten, belege schon, dass statt einer Richtlinie die Form einer Verordnung gewählt worden sei.[276] Weder die Kommission, noch der EuGH habe sich auf eine Diskussion der Teilharmonisierung eingelassen.[277] Die nationalen Probleme bei der Umsetzung der EU-BauPV könnten

---

266 H. Wirth, Das Ü-Zeichen ist tot, in: BauR 2013, 405 (413).

267 H. Wirth, Das Ü-Zeichen ist tot, in: BauR 2013, 405 (413).

268 H. Wirth, Das Ü-Zeichen ist tot, in: BauR 2013, 405 (413).

269 Schucht, Vorrang des europäischen Bauproduktenrechts, in: NZBau 2015, 592 (596 ff.).

270 Schucht, Vorrang des europäischen Bauproduktenrechts, in: NZBau 2015, 592 (596).

271 Schucht, Vorrang des europäischen Bauproduktenrechts, in: NZBau 2015, 592 (596).

272 Schucht, Vorrang des europäischen Bauproduktenrechts, in: NZBau 2015, 592 (596).

273 Harr/Niemöller, Freier Warenverkehr und Produktsicherheit, in: NZBau 2015, 274 ff.

274 Harr/Niemöller, Freier Warenverkehr und Produktsicherheit, in: NZBau 2015, 274 (276).

275 Harr/Niemöller, Freier Warenverkehr und Produktsicherheit, in: NZBau 2015, 274 (276).

276 Harr/Niemöller, Freier Warenverkehr und Produktsicherheit, in: NZBau 2015, 274 (276).

277 Harr/Niemöller, Freier Warenverkehr und Produktsicherheit, in: NZBau 2015, 274 (276).

eine Übertragbarkeit der Argumentation des EuGH auf die aktuelle Situation nicht verhindern, da dies nicht der Maßstab der Entscheidung gewesen sei.[278]

(2) Zulässigkeit zusätzlicher nationaler Anforderungen

Der andere Teil der Literatur hält zusätzliche nationale Anforderungen an harmonisierte Bauprodukte für zulässig und geboten.

Eisenberg hält es für mit der EU-BauPV vereinbar, zusätzliche nationale Anforderungen an harmonisierte Bauprodukte zu stellen.[279]

Die von *H. Wirth* vertretene Auffassung übergehe die unterschiedlichen Regelungssysteme der BauPR und der EU-BauPV.[280] Dass in den harmonisierten Normen Klassen und Leistungsstufen angegeben werden würden, diene der Berücksichtigung nationaler Belange der Bauwerkssicherheit,[281] welche nach wie vor in der Zuständigkeit der Mitgliedstaaten läge.[282] Dass diese Möglichkeit der Mitgliedstaaten jedoch in der Realität nicht vollständig zu Verfügung stehe, sondern viele Bauprodukte noch gar nicht oder unvollständig normiert seien, mache zusätzliche Maßnahmen der Mitgliedstaaten erforderlich.[283] Das Verfahren nach Art. 18 EU-BauPV sehe als Rechtsfolge nur vollständige Rücknahme der Norm vor, was aber in der Sache keinem der Beteiligten weiterhelfe.[284] Bis zur vollständigen Harmonisierung eines Bauproduktes sei ein Tätigwerden der Mitgliedstaaten zum Schutze und im Interesse aller geboten.[285]

Winkelmüller und *van Schewick* halten ebenfalls zusätzliche nationale Anforderungen als mit der EU-BauPV vereinbar.[286]

Zunächst weisen sie auf die unterschiedliche Grundkonzeption hin, welche der EU-BauPV im Vergleich zur BauPR zu Grunde liege, da der EU-BauPV keine Brauchbarkeitsvermutung mehr zu Grunde liege.[287] Die Hersteller gäben daher nur noch die Leistung an, die das Produkt erbringt, während sich die Verwendbarkeit nach den Festlegungen des Mitgliedstaates richtet.[288]

---

278 Harr/Niemöller, Freier Warenverkehr und Produktsicherheit, in: NZBau 2015, 274 (277).

279 Eisenberg, Das neue Bauproduktenrecht, in: NZBau 2013, 675 (678 ff.).

280 Eisenberg, Das neue Bauproduktenrecht, in: NZBau 2013, 675 (678).

281 Eisenberg, Das neue Bauproduktenrecht, in: NZBau 2013, 675 (678).

282 Eisenberg, Das neue Bauproduktenrecht, in: NZBau 2013, 675 (678).

283 Eisenberg, Das neue Bauproduktenrecht, in: NZBau 2013, 675 (678).

284 Eisenberg, Das neue Bauproduktenrecht, in: NZBau 2013, 675 (679).

285 Eisenberg, Das neue Bauproduktenrecht, in: NZBau 2013, 675 (679).

286 Winkelmüller/van Schewick, Zur Unzulässigkeit nationaler Anforderungen an Bauprodukte, in: BauR 2015, 35 ff.; Handbuch der Kauf- und Lieferverträge am Bau/*Winkelmüller/van Schewick*, Kapitel 9.

287 Winkelmüller/van Schewick, Zur Unzulässigkeit nationaler Anforderungen an Bauprodukte, in: BauR 2015, 35 (39).

288 Winkelmüller/van Schewick, Zur Unzulässigkeit nationaler Anforderungen an Bauprodukte, in: BauR 2015, 35 (39).

Die EU-BauPV sehe darüber hinaus die Teilharmonisierung vor.[289] Insbesondere Art. 8 Abs. 4 EU-BauPV spreche nicht zwingend dagegen, weil der Verordnungsgeber die Lückenhaftigkeit der Normen gekannt habe.[290] Auch Art. 8 Abs. 3 UA. 1 EU-BauPV schließe weitere Kennzeichen, die sich nicht auf die wesentlichen Merkmale beziehen, nicht aus.[291] Die Zulässigkeit nationaler Bewertungsverfahren ergäbe sich auch aus Art. 19 Abs. 1 lit. c EU-BauPV, da über eine Europäisch Technische Bewertung eine vollständige Harmonisierung realisiert werden könne.[292]

Auch das Verfahren in Art. 18 EU-BauPV sei aufgrund der rein formellen Prüfung nicht mit dem Schutzklauselverfahren der BauPR vergleichbar.[293] Insbesondere könne aufgrund der Streichung der Norm in Folge des Art. 18 EU-BauPV eine nationale Übergangsregelung geschaffen werden.[294]

Der Hersteller erkläre mit der Leistungserklärung und der CE-Kennzeichnung außerdem nicht die Einhaltung der Grundanforderungen an Bauwerke, was mit den nicht in der harmonisierten Norm enthaltenen erforderlichen Eigenschaften des Bauproduktes gleichzusetzen sei.[295]

Schneider und *Thielecke* kritisieren am Urteil des EuGHs im Wesentlichen, dass die grundrechtliche Schutzdimension des Bauproduktenrechts vollständig übergangen worden sei.[296]

dd) Stellungnahme: Unzulässigkeit zusätzlicher nationaler Anforderungen

Zusätzliche nationale Anforderungen an harmonisierte Bauprodukte durch die Mitgliedstaaten sind unzulässig, da die harmonisierten Normen abschließende Wirkung haben. Das Urteil des EuGHs zur BauPR lässt sich hinsichtlich seines Ergebnisses übertragen. Die Unzulässigkeit zusätzlicher Anforderungen ergibt sich im Übrigen aus der EU-BauPV selbst.

---

289 Winkelmüller/van Schewick, Zur Unzulässigkeit nationaler Anforderungen an Bauprodukte, in: BauR 2015, 35 (39).

290 Winkelmüller/van Schewick, Zur Unzulässigkeit nationaler Anforderungen an Bauprodukte, in: BauR 2015, 35 (40).

291 Winkelmüller/van Schewick, Zur Unzulässigkeit nationaler Anforderungen an Bauprodukte, in: BauR 2015, 35 (40).

292 Winkelmüller/van Schewick, Zur Unzulässigkeit nationaler Anforderungen an Bauprodukte, in: BauR 2015, 35 (40).

293 Winkelmüller/van Schewick, Zur Unzulässigkeit nationaler Anforderungen an Bauprodukte, in: BauR 2015, 35 (40).

294 Winkelmüller/van Schewick, Zur Unzulässigkeit nationaler Anforderungen an Bauprodukte, in: BauR 2015, 35 (40).

295 Winkelmüller/van Schewick, Zur Unzulässigkeit nationaler Anforderungen an Bauprodukte, in: BauR 2015, 35 (40).

296 Schneider/Thielecke, Kompetenzen von EU und Mitgliedstaaten im Bauproduktenrecht, in: NVwZ 2015, 34 (35).

(1) Übertragbarkeit der Entscheidungsgründe auf die EU-BauPV

Aufgrund des neuen Regelungskonzepts der EU-BauPV lassen sich die Entscheidungsgründe des Urteils zur BauPR nicht vollständig auf die aktuelle Rechtslage übertragen.

(a) Keine Übertragbarkeit des Arguments zur Brauchbarkeitsvermutung

Das Argument des EuGHs zur Brauchbarkeitsvermutung entfällt mit dem Wegfall der Brauchbarkeitsvermutung in der EU-BauPV.[297]

(b) Keine Übertragbarkeit des Arguments zu Normenkontrollverfahren

Das Argument des EuGHs, dass den Mitgliedstaaten im Falle lückenhafter Normen entsprechende europäische Überprüfungsverfahren zur Verfügung stehen, gilt für die EU-BauPV nicht mehr. Verfahren, die den Art. 5, 21 BauPR entsprechen, existieren in der EU-BauPV nicht mehr.

Insbesondere Art. 57 Abs. 3 EU-BauPV, das sog. Schutzklauselverfahren, stellt keine mit den Art. 5, 21 BauPR gleichwertige Regelung dar. Art. 57 Abs. 3 EU-BauPV sieht vor, dass die Kommission in Folge einer mitgliedstaatlichen Maßnahme nach Art. 56 EU-BauPV die harmonisierte Norm dem Normungsgremium zur Befassung vorlegt. Voraussetzung ist dabei, dass die Nichtkonformität des Bauproduktes mit einem Mangel in der harmonisierten Norm begründet wird. Art. 57 Abs. 3 EU-BauPV sieht jedoch eine abstrakte Vorlage einer fehlerhaften harmonisierten Norm nicht vor. Art. 57 Abs. 3 EU-BauPV setzt vielmehr ein Marktüberwachungsverfahren voraus, das aufgrund eines konkreten Gefahrenverdachts (Art. 56 Abs. 1 UA. 1 EU-BauPV) in Gang gesetzt wird.[298] Darüber hinaus ist zweifelhaft, dass der Mangelbegriff des Art. 57 EU-BauPV mit dem nationalen Mangelverständnis kongruent ist. Der Mangelbegriff des Art. 57 EU-BauPV wird aus einer europäischen Perspektive autonom herzuleiten sein. Dabei wird maßgeblich auf die in Anhang I EU-BauPV aufgelisteten Grundanforderungen an Bauwerke abzustellen sein. Aus nationaler Perspektive entsteht die Lücke in der harmonisierten Norm aber daraus, dass die wesentlichen Merkmale hinsichtlich der nationalen Anforderungen an die Bauwerkssicherheit unzureichend sind. Zwar soll sich die nationale Bauwerkssicherheit gleichfalls an den Grundanforderungen an Bauwerke orientieren. Die Praxis zeigt aber, dass sich die europäischen und die nationalen Vorstellungen zu den Grundanforderungen nicht decken. Praktisch ergibt sich daraus ein unterschiedliches Mängelverständnis. Auch bei einem Mangel aus nationaler Sicht, wird ein Mangel im Sinne des Art. 57 Abs. 3 EU-BauPV häufig zu verneinen sein.

Auch das Verfahren nach Art. 18 EU-BauPV entspricht den Verfahren in Art. 21, 5 BauPR nicht. Das Verfahren sieht eine Konsultation des Ständigen Ausschusses für

---

297 Winkelmüller/van Schewick, Zur Unzulässigkeit nationaler Anforderungen an Bauprodukte, in: BauR 2015, 35 (39), S. 137 f.

298 Winkelmüller/van Schewick/Müller, Praxishandbuch Bauprodukte, Rn. 250.

das Bauwesen sowie des betroffenen Normungsgremiums vor, wenn ein Mitgliedstaat der Auffassung ist, dass eine harmonisierte Norm nicht dem dazugehörigen Mandat entspricht. Das Mandat ist der von der Kommission erteilte Normungsauftrag gegenüber den europäischen Normungsgremien (Art. 17 Abs. 1 EU-BauPV). In dem Verfahren nach Art. 18 EU-BauPV können nur Abweichungen zwischen dem Mandat und der harmonisierten Norm festgestellt werden. Die Kommission kann bereits in der Phase der Mandatserteilung die wesentlichen Merkmale sowie Leistungsstufen- und Klassen festlegen (Art. 27 Abs. 2 EU-BauPV). Enthält bereits das Mandat nicht alle wesentlichen Merkmale, die aus nationaler Sicht erforderlich sind, setzt sich diese Lücke in der Regel in der harmonisierten Norm fort. Das Mandat stimmt dann mit der harmonisierten Norm überein. Das Verfahren nach Art. 18 EU-BauPV führt dann nicht zu einer Abänderung der Norm.

(c) Übertragbarkeit des Effektivitätsgebots

Auf die EU-BauPV übertragbar ist hingegen die Berücksichtigung des Effektivitätsgrundsatzes. Aufgrund des *effet utile* hat der EuGH die Verbotsnorm des Art. 6 BauPR besonders weitreichend ausgelegt. Die EU-BauPV enthält mit Art. 8 Abs. 3, Art. 8 Abs. 4 und Art. 8 Abs. 5 EU-BauPV eine mit Art. 6 BauPR korrespondierende Verbotsregelung. Auch diese Vorschrift bedarf aufgrund des *effet utile* einer entsprechend weitreichenden Auslegung.[299] Diesem Grundsatz wurde vorliegend bei der Inhaltsbestimmung des Art. 8 EU-BauPV Rechnung getragen.[300] Auch der Rückgriff auf die Grundrechte zur Rechtfertigung eines mitgliedstaatlichen Eingriffs in die Grundfreiheiten verbietet sich weiterhin. Auch die EU-BauPV als Sekundärrechtsakt verdrängt die Anwendung der Grundfreiheiten.

(d) Übertragbarkeit der Sperrwirkung des Sekundärrechts

Das Argument des EuGHs, dass kein Raum für eine Rechtfertigung eines mitgliedstaatlichen Eingriffs in die Warenverkehrsfreiheit bestehe, lässt sich auf die EU-BauPV übertragen.

Dass der grundrechtliche Schutzauftrag der nationalen Behörden in unzulässiger Weise hinter der Harmonisierung zurücktritt,[301] kann nicht durchgreifen. Wenngleich dieses Argument gewichtig erscheint, ist es gefestigte Rechtsprechung des EuGHs, dass Rechtsakte des Sekundärrechts die Rechtfertigung von Eingriffen in die Grundfreiheiten verdrängen. Wie der EuGH aber schon zu Art. 6 BauPR festgestellt hat, ist über diese speziellen Verbote hinaus kein Rückgriff auf die Rechtfertigungsebene bei den Grundfreiheiten möglich, sodass darüber eine mögliche Abwägung mit Rechtsgütern wie Leib oder Leben oder die öffentliche Sicherheit ausscheidet.

---

299 Siehe § 2, A., I.
300 Siehe oben, § 3. C., I., 2.
301 EuGH, Urt. v. 14.10.2014, Rs. C-100/13, Rn. 62; kritisch vor allem Schneider/Thielecke, Kompetenzen der EU und Mitgliedstaaten im Bauproduktenrecht, NVwZ 2015, 34 (35).

Für einen solchen Rückgriff besteht auch nur begrenzt Bedarf, da aufgrund der Regelungen in Art. 56 ff. EU-BauPV Möglichkeiten vorsehen, um das grundsätzliche Verbot in Art. 8 Abs. 3, 4 EU-BauPV aufgrund von Gefahren zu durchbrechen. Diese Möglichkeiten machen aus dem absoluten Verbot in Art. 8 EU-BauPV ein relatives Verbot unter Berücksichtigung sicherheitsrechtlicher Aspekte.

(e) Kein Ausschluss der Übertragbarkeit aufgrund neuer Konzeption

Die Übertragbarkeit der Grundaussagen des Urteils scheitert nicht daran, dass das Regelungskonzept der EU-BauPV von dem der BauPR abweicht.

Trotz der unterschiedlichen Konzeptionen der EU-BauPV und der BauPR, erlaubt die EU-BauPV keine zusätzlichen nationalen Anforderungen an harmonisierte Bauprodukte. Vor allem von *Winkelmüller/van Schewick* und *Eisenberg* vorgetragen, liegen der EU-BauPV und der BauPR unterschiedliche Funktionsweisen zu Grunde, warum die Rechtsprechung des EuGHs zur BauPR nicht auf die EU-BauPV übertragen werden könne.[302] Dass die Funktionsweisen zwischen der BauPR und der EU-BauPV sich unterscheiden, ist zutreffend. Das Argument greift aber in Bezug auf die Schlussfolgerung, dass die Argumente des EuGHs nicht auf die EU-BauPV übertragen werden können, nicht durch. Die EU-BauPV unterscheidet sich vor allem von der BauPR, indem die EU-BauPV Verfahren festlegt, nach denen die in der harmonisierten Norm festgelegten wesentlichen Merkmale des Produktes – also seine Leistung – bestimmt werden sollen. Welche Leistung das Bauprodukt bezogen auf diese wesentlichen Merkmale dann erbringen muss, um sich für die Verwendung zu eignen, ergibt sich nach wie vor aus dem nationalen Bauordnungsrecht.[303] Die BauPR enthielt hingegen neben den Verfahren zur Bestimmung der Leistung des Bauproduktes auch materielle Anforderungen für bestimmte Verwendungszwecke. Daraus ergab sich die sogenannte Brauchbarkeitsvermutung, die es im System der EU-BauPV als solche nicht mehr gibt. Aus dieser Kompetenz ergibt sich aber nur, dass die Mitgliedstaaten im Bereich der wesentlichen Merkmale, die bereits in der Norm aufgeführt sind, die Kompetenz haben, die für einen bestimmten Verwendungszweck nach nationalen Anforderungen an die Bauwerkssicherheit erforderlichen Leistungen festzulegen. Daraus ergibt sich aber nicht im Umkehrschluss, dass die Mitgliedstaaten weitere Kompetenzen übertragen bekommen sollten, die konkrete Leistung außerhalb dieser nach der harmonisierten Norm zu prüfenden wesentlichen Merkmale, festzulegen.

---

302 Eisenberg, Das neue Bauproduktenrecht, in: NZBau 2013, 675 (678); Winkelmüller/van Schewick, Zur Unzulässigkeit nationaler Anforderungen an Bauprodukte, in: BauR 2015, 35 (39); so auch Schneider/Thielecke, Kompetenzen der EU und Mitgliedstaaten im Bauproduktenrecht, NVwZ 2015, 35 (36).
303 Siehe § 4, A., II., 2., b), cc), (2).

(2) Unzulässigkeit zusätzlicher Anforderungen nach der EU-BauPV im Übrigen

Dass sich die Argumente des EuGHs nicht vollständig auf die EU-BauPV übertragen lassen, spricht nicht dafür, dass zusätzliche Anforderungen der Mitgliedstaaten zulässig sein sollen. Die Unzulässigkeit zusätzlicher Anforderungen ergibt sich nämlich im Übrigen aus der EU-BauPV selbst.

Dass zusätzliche nationale Maßnahmen unzulässig sein sollen, ergibt sich aus der Systematik der EU-BauPV. Insbesondere Art. 3 EU-BauPV i.V.m. Anhang I repräsentiert einen Idealfall, der das Regelungskonzept der EU-BauPV abbildet. Könnte dieses Konzept von den Mitgliedstaaten beliebig aus den Angeln gehoben werden, wäre die Regelung überflüssig. Darüber hinaus greift das Argument, dass der Idealfall praktisch nicht gewährleistet wird, nicht durch. Es mag sich um ein politisches Argument für die Nachbesserung der Regelung handeln, es vermag aber nicht die Regelung als solche in Frage zu stellen.

Der Anhang legt die wesentlichen Anforderungen an Bauwerke fest. Anhang I soll sicherstellen, dass die harmonisierten Normen die Anforderungen an die Bauwerkssicherheit abbilden können. Die Festlegung der Grundanforderungen an Bauwerke in Anhang I der EU-BauPV als gemeinsamer Bezugspunkt ist notwendig, um die Kompetenzaufteilung zwischen der Union und den Mitgliedstaaten auszugleichen. Je weiter die Anforderungen der nationalen Bauwerkssicherheit in den Mitgliedstaaten voneinander abweichen, desto schwieriger wird es auf europäischer Ebene die relevanten wesentlichen Merkmale in einer Norm zusammenzufassen. Zusätzliche nationale Verfahren sollen durch die EU-BauPV gerade unterbunden werden. Um möglichst vollständige Normen schaffen zu können, müssen die europäischen Normungsgremien also wissen, welche Sicherheitsaspekte von den Mitgliedstaaten an die Bauwerkssicherheit gestellt werden. Da sich alle Mitgliedstaaten bei der Festlegung der Bauwerkssicherheit an den Grundanforderungen an Bauwerke im Anhang I der EU-BauPV orientieren müssen, werden, vorbehaltlich abweichender Leistungsanforderungen, jedenfalls dieselben Leistungsaspekte in den Mitgliedstaaten abgefragt. Die Normungsgremien können sich daran orientieren und die wesentlichen Merkmale, auf die ein Bauprodukt später durch den Hersteller geprüft werden muss, an diesen Grundanforderungen ausrichten.

ee) Zulässigkeit produktmittelbarer Anforderungen

Der EuGH hat mit der Entscheidung in der Rechtssache C-100/13 nicht über die Zulässigkeit produktmittelbarer nationaler Anforderungen entschieden. Produktmittelbare mitgliedstaatliche Regelungen sind grundsätzlich zulässig. Soweit aber faktisch produktunmittelbare Anforderungen gestellt werden, müssen diese ebenso unzulässig sein, wie rechtlich produktunmittelbare zusätzliche Regelungen.

(1) Grundsatz: Zulässigkeit produktmittelbarer mitgliedstaatlicher Regelungen

Die Mitgliedstaaten dürfen Bestimmungen treffen, die mittelbare Auswirkungen auf die Anforderungen an Bauprodukte nehmen. Dazu gehören insbesondere die Vorschriften über die Bauwerkssicherheit.

Die nationalen Bestimmungen zur Bauwerkssicherheit nehmen mittelbar Einfluss auf die Anforderungen, die an Bauprodukte gestellt werden. Auch wenn die Sicherheit eines Bauwerkes aufgrund der Leistung eines harmonisierten Bauproduktes nicht gewährleistet werden kann, muss die Durchsetzung der Bauwerkssicherheit für die Mitgliedstaaten möglich sein. Wäre die Durchsetzung der Bauwerkssicherheit auch in diesem Fall unzulässig, würde die EU-BauPV in unzulässiger Weise in die mitgliedstaatlichen Kompetenzen eingreifen.

(2) Unzulässigkeit bei faktisch produktunmittelbarer Regelung

Etwas Anderes muss aber gelten, wenn produktmittelbare Anforderungen faktisch mit produktunmittelbaren Anforderungen gleichzusetzen sind. Dies ist immer dann der Fall, wenn die Anforderungen, die zusätzlich gestellt werden, lediglich aufgrund ihrer Bezeichnung den Eindruck erwecken, produktmittelbar gestellt worden zu sein. Ansonsten könnte jeder Mitgliedstaat die abschließende Wirkung der harmonisierten Normen dadurch umgehen, dass er Anforderungen, die er an harmonisierte Bauprodukte stellt, allein durch ihre Benennung dem Regelungsbereich der Bauwerkssicherheit zuordnet.

b) CE-Kennzeichen als einziger Verwendbarkeitsnachweis

Art. 8 Abs. 3 EU-BauPV legt fest, dass die Leistung und die Konformität des Bauproduktes ausschließlich mit dem CE-Kennzeichen bescheinigt werden darf. Der Mitgliedstaat darf keine weitere nationale Kennzeichnung mehr fordern, sobald der Hersteller das Bauprodukt mit dem CE-Kennzeichen versehen muss.[304] Soweit das jeweils nationale Recht weitere Kennzeichen für harmonisierte Bauprodukte vorsieht, besteht eine entsprechende Anpassungspflicht des nationalen Rechts.

Art. 8 Abs. 3 EU-BauPV gilt auch, wenn das nationale Kennzeichen andere Merkmale, als die in der harmonisierten Norm oder ETB genannten Eigenschaften (wesentliche Merkmale) nachweisen will. Aus dem Wortlaut könnte der Eindruck gewonnen werden, dass Art. 8 Abs. 3 EU-BauPV nur für die wesentlichen Merkmale der harmonisierten Norm eine abschließende Regelung treffen will.[305] Diese Auslegung des Art. 8 Abs. 3 EU-BauPV ist aber aufgrund der abschließenden Wirkung der harmonisierten Norm zu verneinen.[306]

---

304 Zur Kennzeichnungspflicht, siehe § 3, B., I., 2.
305 Winkelmüller/van Schewick, Zur Unzulässigkeit nationaler Anforderungen an Bauprodukte, in: BauR 2015, 35 (40).
306 Siehe § 3, C., I., 2., a), dd).

c) Behinderungs- und Beschränkungsverbot harmonisierter Bauprodukte

Art. 8 Abs. 4 EU-BauPV regelt, dass ein Mitgliedstaat die Verwendung oder den Handel CE-gekennzeichneter Bauprodukte weder behindern, noch untersagen darf. Dieses Verbot gilt jedoch nicht uneingeschränkt, da Art. 8 Abs. 4 EU-BauPV sowohl implizite, als auch explizite Ausnahmen zulässt. Erfasst sind außerdem nur solche Regelungen, denen eine verhaltenssteuernde Wirkung zukommt.

aa) Reichweite des Verbots

Das Verbot umfasst Untersagungen und Behinderungen harmonisierter Bauprodukte. Während die Untersagung auf ein Produktverbot abzielt, kommt der Behinderung vor allem faktisch beschränkende Wirkung zu. Zu den faktisch beschränkenden Wirkungen zählen auch Ermächtigungen der Mitgliedstaaten, die zwar die Bauwerkssicherheit zum Gegenstand haben, faktisch aber die Verwendung harmonisierter Bauprodukte betreffen. Diese Regelungen sind unzulässig, sobald faktisch Anforderungen an harmonisierte Bauprodukte gestellt werden, die über die wesentlichen Merkmale der harmonisierten Norm hinausgehen.

(1) Untersagung als finales Verwendungs- oder Handelsverbot

Eine Untersagung ist ein finales[307] Verwendungs- oder Handelsverbot. Die Regelung muss dabei – in Abgrenzung zur Behinderung – auf das Verbot abzielen. Eine Untersagung kann jedes staatliche Handeln mit Verbotscharakter in Bezug auf den Handel oder die Verwendung eines Produktes sein, da nur so ein unmittelbares Vorgehen gegen ein Bauprodukt vorliegen kann.

Ausgenommen von dem Verbot ist die Untersagung von Produkten, die aufgrund der in der Leistungserklärung angegebenen Leistungsstufen für den geplanten Verwendungszweck bauordnungsrechtlich nicht geeignet sind. Dies ergibt sich unmittelbar aus Art. 8 Abs. 4 EU-BauPV, der dieses Vorgehen der Mitgliedstaaten ausdrücklich erlaubt.

Grundsätzlich muss der Mitgliedstaat dabei gemäß Art. 4 Abs. 3 EU-BauPV von der Richtigkeit und Zuverlässigkeit der erklärten Leistung ausgehen.

Bei materiellen Fehlern in der Leistungserklärung darf der Mitgliedstaat ausnahmsweise die Verwendung untersagen, bevor endgültig feststeht, ob die Leistungserklärung falsch ist. Eine Verwendungsuntersagung bzw. eine Maßnahme gegen die bauliche Anlage kann bereits ergehen, wenn Zweifel daran bestehen, dass die Angaben in der Leistungserklärung die tatsächliche Leistung des Bauproduktes abbilden. Die Regelungen der Art. 56 ff. EU-BauPV sind diesbezüglich nicht vorrangig. Dies ergibt sich aus Art. 4 Abs. 3 EU-BauPV. Danach müssen die Mitgliedstaaten nur von der Konformität des Produktes mit der erklärten Leistung ausgehen, soweit keine objektiven Anhaltspunkte für das Gegenteil bestehen. Daraus ergibt sich im

---

307 Ähnlich zum Begriff des Verbots in Art. 34 AEUV: Von der Groeben/Schwarze/Hatje/*Müller-Graff*, Europäischen Unionsrecht, Vor. Art. 34, 35 AEUV, Rn. 12.

Umkehrschluss, dass die Mitgliedstaaten nicht mehr an die Garantiewirkung der Leistungserklärung gebunden sind, wenn objektive Anhaltspunkte für die materielle Unrichtigkeit der Leistungserklärung vorliegen.

Wenn ein Bauprodukt den Anforderungen der EU-BauPV nicht genügt, dürfen die Mitgliedstaaten Handelsbeschränkungen nur unter den Voraussetzungen der Art. 56 ff. EU-BauPV aussprechen. Art. 59 Abs. 2 EU-BauPV erlaubt den Mitgliedstaaten, unabhängig von der Marktüberwachungsbehörde, Handelsbeschränkungen auszusprechen. Die Verfahren in den Art. 56 ff. EU-BauPV sind abschließend, sodass die Mitgliedstaaten über die Ermächtigungen in den Art. 56 ff. EU-BauPV hinaus keine nationalen Regelungen treffen dürfen. Das Verbot weiterer Maßnahmen resultiert aber streng genommen nicht aus Art. 8 Abs. 4 EU-BauPV, sondern daraus, dass die Kompetenz für die Marktüberwachung im Regelfall bei der Marktüberwachungsbehörde liegt. Würde diese Kompetenzregelung nicht bestehen, könnten auch die Mitgliedstaaten Handelsverbote aussprechen, da sie dadurch keine *zusätzlichen* Anforderungen an harmonisierte Bauprodukte stellen würden.

In diesem Fall dürfen die Mitgliedstaaten jedoch die Verwendung uneingeschränkt verbieten.

Die Ausnahme ist in Art. 8 Abs. 4 EU-BauPV nicht ausdrücklich geregelt. Sie ergibt sich aber aus der Systematik. Der Mitgliedstaat stellt mit der Verfolgung etwaiger Produktfehler keine über die EU-BauPV hinausgehenden Anforderungen an die harmonisierten Bauprodukte. Vielmehr stellen die Mitgliedstaaten mit einer solchen Regelung sicher, dass Bauprodukte, die nach Maßgabe der EU-BauPV nicht gehandelt werden dürfen, gleichfalls nicht verwendet werden können. Dass ein solches Vorgehen der Mitgliedstaaten ausgeschlossen sein soll, ergibt sich aus der Verordnung auch im Übrigen nicht.

Anders als bei den Handelsbeschränkungen, verdrängen die Prüfverfahren der Marktüberwachungsbehörde in den Art. 56 ff. EU-BauPV[308] die Kompetenz der Mitgliedstaaten hinsichtlich der Verwendungsuntersagung nicht. Aus den in Art. 56 ff. EU-BauPV geregelten Verfahren zu Handelsbeschränkungen in Folge einer Pflichtverletzung der EU-BauPV, könnte sich die Subsidiarität etwaiger mitgliedstaatlicher Verwendungsuntersagungen ergeben. Allerdings gilt ein solcher Vorrang ausschließlich auf der Ebene der Handelsbeschränkungen. Die Verwendungsuntersagung steht den Mitgliedstaaten frei, da hierzu in den Art. 56 ff. EU-BauPV keine Regelungen getroffen wurden.

Es ist aus denselben Gründen auch nicht geboten, das Verfahren zur Verwendungsuntersagung bei formal nicht konformen Bauprodukten an das Verfahren zu den Handelsbeschränkungen anzupassen. Art. 59 EU-BauPV stellt lediglich eine Kompetenzregelung dar, indem klargestellt wird, dass der Mitgliedstaat neben der Marktüberwachungsbehörde tätig werden darf. Diese Klarstellung ist für die Marktüberwachungsmaßnahmen erforderlich, da ihre Grundsätze in Art. 56 ff. EU-BauPV geregelt werden. Für bauaufsichtliche Maßnahmen bedurfte es einer vergleichbaren

---

308   Siehe dazu § 3, C., I., II., 4.; § 4, B., II., 1.

Klarstellung jedoch nicht, da diesbezüglich keine abweichenden Regelungen in der EU-BauPV getroffen werden. Die Regelung in Art. 59 EU-BauPV hat deshalb keinerlei einschränkende Wirkung auf die Maßnahmen der Verwendungsuntersagung.

(2) Faktische Beeinträchtigungen als Behinderung

Das Behinderungsverbot umfasst alle nationalen staatlichen Handlungsformen, die nicht final die Verwendung harmonisierter Bauprodukte verbieten, jedoch geeignet sind, den Handel oder die Verwendung weniger attraktiv zu machen.[309] Dabei handelt es sich um eine Anlehnung an den Behinderungsbegriff des Primärrechts, welcher statt auf den Handel oder die Verwendung auf die in den europäischen Verträgen garantierten Grundfreiheiten abstellt.[310] Die EU-BauPV will den uneingeschränkten grenzüberschreitenden Warenverkehr ebenfalls sicherstellen, sodass eine anlehnende Auslegung geboten ist. Allerdings muss dabei berücksichtigt werden, dass es sich bei der EU-BauPV um einen Sekundärrechtsakt handelt, der die Anwendung der Grundfreiheiten grundsätzlich verdrängt.[311] Dem ist hier aber durch die lediglich übertragende Anwendung Rechnung getragen.

Eine Behinderung kann sowohl produktunmittelbar, als auch produktmittelbar erfolgen. Produktunmittelbare Behinderungen sind immer unzulässig, während produktmittelbare Behinderungen erlaubt sein können, solange ihnen keine faktisch produktunmittelbare Wirkung zukommt oder diese Wirkung von einer Ausnahme des Art. 8 Abs. 4 EU-BauPV gedeckt ist.

Eine produktunmittelbare behindernde Maßnahme liegt vor, wenn die Maßnahme zwar an das Produkt als solches anknüpft, es aber – in Abgrenzung zur Untersagung – nicht verboten wird. Eine solche Maßnahme bestünde z.B. in der Erhebung einer zusätzlichen Verwaltungsgebühr der Bauaufsichtsbehörde, wenn ein harmonisiertes Bauprodukt verwendet werden soll. Eine produktmittelbare behindernde Maßnahme knüpft hingegen nicht an das Produkt selbst an, macht seine Verwendung aber dennoch aufgrund anderer mittelbarer Auswirkungen weniger attraktiv.

bb) Anwendungsbereich des Verbots

Das Verbot des Art. 8 Abs. 4 EU-BauPV verbietet die Behinderung oder Untersagung aller Bauprodukte, die nach Maßgabe der EU-BauPV mit dem CE-Kennzeichen versehen sein müssen.[312] Das Verbot kann sich aufgrund der Zielsetzung des Art. 8 Abs. 4 EU-BauPV jedoch nur auf solche Regelungen beziehen, die bei den Verwendern und Wirtschaftsakteuren marktverhaltenssteuernde Wirkung haben.

---

309 EuGH, Urt. v. 30.11.1995, Rs. C-55/94, Rn. 38; Urt. v. 28.04.1977, Rs. 71/76, Rn. 15/18.
310 EuGH, Urt. v. 30.11.1995, Rs. C-55/94, Rn. 38; Urt. v. 28.04.1977, Rs. 71/76, Rn. 15/18.
311 EuGH, Urt. v. 16.10.2014 – Rs. C-100/13, Rn. 62.
312 Siehe hierzu § 3, B., I., 2.

(1) Anwendung auf CE-gekennzeichnete Bauprodukte

Art. 8 Abs. 4 EU-BauPV findet Anwendung auf harmonisierte Bauprodukte, die mit dem CE-Kennzeichen versehen werden müssen.

Anders, als der Wortlaut nahelegen mag, kommt es dabei nicht darauf an, ob ein konkretes Bauprodukt entgegen Art. 8 Abs. 1 EU-BauPV nicht mit dem CE-Kennzeichen versehen ist. Es ist vielmehr darauf abzustellen, ob das Bauprodukt nach Art. 8 Abs. 2 UA. 1 EU-BauPV i.V.m. Art. 4 Abs. 1 EU-BauPV grundsätzlich der Kennzeichnungspflicht unterliegt. Eine solche Auslegung ergibt sich aus dem Sinn und Zweck des Verbots. Die Regelung soll verhindern, dass Mitgliedstaaten Bestimmungen treffen, die dazu geeignet sind, die Verwendung harmonisierter Bauprodukte grundsätzlich einzuschränken. Solche Regelungen können nur mit der EU-BauPV konkurrieren, wenn sie an den rechtlichen Tatbestand der Harmonisierung anknüpfen. Würden solche Regelungen erlaubt sein, die an das CE-Kennzeichen in tatsächlicher Hinsicht anknüpfen, würden die nach der EU-BauPV vorschriftswidrigen Bauprodukte nicht von dem Verbot erfasst. Dies ist aber eine ungerechtfertigte Besserstellung vorschriftswidriger Bauprodukte, die so nicht gewollt sein kann.

Die Anknüpfung an das CE-Kennzeichen ermöglicht es vielmehr, diejenigen harmonisierten Bauprodukte auszuklammern, für die aufgrund von Ausnahmevorschriften die EU-BauPV keine Anwendung findet. So gilt die Regelung z.B. nicht für Bauprodukte, die unter den Voraussetzungen des Art. 5 EU-BauPV nicht mit dem CE-Kennzeichen versehen sein müssen. Dies ist konsequent, da die Verwendbarkeitsprüfung ausweislich des Art. 5 EU-BauPV nach dem nationalen Recht erfolgen soll.

Bauprodukte, die kein CE-Kennzeichen tragen, darf der Mitgliedstaat unabhängig vom Verbot des Art. 8 EU-BauPV unter den Einschränkungen des Art. 36 AEUV, der ProdSRL und der Verordnung Nr. 764/2008 national regulieren.[313]

(2) Regelungen mit marktverhaltenssteuernder Wirkung

Das Verbot in Art. 8 Abs. 4 EU-BauPV kann aufgrund des Sinn und Zwecks der Regelung nur solche mitgliedstaatlichen Maßnahmen erfassen, die geeignet sind, die Verwendung oder den Handel mit harmonisierten Bauprodukten auf abstrakter Ebene einzuschränken.

Konkrete Maßnahmen müssen vom Verbot des Art. 8 Abs. 4 EU-BauPV ausgeklammert werden, soweit diese repressiv wirken und so das Marktverhalten des Wirtschaftsakteurs oder des Verwenders nachträglich nicht mehr beeinflussen können. Darunter fallen z.B. Individualmaßnahmen, die ein konkretes Bauprodukt aufgrund eines fehlenden CE-Kennzeichens verbieten.

Dies schließt aber nicht aus, dass die entsprechenden Ermächtigungsgrundlagen zu diesen Individualmaßnahmen nicht unter das Verbot des Art. 8 Abs. 4 EU-BauPV

---

313 Winkelmüller/van Schewick/Müller, Praxishandbuch Bauprodukte, Rn. 306 ff., Rn. 322 ff.

fallen können. Soweit die Ermächtigungsgrundlagen hinreichend verhaltenssteuernden Charakter haben, eignen sie sich als Behinderung im Sinne des Art. 8 Abs. 4 EU-BauPV.

cc) Keine Rechtfertigungsmöglichkeit einer Untersagung oder Behinderung

Anders als bei einem Eingriff in eine Grundfreiheit, eröffnet das Verbot in Art. 8 Abs. 4 EU-BauPV keine Rechtfertigungsmöglichkeit.

Bei Art. 8 Abs. 4 EU-BauPV handelt es sich um ein spezialgesetzliches Verbot, das mangels eindeutiger Bezugnahme auf die Grundfreiheiten nicht die gesamte, vom EuGH entwickelte Dogmatik übernehmen kann.[314] Eine Rechtfertigung ist nicht erforderlich, weil die EU-BauPV Verfahren vorsieht, die den Mitgliedstaaten Handlungsspielräume überlassen. Neben den ausdrücklichen Ausnahmen vom Verbot des Art. 8 Abs. 4 EU-BauPV enthalten die Art. 56 ff. EU-BauPV weitere Verfahren, die unter Einbeziehung der Kommission nach gemeinsamen Lösungen suchen. Insbesondere nach Art. 58 EU-BauPV hat der Mitgliedstaat über das dort geregelte Verfahren die Möglichkeit, gegen gefährliche harmonisierte Bauprodukte vorzugehen, wenn diese den Anforderungen der Verordnung genügen. Auch die Durchführung eines Evaluierungsverfahrens nach Art. 56 Abs. 1 UA. 1 EU-BauPV eröffnet den Mitgliedstaaten die Möglichkeit weiterer nationaler Maßnahmen.

II. Handlungspflichten der Mitgliedstaaten nach der EU-BauPV

Die EU-BauPV enthält auch aktive Pflichten der Mitgliedstaaten, die vor allem auf die administrative Umsetzung der Regelungen der EU-BauPV gerichtet sind. Die EU-BauPV ist insoweit eine sog. *„hinkende Verordnung"*.[315] Die EU-BauPV erfordert z.B. die Benennung von Produktinformationsstellen oder die Einrichtung einer Marktüberwachung.

1. Benennung von Produktinformationsstellen

Die Mitgliedstaaten sind gemäß Art. 10 EU-BauPV dazu verpflichtet, Produktinformationsstellen zu benennen.

Die Auswahl der Produktinformationsstelle durch den Mitgliedstaat gewährleistet, dass das nationale Zuständigkeitsgefüge nicht durch die europäischen Regelungen flankiert wird.[316]

Die Produktinformationsstellen haben die Aufgabe, insbesondere kleineren Unternehmen Auskunft über die Rechtslage hinsichtlich der von ihnen vermarkteten

---

314 EuGH, Urt. v. 16.10.2014 – Rs. C-100/13; EuGH, Urt. v. 06.09.2012, Rs. C-150/11, Rn. 79; Streinz/*Schroeder*, EUV/AEUV, Art. 36 AEUV, Rn. 5; von der Groeben/Schwarze/Hatje/*Müller-Graff*, Europäisches Unionsrecht, Art. 36 AEUV, Rn. 14.

315 Streinz/*Schroeder*, EUV/AEUV, Art. 288 AEUV, Rn. 61; Calliess/Ruffert/*Ruffert*, EUV/AEUV, Art. 288 AEUV, Rn. 21.

316 Erwägungsgrund 44 EU-BauPV.

Produkte zu geben.[317] Darüber hinaus sollen sie auch Informationen über die Vorschriften bereitstellen, die für den Einbau, die Montage und die Installation eines bestimmten Produkttyps gelten.[318] Die Informationsstellen sollen also nicht nur von den Wirtschaftsakteuren genutzt werden, sondern von allen Unternehmen, die mit Bauprodukten arbeiten. Auch den Bauunternehmen oder Architekten, die nicht direkte Adressaten der EU-BauPV sind, muss Zugang zu den Informationen gewährt werden.

Die Informationen sollten in der Regel kostenlos gewährt werden. Lediglich, wenn spezielle Informationen erteilt werden, sollen Gebühren erhoben werden, die im Verhältnis zum Aufwand der Informationsbeschaffung stehen.[319]

Die Produktinformationsstellen sollen gemäß Art. 10 Abs. 4 EU-BauPV ihre Aufgaben so ausüben, dass Interessenkonflikte, vor allem hinsichtlich der Verfahren zur Erlangung der CE-Kennzeichnung, vermieden werden. Die Produktinformationsstelle soll ihre Informationen nicht nur auf die staatlichen Interessen an der Gestaltung des Verfahrens ausrichten, sondern auch die wirtschaftliche Perspektive der Unternehmen beachten. Dabei handelt es sich primär um eine Handlungspflicht des Mitgliedstaates und nicht der Produktinformationsstelle. Der Mitgliedstaat muss durch entsprechende nationale Rechtsakte oder Verträge sicherstellen, dass die benannte Produktinformationsstelle dem nachkommt.

2. Benennung, Überwachung und Begutachtung Technischer Bewertungsstellen

Art. 29 EU-BauPV verpflichtet die Mitgliedstaaten *Technische Bewertungsstellen* zu organisieren. Sie werden eingerichtet, um Europäische Bewertungsdokumente und Risikoanalysen für innovative Bauprodukte zu erstellen. Eine Technische Bewertungsstelle ist eine unabhängige (nicht private) Organisation, die vom Mitgliedstaat benannt, überwacht und begutachtet werden muss.

a) Erstellung von ETB für innovative Bauprodukte

Die Technischen Bewertungsstellen haben vornehmlich die Aufgabe, Europäische Bewertungsdokumente zu erstellen. Sie arbeiten deshalb vor allem mit neuen, innovativen Bauprodukten, für die es noch keine Norm gibt.

Der Aufgabenbereich der technischen Bewertungsstelle konzentriert sich gemäß Art. 30 Abs. 1 EU-BauPV auf die Erstellung europäischer Bewertungsdokumente und die Ausstellung entsprechender Europäischer Technischer Bewertungen in dem Produktbereich, in dem sie jeweils benannt wurde.

---

317 Erwägungsgrund 42 EU-BauPV.
318 Erwägungsgrund 42 EU-BauPV.
319 Erwägungsgrund 43 EU-BauPV; Winkelmüller/van Schewick/Müller, Praxishandbuch Bauprodukte, Rn. 260.

Um die Aufgabe wahrnehmen zu können, müssen die technischen Bewertungsstellen aber eine Reihe von Kompetenzanforderungen erfüllen. Konkreter lassen sich diese Anforderungen aus Tabelle 2 im Anhang IV der EU-BauPV entnehmen. Danach soll die Technische Bewertungsstelle eine Risikoanalyse leisten können. Eine Risikoanalyse ist eine Abwägung zwischen den Risiken der Verwendung innovativer Baustoffe und ihren möglichen Vorteilen. Die Analyse muss vor dem Hintergrund der Schwierigkeit gelingen, dass es in der Regel noch keine Erfahrungen hinsichtlich der Leistung und praktischen Verwendbarkeit des Bauproduktes geben wird. Das Ergebnis der Risikoanalyse muss als Grundlage für die Festlegung technischer Kriterien dienen können. Die technischen Kriterien müssen unter Beachtung der Vorschriften hinsichtlich der erforderlichen Leistung von Bauprodukten erstellt werden. Daraufhin müssen für die Verwender von Bauprodukten technische Informationen zur Verfügung gestellt werden. Die technische Bewertungsstelle muss geeignete Prüf- und Berechnungsverfahren entwickeln, die als Grundlage für die Bewertung der Leistung in Bezug auf die wesentlichen Merkmale der Bauprodukte dienen können. Dabei soll auch der Stand der Technik Berücksichtigung finden. Wie bei einem Produkt, für das eine harmonisierte Norm existiert, muss auch für ein Produkt, für das eine ETB ausgestellt werden soll, ein Verfahren entwickelt werden, was die werkseigene Produktionskontrolle regelt. Dieses muss auf Grundlage der Kenntnis und dem Verständnis des Herstellungsprozesses von der Technischen Bewertungsstelle entwickelt werden. Schließlich muss das Produkt auf Grundlage von harmonisierten Verfahren bewertet werden.

b) Benennung, Veröffentlichung und Überwachung durch die Mitgliedstaaten

aa) Benennung nach Produktbereich in Tabelle 1 Anhang IV EU-BauPV

Die Mitgliedstaaten können für die jeweiligen Produktbereiche technische Bewertungsstellen benennen. Die Produktbereiche ergeben sich aus Tabelle 1 in Anhang IV der EU-BauPV. Beispiele für einige der fünfunddreißig Produktbereiche sind unter Bereichscode 26 *„Produkte für Beton, Mörtel und Einpressmörtel"* oder unter Bereichscode 4 *„Wärmedämmprodukte, Dämmverbundbausätze/-systeme"*.

bb) Mitteilung der Namen und Produktbereich an die Kommission

Die Benennung erfolgt gemäß Art. 29 Abs. 1 UA. 2 EU-BauPV gegenüber der Kommission durch die Angabe der Namen, der Anschrift sowie des Produktbereichs, für den sie arbeiten sollen. Wenn die Mindestanforderungen an Technische Bewertungsstellen durch eine benannte Stelle nicht mehr erfüllt wird, muss der Mitgliedstaat die Benennung widerrufen. Der Widerruf erfolgt gegenüber der Technischen Bewertungsstelle. Die Kommission muss gemäß Art. 30 Abs. 3 EU-BauPV lediglich informiert werden. Da die Mitgliedstaaten zur ständigen Überwachung anhand der Kompetenzanforderungen in Tabelle 2 in Anhang IV EU-BauPV verpflichtet sind (Art. 29 Abs. 3 EU-BauPV), ist gewährleistet, dass die Stellen den Anforderungen genügen. Um diese Bewertungsverfahren zu standardisieren und damit in den

Mitgliedsstaaten anzugleichen, legt die Kommission mit Hilfe des Ständigen Ausschusses für das Bauwesen, Leitlinien für die Begutachtung fest.

Die Kommission führt ein Verzeichnis aller technischen Bewertungsstellen und veröffentlicht dieses elektronisch unter ständiger Aktualisierung, Art. 29 Abs. 2 EU-BauPV. So kann es ständig im Internet abgerufen werden.

cc) Formale Anforderungen: Rechtspersönlichkeit und technischer Sachverstand

Die formalen Anforderungen an die Technische Bewertungsstelle ergeben sich aus Art. 30 Abs. 1 UA. 2 EU-BauPV i.V.m. Tabelle 2, Anhang IV EU-BauPV.

Eine technische Bewertungsstelle muss eine unabhängige Organisation sein, die nach nationalem Recht mit Rechtspersönlichkeit ausgestattet ist.

Dies kann also entweder eine Behörde sein oder eine Anstalt, Stiftung oder Körperschaft des öffentlichen Rechts. Dass es sich bei der Technischen Bewertungsstelle nicht um eine privatrechtliche Organisation handeln darf, ergibt sich aus Punkt 4 der Tabelle 2 in Anhang IV EU-BauPV. Danach muss nämlich die Einheitlichkeit, Zuverlässigkeit und Objektivität sowie die Rückverfolgbarkeit durch die dauerhafte Anwendung zweckmäßiger Verwaltungsverfahren gewährleistet sein. Es wird rechtsstaatliche Treue von der Technischen Bewertungsstelle verlangt.

Dass die Technische Bewertungsstelle dem Bereich der Verwaltung zuzuordnen ist, erfordert die Veröffentlichung ihrer Organisationsstruktur und der Benennung der Entscheidungsträger, wie Mitglieder in internen Beschlussgremien, Art. 30 Abs. 2 EU-BauPV.

Die Bezahlung der Mitarbeiter darf sich weder nach der Quantität der durchgeführten Untersuchungen richten, noch von einem bestimmten Ergebnis abhängig gemacht werden. So wird zusätzliche Unabhängigkeit derjenigen gewährleistet, die die Prüfungen durchführen.

Auch an die Mitarbeiter der Technischen Bewertungsstelle müssen besondere Anforderungen gestellt werden, die sich ebenfalls aus Tabelle 2 im Anhang IV. Dabei ist ein breit gefächerter Anforderungskatalog aufgestellt. Die Mitarbeiter müssen fachlich hinreichend ausgebildet sein und insoweit über technischen Sachverstand verfügen. Hierfür kommen technisch orientierte Berufe, vor allem Ingenieure, in Betracht. Die Mitarbeiter der Technischen Bewertungsstelle müssen auch über hinreichende Rechtskenntnisse verfügen. Das Erfordernis rechtlicher Kenntnisse der Mitarbeiter wird auf den Anwendungsbereich des Bauproduktenrechts beschränkt, sodass kein rechtswissenschaftliches Studium vorausgesetzt wird. Eine weitere Voraussetzung ist ein Verständnis von der Baupraxis, insbesondere in dem Produktbereich, der von der Stelle später geprüft werden soll. Damit einher geht die Anforderung, dass die Mitarbeiter einschätzen können müssen, welche Risiken die einzelnen technischen Aspekte des Bauprozesses mit sich bringen. Die Mitarbeiter müssen detaillierte Kenntnisse der harmonisierten Normen haben, die für ihren jeweiligen Produktbereich veröffentlicht wurde und welche Prüfverfahren im Zuge dessen durchzuführen sind.

Soweit die Mitarbeiter die werkseigene Produktionskontrolle erarbeiten, müssen sie außerdem Wissen über den Zusammenhang zwischen Herstellungsprozessen und Produktmerkmalen vorweisen. Für die Bewertung des Produktes muss die Stelle auch über eine entsprechende Infrastruktur verfügen, die für die Bewertung der Leistung erforderlich ist.

3. Notifizierung notifizierter Stellen

Die Mitgliedstaaten sollen gemäß Art. 31 Abs. 5 EU-BauPV sicherstellen, dass die von ihnen benannten Technischen Bewertungsstellen durch die *Organisation Technischer Bewertungsstellen* und durch finanzielle und personelle Mittel unterstützt werden. Die Organisation Technischer Bewertungsstellen setzt sich aus allen europäischen technischen Bewertungsstellen zusammen und dient dem Wissens-, Informations- und Erfahrungsaustausch. Nach der EU-BauPV gibt es drei Arten von notifizierten Stellen, nämlich Prüflabore, Zertifizierungsstellen für die WPK und Produktzertifizierungsstellen.[320]

a) Aufgabe notifizierter Stellen: Beteiligung an Leistungsbestimmung

Die notifizierten Stellen überprüfen die Leistung der Bauprodukte.[321] Zwar ist vor allem der Hersteller für die Überprüfung der Leistung zuständig, jedoch bedarf es – je nach einschlägigem System – einer Beteiligung unabhängiger dritter Stellen.[322]

b) Benennung einer notifizierenden Behörde

Die Mitgliedstaaten müssen eine Behörde benennen, welche ihrerseits die zu notifizierenden Stellen benennen kann (die sogenannte notifizierende Behörde).[323] Diese notifizierende Behörde soll die Anforderung an die notifizierten Stellen, wie sie in Art. 43 EU-BauPV festgelegt sind, überwachen.[324]

Gemäß Art. 41 Abs. 1 EU-BauPV muss die notifizierende Behörde so eingerichtet werden, dass keine Interessenskonflikte mit den notifizierten Stellen entstehen. Dazu müssen die Stellen unabhängig voneinander sein. Art. 41 Abs. 2 EU-BauPV konkretisiert dieses Erfordernis in organisatorischer Hinsicht. Personell wird die Unabhängigkeit durch Art. 41 Abs. 3 EU-BauPV gewährleistet, indem derjenige, der die Entscheidung darüber fällt, ob eine Stelle notifiziert wird, eine gewisse Fachkunde nachweisen muss.

---

320 Winkelmüller/van Schewick/Müller, Praxishandbuch Bauprodukte, Rn. 177.
321 Winkelmüller/van Schewick/Müller, Praxishandbuch Bauprodukte, Rn. 198; Blue Guide 2014, S. 76.
322 Siehe § 3, B., I., 3.; Winkelmüller/van Schewick/Müller, Praxishandbuch Bauprodukte, Rn. 198.
323 Winkelmüller/van Schewick/Müller, Praxishandbuch Bauprodukte, Rn. 171.
324 Winkelmüller/van Schewick/Müller, Praxishandbuch Bauprodukte, Rn. 172.

Der Begriff der Behörde muss autonom ausgelegt werden. Jedenfalls muss es sich um eine Einrichtung des öffentlichen Rechts handeln. Eine Delegierung der Aufgaben an private Stellen ist nach dem Wortlaut nicht möglich ist. Art. 40 Abs. 2 EU-BauPV ermöglicht es, auch die nationalen Akkreditierungsstellen für die Überwachung der notifizierten Stellen einzusetzen, welche die Begutachtung und Überwachung im Sinne der Verordnung (EG) Nr. 765/2008 durchführen.

c) Konformitätsvermutung für Voraussetzungen des Art. 43 EU-BauPV

Art. 43 EU-BauPV legt die einzelnen Anforderungen fest, die eine notifizierte Stelle erfüllen muss. Diese sollen von der notifizierenden Behörde überwacht werden.

Art. 44 EU-BauPV stellt eine Konformitätsvermutung auf.[325] Danach wird die Konformität der notifizierten Stellen mit den Anforderungen in Art. 43 EU-BauPV insoweit vermutet, wie die harmonisierten Normen, nach denen sie die Bauprodukte überprüfen, die Voraussetzungen des Art. 43 EU-BauPV abdecken.[326] Das heißt, die notifizierte Stelle muss nur nachweisen, dass sie die Voraussetzungen des Art. 43 EU-BauPV erfüllt, wenn diese nicht ohnehin in den harmonisierten Normen vorausgesetzt werden.

Die Ausführungen in Art. 43 EU-BauPV sind im Übrigen selbsterklärend. Vorrangig dient Art. 43 EU-BauPV der Sicherstellung der Objektivität und Unabhängigkeit der notifizierten Stellen, damit die Richtigkeit der Untersuchungen zur Überprüfung und Beständigkeit der Leistung mit der wahren Leistung übereinstimmen. Die Stellen müssen jedenfalls die technische Kompetenz sowie die erforderliche Neutralität bieten.[327]

d) Antragsstellung, Prüfung, Benennung und Listung in der NANDO-Datenbank

Zunächst muss die Stelle, die sich notifizieren lassen will, einen Antrag auf Notifizierung bei der notifizierenden Behörde stellen (Art. 47 Abs. 1 EU-BauPV).[328]

Die Kommission muss gemäß Art. 48 Abs. 1, 2 EU-BauPV über die Stellen informiert werden, die durch die Mitgliedstaaten angenommen wurden. Die Kommission führt die notifizierten Stellen schließlich in der NANDO Datenbank auf. Dabei muss die notifizierende Behörde gemäß Art. 48 Abs. 3 EU-BauPV ausführliche Angaben machen, welche der Anforderungen der in Anhang V EU-BauPV genannten Systeme die notifizierte Stelle wahrnehmen kann. Wenn die notifizierte Stelle eine Akkreditierungsurkunde erhält, muss die notifizierende Behörde der Kommission alle erforderlichen Unterlagen vorlegen, welche die Konformität der notifizierten Stelle

---

325 Winkelmüller/van Schewick/Müller, Praxishandbuch Bauprodukte, Rn. 188.
326 Winkelmüller/van Schewick/Müller, Praxishandbuch Bauprodukte, Rn. 188.
327 Dauses/*Langner*/*Klindt*, EU-Wirtschaftsrecht, C. Warenverkehr, VI, Technische Sicherheit, Rn. 35.
328 Winkelmüller/van Schewick/Müller, Praxishandbuch Bauprodukte, Rn. 189.

mit Art. 43 EU-BauPV nachweisen (Art. 48 Abs. 4 EU-BauPV). Nach Ausstellung der Akkreditierungsurkunde haben die Kommission und die übrigen Mitgliedsstaaten zwei Wochen Zeit, Einwände gegen die Benennung zu erheben. Liegt eine Akkreditierungsurkunde vor, haben die übrigen Mitgliedstaaten und die Kommission gemäß Art. 48 Abs. 5 EU-BauPV zwei Wochen Zeit, um Einwände zu erheben.

Wurden keine Einwände erhoben, weist die Kommission jeder notifizierten Stelle eine Kennnummer zu (Art. 49 Abs. 1 EU-BauPV). Sie vergibt nur eine einzelne Kennnummer an jede Stelle, unabhängig davon, unter wie viele andere Rechtsakte die Tätigkeit der Stelle fällt.

4. Einrichtung der Marktüberwachung nach der VO (EG) Nr. 765/2008

Die Mitgliedstaaten sind dazu verpflichtet, eine funktionierende Marktüberwachung einzurichten. Dieser Ansatz geht auf die Verordnung (EG) Nr. 765/2008 zurück. Der Mitgliedstaat ist konkreter dazu verpflichtet eine *„angemessen ausgestaltete Behördenstruktur"*[329] zur Verfügung zu stellen.

Der Begriff der Marktüberwachungsbehörde ist in Art. 2 Nr. 18 VO (EG) Nr. 765/2008 definiert. Danach ist die Marktüberwachungsbehörde *„[...] eine Behörde eines Mitgliedstaates, die für die Durchführung der Marktüberwachung auf dem Staatsgebiet zuständig ist"*.

a) Maßnahmenergreifung nach Art. 56 ff. EU-BauPV

Die Marktüberwachung muss die Marktüberwachungsmaßnahmen der Art. 56. ff. EU-BauPV durchführen.[330] Die Marktüberwachungsbehörde ist die Stelle, an die die Wirtschaftsakteure Mitteilungen machen, wenn sie meinen, dass ein Produkt nicht den Anforderungen der EU-BauPV übereinstimmt. Sie ist auch die Koordinierungsstelle, für Informationen der Kommission an die Mitgliedstaaten, welche die Anforderungen an Bauprodukte betreffen. Wenn der betroffene Wirtschaftsakteur selbst nicht tätig wird, können die Marktüberwachungsbehörden die Maßnahmen in Art. 56 EU-BauPV auch hoheitlich anordnen und gegebenenfalls durchführen.

aa) Durchführung der Evaluierung als Voraussetzung für weitere Maßnahmen

Art. 56 Abs. 1 EU-BauPV ist der Einstieg in die Marktüberwachung und zugleich die Grundlage für ein Tätigwerden der Marktüberwachungsbehörde. Die Behörde führt auf Grundlage des Art. 56 Abs. 1 UA. 1 EU-BauPV eine Evaluierung des Bauproduktes durch, welche die Grundlage für das weitere Vorgehen im Hinblick auf das Produkt bildet. An das Ergebnis dieser Evaluierung werden die weiteren

---

329 Dauses/*Langner/Klindt*, EU-Wirtschaftsrecht, C. Warenverkehr, IV. Technische Sicherheit, Rn. 41.

330 Zu den Maßnahmen im Einzelnen, siehe § 4, B., II., 1.

Maßnahmen nach Art. 56 ff. EU-BauPV geknüpft. Ergibt die Evaluierung, dass die Leistung des Bauproduktes mit der Leistungserklärung nicht übereinstimmt, kommt das Verfahren des Art. 56 Abs. 4 EU-BauPV zur Anwendung. Ergibt die Evaluierung, dass das Bauprodukt vorschriftkonform ist, aber von ihm eine Gefahr ausgeht, richtet sich das weitere Verfahren nach Art. 58 EU-BauPV. Wird im Anschluss an das Verfahren nach Art. 56 Abs. 1 UA. 1 EU-BauPV von einem anderen Mitgliedstaat oder der Kommission ein Einwand erhoben (Art. 56 Abs. 7 EU-BauPV) prüft die Kommission die mitgliedstaatliche Maßnahme. Ist die Kommission der Auffassung, dass die nationale Maßnahme nicht mit dem Unionsrecht vereinbar ist, kommt das Verfahren nach Art. 57 EU-BauPV zur Anwendung.

Unabhängig von den Verfahren, die an Art. 56 Abs. 1 EU-BauPV anknüpfen, kann im Falle der formalen Nichtkonformität das Verfahren des Art. 59 EU-BauPV zur Anwendung kommen.

bb) Das Evaluierungsverfahren nach Art. 56 Abs. 1 EU-BauPV

Die Evaluierung nach Art. 56 Abs. 1 UA. 1 EU-BauPV ist die Grundlage für weitere Maßnahmen, die unmittelbar auf harmonisierte Bauprodukte gerichtet sind. Liegen die Voraussetzungen des Art. 56 Abs. 1 UA. 1 EU-BauPV vor, ist die Marktüberwachungsbehörde zur Durchführung der Evaluierung verpflichtet. Der Prüfungsmaßstab für die Durchführung der Evaluierung sind alle Regelungen der EU-BauPV, einschließlich der darauf beruhenden technischen Spezifikationen.

(1) Pflicht zur Durchführung der Evaluierung

Gemäß Art. 56 Abs. 1 UA. 1 EU-BauPV führen die Marktüberwachungsbehörden eine Evaluierung des Bauproduktes durch, wenn entweder die Marktüberwachungsbehörde eines anderen Mitgliedstaates nach Art. 20 der Verordnung (EG) Nr. 765/2008 tätig geworden ist oder die nationale Marktüberwachungsbehörde hinreichenden Grund zu der Annahme hat, dass ein Bauprodukt, das unter Art. 4 Abs. 1 EU-BauPV fällt, die erklärte Leistung nicht erbringt.

Die Marktüberwachungsbehörde hat kein Entschließungsermessen, sondern ist zu einem Tätigwerden verpflichtet, wenn die genannten Voraussetzungen vorliegen.

(2) Die gesamte EU-BauPV als Prüfungsmaßstab der Evaluierung

Die Marktüberwachungsbehörden evaluieren gemäß Art. 56 Abs. 1 UA. 1 EU-BauPV „[...] *ob das betreffende Produkt die in dieser Verordnung jeweils festgelegten Anforderungen erfüllt.*" Danach überprüft die Marktüberwachungsbehörde die Vereinbarkeit des Bauproduktes mit der gesamten[331] EU-BauPV. Dies kann etwa durch Laborprüfungen und die Überprüfung der beigefügten Unterlagen geschehen.[332]

---

331 So im Ergebnis auch Winkelmüller/van Schewick/Müller, Praxishandbuch Bauprodukte, Rn. 247, 220.

332 Blue Guide 2014, S. 102.

Der Prüfungsmaßstab für die Evaluierung ist aufgrund der Formulierung in Art. 56 Abs. 1 UA. 1 EU-BauPV nicht eindeutig. Einerseits wird die Pflicht zur Durchführung der Evaluierung an den Verdacht geknüpft, dass das Produkt die in der Leistungserklärung angegebene Leistung nicht erbringt und die Einhaltung der Grundanforderungen an Bauwerke dadurch gefährdet werden. Andererseits sollen die Behörden evaluieren, ob das betreffende Bauprodukt die in der EU-BauPV jeweils festgelegten Anforderungen erfüllt. Der Prüfungsmaßstab könnte deshalb auf die Überprüfung der Leistung des Bauproduktes beschränkt sein. Auch Erwägungsgrund 41 spricht für ein solches Verständnis, da die Wirtschaftsakteure nur solche Bauprodukte auf dem Markt bereitstellen sollen, die „[...] *die Anforderungen [der EU-BauPV] einhalten, mit denen die Leistung von Bauprodukten gewährleistet werden soll und Grundanforderungen an Bauwerke erfüllt werden sollen"*.

Der Wortlaut des Art. 56 Abs. 1 UA. 1 EU-BauPV und die Systematik sprechen für eine umfängliche Prüfung des Produktes im Rahmen der Evaluierung. Der Regelungsteil des Art. 56 Abs. 1 UA. EU-BauPV, der sich sprachlich auf die Evaluierung bezieht, sieht eine umfängliche Prüfung vor. Danach soll das Produkt eingehend darauf geprüft werden, ob alle von der EU-BauPV gestellten Anforderungen eingehalten wurden.

Daraus, dass Art. 59 EU-BauPV eine Grundlage für Maßnahmen der Mitgliedstaaten bei formalen Abweichungen des Bauproduktes von der Verordnung neben die übrigen Maßnahmen stellt, ergibt sich nicht, dass der Prüfungsmaßstab der Evaluierung in Art. 56 Abs. 1 UA. 1 EU-BauPV auf materielle, leistungsbezogene Fehler des Bauproduktes beschränkt ist. Die Maßnahmen nach Art. 59 und Art. 56 EU-BauPV schließen sich nämlich gegenseitig nicht aus. Ein Mitgliedstaat hat nach Art. 59 Abs. 1 EU-BauPV in den genannten Fällen den betroffenen Wirtschaftsakteur „[...] *unbeschadet des Artikels 56 [...]"* dazu aufzufordern, die Nichtkonformität zu korrigieren. Allerdings nennt Art. 59 EU-BauPV ausschließlich Fälle, die äußerlich erkennbare Mängel betreffen, wie beispielsweise das CE-Kennzeichen, die (formale) Gestaltung der Leistungserklärung oder die Verfügbarkeit der technischen Dokumentation. Nicht in Art. 59 EU-BauPV sind solche Fälle genannt, wie z.B. die Unvollständigkeit der Sicherheitsinformationen oder die fehlende Kennzeichnung des Produktes mit dem Handelsnamen des Herstellers. Könnten diese Angaben gar nicht überprüft werden, müssten die Wirtschaftsakteure die Pflichten faktisch nicht einhalten, da es keine Grundlage für die Überprüfung und Durchsetzung gäbe. Dass die Pflichten der Wirtschaftsakteure nach der EU-BauPV weitgehend nicht geprüft und durchgesetzt werden können, kann der Verordnungsgeber nicht gewollt haben, da die Regelungen in den Art. 11 bis 14 EU-BauPV sonst faktisch unverbindlich wären. Auch mitgliedstaatliche Regelungen, welche in diesen Fällen die Verwendung der Bauprodukte verbietet, sind in der Verordnung nicht vorgeschrieben. Dass die Verfolgung von Pflichtverletzungen über mitgliedstaatliche Verwendungsuntersagungen erfolgt, hat der europäische Gesetzgeber mithin gleichfalls nicht voraussetzen können.

Im Ergebnis liegt also eine umfängliche Überprüfung des Bauproduktes nahe. Diese Auslegung steht auch mit dem Wortlaut des Art. 56 EU-BauPV in Einklang.

Dass Erwägungsgrund 41 engere Pflichten der Wirtschaftsakteure dahingehend vorsieht, dass nur Anforderungen der EU-BauPV, die sich auf die Leistung beziehen, benannt sind, steht dem nicht entgegen. Bei den Erwägungsgründen handelt es sich nicht um verbindliche Rechtsregeln.[333] Der Wortlaut des Erwägungsgrundes wurde für Art. 56 Abs. 1 EU-BauPV nicht übernommen, was gegen die Einschränkung des Prüfungsmaßstabs im oben genannten Sinn spricht. Eine umfassende Überprüfung der Pflichten der EU-BauPV kann nur durch die Marktüberwachungsbehörden im Rahmen der Art. 56 ff. EU-BauPV erfolgen, weshalb eine Auslegung dahingehend, dass die gesamte EU-BauPV im Rahmen der Evaluierung überprüft werden kann, auch die Effektivität der EU-BauPV unterstützt.

Auch die Ausführungen zur Marktüberwachung im Blue Guide 2014 stützen dieses Ergebnis. Der Blue Guide stellt ausdrücklich klar, dass die Marktüberwachung nicht ausschließlich der Gefahrenabwehr dient, sondern auch die Einhaltung formaler Anforderungen an die betroffenen Produkte verfolgt.[334]

cc) Maßnahmen nach Durchführung der Evaluierung

Kommt die Marktüberwachungsbehörde durch die Evaluierung zu dem Ergebnis, dass das Bauprodukt die Anforderungen der EU-BauPV nicht erfüllt, fordert die Marktüberwachungsbehörde den betroffenen Wirtschaftsakteur zunächst einmal nur auf, innerhalb einer angemessenen Frist die erforderlichen Korrekturmaßnahmen zu ergreifen oder das Produkt vom Markt zu nehmen, bzw. es zurückzurufen. Erst wenn diese Frist fruchtlos abgelaufen ist, kann die Marktüberwachungsbehörde nach Art. 56 Abs. 4 EU-BauPV selbst entsprechende vorläufige Maßnahmen treffen.[335] Im Zuge dessen informiert sie auch die Kommission und die übrigen Mitgliedstaaten von den vorläufig getroffenen Maßnahmen.

(1) Tatbestandsvoraussetzung: Negatives Evaluierungsergebnis

Voraussetzung und zugleich Pflicht für ein weiteres Tätigwerden der Marktüberwachungsbehörde ist, dass die Evaluierung ergeben hat, dass das Bauprodukt den Anforderungen der EU-BauPV nicht genügt. Das erfordert zunächst, dass eine Evaluierung durchgeführt wurde.

Wenn im Zuge der Evaluierung festgestellt wird, dass einer der formalen Fehler vorliegt, die Art. 59 Abs. 1 EU-BauPV auflistet, kann Art. 59 EU-BauPV neben Art. 56 EU-BauPV zur Anwendung kommen. Die Marktüberwachungsbehörde hat bei einem negativen Evaluierungsergebnis kein Entschließungsermessen. Dies legt der Wortlaut und die Zielsetzung der Vorschrift nahe. Aus dem Wortlaut ergibt sich nicht, dass der Behörde ein Spielraum dahingehend eingeräumt werden soll, dass sie entscheiden kann, ob sie tätig wird. Daneben sollen die Mitgliedstaaten eine

---

333 Siehe § 2, A., I.
334 Blue Guide 2014, S. 95.
335 Winkelmüller/van Schewick/Müller, Praxishandbuch Bauprodukte, Rn. 249.

effektive Marktüberwachung einräumen. Dieser Zweck wäre schon beeinträchtigt, wenn nicht zumindest jedem Verdacht nachgegangen würde.

(2) Auswahlermessen der Behörde hinsichtlich der Maßnahmen

Hinsichtlich der Wahl der Maßnahmen hat die Marktüberwachungsbehörde Auswahlermessen. Die Behörde ordnet diese Maßnahmen jedoch lediglich an, während die Durchführung der Maßnahmen dem betroffenen Wirtschaftsakteur selbst überlassen ist.[336] Die Vorschrift enthält keine abschließende Auflistung möglicher Maßnahmen. Die Wahl der Maßnahme muss deshalb der Marktüberwachungsbehörde überlassen sein. Denkbar sind die bereits im Rahmen des Pflichtenprogramms der Wirtschaftsakteure genannten Korrekturmaßnahmen, die sich vor allem auf die Korrektur der Leistungserklärung beziehen können. Aber auch Warnungen vor Produktgefahren gelten als Korrekturmaßnahme.[337] Wenn lediglich die Kennzeichnung versäumt wurde, kann die Korrektur auch z.B. in der Anbringung des Kennzeichens bestehen. Außerdem kann die Rücknahme vom Markt oder der Rückruf eines Bauproduktes angeordnet werden.

(3) Angemessene Fristsetzung als Frage des Auswahlermessens

Die Behörde muss dem Wirtschaftsakteur eine angemessene Frist zur Durchführung von Korrekturmaßnahmen setzen. Welche Frist noch angemessen ist, legt die Verordnung nicht abstrakt fest. Die Frist muss dem Wirtschaftsakteur jedenfalls ausreichend Zeit einräumen, in der er die Möglichkeit hat, entsprechende Maßnahmen zu ergreifen. Dabei ist eine Abwägung zwischen einer eventuell bestehenden Gefahr und der Handlungsmöglichkeit des jeweiligen Wirtschaftsakteurs vorzunehmen. Das Abwägungserfordernis ergibt sich aus der Maßgabe des Art. 56 Abs. 1 UA. 2 EU-BauPV, dass die Frist nach der *„Art der Gefahr" „vertretbar"* sein muss. Die Frage, ob die Fristsetzung angemessen ist, ist eine Frage der Ermessensausübung, da der Behörde bei der Festlegung der Frist Auswahlermessen eingeräumt wird. Allerdings soll es genügen, wenn dem Hersteller oder dem Bevollmächtigten die Möglichkeit eingeräumt wurde, Korrekturmaßnahmen zu ergreifen.[338] Das Untätigbleiben der adressierten Wirtschaftsakteure soll das Marktüberwachungsverfahren insgesamt nicht verlängern.[339]

(4) Betroffene Wirtschaftsakteure als Adressaten der Aufforderung

Adressaten der Maßnahme sind grundsätzlich die Wirtschaftsakteure, die in der EU-BauPV auch genannt sind.[340]

---

336 Zu den parallelen Maßnahmen im ProdSG: Klindt/*Schucht*, ProdSG, § 26, Rn. 158.
337 Blue Guide 2014, S. 103.
338 Blue Guide 2014, S. 104.
339 Blue Guide 2014, S. 104.
340 Große-Suchsdorf/*Wiechert*, NBauO, § 17, Rn. 75.

Maßnahmen nach der EU-BauPV sind deshalb nur gegen die dort genannten Wirtschaftsakteure zulässig, nicht aber gegen solche Beteiligten, die nicht in der EU-BauPV aufgeführt sind. Der Architekt oder der Bauunternehmer, der Bauprodukte verwendet, die nicht den Vorgaben der EU-BauPV genügen, darf nach den Art. 56 ff. EU-BauPV also nicht in Anspruch genommen werden. Auch bei einem Rückruf der Bauprodukte richtet sich die Maßnahme – die Anordnung des Rückrufs – gegen den betroffenen Wirtschaftsakteur. Die Maßnahme entfaltet keinerlei zwingende Wirkung gegenüber den besitzenden Verwendern der betroffenen Bauprodukte.

Art. 56 Abs. 1 UA. 2 EU-BauPV enthält Maßnahmen, die sich gegen *„den betroffenen Wirtschaftsakteur"* richten, allerdings schließt dieser Wortlaut nicht aus, dass auch mehrere Wirtschaftsakteure betroffen sein können. Grundsätzlich steht für die Störerauswahl keine feste Rangordnung der Inanspruchnahme fest, im Rahmen ordnungsrechtlicher Maßnahmen, bietet jedoch die Effektivität der Gefahrenabwehr eine Orientierung.[341] Demnach liegt nahe, den Wirtschaftsakteur in Anspruch zu nehmen, der am effektivsten die Nichtkonformität des Bauproduktes beenden kann.[342] Es kommt dabei selbstverständlich auch darauf an, welche Pflicht durch den Wirtschaftsakteur verletzt worden ist. Wenn beispielsweise ein CE-Kennzeichen an das Bauprodukt angebracht werden und hat der Hersteller dies unterlassen, kann die Pflicht nachträglich ein CE-Kennzeichen anzubringen, nicht an den Händler gerichtet werden, da die CE-Kennzeichnung nur vom Hersteller angebracht werden kann.

Eine Inanspruchnahme außer der in der EU-BauPV genannten Wirtschaftsakteure auf Grundlage des Art. 56 Abs. 1 UA. 2 EU-BauPV ist unzulässig.

Art. 56 Abs. 1 EU-BauPV bietet aufgrund der Beschränkung des Adressatenkreises keine hinreichende Ermächtigungsgrundlage für ein Vorgehen gegen die Verwender. Der Wortlaut des Art. 56 Abs. 1 EU-BauPV begrenzt die Inanspruchnahme auf die Wirtschaftsakteure. Es besteht auch keine Regelungslücke, die eine analoge Anwendung auf Architekten, Bauherren oder Bauunternehmer rechtfertigen würde, da Maßnahmen gegen die am Bau Beteiligten regelmäßig den nationalen Regelungen vorbehalten ist.

Ergänzende Anforderungen an die Störerauswahl können sich aus den nationalen Regelungen zur Marktüberwachung ergeben, da die EU-BauPV keine umfassende Regelung trifft. Eine Ausweitung des Adressatenkreises auf nationaler Ebene ist unionsrechtlich zulässig, da die EU-BauPV kein ausdrückliches Verbot einer Ausweitung enthält und eine solche Vorschrift der EU-BauPV zu mehr Effektivität verhelfen kann.

(5) Ergänzende Anforderungen an die Aufforderung

Art. 56 Abs. 1 UA. 4 EU-BauPV verweist für die Maßnahmen nach Art. 56 Abs. 1 UA. 2 EU-BauPV ergänzend auf Art. 21 Verordnung (EG) Nr. 765/2008. Soweit Art. 21

---

341   Tettinger/Erbguth/Mann, Bes. VerwR, Rn. 534.
342   Für das ProdSG: Klindt/*Schucht*, ProdSG, § 27, Rn. 14.

Verordnung (EG) 765/2008 Anforderungen stellt, die ohnehin im nationalen Verwaltungsverfahrensgesetz (VwVfG) enthalten sind, haben die Vorgaben der Verordnung (EG) Nr. 765/2008 Vorrang, da dem Europarecht grundsätzlich Anwendungsvorrang zukommt. Gemäß Art. 51 Abs. 1 Satz GrCH sind die Marktüberwachungsbehörden bei der Durchführung des Unionrechts an die Maßstäbe der Grundrechtecharta gebunden.[343]

(a) Begründung und Beachtung des Verhältnismäßigkeitsprinzips

Art. 21 Abs. 1 Verordnung (EG) 765/2008 legt fest, dass die Maßnahmen verhältnismäßig sowie mit einer präzisen Begründung versehen sein müssen. Zwar sind die Begriffe im europäischen Recht autonom auszulegen, es bestehen aber keine Hinweise darauf, dass sie die Anforderungen in Art. 21 Abs. 1 Verordnung (EG) 765/2008 strenger sind, als ihre Parallelvorschriften des VwVfG.

Der europarechtliche Verhältnismäßigkeitsgrundsatz ist an das deutsche Verfassungsrecht angelehnt.[344] Er gilt als allgemeiner Rechtsgrundsatz[345] nicht nur für Legislativmaßnahmen, sondern auch für das Handeln der Exekutive. Jede Maßnahme auf Grundlage des europäischen Rechts muss – ebenso wie nach dem nationalen Verständnis – zur Erreichung des Ziels geeignet, erforderlich und angemessen sein.[346] Bei der Frage nach der Angemessenheit einer Maßnahme erfolgt eine Abwägung der widerstreitenden Interessen.[347] Vor dem Hintergrund des Effektivitätsgebotes muss die Zielsetzung des europäischen Rechtsaktes stärker in die Interessensabwägung einbezogen werden. Da es sich bei Maßnahmen nach den Art. 56 ff. EU-BauPV immer um Maßnahmen handelt, die mit einem Verstoß gegen einen europäischen Rechtsakt einhergehen, geht eine Abwägung, auch bei geringfügig für die Sicherheit relevanten Verstößen, tendenziell eher zu Gunsten der Erreichung des Ziels der Verordnung aus, als bei rein nationalen Maßnahmen.

(b) Rechtsmittelbelehrung und Bekanntgabe der Aufforderung

Art. 21 Abs. 2 Verordnung (EG) 765/2008 regelt auch, dass die Maßnahmen, die ergriffen werden sollen, unverzüglich bekannt gegeben und mit einer Rechtsmittelbelehrung versehen werden müssen.

343   Hwang, Grundrechte unter Integrationsvorbehalt, in: EuR 2014, 400 (400).
344   Von der Groeben/Schwarze/Hatje/*Kadelbach*, Europäisches Unionsrecht, Art. 5 EUV, Rn. 49.
345   Von der Groeben/Schwarze/Hatje/*van Rijn*, Europäisches Unionsrecht, Art. 43 AEUV, Rn. 30.
346   Von der Groeben/Schwarze/Hatje/*Kadelbach*, Europäisches Unionsrecht, Art. 5 EUV, Rn. 51 ff.
347   Von der Groeben/Schwarze/Hatje/*Wollenschläger*, Europäisches Unionsrecht, Art. 15 GrCH, Rn. 39.

(c) Anhörung vor Erlass der Maßnahme

Art. 21 Abs. 3 Verordnung (EG) 765/2008 regelt eine Anhörung und ihre Ausgestaltung.

Vor Erlass der Maßnahme muss dem betroffenen Wirtschaftsakteur eine Frist von mindestens zehn Tagen eingeräumt werden, um sich gegenüber der Marktüberwachungsbehörde zu äußern. Ausnahmsweise kann von der Anhörung abgesehen werden, wenn die Dringlichkeit der Maßnahme die Anhörung nicht zulässt. Dies ist insbesondere der Fall, wenn die Gesundheit, Sicherheit oder andere Gründe im Zusammenhang mit den öffentlichen Interessen entgegenstehen. Bei Maßnahmen nach Art. 56 Abs. 1 UA. 2 EU-BauPV wird dieser Fall grundsätzlich anzunehmen sein, wenn die Bauwerkssicherheit aufgrund falscher Angaben in der Leistungserklärung betroffen ist.

dd) Festsetzung geeigneter Maßnahmen nach fruchtlosem Fristablauf

Art. 56 Abs. 4 EU-BauPV ermächtigt die Marktüberwachungsbehörde nach dem fruchtlosen Ablauf der nach Art. 56 Abs. 1 UA. 2 EU-BauPV gesetzten Frist, selbst die geeigneten Maßnahmen zu treffen, um die Bereitstellung des Bauproduktes auf dem *nationalen* Markt zu untersagen oder einzuschränken, oder aber das Produkt vom Markt zu nehmen oder zurückzurufen.

Art. 56 Abs. 4 EU-BauPV ist eine Ermächtigungsgrundlage und keine Sonderform der Verwaltungsvollstreckung der Aufforderung nach Art. 56 Abs. 1 UA. 2 EU-BauPV in Form einer Ersatzvornahme.

Ähnlichkeiten des Art. 56 Abs. 4 EU-BauPV zum Verwaltungsvollstreckungsrecht bestehen, weil zwingend eine Aufforderung nach Art. 56 Abs. 1 UA. 2 EU-BauPV und der fruchtlose Ablauf der gesetzten Frist vorangegangen sein muss.

Gegen ein solches Verständnis spricht aber, dass Art. 56 Abs. 1 UA. 2 EU-BauPV und Art. 56 Abs. 4 EU-BauPV unterschiedliche Maßnahmen nennt. Art. 56 Abs. 4 EU-BauPV ermächtigt die Marktüberwachungsbehörde zu Maßnahmen, die die Bereitstellung des Bauproduktes auf dem nationalen Markt untersagen oder einschränken oder das Bauprodukt zurückzurufen oder vom Markt zu nehmen, während Art. 56 Abs. 1 UA. 2 EU-BauPV lediglich *„geeignete Korrekturmaßnahmen"* vorsieht, die nur im Zweifel eine Rücknahme vom Markt oder einen Rückruf zum Gegenstand haben. Aus diesem Unterschied folgt, dass Art. 56 Abs. 4 EU-BauPV die Marktüberwachungsbehörde nicht dazu ermächtigt, im Wege einer Art Ersatzvornahme eventuell erforderliche Korrekturmaßnahmen selbst zu ergreifen.

Die nach Art. 56 Abs. 1 UA. 2 EU-BauPV durch die Marktüberwachung gesetzte Frist muss fruchtlos abgelaufen sein. Die Marktüberwachungsbehörde ist nur befugt, Maßnahmen nach Art. 56 Abs. 4 UA. 1 EU-BauPV anzuordnen und durchzuführen, wenn sie zuvor den Wirtschaftsakteur unter Setzung einer angemessenen Frist dazu aufgefordert hat, entsprechende Korrekturmaßnahmen zu ergreifen und der Wirtschaftsakteur der Anordnung nicht nachgekommen ist.

ee) Maßnahmen gegen gefährliche Bauprodukte

Art. 58 EU-BauPV ermächtigt die Mitgliedstaaten ausnahmsweise auch zu Maßnahmen gegen konforme Bauprodukte. Die Voraussetzungen liegen vor, wenn die Bauprodukte zwar den Vorgaben der EU-BauPV entsprechen und die jeweilige Leistungserklärung auch der tatsächlichen Leistung entspricht, das Produkt aber für die Grundanforderungen an Bauwerke, für die Gesundheit und Sicherheit von Menschen oder für andere im öffentlichen Interesse schützenswerte Aspekte eine Gefahr darstellen.

ff) Maßnahmen bei formalen Fehlern

Art. 59 EU-BauPV ermächtigt die Mitgliedstaaten zu Maßnahmen gegen die Wirtschaftsakteure, wenn das Bauprodukt formal nicht den Anforderungen der Verordnung entspricht. Hierbei handelt es sich um eine Marktüberwachungsmaßnahme, die kompetenzrechtlich von den Mitgliedstaaten durchgeführt werden kann. Die Mitgliedstaaten werden unbeschadet der Tätigkeit der Marktüberwachung nach den Art. 56 ff. EU-BauPV selbst zu produktunmittelbaren Maßnahmen ermächtigt.

gg) Rücknahme konformer Produkte bei Gefahr

Ein mögliches Ergebnis der durchgeführten Evaluierung ist, dass das Bauprodukt der erklärten Leistung entspricht und die Anforderungen der EU-BauPV erfüllt. Falls von dem Bauprodukt in diesem Fall dennoch eine *„Gefahr für die Einhaltung der Grundanforderungen an Bauwerke, für Gesundheit und Sicherheit von Menschen oder für andere im öffentlichen Interesse schützenswerte Aspekte darstellt"*, ermöglicht Art. 58 EU-BauPV den Mitgliedstaaten die Aufforderung zu Korrekturen.[348] Die Gefahr darf zum Zeitpunkt des Inverkehrbringens nicht mehr bestehen. Ist das Bauprodukt bereits in den Verkehr gebracht worden, kann ein Rückruf oder eine Rücknahme vom Markt erforderlich werden.

Nach Art. 58 Abs. 3 EU-BauPV hat der Mitgliedstaat Unterrichtungsverpflichtungen über die Art und den Umfang der Gefahr gegenüber den anderen Mitgliedstaaten und der Kommission. Der Mitgliedstaat muss dazu gemäß Art. 58 Abs. 3 EU-BauPV alle Angaben zur Identifizierung des Bauproduktes, seine Herkunft, die Lieferkette sowie die bereits ergriffenen Maßnahmen bekannt geben.

Auf dieser Grundlage prüft die Kommission, ob die Maßnahme des Mitgliedstaates rechtmäßig war und ordnet ggf. weitere erforderliche Maßnahmen an (Art. 58 Abs. 4 EU-BauPV). Sie entscheidet hierüber in Form eines Beschlusses (Art. 288 Abs. 4 AEUV), den sie an alle Mitgliedstaaten richtet (Art. 58 Abs. 5 EU-BauPV).

---

348 Winkelmüller/van Schewick/Müller, Praxishandbuch Bauprodukte, Rn. 254.

b) Informationspflicht bei festgestellter Nichtkonformität

Wenn eine notifizierte Stelle in die Überwachung einbezogen ist, ist die Marktüberwachungsbehörde dazu verpflichtet, die notifizierte Stelle über die Nichtkonformität des Bauproduktes zu unterrichten.

Die Marktüberwachungsbehörde muss die Kommission und die übrigen Mitgliedstaaten gemäß Art. 56 Abs. 2 EU-BauPV über die Nichtkonformität zu unterrichten, soweit sie befürchten muss, dass sich die Auswirkungen nicht nur auf den eigenen Mitgliedstaat beschränken.

aa) Informationspflicht gegenüber der Kommission

Die Marktüberwachungsbehörde muss gemäß Art. 56 Abs. 4 EU-BauPV die Kommission auch über die vorläufig ergriffenen Maßnahmen unterrichten. Gemäß Art. 56 Abs. 5 EU-BauPV muss diese Unterrichtung alle Aufgaben enthalten, die eine Identifizierung des nichtkonformen Bauproduktes ermöglichen sowie dessen Herkunft, die Art der behaupteten Nichtkonformität, die angenommene Gefahr und die Art und die Maßnahmen, welche die nationalen Behörden ergriffen haben. Dazu muss die Marktüberwachungsbehörde die betroffenen Wirtschaftsakteure angeben. Sie muss außerdem die mutmaßliche Begründung der Nichtkonformität mitgeteilt werden. Die Nichtkonformität kann darin bestehen, dass das Produkt den Anforderungen der Verordnung nicht genügt, die erklärte Leistung von der tatsächlichen Leistung abweicht oder die harmonisierte technische Spezifikation mangelhaft ist. Die Begründung muss auch eine Stellungnahme der betroffenen Wirtschaftsakteure enthalten.[349]

bb) Information der Mitgliedstaaten

Eine Informationspflicht besteht auch gegenüber den Mitgliedstaaten, von denen die Einleitung des Verfahrens nicht ausgegangen ist. Sie hat gegenüber den übrigen Mitgliedstaaten (ausschließlich dem Mitgliedstaat der das Verfahren eingeleitet hat) und der Kommission zu erfolgen (Art. 56 Abs. 6 EU-BauPV). Das heißt, die Mitgliedstaaten treffen auch dann Pflichten, wenn das Problem mit den nichtkonformen Produkten nicht in ihrem Mitgliedstaat verursacht wurde.

Bauprodukte müssen unter bestimmten Voraussetzungen in das sog. RAPEX Informationssystem eingestellt werden. RAPEX ist ein gemeinschaftliches System zum raschen Informationsaustausch.[350] Die Mitgliedstaaten sollen auf dieser Grundlage Informationen schneller für andere Mitgliedstaaten verfügbar machen. RAPEX kommt zur Anwendung, wenn von einem Verbraucherprodukt[351] im Sinne des Art. 2

---

349 Blue Guide 2014, S. 106.
350 Erwägungsgrund 24 Richtlinie 2011/95/EG des Europäischen Parlaments und des Rates vom 3.12.2001 über die allgemeine Produktsicherheit, ABl. L 11/4 v. 15.01.2002 (ProdSRL).
351 Klindt/*Wende*, ProdSG, Art. 30, Rn. 4.

lit. a ProdSRL eine ernste grenzüberschreitende Gefahr für die Gesundheit und Sicherheit von Verbrauchern ausgeht.[352] Bauprodukte müssen deshalb eingestellt werden, wenn die Verwendung durch Verbraucher nicht fernliegend ist. Ob dies der Fall ist, muss im Einzelfall für das betroffene Bauprodukt entschieden werden. Ob ein ernstes Risiko im Sinne der Richtlinie vorliegt, muss grundsätzlich im Rahmen einer Risikobewertung erfolgen. Diese Risikobewertung muss nach dem Leitfaden für die Risikobewertung von Verbraucherprodukten durchgeführt werden.[353]

---

352 Anhang I, Nr. 1 ProdSRL.
353 Klindt/*Wende*, ProdSG, Art. 30, Rn. 12.

§ 4 Auswirkungen der EU-BauPV auf das nationale Recht

A. Anpassungspflicht des nationalen Rechts

Seit dem Inkrafttreten der EU-BauPV am 1. Juli 2013 müssen die Mitgliedstaaten die nationalen Regelungen, die Bauprodukte betreffen, an die Verordnung anpassen.[354] Insbesondere die Rechtsakte, die bis zum 1. Juli 2013 der Umsetzung der BauPR dienten, müssen sowohl inhaltlich, als auch redaktionell überarbeitet werden.

Auf Bundesebene regelt das Bauproduktengesetz (BauPG) die Vermarktung von Bauprodukten, während die Landesbauordnungen den Einbau von Bauprodukten in eine bauliche Anlage regeln. Auf Bundesebene ist bereits ein Anpassungsgesetz zum Bauproduktengesetz (BauPG)[355] in Kraft getreten, das mittlerweile im Kern ergänzende Vorschriften zur Durchführung der EU-BauPV enthält. Zwar wurde auch die MBO in an die EU-BauPV angepasst. Die Landesbauordnungen sind aber inhaltlich noch nicht an die die aktuelle MBO angepasst worden. Teilweise steht in den Ländern die redaktionelle Anpassung an die EU-BauPV noch aus. Bis zur vollständigen Anpassung der Rechtslage in den Ländern, entsprechen die Bauordnungen noch der MBO a.F.[356] oder der MBO a.F. von 2002.[357]

Die EU-BauPV hat die ehemalige BauPR gemäß Art. 65 Abs. 1 EU-BauPV auf der Ebene des Europarechts vollständig außer Kraft gesetzt. Die Regelungen, die der Umsetzung der BauPR im nationalen Recht dienten, unterliegen nicht demselben Schicksal, wie die BauPR nach Art. 65 EU-BauPV. Zwar hat die Europäische Union kraft ihrer Rechtsetzungskompetenz die BauPR aufgehoben, mangels Kompetenz konnte sie die nationalen Umsetzungsakte damit aber nicht aufheben. Das weitere Schicksal der Umsetzungsakte liegt deshalb in den Händen der Mitgliedstaaten.

---

354 Siehe § 3, C., I., 2.
355 Gesetz zur Durchführung der Verordnung (EU) Nr. 305/2011 zur Festlegung harmonisierter Bedingungen für die Vermarktung von Bauprodukten und zur Umsetzung und Durchführung andere Rechtsakte der Europäischen Union in Bezug auf Bauprodukte, BGBl. 2249.
356 MBO in der Fassung von 2012; so in allen Bundesländern, außer Hessen, Nordrhein-Westfalen, Hamburg und Bremen.
357 So in Hessen, Nordrhein-Westfalen, Hamburg und Bremen.

I. Redaktionelle Anpassungen der Umsetzungsakte zur ehemaligen BauPR

1. Abgeschlossene redaktionelle Anpassung des BauPG

Das BauPG wurde formal bereits an die EU-BauPV angepasst. Das BauPG enthält Regelungen, die den Handel mit Bauprodukten betreffen. Die Regelungszuständigkeit liegt gemäß Art. 74 Abs. 1 Nr. 11 GG beim Bundesgesetzgeber.[358] Im BauPG n.F. sind Vorschriften gestrichen worden, welche sich auf die Umsetzung der BauPR bezogen und solche hinzugefügt worden, die nach der EU-BauPV ausdrücklich erforderlich wurden.

2. Teilweise ausstehende redaktionelle Anpassung der Bauordnungen

Die Bauordnungen der Länder Hessen, Hamburg und Bremen sind in redaktioneller Hinsicht noch nicht an die EU-BauPV angepasst und verweisen noch auf die BauPR und das BauPG a.f.[359] Dadurch entsteht innerhalb der Bauordnungen eine Regelungslücke hinsichtlich der speziellen Anforderungen an die Verwendbarkeit harmonisierter Bauprodukte. Die Lücke wird aber durch die Generalklausel in § 3 Abs. 2 MBO a.F.[360] geschlossen. Dieser Übergangszustand ist mit den Neuregelungen der EU-BauPV vereinbar.

a) § 3 MBO als Maßstab zur Verwendung harmonisierter Bauprodukte

Soweit die Bauordnungen der Länder noch auf die BauPR verweisen, stellt sich die Frage nach welchen Vorschriften sich die Verwendbarkeit harmonisierter Bauprodukte in diesen Ländern richtet. Diese Analyse ist erforderlich, um feststellen zu können, ob die durch den fehlenden Verweis entstehende Rechtslage in materieller Hinsicht mit der EU-BauPV vereinbar ist.

Die (noch nicht angepassten) Bauordnungen knüpfen die Verwendbarkeit des Bauproduktes an die Handelbarkeit nach dem BauPG. Das BauPG a.F. beinhaltete Vorschriften zum Handel von Bauprodukten, die im Wesentlichen die BauPR abbildeten. § 17 Abs. 1 Nr. 2, Abs. 7 MBO a.F. knüpfte die bauordnungsrechtliche Verwendbarkeit eines harmonisierten Bauproduktes an die Brauchbarkeit nach § 5 Abs. 2 BauPG a.F. Brauchbar waren danach alle Produkte, die einer harmonisierten Norm entsprachen oder nicht wesentlich davon abwichen. Das BauPG n.F. enthält seit seiner Anpassung an die EU-BauPV selbst keine Qualitätsanforderungen an Bauprodukte mehr. Der bauordnungsrechtliche Verweis in das BauPG wird deshalb

---

358 Jarass, Probleme des Bauproduktenrechts, in: NZBau 2008, 145 (146); Winkelmüller/van Schewick/Müller, Praxishandbuch Bauprodukte, Rn. 367; H. Wirth, Das Ü-Zeichen ist tot, in: BauR 2013, 405 (407).

359 Eisenberg, Das neue Bauproduktenrecht, in: NZBau 2013, 675 (677); Hildner, Neuer Rechtsrahmen für Bauprodukte, in: DS 2013, 218 (219).

360 Bzw. der entsprechenden Regelung der jeweiligen Bauordnung.

mehr mit qualitativen Leistungsanforderungen ausgefüllt. Materiell richtet sich die Verwendbarkeit aufgrund der Lücke nun nach den Bauregellisten. Der Verweis in § 17 Abs. 1 Nr. 2, Abs. 7 MBO a.F. verweist materiell aber weiterhin auf die Bauregellisten, sodass ein harmonisiertes Bauprodukt verwendbar ist, wenn mit einem CE-Kennzeichen versehen ist und die nach der Bauregelliste B Teil 1 erforderliche Leistung erbringt.

b) Europarechtskonformes Übergangskonzept

Da hier kein Kollisionsfall vorliegt, wird die Lücke nicht im Wege des Anwendungsvorrangs geschlossen.[361] Insgesamt hat das Unionsrecht zwar gegenüber dem Recht der Mitgliedstaaten Anwendungsvorrang.[362] Im Gegensatz zum Geltungsvorrang[363], hat der Anwendungsvorrang des Unionsrechts zur Folge, dass die nationalen Normen ihre Gültigkeit nicht verlieren, aber im Einzelfall nicht angewendet werden.[364] Diese Regel kommt nur zum Tragen, wenn ein Kollisionsfall auftritt.

Dieser Zustand steht mit der EU-BauPV in Einklang, da über § 17 Abs. 1 Nr. 2, Abs. 7 MBO a.F. keine zusätzlichen Anforderungen an harmonisierte Bauprodukte gestellt werden. Seit dem Urteil des EuGHs[365] enthalten die Bauregellisten nämlich keine zusätzlichen Anforderungen an harmonisierte Bauprodukte mehr.[366]

Darüber hinaus verstößt § 17 Abs. 1 Nr. 2 a.F. nicht gegen die EU-BauPV, weil die Verwendbarkeit des Bauproduktes nicht mehr an ihre Handelbarkeit nach der EU-BauPV geknüpft wird. Ein solches Gebot enthält die EU-BauPV nämlich nicht. Die Verknüpfung in § 17 Abs. 1 Nr. 2 MBO a.F. geht auf die Brauchbarkeitsvermutung zurück, die noch der BauPR zu Grunde lag. Ein Verweis der Bauordnung auf das BauPG war jedoch erforderlich, weil die harmonisierten Normen zugleich Vorgaben zu den bauordnungsrechtlich erforderlichen Eigenschaften eines Bauproduktes machten. Da sich das Konzept der EU-BauPV geändert hat, ist eine Regelung, welche die Verwendbarkeit eines Bauproduktes untrennbar mit seiner Handelbarkeit verknüpft, nicht notwendig. Die Anpassung der Regelung, wie sie in § 17 Abs. 1 Nr. 2 MBO a.F. durchgeführt wurde, wäre also in dieser Form nicht erforderlich gewesen. Die EU-BauPV ist an dieser Stelle „überschießend" umgesetzt.

---

361 A.A. Winkelmüller/van Schewick/Müller, Praxishandbuch Bauprodukte, Rn. 394.

362 EuGH, Urt. v. 15.07.1964, Rs. 6/64, Rn. 3; BVerfG, Beschl. v. 06.07.2010 – 2 BvR 2661/06, Rn. 54 ff.; Maurer, Allgemeines Verwaltungsrecht, § 4, Rn. 10; Bergmann/ *Bergmann*, Handlexikon der EU, Stichwort: Vorrangfrage Europarecht; insbesondere bezüglich der Verordnung Calliess/Ruffert/*Ruffert*, EUV/AEUV, Art. 288 AEUV, Rn. 20.

363 Dies gilt vor allem im Verhältnis vom Bundes- zum Landesrecht und hat zur Folge, dass das Landesrecht im Kollisionsfall nichtig ist.

364 Maurer, Allgemeines Verwaltungsrecht, § 4, Rn. 9; Bieber/Epiney/Haag, Die EU, § 6, Rn. 4; Bergmann/*Bergmann*, Handlexikon der EU, Stichwort: Vorrangfrage Europarecht.

365 Rs. C-100/13, s.o.

366 Siehe Ausgabe 2015/1 der Bauregelliste B unter Verweis auf Anlage 01.

II. Erforderlichkeit inhaltlicher Anpassungen des BauPG und der Bauordnungen

Das BauPG und die Bauordnungen müssen auch inhaltlich an die EU-BauPV angepasst werden.

Die inhaltliche Anpassung des BauPG an die EU-BauPV ist teilweise erfolgt. Lediglich § 5 Abs. 1 BauPG bedarf aufgrund seines Verweises auf § 26 Abs. 2 ProdSG einer weiteren Anpassung an das Verfahren in Art. 56 EU-BauPV.

Handlungsbedarf besteht jedoch bei den Bauordnungen. Obwohl mit der neuen Musterbauordnung versucht wurde, eine Regelung zu finden, die mit der EU-BauPV in Einklang steht, ist dies nicht vollständig gelungen.

1. Anpassung des BauPG

a) Formal abgeschlossene Anpassung des BauPG

Das BauPG regelt nunmehr die nach der EU-BauPV geforderten mitgliedstaatlichen Festlegungen.[367] Es enthält vor allem Straf- und Bußgeldvorschriften (§§ 8, 9 BauPG)[368] sowie die von der EU-BauPV geforderten nationalen Festlegungen zur Zuständigkeit nationaler Behörden und Stellen und die Sprachenbestimmung.

Das BauPG regelt die Rolle des DIBt als Technische Bewertungsstelle gemäß Art. 29 Abs. 1 UA. 1 EU-BauPV (§ 1 Abs. 1 BauPG)[369] und notifizierende Behörde im Sinne von Art. 40 EU-BauPV (§ 3 Abs. 1 BauPG)[370]. Wie sich aus § 3 Abs. 1 BauPG ergibt, ist in Deutschland das DIBt für die Akkreditierung der notifizierten Stellen zuständig. Der Antrag auf Notifizierung nach Art. 47 EU-BauPV[371] muss jedoch bei der Deutschen Akrkeditierungsstelle GmbH (§ 4 BauPG) gestellt werden. Das Bundesministerium für Umwelt, Bau, Naturschutz und Reaktorsicherheit unterrichtet gemäß § 3 Abs. 3 BauPG i.V.m. Art. 42 EU-BauPV die Kommission über die nationalen notifizierten Stellen. Auf dieser Grundlage erfolgt eine Aufnahme in das NANDO-Verzeichnis. Die Suche in der Datenbank ergibt derzeit für die Überprüfung von Bauprodukten eine Auswahl von etwa 200 notifizierten Stellen in Deutschland.

§ 6 BauPG schreibt für die Abschrift der Leistungserklärung gemäß Art. 7 Abs. 4 EU-BauPV[372] und für die nach Art. 11 Abs. 6, Art. 13 Abs. 4 und Art. 14 Abs. 2 EU-BauPV beizufügende Sicherheitsinformation und die Gebrauchsanleitung, die deutsche Sprache vor.[373]

Im Hinblick auf die Pflicht der Wirtschaftsakteure gemäß Art. 11 Abs. 8, Art. 13 Abs. 9 und Art. 14 Abs. 5 EU-BauPV, die Unterlagen in einer Sprache an die

---

367 Siehe § 3, C., II.
368 Siehe dazu § 4, B., IV.
369 Siehe § 3, C., II., 2; § 3, C., II., 3., b).
370 Siehe § 3, C., II., 3.
371 Siehe § 3, C. II., 3.
372 Siehe § 3, B., I., 6.
373 Siehe § 3, B., I., 7., b).

Behörden auszuhändigen, die von diesen leicht verstanden werden kann,[374] enthält § 6 Satz 2 BauPG die Fiktion, dass die deutsche Sprache von den nationalen Behörden immer leicht verstanden werden kann. § 6 Satz 2 BauPG schließt aber nicht aus, dass auch eine andere Sprache verwendet werden kann, wenn der Nachweis erbracht wird, dass die Behörde die Sprache leicht verstehen kann.

Auch die Marktüberwachung wurde über den Verweis in § 5 Abs. 1 BauPG auf die Vorschriften des ProdSG eingerichtet. § 25 ProdSG legt die Aufgaben der Marktüberwachung fest. Nach § 25 Abs. 1 Satz 1 ProdSG soll eine effektive Marktüberwachung auf Grundlage eines Überwachungskonzepts gewährleistet werden. Das Gesetz überträgt diese Aufgabe in § 25 Abs. 3 ProdSG den Ländern. Mitteilungen, die von der Marktüberwachungsbehörde an die Kommission zu machen sind, sollen gemäß § 5 Abs. 2 BauPG auch an das Bundesministerium für Umwelt, Naturschutz, Bau und Reaktorsicherheit weitergeleitet werden.

b) Erforderlichkeit der Änderung des § 5 Abs. 1 BauPG

Auch die Einrichtung der Marktüberwachung für Bauprodukte ist in Deutschland formal über § 5 Abs. 1 BauPG erfolgt. Einzelne Rechtsgrundlagen im ProdSG zur Marktüberwachung verstoßen jedoch inhaltlich gegen die EU-BauPV und sind insoweit europarechtswidrig.

§ 5 Abs. 1 BauPG erklärt für die Marktüberwachung die Vorschriften des ProdSG mit Ausnahme der §§ 4, 5, 7, 9 bis 23, 24 Abs. 1 Satz 3 sowie der §§ 32 bis 38 für anwendbar. Aus dem ausdrücklichen Ausschluss der Anwendbarkeit dieser Vorschriften ergibt sich im Umkehrschluss, dass die übrigen Vorschriften des ProdSG zur Marktüberwachung Anwendung finden sollen. Teilweise widersprechen die Vorschriften des BauPG im Anwendungsbereich der Marktüberwachung den Anordnungen der EU-BauPV und dürfen aufgrund des Anwendungsvorrangs nicht angewendet werden.[375] Weitere Vorschriften die sich speziell auf die Marktüberwachung von Bauprodukten beziehen, bestehen – mit Ausnahme einiger Zuständigkeitsregelungen – nicht. Es existieren mithin keine Ausnahmevorschriften zu § 5 Abs. 1 BauPG i.V.m ProdSG, welche die Marktüberwachung in Konformität zur EU-BauPV wiederherstellen.

Das BauPG ist ein Bundesgesetz, das aufgrund des Anwendungsvorrangs unanwendbar ist, soweit es den Regelungen der EU-BauPV widerspricht. Ein solcher Widerspruch ist in § 5 Abs. 1 BauPG i.V.m. § 26 Abs. 2 Satz 1 ProdSG zu sehen.

Das BauPG verweist auf § 26 ProdSG. Diese Vorschrift regelt die Marktüberwachung auf nationaler Ebene. § 26 Abs. 2 ProdSG nennt sowohl Voraussetzungen für ein Tätigwerden der Marktüberwachung (§ 26 Abs. 2 Satz 1 ProdSG), als auch die möglichen Maßnahmen der Marktüberwachung.

---

374 § 3, B., I., 4.
375 Zum Verhältnis zwischen ProdSG und EU-BauPV für die Wirtschaftsakteure, siehe § 4, B., I.

Soweit § 26 Abs. 2 Satz 2 ProdSG einen Katalog mit Standardmaßnahmen zur Konkretisierung der „nationalen Maßnahmen" in den Art. 56 ff. EU-BauPV vorsieht, ist diese Konkretisierung zulässig. Die Zulässigkeit ergibt sich daraus, dass die EU-BauPV die möglichen Maßnahmen der Marktüberwachungsbehörden nicht abschließend benennt. Dadurch ist den Mitgliedstaaten ein Konkretisierungsspielraum überlassen, der durch § 26 Abs. 2 Satz 2 ProdSG ausgestaltet wurde.

§ 26 Abs. 2 Satz 1 ProdSG verstößt jedoch gegen Art. 56 EU-BauPV. Nach § 26 Abs. 2 Satz 1 ProdSG kann die Marktüberwachungsbehörde die erforderlichen Maßnahmen (§ 26 Abs. 2 Satz 2 ProdSG) treffen, wenn sie den begründeten Verdacht hat, dass ein Produkt nicht mit den rechtlichen Anforderungen übereinstimmt.[376] Art. 56 Abs. 1 UA. 1 EU-BauPV lässt hingegen nicht schon einen begründeten Verdacht für die Einleitung weiterer Maßnahmen im Sinne des § 26 Abs. 2 Satz 2 ProdSG ausreichen. Vielmehr ist bei einem begründeten Verdacht im ersten Schritt eine Evaluierung erforderlich, welche die Konformität des Bauproduktes untersucht.[377] Erst im zweiten Schritt können gemäß Art. 56 Abs. 1 UA. 2 EU-BauPV Maßnahmen an den betroffenen Wirtschaftsakteur gerichtet werden, wenn die Nichtkonformität im Rahmen der Evaluierung festgestellt wurde.[378]

Zwar weist § 26 Abs. 2 ProdSG ausdrücklich darauf hin, dass die nach den § 1 Abs. 4 ProdSG einschlägigen Vorschriften ergänzend zur Anwendung kommen. Von dieser Anordnung sind grundsätzlich auch die Vorschriften der EU-BauPV erfasst. Nach dem Wortlaut ist diese Klarstellung aber so zu verstehen, dass für ein Einschreiten der Marktüberwachungsbehörde auf Grundlage des § 26 ProdSG kein Verstoß gegen das ProdSG erforderlich ist, sondern ein Verstoß gegen die EU-BauPV genügt. Die Klarstellung modifiziert deshalb nur die Vorschriften, auf die sich der Verstoß bezieht, nicht hingegen das Verfahren selbst.

Auf den ersten Blick ist die Regelung des § 26 ProdSG im Anwendungsbereich der EU-BauPV „überschießend" umgesetzt, da der begründete Verdacht eines Verstoßes gegen die EU-BauPV bereits Maßnahmen der Marktüberwachung ermöglicht. Eine Umsetzung, die von den Vorgaben der Verordnung abweicht, ist jedoch europarechtlich unzulässig. Anders als eine Richtlinie, wirkt die Verordnung unmittelbar und umfassend in den Mitgliedstaaten.[379] Eine Abänderung der Verordnung durch nationales Recht ist grundsätzlich unzulässig.[380] Ausnahmsweise ist die Konkretisierung der Verordnung zulässig, wenn die Verordnung den Mitgliedstaaten einen entsprechenden Spielraum eröffnet.[381] Einen solchen Spielraum eröffnet die EU-BauPV hier aber hinsichtlich des Marktüberwachungsverfahrens nicht. Zwar sind die Mitgliedstaaten nach der EU-BauPV verpflichtet, eine effektive

---

376 Klindt/*Schucht*, ProdSG, § 26, Rn. 51.
377 Siehe § 3, C., II., 4.
378 Siehe § 3, C., II., 4., a), cc).
379 Streinz/*Schroeder*, EUV/AEUV, Art. 288 AEUV, Rn. 56 f.
380 EuGH, Urt. v. 07.02.1973 – Rs. 39/72, Rn. 20; Streinz/*Schroeder*, EUV/AEUV, Art. 288 AEUV, Rn. 59.
381 Streinz/*Schroeder*, EUV/AEUV, Art. 288 AEUV, Rn. 61.

Marktüberwachung einzurichten. Dieser Spielraum bezieht sich jedoch ausschließlich auf die Behördenstruktur. Die Verfahren zur Durchführung der Marktüberwachung sind in den Art. 56 ff. EU-BauPV detailliert geregelt. § 26 Abs. 2 ProdSG widerspricht den tatbestandlichen Vorgaben des Art. 56 EU-BauPV, indem die Vorschrift den begründeten Verdacht für Marktüberwachungsmaßnahmen ausreichen lässt.

Der Verweis in § 5 Abs. 1 BauPG auf § 27 ProdSG ist hingegen zulässig. § 27 ProdSG ermöglicht neben der Inanspruchnahme des betroffenen Wirtschaftsakteurs auch die Inanspruchnahme eines Nichtstörers.[382] Dies ist zwar nicht unmittelbar in den Art. 56 ff. EU-BauPV vorgesehen. Die Inanspruchnahme des Nichtstörers auf nationaler Ebene ist hingegen in den Art. 56 ff. EU-BauPV nicht ausgeschlossen.[383] § 27 ProdSG präzisiert nicht, ob der Nichtstörer auch ein nicht betroffener Wirtschaftsakteur sind kann. Soweit auch die Verwender mögliche Adressaten sind, verbietet die EU-BauPV entsprechende Maßnahmen nicht, da eine entsprechende Regelung nicht im Kompetenzbereich der EU liegen.

2. Erforderlichkeit inhaltlicher Anpassungen der Bauordnungen

Inhaltlich bedarf es einer Anpassung der Bauordnungen, da diese teilweise inhaltlich im Widerspruch zur EU-BauPV stehen. Insbesondere die §§ 79, 80 MBO i.V.m. der Musterverwaltungsvorschrift Technische Baubestimmungen (MVV-TB) verstoßen partiell gegen Art. 8 Abs. 4 EU-BauPV. § 81 MBO ist jedoch mit Art. 8 Abs. 4 EU-BauPV vereinbar.

a) Art. 8 Abs. 4 EU-BauPV als Bewertungsmaßstab

Maßstab für die Beurteilung, ob Maßnahmen auf Grundlage der §§ 79, 80 MBO[384] gegen die EU-BauPV verstoßen, ist Art. 8 Abs. 4 EU-BauPV. Art. 8 Abs. 4 EU-BauPV enthält ein Verbot von Maßnahmen, die sich gegen harmonisierte Bauprodukte richten.[385] Ein Mitgliedstaat darf danach in der Regel in seinem Hoheitsgebiet oder in seinem Zuständigkeitsbereich die Verwendung von Bauprodukten, die die CE-Kennzeichnung tragen, weder untersagen, noch behindern.

b) Partieller Verstoß der §§ 70, 80 MBO gegen Art. 8 Abs. 4 EU-BauPV

§§ 79, 80 MBO sehen Maßnahmen vor, mit welchen die Bauaufsichtsbehörde gegen bauliche Anlagen vorgehen kann, die nicht den Anforderungen des öffentlichen Rechts entsprechen.

---

382 Klindt/*Schucht*, ProdSG, § 27, Rn. 17.
383 Siehe § 3, C., II., 4., a), cc), (4).
384 Da es sich bei MBO nicht um geltendes Recht handelt, können die §§ 79 ff. MBO selbst nicht gegen die EU-BauPV verstoßen. Gemeint ist vielmehr, dass die entsprechenden Regelungen in den Landesbauordnungen europarechtswidrig sind.
385 Siehe dazu § 3, C., I., 2., b).

aa) Inhalt der §§ 79, 80 MBO

§ 79 Abs. 1 Satz 2 Nr. 3 MBO sieht die Einstellung von Bauarbeiten vor, wenn Bauprodukte verwendet werden, die entgegen Art. 8 Abs. 2 UA. 1 EU-BauPV das CE-Kennzeichen nicht tragen.[386] § 79 Abs. 1 Satz 2 Nr. 4 MBO sieht die Einstellung der Arbeiten vor, wenn Bauprodukte verwendet werden, die unberechtigt mit dem CE-Kennzeichen versehen wurden.[387]

Alle übrigen Verstöße gegen die EU-BauPV, aber auch gegen die MBO können mit § 79 Abs. 1 Satz 1 MBO verfolgt werden. § 79 Abs. 1 Satz 1 MBO sieht die Einstellung der Arbeiten vor, wenn eine Anlage im Widerspruch zu öffentlich-rechtlichen Vorschriften steht. Dazu gehören u.a. auch die Vorschriften der MBO[388] und darauf beruhender technischer Baubestimmungen[389].Aber auch die Verwendung von Bauprodukten, die nicht den Anforderungen der EU-BauPV genügen, steht im Widerspruch zu „öffentlich-*rechtlichen Vorschriften*".

§ 79 Abs. 1 Satz 2 Nr. 3, Nr. 4 MBO stellen im Anwendungsbereich des europäischen Bauproduktenrechts keine abschließende Regelung dar. Dies ergibt sich insbesondere aus dem Wortlaut der Vorschrift. Gemäß § 79 Abs. 1 Satz 1 MBO kann die Bauaufsicht die Einstellung von Arbeiten anordnen, wenn eine bauliche Anlage im Widerspruch zu öffentlichen-rechtlichen Vorschriften errichtet wird. Gemäß § 79 Abs. 1 Satz 2 MBO *„gilt [dies] auch dann, wenn [...]"* einer der Fälle des § 79 Abs. 1 Satz 2 Nr. 1 bis 4 MBO vorliegt. Es handelt sich bei § 79 Abs. 1 Nr. 3 und 4 MBO lediglich um Spezialfälle, die den Rückgriff auf § 79 Abs. 1 Satz 1 MBO für alle anderen Fälle nicht ausschließen.[390] § 79 Abs. 1 MBO stellt allgemein auf einen Verstoß gegen öffentlich-rechtliche Vorschriften ab, während § 79 Abs. 1 Satz 2 Nr. 3 und Nr. 4 MBO speziell auf die Frage abstellt, ob das Bauprodukt mit einem CE-Kennzeichen versehen sein muss. Daraus ergibt sich aber noch nicht, dass die übrigen Verstöße gegen die Vorschriften der EU-BauPV nicht auch unter § 79 Abs. 1 Satz 1 MBO fallen können.

§ 80 MBO ermächtigt die Bauaufsichtsbehörde zu einer Abrissverfügung, wenn eine bauliche Anlage im Widerspruch zu öffentlich-rechtlichen Vorschriften errichtet wurde. Die Tatbestandsvoraussetzung, dass ein Widerspruch zu öffentlichen Vorschriften besteht, ist genauso auszulegen wie bei § 79 MBO.

Für ein Einschreiten der Bauaufsicht genügt bereits ein hinreichend konkreter Verdacht, dass die Anlage im Widerspruch zu öffentlich-rechtlichen Vorschriften steht.[391] Allerdings sind die erforderlichen Maßnahmen zunächst auf die Durchführung von vorbereitenden Gefahrerforschungsmaßnahmen beschränkt.[392] Erst

---

386 Große-Suchsdorf/*Mann*, NBauO, § 79, Rn. 39.
387 Große-Suchsdorf/*Mann*, NBauO, § 79, Rn. 39.
388 Simon/Busse/*Decker*, BayBO, Art. 75, Rn. 47.
389 Simon/Busse/*Decker*, BayBO, Art. 75, Rn. 47.
390 So zur Bayerischen Bauordnung: Simon/Busse/*Decker*, BayBO, Art. 75, Rn. 51.
391 VGH Baden-Würtemberg, Beschl. v. 10.02.2005 – 8 S 2834/04, Rn. 4.
392 Große-Suchsdorf/*Mann*, NBauO, § 79, Rn. 41.

wenn der Widerspruch zu den öffentlich-rechtlichen Vorschriften feststeht, darf eine endgültige Maßnahme ergehen. Die Bauaufsicht kann hierzu in Zusammenarbeit mit der Marktüberwachungsbehörde z.b. auf das Ergebnis der Evaluierung nach Art. 56 Abs. 1 UA. 1 EU-BauPV zurückgreifen.

bb) Vereinbarkeit im Hinblick auf Maßnahmen gegen nonkonforme Bauprodukte

Soweit die §§ 79, 80 MBO zu Maßnahmen gegen bauliche Anlagen ermächtigen, die darauf gegründet werden, dass Bauprodukte verwendet werden, die nicht den Anforderungen der EU-BauPV entsprechen, ist die Regelung nicht zu beanstanden. Insbesondere § 79 Abs. 1 Satz 2 Nr. 3 und Nr. 4 MBO sind deshalb europarechtskonform. Auch §§ 79 Abs. 1 Satz 1, 80 Satz 1 MBO sind europarechtskonform, soweit sie mittelbar die Verwendung von Bauprodukten untersagen, die aus anderen Gründen, als einem fehlerhaften CE-Kennzeichen nicht den Anforderungen der EU-BauPV genügen.

cc) Unvereinbarkeit hinsichtlich mittelbarer zusätzlicher Produktanforderungen

Soweit die §§ 79, 80 MBO i.V.m. der MVV-TB zu mittelbaren bauwerksbezogenen Maßnahmen ermächtigen, die zusätzliche Produktanforderungen faktisch produktunmittelbar durchsetzen, liegt ein Verstoß gegen Art. 8 Abs. 4 EU-BauPV vor.[393] Die MBO stellt über die produktbezogenen Hinweise in der MVV-TB in Verbindung mit den §§ 79, 80 MBO nach Art. 8 Abs. 4 EU-BauPV unzulässige Anforderungen an harmonisierte Bauprodukte. Es bedarf deshalb einer entsprechenden Anpassung der Verwendbarkeitsanforderungen harmonisierter Bauprodukte.

An die Verwendung harmonisierter Bauprodukte dürfen – außerhalb der in der EU-BauPV zugelassenen mitgliedstaatlichen Festlegungen – keine zusätzlichen nationalen Anforderungen gestellt werden. Dies gilt gemäß Art. 8 Abs. 3 EU-BauPV für die bloße Kennzeichnung harmonisierter Produkte mit einem anderen Kennzeichen als dem CE-Kennzeichen, wie auch gemäß Art. 8 Abs. 4 EU-BauPV für die Bestimmung der Leistung harmonisierter Produkte über die wesentlichen Merkmale der harmonisierten Norm hinaus.

(1) Grundlagen: Verwendbarkeitsanforderungen an harmonisierte Bauprodukte

Die bauordnungsrechtliche Verwendbarkeit harmonisierter Bauprodukte ist in § 16c MBO geregelt. Die Regelung ist an die Formulierung in Art. 8 Abs. 4 EU-BauPV angelehnt. Nach § 16c Satz 1 MBO darf ein CE-gekennzeichnetes Bauprodukt

---

393 Siehe § 3, C., I., c).

verwendet werden, wenn die erklärten Leistungen den in der MBO für diese Verwendung festgelegten Anforderungen entsprechen.

Die MBO legt die Anforderungen, die an bauliche Anlagen gestellt werden, generalklauselartig in § 3 MBO fest.[394] Danach sind bauliche Anlagen so zu errichten, zu ändern und Instand zu halten, dass die öffentliche Sicherheit und Ordnung, insbesondere Leben, Gesundheit und die natürlichen Lebensgrundlagen, nicht gefährdet werden. Nach § 3 MBO ist nunmehr ergänzend die Beachtung der Grundanforderungen an Bauwerke gemäß dem Anhang I EU-BauPV vorgeschrieben. Da Bauprodukte dem Zweck der Errichtung einer baulichen Anlage dienen, werden dieselben Anforderungen mittelbar an die zu verwendenden Bauprodukte gestellt.[395]

Für den Verwender von Bauprodukten ist es allerdings schwierig zu bestimmen, welches Bauprodukt diesen Anforderungen genügt. § 3 MBO ist dabei wenig konkret. Zwar enthalten die §§ 9 ff. MBO teilweise konkretere Vorgaben,[396] z.B. zum Brandschutz (§ 14 MBO) oder zur Standsicherheit (§ 12 MBO). Allerdings sind auch diese Vorgaben für den Verwender wenig ergiebig.

Konkretere Anforderungen, welche Leistungen die Bauprodukte erbringen müssen, werden deshalb in normkonkretisierenden Verwaltungsvorschriften, den technischen Baubestimmungen, festgelegt.[397] Hierzu hat die Bauministerkonferenz die Musterverwaltungsvorschrift MVV-TB zur Verfügung gestellt.[398] § 85a MBO enthält eine entsprechende Ermächtigung.[399] Die technischen Baubestimmungen sind nach § 85a Abs. 1 Satz 2 MBO „zu beachten". Teil A der MVV-TB listet – ähnlich wie bisher die Bauregellisten[400] – technische Produktnormen sowie Leistungsstufen auf, die in Bezug zur Bauwerkssicherheit gesetzt werden. Diese Auflistung orientiert sich an den Grundanforderungen an Bauwerke in Anhang I der EU-BauPV.

(2) Nachregulierung durch Konkretisierung der Bauwerksanforderungen

Teilweise sind die harmonisierten Normen und damit auch die Angaben in der Leistungserklärung aus nationaler Sicht unvollständig.[401] Aus den Informationen in der Leistungserklärung lässt sich teilweise nicht bestimmen, ob die Anforderungen an die Bauwerkssicherheit durch die verwendeten Bauprodukte eingehalten werden

---

394 Große-Suchsdorf/*Mann*, NBauO, § 3, Rn. 10; Simon/Busse/*Dirnberger*, BayBO, Art. 3, Rn. 6; Hornmann, HBO, § 3, Rn. 8.

395 Zur Besonderheit des mehrstufigen Regelungssystems: Siehe § 2, B., III. Große-Suchsdorf/*Mann*, NBauO, § 3, Rn. 54.

396 Große-Suchsdorf/*Mann*, NBauO, § 3, Rn. 3; Simon/Busser/*Dirnberger*, BayBO, Art. 3, Rn. 6; Hornmann, HBO, § 3, Rn. 5.

397 Halstenberg, Die aktuellen Entwicklungen im Bauproduktenrecht und die zivilrechtlichen Konsequenzen, in: BauR 2017, 356 (366).

398 Abrufbar unter https://www.is-argebau.de/verzeichnis.aspx?id=991&o=7590986O991 (abgerufen am 2. Juli 2017).

399 Begründung zur Änderung der MBO, S. 16.

400 Begründung zur Änderung der MBO, S. 16.

401 Siehe § 3, C., I.

können. Das DIBt hat in der Vergangenheit für die fehlenden Eigenschaften nationale Nachweise gefordert.[402] Nachdem der EuGH diese unmittelbar produktbezogene Nachregulierung für unzulässig erklärt hat,[403] wurde in der MBO nunmehr versucht, eine produktmittelbare Regelung zu schaffen.[404]

Die Informationslücken, die von den harmonisierten Normen teilweise offengelassen werden, sollen in der MBO über die Konkretisierung der Bauwerksanforderungen geschlossen werden.[405]

Grundsätzlich soll sich aus den Anforderungen an die Bauwerkssicherheit ergeben, welche zusätzlichen Leistungsangaben zur Verwendung eines Produktes erforderlich sind.[406] Der Verwender soll die fehlenden Leistungsangaben aus den Anforderungen der MBO an die Bauwerkssicherheit ermitteln. Hierzu soll es keine verbindlichen produktbezogenen Anforderungen der Bauaufsicht geben. Die MVV-TB soll jedoch unverbindliche Hinweise enthalten, an welchen Stellen die wesentlichen Merkmale der harmonisierten Norm nicht genügen, um die Bauwerkssicherheit festzustellen. Dadurch werden teilweise sogar produktbezogene Hinweise gegeben. Einen solchen Hinweis enthält die MVV-TB z.B. auf Seite 296. Dort heißt es: *„Dachbauteile aus Beton, der unter Verwendung von siliciumreicher Flugasche (i.d.R. Steinkohlenflugasche) hergestellt wird, dürfen nur eingebaut werden, wenn die siliciumreiche Flugasche die folgenden Anforderungen einhält: [...] die Stoffgehalte im Feststoff der siliciumreichen Flugasche müssen die Anforderungen der Tabelle A-5 (Anhang A) einhalten."* Die Tabelle A-5 enthält einzuhaltende Feststoffwerte, die in der harmonisierten Norm EN 450-1, welche die Verwendung von Flugasche zur Betonherstellung regelt, nicht enthalten sind. Es bleibt dem Verwender selbst überlassen, dem Hinweis entsprechende Leistungsnachweise für das Produkt zu erbringen.

Auch wenn Leistungen, die zur Bestimmung der Bauwerkssicherheit erforderlich wären, in der Leistungserklärung nicht ausgewiesen sind, ist eine Verwendung des Produktes zwar grundsätzlich möglich.[407] Dies gilt allerdings nur, wenn die Lücke in der Norm lediglich zu einer unwesentlichen Abweichung von den Anforderungen der Bauwerkssicherheit führt oder die Lücke durch die Erbringungen eines ergänzenden Leistungsnachweises geschlossen wird.[408] Ob eine lediglich unwesentliche Abweichung vorliegt, soll der Verwender selbst bestimmen.[409] Der Verwender muss auch ermitteln, welcher ergänzende Leistungsnachweis sich jeweils eignet. Wenn jedoch eine wesentliche Abweichung vorliegt und die Sicherheit des Bauwerks

402   Siehe § 3, C., I.
403   Siehe § 3, C., I.
404   Begründung zur Änderung der MBO, S. 3.
405   Begründung zur Änderung der MBO, S. 3.
406   Begründung zur Änderung der MBO, S. 8.
407   Begründung zur Änderung der MBO, S. 8.
408   Begründung zur Änderung der MBO, S. 8.
409   Begründung zur Änderung der MBO, S. 8.

deshalb nicht gewährleistet ist, kann von den §§ 79, 80 MBO Gebrauch gemacht werden.[410]

(3) Unzulässigkeit der Nachregulierung über §§ 79, 80 MBO

Die neue Konzeption der MBO verstößt gegen Art. 8 Abs. 4 EU-BauPV.

Die Ermächtigungsgrundlage §§ 79, 80 MBO i.V.m. der MVV-TB stellen eine Behinderung im Sinne des Art. 8 Abs. 4 EU-BauPV dar.

Die Vorschriften sind dazu geeignet, die Verwendung harmonisierter Bauprodukte zu behindern, da nationale Anforderungen an CE-gekennzeichnete Produkte gestellt werden. Die Hinweise beziehen sich jeweils unmittelbar auf harmonisierte Bauprodukte. Zwar sind die Hinweise der MVV-TB zunächst unverbindlich. Allerdings wird der Verwender faktisch schon vor der Verwendung dazu gezwungen, sich an die Hinweise zu halten. Nach § 85a Abs. 1 Satz 2 MBO sind die technischen Baubestimmungen nämlich „zu beachten". Nur wenn der Verwender eine technische Lösung anbietet, die sicherstellt, dass die materiellen Anforderungen der Bauordnung eingehalten werden, darf er von technischen Baubestimmungen abweichen. Werden die materiellen Anforderungen der Bauordnung nicht eingehalten, muss der Verwender mit den Konsequenzen der §§ 79, 80 MBO rechnen. Der Verwender wird sich zur Vermeidung dieser Konsequenzen an die Hinweise halten, wie wenn sie verbindlich wären. Dieses Konzept kommt einer produktunmittelbaren Behinderung gleich, die nur nicht als solche bezeichnet wird. Auch wenn sich die §§ 79, 80 MBO gegen die bauliche Anlage richten, liegt der Grund für die Maßnahme ausschließlich in dem harmonisierten Bauprodukt. Durch die Hinweise gibt der Mitgliedstaat bereits an, welche Nachweise er zur Einhaltung der Bauwerkssicherheit akzeptiert.[411] Dadurch werden die Nachweismöglichkeiten faktisch auf diese Nachweisform begrenzt. Durch diese Standardisierung wird es den Herstellern ermöglicht, die Nachweise präventiv zu erbringen. Gibt der Mitgliedstaat jedoch keine abstrakten Hinweise, ist es Sache der Verwender die erforderlichen Nachweise zu ermitteln und zu erbringen. Eine Bevorzugung deutscher Wirtschaftsakteure tritt dadurch nicht ein, da die erforderlichen Nachweise auf *jeder* Leistungserklärung, egal welcher Herkunft, aufbauen würden.

Die Auswirkungen der Regelung auf den gemeinsamen Binnenmarkt werden deutlich, wenn man die Konsequenzen der Regelung weiterdenkt. Die Nachweise werden praktisch zu einer Bevorzugung deutscher bzw. deutschsprachiger Wirtschaftsakteure führen. Die Verwender werden bevorzugt solche Bauprodukte auswählen, für die der Hersteller die fehlenden Leistungsnachweise entsprechend den Hinweisen präventiv erbracht hat. Die Wirtschaftsakteure, die diese zusätzliche Leistung nicht erbringen, haben mithin einen Wettbewerbsnachteil. Auch Hersteller aus anderen Mitgliedstaaten wären darauf angewiesen, die MVV-TB auszuwerten, um die fehlenden Nachweise schon zum Zeitpunkt des Inverkehrbringens anzubieten.

---

410 Begründung zur Änderung der MBO, S. 9.
411 Zu dieser Problematik bereits EuGH, Urt. v. 12.07.2012 – Rs. C.171/11.

Die Produktharmonisierung soll diese faktische Wirkung durch einheitliche technische Normen aber gerade verhindern. Auch die EU-BauPV will verhindern, dass ein Wirtschaftsakteur alle mitgliedstaatlichen Regelungen auswerten muss, um die Produkte europaweit vertreiben zu können. Für einen Hersteller mit Sitz in Frankreich oder Italien, dürfte es in der Regel eine Herausforderung darstellen, die Besonderheiten der MBO und der darauf beruhenden Verwaltungsvorschriften zu ergründen. Faktisch werden andere Hersteller durch die Regelung benachteiligt.

Dem steht nicht entgegen, dass sich die Regelung der §§ 79, 80 MBO sowie die Hinweise nicht unmittelbar an die Hersteller richten. Art. 8 Abs. 4 EU-BauPV stellt aufgrund dieser Verzahnung von Handel und Verwendbarkeit ausdrücklich auf Verwendungsverbote- und Behinderungen ab.

Das bloße Bestehen der §§ 79, 80 MBO genügt bereits, um einen Verstoß gegen Art. 8 Abs. 4 EU-BauPV zu begründen. Ein konkretes Gebrauchmachen von der Ermächtigungsgrundlage ist hingegen nicht erforderlich. Schon die Möglichkeit eines Vorgehens nach §§ 79, 80 MBO erfüllt bezogen auf die Form des möglichen Einschreitens den Begriff der Behinderung, da die europarechtliche Konformität nicht erst auf der Verwaltungsebene hergestellt werden darf.[412] Da Art. 8 Abs. 4 EU-BauPV im Lichte der Warenverkehrsfreiheit ausgelegt werden muss, ist auch eine rein potentielle Maßnahme, wie sie im Wege der Ermächtigung in §§ 79, 80 MBO vorliegt, ausreichend.[413]

c) Vereinbarkeit des § 81 MBO mit Art. 8 Abs. 4 EU-BauPV

§ 81 MBO ist mit Art. 8 Abs. 4 EU-BauPV vereinbar. § 81 MBO enthält Vorschriften zur Durchführung der Bauüberwachung. Diese umfasst z.B. die Prüfung von Nachweisen oder die Probenentnahme von Bauprodukten. Sie dient der Überprüfung der baulichen Anlage auf ihre Vereinbarkeit mit dem öffentlichen Baurecht.[414] Bevor die Bauarbeiten fertiggestellt sind, hat die Bauaufsicht keine andere Möglichkeit, die Verwendung vorschriftskonformer Produkte zu überprüfen. Im Rahmen eines Genehmigungsverfahrens kann lediglich überprüft werden, ob sich die zur Verwendung geplanten Bauprodukte abstrakt für das Vorhaben eignen.

Anders als die Maßnahmen nach §§ 79, 80 MBO setzen Maßnahmen nach § 81 MBO nicht voraus, dass Anhaltspunkte für einen Rechtsverstoß vorliegen.[415]

aa) Konformität der verwendeten Bauprodukte als Prüfungsgegenstand

Die Überprüfung, ob nach den Vorschriften der §§ 16b ff. MBO konforme Bauprodukte verwendet wurden, gehört grundsätzlich zum Prüfungsumfang der Bauüberwachung.[416] Die Aufgabe der Bauüberwachung ist es, die Einhaltung

---

412 Streinz/*Schroeder*, EUV/AEUV, Art. 288 AEUV, Rn. 61.
413 § 3, C., I., 2., c).
414 Große-Suchsdorf/*Mann*, NBauO, § 76, Rn. 1.
415 Große-Suchsdorf/*Mann*, NBauO, § 76, Rn. 1.
416 Große-Suchsdorf/*Mann*, NBauO, § 76, Rn. 8 f.

öffentlich-rechtlicher Vorschriften am Bau[417] – unabhängig vom Genehmigungsverfahren[418]– zu überwachen.[419]

Zu den öffentlich-rechtlichen Vorschriften im Sinne des § 81 MBO zählen alle Normen des öffentlichen Rechts,[420] mithin auch die der EU-BauPV. Zwar definiert die MBO den Begriff des öffentlichen Rechts nicht, eine Legaldefinition bietet aber z.B. § 2 Abs. 16 NBauO. Danach ist öffentliches Recht, im Sinne der NBauO, *„[...] die Vorschriften dieses Gesetzes, die Vorschriften aufgrund dieses Gesetzes, das städtebauliche Planungsrecht und die sonstigen Vorschriften des öffentlichen Rechts, die Anforderungen an bauliche Anlagen, Bauprodukte oder Baumaßnahmen stellen oder die Bebaubarkeit von Grundstücken regeln.“*

Maßnahmen nach § 81 MBO stellen keine Behinderung im Sinne des Art. 8 Abs. 4 EU-BauPV dar. Sie ziehen nicht unmittelbar restriktive Maßnahmen nach sich, sondern sind zunächst auf die Informationsermittlung gerichtet.

Dass die Informationsermittlung europarechtlich zulässig ist, ergibt sich aus Art. 59 EU-BauPV. Art. 59 EU-BauPV lässt unabhängig vom Verfahren in den Art. 56 ff. EU-BauPV ein Vorgehen der Mitgliedstaaten gegen Bauprodukte zu, die schon in formaler Hinsicht nicht der EU-BauPV genügen.[421] Die Informationsermittlung dahingehend, ob ein Bauprodukt der EU-BauPV unterliegt und dementsprechend mit dem CE-Kennzeichen und einer Leistungserklärung versehen werden muss, ist Voraussetzung für ein Tätigwerden nach Art. 59 EU-BauPV. Art. 59 Abs. 1 EU-BauPV berechtigt die Mitgliedstaaten jedenfalls zur Überprüfung der Produkte auf ihre formale Vereinbarkeit mit der EU-BauPV.

bb) Maßnahmen: Probenentnahme und Einblick in die erforderlichen Unterlagen

Die Bauaufsicht kann zu Prüfzwecken Proben von Bauprodukten entnehmen.[422] Wenn die am Bau Beteiligten die Probenentnahme nicht dulden, kann ihnen gegenüber eine Duldungsanordnung ergehen, die auch zwangsweise durchgesetzt werden kann.[423] Außerdem können die Beauftragten der Bauaufsichtsbehörde Einsicht in erforderliche Dokumente[424] nehmen. Von den erforderlichen Dokumenten ist bei harmonisierten Bauprodukten vor allem die Abschrift der Leistungsklärung umfasst.

---

417 Hornmann, HBO, § 73, Rn. 10.
418 Hornmann, HBO, § 73, Rn. 11; Große-Suchsdorf/*Mann*, NBauO, § 76, Rn. 5; Simon/ Busse/*Wolf*, BayBO, Art. 77, Rn. 15.
419 Hornmann, HBO, § 73, Rn. 2; Große-Suchsdorf/*Mann*, NBauO, § 76, Rn. 4.
420 Hornmann, HBO, § 71, Rn. 9.
421 Siehe § 3, C., II., 4., a), ee).
422 Hornmann, HBO, § 73, Rn. 32; Große-Suchsdorf/*Mann*, NBauO, § 76, Rn. 8; Simon/ Busse/*Wolf*, BayBO, Art. 77, Rn. 76.
423 Hornmann, HBO, § 73, Rn. 34.
424 Hornmann, HBO, § 73, R. 35; Große-Suchsdorf/*Mann*, NBauO, § 76, Rn. 9; Simon/ Busse/*Wolf*, BayBO, Art. 77, Rn. 72.

§ 81 MBO stellt dies mittlerweile ausdrücklich klar. Wird der Aufforderung, die angeforderten Unterlagen vorzulegen, nicht nachgekommen, kann die Anordnung zwangsweise durchgesetzt werden.[425]

d) Rechtsfolge: Partielle Unanwendbarkeit der §§ 79, 80 MBO

Die §§ 79, 80 MBO und die betroffenen Stellen der MVV-TB werden in Folge ihrer Unvereinbarkeit mit Art. 8 Abs. 4 EU-BauPV wegen des Anwendungsvorrangs europarechtskonform reduziert angewendet. Langfristig müssen die Vorschriften aus Klarstellungsgründen jedoch geändert werden.

Grundsätzlich sind nationale Vorschriften aufgrund des Anwendungsvorrangs des Europarechts unanwendbar.[426] Da die europarechtswidrigen nationalen Vorschriften nur durch den Gesetzgeber geändert werden können, muss der Anwendungsvorrang durch die nationalen Behörden im Wege der reduzierten Anwendung gewährleistet werden. In den genannten *europarechtswidrigen Fällen* dürfen die §§ 79, 80 MBO deshalb zunächst nicht angewendet werden. Bei einer Reform der MBO sollten entsprechende Klarstellungen in die §§ 79, 80 MBO aufgenommen bzw. die entsprechenden Stellen in der MVV-TB gestrichen werden, um Klarheit für die Anwender der Vorschriften zu schaffen[427].

B. Auswirkungen für die Wirtschaftsakteure und Verwender

I. Keine Verdrängung der Pflichten des ProdSG

Die Parallelanforderungen, die das Produktsicherheitsgesetz (ProdSG) an die Wirtschaftsakteure stellt, bleiben neben der EU-BauPV in einigen Bereichen anwendbar. Das ProdSG regelt als eine Art „allgemeines Produktsicherheitsrecht" Anforderungen an die Sicherheit von Produkten, auch wenn die Produktart keinem „*sektorspezifischen*"[428] Rechtsakt zugeordnet werden kann. In welchen Bereichen das ProdSG hinter der EU-BauPV zurücktritt, muss anhand der einzelnen Regelungen beider Rechtsakte bestimmt werden.

Schon unter der Geltung der Vorgängerregelungen – BauPR und Geräte- und Produktsicherheitsgesetz (GPSG) – waren diese schwierig voneinander abzugrenzen.[429] Dieses Problem hat sich zwischen den beiden Nachfolgeregelungen nicht

---

425 Hornmann, HBO, § 73, Rn. 37.
426 Streinz/*Schroeder*, EUV/AEUV, Art. 288 AEUV, Rn. 62; Calliess/Ruffert/*Ruffert*, EUV/AEUV, Art. 288 AEUV, Rn. 20.
427 EuGH, Urt. v. 26.04.1988, Rs. 74/86, Rn. 10.
428 Blue Guide 2014, S. 13.
429 Siehe dazu Thielecke, Staatliche Überwachung von Bauprodukten, in: ZfBR 2008, 640; Klindt/*Schucht*, ProdSG, § 1, Rn. 94.

aufgelöst.[430] Das Verhältnis der Vorschriften zueinander ist für die betroffenen Wirtschaftsakteure von Bedeutung, weil sich die Produktanforderungen teilweise erheblich unterscheiden. Das ProdSG regelt unmittelbar produktbezogene Anforderungen[431], während die EU-BauPV den Weg über einen bauwerksbezogenen Ansatz geht.[432] Soweit sich die Anwendungsbereiche der Vorschriften überschneiden und die Subsidiaritätsklausel in § 1 Abs. 4 ProdSG nicht greift, kommt eine kumulative Anwendung beider Regelungen in Betracht.[433] Die Bestimmung, in welchem Verhältnis die EU-BauPV und das ProdSG im Einzelnen zueinanderstehen, erfolgt danach in zwei Schritten. Zunächst muss bestimmt werden, inwieweit sich die Anwendungsbereiche der beiden Regelungen überschneiden. In einem zweiten Schritt erfolgt die Prüfung, inwieweit die Subsidiaritätsklausel des § 1 Abs. 4 ProdSG aufgrund der jeweiligen Regelungsinhalte eingreift.

Das ProdSG tritt hingegen nicht schon aufgrund des allgemeinen europarechtlichen Anwendungsvorrangs hinter der EU-BauPV zurück, da auch das ProdSG selbst auf europäische Rechtsakte zurückgeht. Es setzt die Produktsicherheitsrichtlinie (ProdSRL)[434] sowie die Marktüberwachungsverordnung[435] in nationales Recht um.[436] Für die Anwendung des Anwendungsvorrangs ist deshalb nur Raum, soweit das ProdSG hinter der ProdSRL und der Marktüberwachungsverordnung unter Berücksichtigung der EU-BauPV zurückbleibt. Soweit zwischen dem ProdSG und der EU-BauPV Diskrepanzen bestehen, sind diese europarechtskonform, wenn sie in den verschiedenen europäischen Rechtsakten bereits angelegt sind.

1. Abgrenzung der beiden Anwendungsbereiche

Das Verhältnis mehrerer Regelungen zueinander ist nur problematisch, soweit diese miteinander kollidieren. Dies ist nur der Fall, wenn ein Sachverhalt gleichzeitig unter mehrere Vorschriften subsumiert werden kann. Der Anwendungsbereich des ProdSG und der EU-BauPV deckt sich in Teilen. Aufgrund der Spezialität der EU-BauPV fällt jedes Bauprodukt zunächst in den Anwendungsbereich des ProdSG, während dies umgekehrt jedoch nicht der Fall ist.

---

430   Klindt/*Schucht*, ProdSG, § 1, Rn. 94.
431   Klindt/*Schucht*, ProdSG, § 1, Rn. 100.
432   Siehe dazu § 2, B., III.
433   So im Ergebnis auch Thielecke, Staatliche Überwachung von Bauprodukten, in: ZfBR 2008, 640 (noch zu GPSG und BauPR); Klindt/*Schucht*, ProdSG, § 1, Rn. 96.
434   Richtlinie 2001/95/EG des Europäischen Parlaments und des Rates vom 3. Dezember 2001 über die allgemeine Produktsicherheit (ABl. L11 vom 15.1.2002, S. 4), zuletzt geändert durch die Verordnung (EG) Nr. 596/2009 (ABl. L 188 vom 18.7.2009, S. 14).
435   Verordnung (EG) Nr. 765/2008.
436   Winkelmüller/van Schewick/Müller, Praxishandbuch Bauprodukte, Rn. 298.

a) Produktbegriff: Bauprodukte als Produkte im Sinne des ProdSG

Die Produktbegriffe sind zwar in beiden Rechtsakten unterschiedlich definiert, im Ergebnis fallen aber Produkte, die als Bauprodukt zu qualifizieren sind, auch unter den weiten Produktbegriff des ProdSG.[437]

Nach Art. 2 Abs. 1 EU-BauPV ist ein Bauprodukt „[...] *jedes Produkt oder jeder Bausatz, das bzw. der hergestellt und in den Verkehr gebracht wird um dauerhaft in Bauwerke oder Teile davon eingebaut zu werden, und dessen Leistung sich auf die Leistung des Bauwerks im Hinblick auf Grundanforderungen an Bauwerke auswirkt*". Bauwerke sind „*Bauten sowohl des Hochbaus als auch des Tiefbaus*".[438] Ein Bausatz ist „[...] *ein Bauprodukt, das von einem einzigen Hersteller als Satz von mindestens zwei Komponenten, die zusammengefügt werden müssen, um in ein Bauwerk eingefügt zu werden.*"[439]

Der Produktbegriff, der dem ProdSG zu Grunde liegt, ist in § 2 Nr. 22 ProdSG definiert. Danach sind Produkte „[...] *Waren, Stoffe oder Zubereitungen die durch einen Fertigungsprozess hergestellt worden sind.*" Diese Definition umfasst in der Regel auch solche Produkte, die der Definition des Bauproduktes entsprechen.[440] Zwar ist der Großteil der Rechte und Pflichten der EU-BauPV daran geknüpft, dass für das Bauprodukt eine harmonisierte technische Spezifikation besteht, dies ändert am Begriff des Bauprodukts jedoch nichts.

Eine zusätzliche Differenzierung hinsichtlich der Verbrauchereigenschaft eines Bauproduktes ist für die Bestimmung des Anwendungsbereichs des ProdSG nicht mehr notwendig.

Der Anwendungsbereich des GPSG galt nur für technische Arbeitsmittel und Verbraucherprodukte.[441] Bei der Subsumtion von Bauprodukten unter den Begriff des Verbraucherprodukts war zu beachten, dass nur solche Bauprodukte unter das GPSG fallen konnten, die für die Verwendung durch Verbraucher konzipiert war.[442]

Das ProdSG definiert zwar den Begriff des Verbraucherproduktes in § 2 Nr. 26 ProdSG nach wie vor. Es ist aber für die Eröffnung des Anwendungsbereichs des ProdSG nicht relevant,[443] da dieser gemäß § 1 Abs. 1 ProdSG allein an den Produktbegriff des § 2 Nr. 22 ProdSG geknüpft ist.

---

437   So auch Klindt/*Schucht*, ProdSG, § 1, Rn. 98.
438   Art 2 Nr. 3 EU-BauPV.
439   Art. 2 Nr. 2 EU-BauPV.
440   Klindt/*Schucht*, ProdSG, § 1, Rn. 98.
441   Thielecke, Die staatliche Überwachung von Bauprodukten, in: ZfBR 2008, 640 (641).
442   Thielecke, Die staatliche Überwachung von Bauprodukten, in: ZfBR 2008, 640 (641).
443   Klindt/*Schucht*, ProdSG, § 1, Rn. 101.

b) Übereinstimmung der handlungsbezogenen Anwendungsbereiche

Auch der handlungsspezifische Anwendungsbereich des ProdSG stimmt mit der EU-BauPV überein. Alle Sachverhalte, die unter die EU-BauPV fallen, können somit auch unter das ProdSG subsumiert werden. Die EU-BauPV ist im Anwendungsbereich enger, da neben der Produkteigenschaft noch das Vorliegen einer harmonisierten Norm erforderlich ist.

Während die EU-BauPV lediglich erfordert, dass ein Bauprodukt in den Verkehr gebracht wird (Art. 4 Abs. 1 EU-BauPV), erfordert § 1 Abs. 1 ProdSG, dass das Produkt auf dem Markt bereitgestellt wird, ausgestellt oder erstmals verwendet wird.

Zwar erweckt die Formulierung den Eindruck, dass das ProdSG weiterreicht, als die EU-BauPV. Die Begriffsdefinition des Inverkehrbringens in der EU-BauPV ist aber mit der Formulierung in § 1 Abs. 1 ProdSG inhaltlich identisch. Gemäß Art. 2 Nr. 16 EU-BauPV bedeutet Inverkehrbringen die *„erstmalige Bereitstellung eines Bauproduktes auf dem Markt der Union"*. Unter der erstmaligen Bereitstellung auf dem Markt wird gemäß Art. 2 Nr. 16 EU-BauPV jede *„entgeltliche oder unentgeltliche Abgabe eines Bauproduktes zum Vertrieb oder zur Verwendung auf dem Markt der Union im Rahmen einer Geschäftstätigkeit"* verstanden. Diese Definition entspricht heute weitestgehend der Definition in § 2 Nr. 4 ProdSG.

2. Keine grundsätzliche Subsidiarität des ProdSG

Mit der Feststellung, dass sich die Anwendungsbereiche des ProdSG und der EU-BauPV überschneiden, ist noch keine Aussage darüber getroffen, in welchem Verhältnis die Regelungen letztendlich zueinanderstehen. § 1 Abs. 4 ProdSG enthält eine Subsidiaritätsanordnung für das ProdSG.[444] Diese gilt für den Fall, dass in anderen Rechtsvorschriften *entsprechende* oder *weitergehende* Vorschriften vorgesehen sind.[445] Nach dieser Regelung tritt das ProdSG zurück, soweit die EU-BauPV diesen entsprechenden oder weitergehenden Vorschriften enthält.

Es lassen sich im Wesentlichen zwei Abschnitte unterteilen, auf die sich die produktsicherheitsrechtlichen Regelungen jeweils beziehen. Die EU-BauPV regelt ausschließlich die Sicherheit von Produkten im eingebauten Zustand.[446] Das ProdSG hingegen trifft daneben Regelungen, die bereits vor dem Einbau für die Sicherheit eines Produktes von Bedeutung sind. Zur Sicherstellung der Produktsicherheit vor dem Einbau der Bauprodukte, findet allein das ProdSG Anwendung. Soweit es um die Sicherheit im eingebauten Zustand geht, kommt die EU-BauPV zur Anwendung. Dies ergibt sich daraus, dass die EU-BauPV speziellere Anforderungen an die

---

444 Klindt/*Schucht*, ProdSG, § 1, Rn. 79; Tremml/Luber, Amtshaftung wegen rechtswidriger Produktwarnungen, in: NJW 2013, 262.

445 § 1 Abs. 4 ProdSG lautet: *„Die Vorschriften dieses Gesetzes gelten nicht, soweit in anderen Rechtsvorschriften entsprechende oder weitergehende Vorschriften vorgesehen sind. [...]"*

446 Klindt/*Schucht*, ProdSG, § 1, Rn. 100.

Produktsicherheit stellt. Für Verbraucherprodukte entsprechen sich die Regelungen, sodass auch hier die EU-BauPV vorrangig zur Anwendung kommt. Die harmonisierten Normen selbst stellen jedoch keine Spezialregelung dar.

a) Vorrang des ProdSG bezüglich der Sicherheit vor dem Einbau

Insbesondere im Bereich des Arbeitsschutzes enthält die EU-BauPV keine gegenüber der allgemeinen Produktsicherheitsrichtlinie entsprechenden oder weitergehenden Vorschriften.[447] Fragen des Arbeitsschutzes betreffen Sicherheitsvorschriften vor und während des Einbaus von Bauprodukten. Bei der Verarbeitung von Bauprodukten stellen sich insbesondere Fragen nach Schutzmaßnahmen der Handwerker.

Das ProdSG und die EU-BauPV finden insoweit nebeneinander Anwendung.[448] Die Kommission für Arbeitsschutz und Normung (KAN) hat in einer Studie zu technischen Normen auf Grundlage der BauPR festgestellt, dass diese insbesondere Regelungslücken im Bereich des Arbeitsschutzes aufweisen.[449] Diese Lücken werden regelmäßig von vom ProdSG geschlossen.[450] Schon aufgrund der Regelungslücke hinsichtlich der allgemeinen Produktsicherheit, die aufgrund des bauwerksbezogenen Ansatzes entsteht, kann die EU-BauPV keine entsprechende oder weitergehende Regelung im Sinne des § 1 Abs. 4 ProdSG sein.[451] Die Lücke wird aufgrund der Dachfunktion des ProdSG[452] sowohl im Verhältnis zwischen Unternehmern und Verbraucher, als auch im rein unternehmerischen Verkehr,[453] geschlossen.

b) Vorrang der EU-BauPV bezüglich Sicherheit nach dem Einbau

Die Sicherheitsanforderungen, die an Bauprodukte im eingebauten Zustand gestellt werden, sind in der der EU-BauPV spezieller als im ProdSG. Für Verbraucherprodukte im Sinne des § 2 Nr. 26 ProdSG entsprechen sich die Vorschriften. In beiden Fällen kommt die EU-BauPV vorrangig zur Anwendung, da für § 1 Abs. 4 ProdSG eine entsprechende Regelung genügt.

aa) Entsprechung bei Verbraucherprodukten

Das ProdSG sieht beim Inverkehrbringen von Verbraucherprodukten vor, dass die besonderen Anforderungen des § 6 ProdSG eingehalten werden. § 6 ProdSG schreibt Risikohinweise, eine eindeutige Produktkennzeichnung, eine

---

447 Klindt/*Schucht*, ProdSG, § 1, Rn. 100.
448 Ähnlich noch zum BauPG a.F. und dem GPSG: Thielecke, Die staatliche Überwachung von Bauprodukten, in: ZfBR 2008, 640 (643).
449 KAN-Bericht 43, S. 10, abrufbar auf https://www.kan.de/fileadmin/Redaktion/ Dokumente/KAN-Studie/de/2009_KAN-Studie_Bauprodukte.pdf (23.03.2016).
450 KAN-Bericht, ebd.
451 Klindt/*Schucht*, ProdSG, § 1, Rn. 101.
452 Klindt/*Schucht*, ProdSG, § 1, Rn. 101.
453 Klindt/*Schucht*, ProdSG, § 1, Rn. 100.

Produktbeobachtungspflicht sowie eine behördliche Meldepflicht insbesondere für den Hersteller, den Bevollmächtigten und den Importeur vor.[454] Das ProdSG schreibt für den Hersteller und den Importeur z.b. eine Identifizierungspflicht vor, die derjenigen des Importeurs und des Herstellers in Art. 11 Abs. 5 EU-BauPV, bzw. Art. 13 Abs. 3 EU-BauPV, entspricht. Ebenso sieht § 6 Abs. 1 Nr. 1 ProdSG vor, dass der Verbraucher Informationen erhält, die es ihm ermöglichen, Gefahren abzuschätzen, die mit dem Produkt in Verbindung stehen. Eine vergleichbare Zielsetzung wird für die Pflicht des Herstellers und des Importeurs zur Bereitstellung der Gebrauchsanleitung und Sicherheitsinformation angenommen.[455] Zwar sind die jeweiligen Formulierungen nicht identisch, die Zielsetzung der Pflichten der EU-BauPV und des ProdSG zieht aber eine inhaltlich gleiche Auslegung nach sich. An den genannten Stellen trifft die EU-BauPV also für den Hersteller und den Importeur entsprechende Vorschriften im Sinne des § 1 Abs. 4 ProdSG.

bb) Kumulative Korrekturpflichten außerhalb der Marktüberwachung

Korrekturmaßnahmen, welche die Wirtschaftsakteure durchführen müssen, bevor die Marktüberwachung tätig wird, richten sich je nach Produktfehler entweder nach dem ProdSG oder der EU-BauPV. Dies gilt jedoch nicht im Rahmen der Marktüberwachung, da § 5 Abs. 1 BauPG ausdrücklich auf das ProdSG verweist.[456] Eine kumulative Anwendung erfolgt, wenn ein Produktfehler in den Anwendungsbereich beider Vorschriften fällt. Hinsichtlich der Rücknahme, dem Rückruf, der stichprobenartigen Untersuchung nach dem Inverkehrbringen sowie der Unterrichtung der Marktüberwachungsbehörden entsprechen sich die Regelungen nicht, da sie bei gleichen Rechtsfolgen an jeweils unterschiedliche Produktfehlertatbestände anknüpfen. Da jeweils unterschiedliche Sachverhalte geregelt werden, müssen die Regelungen nebeneinander zur Anwendung kommen.

Zwar legen die ähnlichen Formulierungen zunächst ein einheitliches Verständnis der Pflichten beider Rechtsakte nahe, allerdings beziehen sich die Pflichten jeweils mittelbar auf andere Vorschriften. Damit einher geht, dass die Pflichten mittelbar auch unterschiedliche Inhalte haben.

Während z.B. die Pflicht zur Unterrichtung der Marktüberwachungsbehörden in der EU-BauPV daran geknüpft ist, dass Abweichungen des Produktes von den Vorgaben nach der EU-BauPV festgestellt werden (Nichtkonformität des Bauproduktes mit der Leistungserklärung oder Nichteinhaltung der übrigen Pflichten nach der EU-BauPV, z.B. Art. 11 Abs. 7 EU-BauPV), knüpft die Pflicht nach dem ProdSG daran an, dass *„ein Risiko für die Gesundheit und Sicherheit von Personen"*[457] besteht.

---

454 So auch Gauger/Hartmannsberger, Rechtliche Anforderungen an Verbraucherprodukte, in: NJW 2014, 1137, (1139 ff).
455 Siehe dazu § 3, B., I., 7.
456 Siehe hierzu, insb. zur Vereinbarkeit des Verweises mit der EU-BauPV § 3, C., I., 2., b); Klindt/*Schucht*, ProdSG, § 1, Rn. 103.
457 § 6 Abs. 4 Satz 1 ProdSG.

Das gleiche gilt für Rücknahme-, bzw. Rückrufpflichten und die Pflicht zur stichprobenartigen Untersuchung.

Die Pflichten der Wirtschaftsakteure sind aufgrund der abweichenden Fehlerbegriffe in EU-BauPV und ProdSG anders ausgestaltet. Dies wird am Beispiel der Produktrücknahme deutlich. Die erforderliche Interessenabwägung ist bei einem Risiko für Gesundheit und Sicherheit von Personen anders vorzunehmen, als bei der Angabe unzutreffender Leistungsangaben. Ebenso müssen die Untersuchungsmethoden je nach Produktfehler unterschiedlich ausgerichtet werden.

cc) Speziellere Regelungen der EU-BauPV im Übrigen

Dass die Regelungen der EU-BauPV im Übrigen spezieller als die des ProdSG sind, ergibt sich aus eben jenen Regelungen zu den Verbraucherprodukten. Die EU-BauPV sieht die Pflichten, die nach dem ProdSG nur für Verbraucherprodukte geltend, für alle Bauprodukte vor. Da Bauprodukte in der Regel zur gewerblichen Weiterverwendung vermarktet werden, handelt es sich in der Regel nämlich nicht um Verbraucherprodukte.

c) Keine Spezialregelung in Form der technischen Normen

Die Inhalte der technischen Normen stellen keine Spezialvorschrift im Sinne des § 1 Abs. 4 ProdSG dar. Dies ergibt sich allein daraus, dass es sich bei technischen Normen nicht um „Rechtsvorschriften" handelt.[458]

Der Begriff der Rechtsvorschrift muss autonom ausgelegt werden. Der Begriff ist deshalb nicht mit der Auslegung des § 47 VwGO identisch, sodass auch die allgemeine Feststellung, dass DIN-Normen grundsätzlich keine Rechtsvorschriften sind,[459] nicht unmittelbar auf das Unionsrecht übertragbar ist. Im Unionsrecht versteht man unter dem Begriff der Rechtsvorschrift vor allem die verbindlichen Handlungsformen des Art. 288 AEUV, also vor allem Verordnungen, Richtlinien und Beschlüsse.[460] Harmonisierte Normen fallen schon – rein formal betrachtet – nicht unter diese Handlungsformen.

Etwas Anderes ergibt sich auch nicht aus der Sonderrolle der harmonisierten technischen Spezifikationen im Bauproduktenrecht. Zwar könnte die Verbindlichkeit der Anwendung der harmonisierten technischen Spezifikation nach Art. 4 Abs. 1 EU-BauPV etwas Anderes ergeben. Dagegen spricht aber letztendlich die Zielsetzung des § 1 Abs. 4 ProdSG.

Die Neuordnung des ProdSG geht unter anderem auf die ProdSRL zurück.[461] Die ProdSRL enthält vor allem in den Erwägungsgründen und Art. 1 Abs. 2 UA. 2 lit. a Angaben zu ihrem Verhältnis zu anderen Sicherheitsrechtsakten. § 1 Abs. 4

458 Klindt/*Schucht*, ProdSG, § 1, Rn. 102; a.A. nunmehr EuGH, Urt. v. 27.10.2016 – Rs. C-613/14.
459 BVerwG, Beschl. v. 30.09.1994 – 4 B 175/96, Rn. 3.
460 Grabitz/Hilf/*Boeing*, Das Recht der EU, 40. Auflage 2009, Art. 71 EGV, Rn. 9.
461 BT-Drucksache 17/6276, S. 5.

ProdSG setzt dieses Erfordernis ins nationale Recht um. Die ProdSRL sieht in Erwägungsgrund 12 vor, dass die Vorschriften der Richtlinie zurücktreten sollen, soweit speziellere „*Sicherheitsanforderungen*" in europäischen Rechtsakten enthalten sind. Nach Erwägungsgrund 14 soll die richtige Anwendung der allgemeinen Sicherheitsanforderungen *durch* verbindliche europäische Normen sichergestellt werden. Daraus ergibt sich, dass die harmonisierten Normen lediglich das Instrument zur Erreichung der Sicherheitsanforderungen sein sollen. Die harmonisierten Normen können deshalb nicht mit den allgemeinen Sicherheitsanforderungen gleichgesetzt werden. Bereits die ProduktSRL ging davon aus, dass verbindliche technische Normen allgemeine Produktsicherheitsanforderungen konkretisieren können. Wäre auf eine durch technische Normen erreichte Spezialität abzustellen, hätte die ProdSRL bereits ausdrücklich auf die Spezialität durch harmonisierte Normen abgestellt. Sie hat sich aber ausdrücklich auf die Sicherheitsanforderungen bezogen. Daraus ergibt sich, dass sich auch der Begriff der Rechtsvorschrift in § 1 Abs. 4 ProdSG nicht auf harmonisierte Normen beziehen kann.

II. Auswirkungen auf behördliche Maßnahmen

Sowohl die Wirtschaftsakteure, als auch die Verwender von Bauprodukten, müssen aufgrund des Handels oder der Verwendung von Bauprodukten, die nicht den Anforderungen der EU-BauPV entsprechen, mit behördlichen Maßnahmen rechnen. Die Maßnahmen gegen die Wirtschaftsakteure richten sich nach der EU-BauPV.[462] Ergänzend enthält das BauPG Regelungen zur Marktüberwachung, indem es auf das ProdSG verweist.[463] Die Maßnahmen gegen die Verwender von Bauprodukten ergeben sich in erster Linie aus den Bauordnungen.[464]

Zur Durchsetzbarkeit der Maßnahmen ist ihre Rechtmäßigkeit erforderlich.[465] Gegen rechtswidrige Maßnahmen der Marktüberwachung oder der Bauaufsicht können die betroffenen Wirtschaftsakteure oder Verwender in der Regel gerichtlich vorgehen.

1. *Maßnahmen gegen die Wirtschaftsakteure auf Grundlage der EU-BauPV*

Die EU-BauPV selbst sieht für den Fall der Missachtung ihrer Pflichten Maßnahmen gegen die dort verpflichteten Wirtschaftsakteure vor.[466]

Die Marktüberwachungsmaßnahmen richten sich in erster Linie nach den Art. 56 ff. EU-BauPV. Soweit die EU-BauPV keine spezielleren Regeln trifft, kommt das nationale Recht zu Anwendung. Obwohl es sich bei der EU-BauPV um einen

---

462   Große-Suchsdorf/*Wiechert*, NBauO, § 17, Rn. 75.
463   Siehe § 4, A., II., 1.
464   Große-Suchsdorf/*Wiechert*, NBauO, § 17, Rn. 75.
465   Beck-OK/*Decker*, VwGO, § 113, Rn. 2.
466   Winkelmüller/van Schewick/Müller, Praxishandbuch Bauprodukte, Rn. 244.

europäischen Rechtsakt handelt, wenden die Marktüberwachungsbehörden als nationale Behörden grundsätzlich das nationale Verwaltungsrecht an.[467] Im Wesentlichen gelten für die Maßnahmen nach den Art. 56 ff. EU-BauPV die bereits gemachten Ausführungen.[468] Der nationale Gesetzgeber hat die Durchführung der Marktüberwachungsmaßnahmen für Bauprodukte über § 5 BauPG ergänzt, indem er auf die Vorschriften des ProdSG verwiesen hat.[469]

a) Festlegung der Zuständigkeiten durch die Länder

In Deutschland liegt die Zuständigkeit, die Marktüberwachung einzurichten und durchzuführen, bei den Ländern.[470] Die Länder führen gemäß Art. 84 Abs. 1 GG ein Bundesgesetz – hier das BauPG und das ProdSG – in eigener Angelegenheit aus. Die Zuständigkeiten innerhalb der einzelnen Bundesländer sind unterschiedlich ausgestaltet. Alle Bundesländer haben aber das DIBt als gemeinsame Marktüberwachungsbehörde eingesetzt.[471]

In den meisten Ländern ist die Zuständigkeit in den Durchführungsgesetzen zur EU-BauPV, zum Produktsicherheitsgesetz (bzw. zur Verordnung (EG) Nr. 765/2008) und teilweise in der jeweiligen Bauordnung festgelegt.[472] Z.B. legt § 3 Abs. 1 Satz 2 BPMÜG in Sachsen-Anhalt ausdrücklich fest, dass die Marktüberwachungsbehörde die in Art. 56 EU-BauPV genannten Maßnahmen ergreifen darf. In diesem Fall ist gemäß § 1 Nr. 1 BPMÜG das Landesverwaltungsamt die obere Marktüberwachungsbehörde.[473] In der Regel ist die obere Marktüberwachungsbehörde für die Durchführung der beschriebenen Maßnahmen zuständig.[474] Die Lösung weicht aber z.B. in Niedersachsen hiervon ab: Die Zuständigkeit für die Marktüberwachung ist in § 17 Abs. 8 NBauO festgelegt und benennt hierfür die oberste Bauaufsichtsbehörde.

Das DIBt ist vor allem Aufsichtsbehörde. Es ist in einigen Bundesländern auch für Maßnahmen auf Grundlage der EU-BauPV zuständig. So legt § 3 Abs. 2 Satz SächsBauPMÜG z.B. fest, dass die gemeinsame Marktüberwachungsbehörde auch zuständig ist, wenn ein Bauprodukt bezüglich der wesentlichen Merkmale die

---

467 Calliess/Ruffert/*Ruffert*, EUV/AEUV, Art. 197 AEUV, Rn. 14; Stelkens/Bonk/Sachs/ *Stelkens*, VwVfG, § 35, Rn. 361.

468 Siehe §. 3, C., II., 4.

469 Siehe § 4, A. II.

470 Große/Suchsdorf/*Wiechert*, NBauO, § 17, Rn. 76.

471 Siehe z.B. § 1 Nr. 3 BauPMÜDG (Baden-Würtemberg); § 1 Abs.1 Satz 3 BbgMÜD-BauPG (Brandenburg), § 1 Nr. 4 SächsBauPÜDG (Sachsen); § 1 Nr. 3 SPMÜG (Sachsen-Anhalt).

472 So z.B. in Niedersachsen.

473 In Bremen bspw. gem. § 1 Nr. 1 BremBauPMÜG die oberste Bauaufsichtsbehörde oder gemäß § 1 Abs. 2 Satz 1 BbgMÜDBauPG (Brandenburg) die oberste Marktüberwachungsbehörde für Bauprodukte das für Infrastruktur zuständige Ministerium, gem. § 1 Abs. 1 Satz 2 BbGMÜDBauPG ist obere Marktüberwachungsbehörde das Landesamt für Bau und Verkehr.

474 Vgl. z.B. § 2 Abs. 1 BbgMÜDBauPG oder § 3 Abs. 1 SächsBauPMÜDG.

erforderliche Leistung nicht erbringt oder wenn von dem Produkt eine Gefahr im Sinne des Art. 58 EU-BauPV ausgeht.

b) Evaluierungsverfahren nach Art. 56 Abs. 1 EU-BauPV

aa) Europarechtkonforme Anwendung der § 5 BauPG, § 26 ProdSG

Nach dem Konzept der EU-BauPV setzen Maßnahmen der Marktüberwachung eine Evaluierung voraus.[475] Erst wenn ein negatives Evaluierungsergebnis vorliegt, kann die Marktüberwachung den betroffenen Wirtschaftsakteur zu den in §§ 5 BauPG, 26 Abs. 2, Abs. 4 ProdSG genannten Maßnahmen auffordern. Soweit diese Vorschriften auf die Voraussetzung des negativen Evaluierungsergebnisses verzichten, sind diese europarechtswidrig.[476] § 26 Abs. 2 ProdSG kommt deshalb erst zur Anwendung, nachdem die Evaluierung durchgeführt wurde und sich der Verdacht bestätigt hat.

bb) Evaluierung als Realakt

Die Evaluierung selbst nach Art. 56 Abs. 1 UA. 1 EU-BauPV ist kein Verwaltungsakt im Sinne des § 35 S. 1 LVwVfG[477]. Ein Verwaltungsakt ist nach § 35 S. 1 VwVfG *„jede Verfügung, Entscheidung oder andere hoheitliche Maßnahme, die eine Behörde zur Regelung eines Einzelfalls auf dem Gebiet des öffentlichen Rechts trifft und die auf unmittelbare Rechtswirkung nach außen gerichtet ist."* Hier ist das Merkmal der auf unmittelbare Rechtswirkung nach außen gerichteten Regelung nicht erfüllt. Bevor die Behörde die Evaluierung durchführt, richtet sie keinerlei geartete Duldungsverfügung oder Ähnliches an den betroffenen Wirtschaftsakteur. Vielmehr handelt es sich bei der Evaluierung um ein vorbereitendes Prüfverfahren, um im Anschluss den Wirtschaftsakteur zur Durchführung von Korrekturmaßnahmen aufzufordern. Die Evaluierung muss u.a. durchgeführt werden, um den Bescheid an den Wirtschaftsakteur gemäß § 37 Abs. 1 VwVfG hinreichend bestimmt formulieren zu können.[478] Daraus ergibt sich, dass die Durchführung der Evaluierung nicht mit einer vollstreckungstauglichen Regelung einhergeht, sondern unabhängig von der Kenntnis des betroffenen Wirtschaftsakteurs durchgeführt werden kann.

cc) § 28 ProdSG als Grundlage für die Erlangung von Untersuchungsmaterial

Rechtsgrundlage für ein Herausgabeverlangen von Proben oder Unterlagen ist § 28 ProdSG i.V.m. § 5 Abs. 1 BauPG. Anders, als bei der Evaluierung selbst, ist das Herausgabeverlangen gegenüber dem betroffenen Wirtschaftsakteur ein

---

475   Siehe § 3, C., II., 4.

476   Siehe § 4, A., II., 1., b).

477   Aufgrund der Zuständigkeit der Länder, ist das Verwaltungsverfahrensgesetz des jeweiligen Bundeslandes anwendbar; im Folgenden meint die Gesetzangabe VwVfG das jeweilige Landesgesetz.

478   Siehe dazu § 4, B., II., 1., b), bb).

Verwaltungsakt, da eine Regelung im Einzelfall mit unmittelbarer Außenwirkung getroffen wird.

Die Marktüberwachungsbehörde kann die Evaluierung in der Regel erst durchführen, wenn sie Zugriff auf das Bauprodukt, die technische Dokumentation oder sonstige Unterlagen hat. Nur auf dieser Grundlage ist eine Untersuchung des Bauproduktes möglich. Wenn die Marktüberwachungsbehörde einen Wirtschaftsakteur dazu verpflichten will, Unterlagen herauszugeben oder eine Probenentnahme zu dulden, bedarf es hierfür dieser ausdrücklichen Befugnisnorm.[479]

(1) Keine Befugnis in EU-BauPV, MBO, § 26 ProdSG

Die EU-BauPV, die MBO und § 26 ProdSG enthalten derweil keine Befugnis zur Duldung einer Probenentnahme oder zur Herausgabe der erforderlichen Unterlagen.

Die Befugnis der Herausgabe aller Unterlagen ergibt sich nicht aus der Kooperationspflicht des jeweiligen Wirtschaftsakteurs mit den Behörden. Die Kooperationspflicht in z.B. Art. 11 Abs. 8 EU-BauPV selbst enthält keine Befugnis der Marktüberwachungsbehörde, die erforderlichen Unterlagen herauszuverlangen. Die Kooperationspflicht verpflichtet zwar den betroffenen Wirtschaftsakteur zur Zusammenarbeit, was die Herausgabe der erforderlichen Unterlagen umfassen kann. Es würde jedoch den Wortlaut überdehnen, daraus eine Befugnisnorm zu konstruieren. Zwar sieht Art. 11 Abs. 8 EU-BauPV vor, dass die erforderlichen Unterlagen auf *„begründetes Verlangen"* der Behörden vom Hersteller herausgegeben werden sollen. Das begründete Verlangen ist dabei jedoch die hoheitliche Handlung, für welche eine Rechtsgrundlage gerade erforderlich ist. Art. 11 Abs. 8 EU-BauPV enthält jedoch keinerlei Voraussetzungen, die für ein begründetes Verlangen vorliegen müssen. Eine Befugnisnorm muss deshalb außerhalb des Art. 11 Abs. 8 EU-BauPV gesucht werden.

Auch § 81 MBO ist keine Ermächtigungsgrundlage für ein Herausgabeverlangen gegen die Wirtschaftsakteure. Die Adressaten der Bauüberwachung sind ausschließlich die am Bau Beteiligten.[480]

Auch § 26 Abs. 1 ProdSG enthält keine Befugnis für das Herausgabeverlangen.[481] Zwar schreibt § 26 Abs. 1 ProdSG ausdrücklich vor, dass die Marktüberwachung Produktkontrollen durchführt. Dazu sind ausdrücklich auch Laboruntersuchungen und die Kontrolle von Unterlagen vorgesehen. § 26 Abs. 1 ProdSG stellt aber ausschließlich eine Aufgabennorm dar.[482]

---

479 Klindt/*Schucht*, ProdSG, § 28, Rn. 7.
480 Simon/Busse/*Wolf*, BayBO, Art. 77, Rn. 11 f.
481 Klindt/*Schucht*, ProdSG, § 26, Rn. 7.
482 Klindt/*Schucht*, ProdSG, § 26, Rn. 7.

(2) Maßnahmen nach § 28 ProdSG

§ 5 Abs. 1 BauPG verweist aber auf § 28 ProdSG. § 28 ProdSG enthält verschiedene Befugnisse der Marktüberwachung. § 28 Abs. 1 ProdSG räumt eine Betriebsbetretungsbefugnis, die Befugnis zur Besichtigung der Bauprodukte sowie eine Prüfungsbefugnis ein.[483] § 28 Abs. 2 ProdSG räumt der Marktüberwachung die Befugnis ein, Proben der Produkte zu entnehmen, Muster zu verlangen und Unterlagen und Informationen herauszuverlangen. Nach § 28 Abs. 3 ProdSG können die Informationen auch von der involvierten notifizierten Stelle eingeholt werden.

Die positive Kenntnis von einem Verstoß gegen die EU-BauPV ist nicht erforderlich.[484] Dies würde auch dem Sinn und Zweck der Untersuchungsbefugnisse widersprechen. Im Rahmen der Evaluierung soll gerade geklärt werden, ob sich der nach Art. 56 Abs. 1 UA. 1 EU-BauPV bestehende Verdacht erhärtet.

Die Durchführung der Untersuchungsmaßnahmen liegt im pflichtgemäßen Ermessen der Marktüberwachungsbehörde.[485] Das Entschließungsermessen ist jedoch im Vergleich zum ProdSG eingeschränkt. Die EU-BauPV sieht in den in Art. 56 Abs. 1 UA. 1 EU-BauPV beschriebenen Fällen vor, dass die Durchführung einer Evaluierung zwingend erforderlich ist.[486] Die Befugnisse in § 28 ProdSG sind nicht mit der Evaluierung gleichzusetzen, da sie diese nur vorbereiten. Aufgrund dieser Verknüpfung ist die Ausübung der Befugnisse im Falle der Voraussetzungen des Art. 56 Abs. 1 UA. 1 EU-BauPV jedoch in der Regel intendiert.

Da es sich bei den Maßnahmen nach § 28 ProdSG um Verwaltungsakte handelt, müssen die einschlägigen Vorschriften des jeweiligen VwVfG beachtet werden. Insbesondere muss der betroffene Wirtschaftsakteur in der Regel angehört (§ 28 Abs. 1 VwVfG) werden. Eine schriftliche Aufforderung zur Herausgabe der Unterlagen muss mit einer Begründung versehen werden (§ 39 Abs. 1 VwVfG). Die Aufforderung muss insbesondere auch hinreichend bestimmt sein (§ 37 Abs. 1VwVfG). Sie muss deshalb bezeichnen, welche Unterlagen im Einzelnen herauszugeben sind und welche Muster übermittelt werden müssen. Das Verwaltungsgericht Leipzig hat für eine Maßnahme nach dem GPSG entschieden, dass die Aufforderung „Auszüge aus der technischen Dokumentation" zu übermitteln, nicht hinreichend bestimmt ist.[487] Dabei ist es für die Behörde jedoch schwierig, diese Aufforderung zu konkretisieren, da es keine genauen Vorgaben zum Inhalt der technischen Dokumentation gibt.[488] Es dürfte jedoch genügen, dass die Behörde den genauen Fehlerverdacht umschreibt und diesbezüglich erläutert, welche Informationen sie zur Untersuchung dieses Fehlerverdachts benötigt. Entscheidend ist, dass der jeweilige Wirtschaftsakteur

---

483 Klindt/*Schucht*, ProdSG, § 28, Rn. 6.
484 Klindt/*Schucht*, ProdSG, § 28, Rn. 41.
485 Klindt/*Schucht*, ProdSG, § 28, Rn. 6.
486 Siehe § 3, C., II., 4., a), aa).
487 VG Leipzig, Urt. v. 25.10.2010 – 5 K 734/10, 2. c) ee).
488 Siehe § 3, B., I., 4.

ohne weitere Nachforschungen anzustellen, aus der Aufforderung ermitteln kann, was von ihm verlangt wird.[489]

c) Aufforderung nach Art. 56 Abs. 1 UA. 2 EU-BauPV

Nachdem der Marktüberwachungsbehörde ein negatives Evaluierungsergebnis vorliegt, kann sie den betroffenen Wirtschaftsakteur oder den Nichtstörer zu den Maßnahmen in § 26 Abs. 2 ProdSG auffordern. Dies ergibt sich aus Art. 56 Abs. 1 UA. 2 EU-BauPV. Bei der Aufforderung handelt es sich um einen Verwaltungsakt, der ebenfalls aufgrund von § 37 VwVfG hinreichend bestimmt sein muss.

aa) Aufforderung nach Art. 56 Abs. 1 UA. 2 EU-BauPV als Verwaltungsakt

Die Aufforderung der Marktüberwachungsbehörde an den betroffenen Wirtschaftsakteur ist ein Verwaltungsakt im Sinne von § 35 S. 1 VwVfG. Aufgrund der Rechtsnatur des Bescheides sind durch die Marktüberwachungsbehörde sämtliche Vorschriften zu beachten, die das VwVfG für Verwaltungsakte vorgibt. Dies gilt aber nur insoweit, wie die Art. 21 Verordnung Nr. 765/2008 keine besonderen Anforderungen stellt. Da es sich dabei um in den Mitgliedstaaten unmittelbar geltendes europäisches Sekundärrecht handelt, haben die dort enthaltenen Vorschriften Vorrang vor dem VwVfG.[490]

bb) Adressaten der Maßnahmen

Nach § 5 BauPG, § 27 Satz 2 ProdSG können die Marktüberwachungsmaßnahmen auch an andere Personen, als die Wirtschaftsakteure gerichtet werden, wenn nur durch sie eine gegenwärtige Gefahr effektiv abgewehrt werden kann.[491] Nach dieser Regelung ist die Inanspruchnahme der Verwender in besonderen Gefahrensituationen nicht ausgeschlossen. Der Wortlaut des § 27 ProdSG gibt keinen Anhaltspunkt dafür, dass sich die Maßnahmen nur an Wirtschaftsakteure richten darf. Vielmehr ist unter den weiteren Voraussetzungen des § 27 Satz 2 ProdSG die Inanspruchnahme *jeder anderen Person* möglich. Gemäß § 27 Satz 3 ProdSG können diese die Kosten für die Inanspruchnahme ersetzt verlangen.

Auf Rechtsfolgeseite muss die Behörde jedoch beachten, dass sie das ihr zugeteilte Ermessen bei der Adressatenauswahl ausübt. Aus Verhältnismäßigkeitsgründen sind deshalb vorrangig die betroffenen Wirtschaftsakteure in Anspruch zu nehmen.[492]

---

489 Beck-OK/*Tiedemann*, VwVfG, § 27, Rn. 2.
490 Calliess/Ruffert/*Ruffert*, EUV/AEUV, Art. 197 AEUV, Rn. 14.
491 Klindt/*Schucht*, ProdSG, § 27, Rn. 17 ff.
492 Klindt/*Schucht*, ProdSG, § 27, Rn. 26.

cc) Bezeichnung der Maßnahmen für hinreichende Bestimmtheit

Aus der Einordnung der Aufforderung als Verwaltungsakt folgt, dass diese nach Art. 56 Abs. 1 UA. 2 EU-BauPV nach § 37 Abs. 1 VwVfG hinreichend bestimmt sein muss. Hier treffen die europarechtlichen Vorgaben keine Sonderregelung, sodass es bei § 37 Abs. 1 VwVfG bleibt.

Die Behörde muss die vom Wirtschaftsakteur zu treffenden Maßnahmen bezeichnen. Aus der Formulierung des Art. 56 Abs. 1 UA. 2 EU-BauPV könnte gefolgert werden, dass die Aufforderung dem Wirtschaftsakteur einen Spielraum hinsichtlich der zu ergreifenden Maßnahmen lässt. Dem steht aber das Bestimmtheitserfordernis des § 37 Abs. 1 VwVfG entgegen. § 37 Abs. 1 VwVfG erfordert, dass der Inhalt der Entscheidung so gefasst sein muss, dass der Adressat ohne weitere Nachforschungen erkennen kann, was konkret von ihm gefordert wird und dass der Bescheid geeignete Grundlage für eine zwangsweise Durchsetzung sein kann.[493] Danach reicht es nicht aus, dem Wirtschaftsakteur aufzugeben, zur Konformitätswiederherstellung geeignete Maßnahmen zur ergreifen.[494]

Über die Anordnung des § 5 Abs. 1 BauPG stehen der Marktüberwachungsbehörde unter anderem die Standardmaßnahmen[495] des § 26 Abs. 2 ProdSG zur Verfügung. Eine Einschränkung dieser Maßnahmen ergibt sich aus der EU-BauPV nicht, da mögliche Maßnahmen in der EU-BauPV nicht näher spezifiziert sind.[496] Die EU-BauPV hat den Mitgliedstaaten bei der Präzisierung der Maßnahmen einen Gestaltungsspielraum überlassen. Der Spielraum ergibt sich daraus, dass eine Präzisierung der Maßnahmen schon zur praktischen Umsetzung der Regelung erforderlich ist. Die EU-BauPV ist somit weiter als das ProdSG und verkürzt dieses nicht im Wege des Anwendungsvorrangs.

d) *Maßnahmen nach Art. 56 Abs. 4 EU-BauPV*

aa) Maßnahmen nach Art. 56 Abs. 4 EU-BauPV als Verwaltungsakt

Maßnahmen nach Art. 56 Abs. 4 EU-BauPV sind Verwaltungsakte im Sinne des § 35 S. 1 VwVfG.

Art. 56 Abs. 4 EU-BauPV stattet die Marktüberwachungsbehörde mit unmittelbaren Eingriffsbefugnissen aus. Der Wirtschaftsakteur muss also nicht zwingend eingeschaltet werden, um z.B. Korrekturmaßnahmen auszuführen. In diesem Zusammenhang stellt sich die Frage, wie diese Maßnahmen rechtswirksam und effektiv umgesetzt werden können. Regelmäßig sind nicht nur einzelne Bauprodukte von dem Fehler betroffen, sondern die gesamte Charge. Es ist deshalb nicht

---

493 BVerwG, Urt. v. 15.02.1990 – 4 C 41/87, Rn. 29; Beck-OK/*Tiedemann*, VwVfG, § 37, Rn. 19.

494 OVG Münster, Beschl. v. 11.05.2000 – 10 B 306/00, Rn. 12; Stelkens/Bonk/Sachs/ *Stelkens*, VwVfG, § 37, Rn. 34.

495 Klindt/*Schucht*, ProdSG, § 26, Rn. 74 ff.

496 Siehe § 4, A., II., 1.

unwahrscheinlich, dass sich die Bauprodukte bereits bei unterschiedlichen Wirtschaftsakteuren oder gar den Verwendern befinden.

Die jeweils angeordnete Maßnahme muss gegenüber dem betroffenen Wirtschaftsakteur bekannt gegeben werden (§ 41 Abs. 1 VwVfG), da die Anordnung erst mit ihrer Bekanntgabe wirksam wird[497]. Ein Rückruf oder sonstige Korrekturmaßnahmen sollen zunächst durch den Wirtschaftsakteur selbst durchgeführt werden.[498] Im Falle der Zuwiderhandlung ist aber die Durchsetzung im Wege des Verwaltungszwangs, z.B. im Wege der Ersatzvornahme, möglich. Die Zulässigkeit dieser Maßnahmen richtet sich nach dem jeweiligen Verwaltungsvollstreckungsgesetz (VwVG) der Länder.

bb) Ergänzende Anwendung des VwVfG

Im Übrigen gelten für die Maßnahmen nach Art. 56 Abs. 4 UA. 1 EU-BauPV die Anforderungen, die das VwVfG in formeller und materieller Hinsicht an einen Verwaltungsakt stellt. Mangels ausdrücklicher Anordnung, finden auch die Vorschriften des Art. 21 Verordnung (EG) Nr. 765/2011 auf die Maßnahmen nach Art. 56 Abs. 3 UA. 1 EU-BauPV keine Anwendung.

e) Rechtsschutz des Adressaten

Gegen die Aufforderung der Marktüberwachungsbehörde nach Art. 56 Abs. 4 EU-BauPV sind die Rechtsbehelfe statthaft, die gegen Verwaltungsakte eingelegt werden können.[499] Die EU-BauPV enthält keine Vorgaben zum Rechtsschutz der Adressaten, sodass sich dieser nach dem nationalem Recht bestimmt.

aa) Widerspruch und Anfechtung der Aufforderung

Dazu ist zunächst innerhalb eines Monats ab Bekanntgabe gemäß § 70 Abs. 1 Satz 1 VwGO Widerspruch bei der Marktüberwachungsbehörde einzulegen.[500] Wird dem Widerspruch nicht abgeholfen, ist die Anfechtungsklage[501] gemäß § 42 Abs. 1 Alt. 1 VwGO statthaft. Erging die Aufforderung rechtswidrig, hebt das Verwaltungsgericht die Aufforderung gemäß § 113 Abs. 1 Satz 1 VwGO auf.[502]

---

497   Beck-OK/*Tiedemann*, VwVfG, § 41, Rn. 1.
498   So auch bei der Marktüberwachung (Rückruf) nach dem ProdSG, Klindt/*Schucht*, ProdSG, § 26, Rn. 158.
499   Dazu allgemein: Dziallas/Kullick, Rechtliche Implikationen bei der Zertifizierung von Bauprodukten, in: NZBau 2012, 560 (561).
500   Schoch/Schneider/Bier/*Dolde/Porsch*, VwGO, § 68, Rn. 2.
501   Beck-OK/*Schmidt-Kötters*, VwGO, § 42, Rn. 10; Schoch/Schneider/Bier/*Pietzcker*, VwGO, § 42, Rn. 7.
502   Schoch/Schneider/Bier/*Gerhardt*, VwGO, § 113, Rn. 5; Beck-OK/*Decker*, VwGO, § 113, Rn. 30.

Gegen die Evaluierung kann der Betroffene nicht im Wege der Anfechtungsklage nach § 40 Abs. 1 Alt. 1 VwGO vorgehen, da es sich nicht um einen Verwaltungsakt handelt.

Der Wirtschaftsakteur kann gegen Maßnahmen nach § 28 ProdSG vorgehen. Eine Klage ist im Ergebnis nicht ausgeschlossen, da trotz des Charakters als Verfahrenshandlung § 44a VwGO keine Anwendung findet. Grundsätzlich können nach § 44a Satz 1 VwGO Rechtsbehelfe gegen behördliche Verfahrenshandlungen nur gleichzeitig mit einem Rechtsbehelf gegen die Sachentscheidung eingelegt werden.

Es handelt sich zwar um eine behördliche Verfahrenshandlung im Sinne des § 44a VwGO. Diese wird dadurch charakterisiert, dass sie, ohne selbst ein Verfahren abzuschließen, eine behördliche Entscheidung vorbereiten.[503] Das ist bei einer Maßnahme nach § 28 ProdSG der Fall, da die Untersuchung nur die Grundlage für etwaige Marktüberwachungsmaßnahmen bildet. Es ist unschädlich,[504] dass es sich bei Maßnahmen nach § 28 ProdSG um Verwaltungsakte handelt. Allerdings ist dieser selbstständig vollstreckbar, sodass die Ausnahme des §§ 44a Satz 2 VwGO greift.[505]

bb) Wiederherstellung der aufschiebenden Wirkung

Sowohl der Widerspruch, als auch die Anfechtungsklage haben gemäß § 80 Abs. 1 VwGO aufschiebende Wirkung.[506] Wenn die Behörde die sofortige Vollziehung angeordnet hat, entfällt die aufschiebende Wirkung.[507] Durch einen Antrag nach § 80 Abs. 5 Satz 1 Alt. 2 VwGO kann die aufschiebende Wirkung des Widerspruchs oder der Klage durch das Verwaltungsgericht widerhergestellt werden, sodass die Behörde die Aufforderungen oder Maßnahme nach § 28 ProdSG nicht vollziehen darf[508].

Die Behörde wird in der Regel für die Aufforderung nach Art. 56 Abs. 1 UA. 2 EU-BauPV i.V.m. § 26 Abs. 2 ProdSG, § 5 Abs. 1 BauPG nach § 80 Abs. 2 Nr. 4 VwGO die sofortige Vollziehung der getroffenen Regelung anordnen. Ein gesetzlicher Fall der aufschiebenden Wirkung (§ 80 Abs. 2 Nr. 1 bis 3 EU-BauPV) liegt nämlich nicht vor. Der betroffene Wirtschaftsakteur kann die aufschiebende Wirkung des Widerspruchs bzw. der Anfechtungsklage mit einem Antrag nach § 80 Abs. 5 Satz 1 Alt. 2 VwGO durch das Verwaltungsgericht wiederherstellen lassen. Der Antrag hat Aussicht auf Erfolg, wenn das Aussetzungsinteresse des Wirtschaftsakteurs

---

503 BFH, Urt. v. 12.08.1985 – VIII R 371/83, Rn. 24; Schoch/Schneider/Bier/*Stelkens*, VwGO, § 44a, Rn. 8.

504 OVG Rheinland-Pfalz, Beschl. v. 10.03.1998 – 10 A 11500/97, Rn. 3; Beck-OK/*Posser*, VwGO, § 44a, Rn. 18; Schoch/Schneider/Bier/*Stelkens*, VwGO, § 44a, Rn. 16; a.A.: BVerwG, Urt. v. 27.05.1981 – 8 C 13/80, Rn. 13.

505 Schoch/Schneider/Bier/*Stelkens*, VwGO, § 44a, Rn. 26.

506 Beck-OK/*Gersdorf*, VwGO, § 80, Rn. 16.

507 Beck-OK/*Gersdorf*, VwGO, § 80, Rn. 113; Schoch/Schneider/Bier/*Schoch*, VwGO, § 80, Rn. 265.

508 OVG Münster, Beschl. v. 21.08.1998 – 3 B 2621/96, Rn. 19; Schoch/Schneider/Bier/*Schoch*, VwGO, § 80, Rn. 529.

dem Vollziehungsinteresse der Behörde überwiegt[509]. Das Aussetzungsinteresse überwiegt regelmäßig, wenn ernstliche Zweifel an der Rechtmäßigkeit der Aufforderung bestehen[510] oder wenn die Anordnung der sofortigen Vollziehung durch die Marktüberwachung formell nicht ordnungsgemäß erfolgt ist[511].

Nur wenn die sofortige Vollziehung der Aufforderung angeordnet wurde, kann die Marktüberwachungsbehörde nach fruchtlosem Ablauf der Frist unverzüglich Maßnahmen nach Art. 56 Abs. 4 UA. 1 EU-BauPV selbst ergreifen. Dies ist insbesondere von Bedeutung, wenn das Bauprodukt aufgrund eines Fehlers die Bauwerkssicherheit erheblich gefährdet.

Die Anordnung der sofortigen Vollziehung lässt für den Fall, dass der betroffene Wirtschaftsakteur gegen die Aufforderung Widerspruch einlegt oder Anfechtungsklage erhebt, die aufschiebende Wirkung dieser Rechtsmittel entfallen. Solange nämlich die Vollziehbarkeit der Aufforderung durch einen eingelegten Rechtsbehelf gehemmt sind, besteht für den Wirtschaftsakteur keine Handlungspflicht.[512] Solange keine Handlungspflicht des Wirtschaftsakteurs besteht, können die Voraussetzungen des Art. 56 Abs. 4 UA. 1 EU-BauPV nicht vorliegen, da die Aufforderung nach Art. 56 Abs. 1 UA. 2 EU-BauPV nicht durchsetzbar ist. Zwar erfordert Art. 56 Abs. 4 UA. 1 EU-BauPV lediglich, dass der Wirtschaftsakteur innerhalb der gesetzten Frist keine Korrekturmaßnahmen ergriffen hat und stellt nicht etwa zusätzlich auf die Durchsetzbarkeit der Aufforderung nach Art. 56 Abs. 1 UA. 2 EU-BauPV ab. Könnte die Behörde trotz der aufschiebenden Wirkung die Maßnahmen selbst vornehmen, würde die Suspensivwirkung des eingelegten Rechtsbehelfs umgangen. In diesem Fall würde Art. 56 Abs. 4 UA. 1 EU-BauPV die aufschiebende Wirkung des Rechtsbehelfs abbedingen und aufgrund des Anwendungsvorrangs die Wirkung des § 80 Abs. 1 VwGO ausschließen.

Allerdings würde es zu weit gehen, aus diesem Konzept des Art. 56 EU-BauPV eine von Gesetzeswegen angeordnete sofortige Vollziehung im Sinne des § 80 Abs. 2 Satz 1 Nr. 3 VwGO abzuleiten. Abgesehen davon, dass § 80 Abs. 2 Satz 1 Nr. 3 VwGO nur ausdrücklich auf Bundes- und Landesgesetze und nicht auf europäische Verordnungen abstellt,[513] muss der Ausschluss der aufschiebenden Wirkung unzweideutig formuliert sein.[514] Beide Voraussetzungen liegen hier nicht vor. Trotz der unmittelbaren Wirkung der Verordnung im nationalen Recht, handelt es sich bei der EU-BauPV dennoch nicht um ein Bundesgesetz. Außerdem ergibt sich der Ausschluss der aufschiebenden Wirkung hier nicht ausdrücklich aus Art. 56 EU-BauPV, sondern

509 Beck-OK/*Gersdorf*, VwGO, § 80, Rn. 187.
510 VGH München, Beschl. v. 13.11.1991 – 25 CS 91.3006, Rn. 37; Beck-OK/*Gersdorf*, VwGO, § 80, Rn. 189.
511 Beck-OK/*Gersdorf*, VwGO, § 80, Rn. 172.
512 Jedenfalls im Ergebnis, im Einzelnen umstritten, siehe: Beck-OK/*Gersdorf*, VwGO, § 80, Rn. 24 ff.; Schoch/Schneider/Bier/*Schoch*, VwGO, § 80, Rn. 89 ff.
513 Schoch/Schneider/Bier/*Schoch*, VwGO, § 80, Rn. 218.
514 VGH München, Beschl. v. 29.07.1976 – 99 IX/76, Rn. 12; Beck-OK/*Gersdorf*, VwGO, § 80, Rn. 59; Schoch/Schneider/Bier/*Schoch*, VwGO, § 80, Rn. 154.

wenn nur aus dem Konzept der Vorschrift. Solche Zweckmäßigkeitserwägungen genügen aber gerade nicht, um vom Regelfall des § 80 Abs. 1 VwGO abzuweichen.[515] Eine Auslegung des Art. 56 Abs. 4 UA. 1 EU-BauPV im Lichte des § 80 Abs. 2 Satz 1 Nr. 3 VwGO liegt außerdem nicht nahe. Der Unionsrechtsordnung und vielen anderen europäischen Rechtsordnungen ist das Institut der aufschiebenden Wirkung unbekannt,[516] sodass ein entsprechender Wille des Unionsgesetzgebers die sofortige Vollziehung von Gesetzeswegen anzuordnen, fernliegend ist.

Dennoch ist aufgrund dieser Erwägungen die Anordnung der sofortigen Vollziehung nach § 80 Abs. 2 Satz 1 Nr. 4 VwGO durch die Marktüberwachungsbehörde geboten. Die Anordnung verstößt auch im Einzelfall nicht gegen die Verordnung, da Art. 56 Abs. 4 EU-BauPV die gebotenen Marktüberwachungsmaßnahmen durchsetzen will. Die Anordnung der sofortigen Vollziehung der nach Art. 56 Abs. 1 UA. 2 EU-BauPV angeordneten Maßnahmen ermöglicht die behördliche Durchsetzung dabei erst.

Die Voraussetzungen für die Anordnung der sofortigen Vollziehung nach § 80 Abs. 2 Satz 1 Nr. 4 VwGO liegen im Fall des Art. 56 Abs. 1 UA. 2 EU-BauPV regelmäßig vor. Das öffentliche Interesse, das die Anordnung der sofortigen Vollziehung gemäß § 80 Abs. 2 Satz 1 Nr. 4 VwGO voraussetzt,[517] ist bei der Vollziehung der Marktüberwachungsmaßnahmen nach Art. 56 Abs. 1 UA. 2 VwGO regelmäßig gegeben. Das öffentliche Interesse liegt in der Regel schon in der Vereinheitlichung der Anwendung des europäischen Rechts.[518] Dabei wird die nationale Behörde nicht von ihrer jeweiligen Prüf- und Begründungspflicht entbunden, nur weil europäisches Recht vollzogen werden soll.[519] Die Anordnung kann deshalb rechtswidrig sein, wenn die effektive Durchsetzung des Art. 56 Abs. 1 UA. 2 EU-BauPV im Einzelfall nicht gefährdet[520] ist.

2. Maßnahmen auf Grundlage der Bauordnungen

Wenn sich die Bauprodukte nicht mehr im Herrschaftsbereich der Wirtschaftsakteure befinden, können Gefahren durch die Verwendung nicht konformer Bauprodukte bei den am Bau beteiligten Verwendern entstehen.[521] Die Maßnahmen gegen die Verwender richten sich nach den Bauordnungen der Länder. Instrument zur Überwachung der Vorschriften der §§ 16b ff. MBO ist vor allem die Bauüberwachung nach § 81 MBO. Zentral für weitere Maßnahmen sind die §§ 79, 80 MBO. Sie dienen

515 VGH München, Beschl. v. 29.07.1976 – 99 IX/76, Rn. 12.
516 Schoch/Schneider/Bier/*Schoch*, VwGO, § 80, Rn. 70; Beck-OK/*Gersdorf*, VwGO, § 80, Rn. 5.
517 Schoch/Schneider/Bier/*Schoch*, VwGO, § 80, Rn. 205.
518 Schoch/Schneider/Bier/*Schoch*, VwGO, § 80, Rn. 219; Beck-OK/*Gersdorf*, VwGO, § 80, Rn. 5.
519 Schoch/Schneider/Bier/*Schoch*, VwGO, § 80, Rn. 219.
520 Schoch/Schneider/Bier/*Schoch*, VwGO, § 80, Rn. 219.
521 Winkelmüller/van Schewick/*Müller*, Praxishandbuch Bauprodukte, Rn. 673.

den Bauaufsichtsbehörden als Ermächtigungsgrundlage, um die Verwendung nicht konformer Bauprodukte zu verhindern.

a) Bauüberwachung nach § 81 MBO als Instrument zur Überprüfung

Die Bauaufsicht kann die bauliche Anlage im Wege der Bauüberwachung auf ihre Vereinbarkeit mit öffentlichem Baurecht prüfen (entsprechend § 81 MBO).[522] Anders als die Maßnahmen nach §§ 79, 80 MBO setzen Maßnahmen nach § 81 MBO nicht voraus, dass Anhaltspunkte für einen Rechtsverstoß vorliegen.[523]

Die Bauüberwachung wird nur im Zuständigkeitsbereich der Bauaufsicht durchgeführt. Wenngleich § 81 Abs. 5 MBO nun auch die Zusammenarbeit zwischen Bauaufsicht und Marktüberwachung stärkt. Nach § 81 Abs. 5 MBO soll die Bauaufsichtsbehörde oder der Prüfsachverständige systematische Rechtsverstöße gegen die EU-BauPV, von denen sie im Rahmen der Bauüberwachung Kenntnis erlangen, der Marktüberwachungsbehörde mitteilen.

Zu Prüfzwecken können grundsätzlich Proben von Bauprodukten durch die Bauaufsicht entnommen werden.[524] Wenn die am Bau Beteiligten eine Entnahme zunächst nicht dulden, kann ihnen gegenüber eine Duldungsanordnung ergehen, die auch zwangsweise durchgesetzt werden kann.[525]

Außerdem können die Beauftragten der Bauaufsichtsbehörde Einsicht in erforderliche Dokumente[526] nehmen. § 81 Abs. 4 MBO ermächtigt nunmehr ausdrücklich zur Einsichtnahme in die CE-Kennzeichnung und in die Leistungserklärung. § 53 Abs. 1 Satz 3 stellt klar, dass der Bauherr die Unterlagen bereitzuhalten hat. § 55 Abs. 1 Satz 2, 3 MBO enthält eine parallele Regelung für den Bauunternehmer. Wird der Aufforderung, die angeforderten Unterlagen vorzulegen, nicht nachgekommen, kann die Anordnung zwangsweise durchgesetzt werden.[527] Der Bauherr trägt die Kosten für die zur Überwachung erforderlichen Auslagen, soweit sich Beanstandungen ergeben.[528]

b) Maßnahmen nach §§ 79, 80 MBO

Maßnahmen nach den §§ 79, 80 MBO können sich an die Maßnahmen im Rahmen der Bauüberwachung anschließen. Aber auch unabhängig von § 81 MBO kann die Bauaufsichtsbehörde nach den §§ 79, 80 MBO vorgehen,[529] wenn Tatsachen dafürsprechen, dass verwendete Bauprodukte nicht den Anforderungen des öffentlichen Baurechts entsprechen. Dies ist der Fall, wenn Bauprodukte verwendet werden,

---

522 Große-Suchsdorf/*Mann*, NBauO, § 76, Rn. 1.
523 Große-Suchsdorf/*Mann*, NBauO, § 76, Rn. 1.
524 Hornmann, HBO, § 73, Rn. 32; Große-Suchsdorf/*Mann*, NBauO, § 76, Rn. 8.
525 Hornmann, HBO, § 73, Rn. 34.
526 Hornmann, HBO, § 73, R. 35; Große-Suchsdorf/*Mann*, NBauO, § 76, Rn. 9.
527 Hornmann, HBO, § 73, Rn. 37.
528 Simon/Busse/*Wolf*, BayBO, Art. 77, Rn. 107.
529 Hornmann, HBO, § 73, Rn. 31.

die nicht den Anforderungen der EU-BauPV genügen.[530] Soweit Fehler hinsichtlich eines CE-Kennzeichens bestehen, stellen § 79 Abs. 1 Satz 2 Nr. 3, 4 MBO spezielle Rechtsgrundlagen dar, die zur Baueinstellung ermächtigen.[531] Darüber hinaus kann die Marktüberwachung von den Maßnahmen der §§ 79, 80 MBO Gebrauch machen, wenn ernstliche Zweifel an der Richtigkeit der Leistungsangaben bestehen und infolge dessen die Gefahr besteht.[532]

aa) Stilllegungsverfügung oder Abbruchverfügung als mögliche Maßnahmen

Der Bauaufsichtsbehörde stehen unterschiedliche Maßnahmen zur Verfügung, um rechtmäßige Zustände herzustellen oder zu sichern. Die Herstellung oder Sicherung rechtmäßiger Zustände ist das Ziel der zu ergreifenden Maßnahme und bestimmt die konkret erforderliche Maßnahme.[533] In der Musterbauordnung sind die möglichen Maßnahmen in den §§ 79, 80 MBO aufgelistet. In den Landesbauordnungen hingegen sind sie teilweise zusammengefasst.[534] Bei allen Maßnahmen handelt es sich regelmäßig um Verwaltungsakte im Sinne des § 35 S. 1 VwVfG. Welche Maßnahme die Behörde wählt, ist eine Frage des Ermessens.[535] Tatbestandlich liegen die Voraussetzungen der einschlägigen Ermächtigungsgrundlage regelmäßig vor, wenn Bauprodukte verwendet werden, die gegen die EU-BauPV verstoßen.

Die Stilllegungsverfügung hat zur Folge, dass der Bauherr alle Arbeiten an der baulichen Anlage einzustellen hat.[536] Die Folge kann demnach keine Verpflichtung zu einem positiven Tun des Adressaten sein, sondern lediglich eine Verpflichtung zum Nichtstun.[537] Die Stilllegungsverfügung kann den Verbau fehlerhafter Bauprodukte stoppen, bevor sie in das Gebäude eingesetzt werden. Besteht z.B. der Verdacht, dass die Leistung eines Bauproduktes unzutreffend angegeben ist, kann eine Stilllegungsverfügung verhindern, dass unsichere Bauprodukte eingesetzt werden.

Die Abbruchverfügung greift vor allem ein, wenn fehlerhafte Bauprodukte bereits eingesetzt wurden. Sie ist allerdings nur zulässig, wenn das Bauwerk materiell illegal ist,[538] was bei Fehlern hinsichtlich mangelhafter Bauprodukte wegen Verstößen gegen die EU-BauPV praktisch immer der Fall ist. Maßnahmen gegen materiell illegale bauliche Anlagen sind unzulässig, wenn die Ausführung der baulichen Anlage mit der Baugenehmigung übereinstimmt.[539] Da der konkrete Einsatz von

---

530 Siehe § 4, A., II., 2., b)., bb).

531 Zum Tatbestand der §§ 79, 80 MBO: Siehe § 4, A., II., 2., b), aa).

532 Siehe § 3, C., I., 2.

533 Große/Suchsdorf/*Mann*, NBauO, § 79, Rn. 26.

534 So z.B. in Nordrhein-Westfalen (§ 61 Abs. 1 BauO NRW) oder Niedersachen (§ 79 Abs. 1 NBauO).

535 Hornmann, HBO, § 71, Rn. 35 ff.

536 Hornmann, HBO, § 71, Rn. 55.

537 Hornmann, HBO, § 71, Rn. 55.

538 BVerwG, Urt. v. 10.12.1982 – 4 C 52/78, Rn. 13; Große-Suchsdorf/*Mann*, NBauO, § 79, Rn. 30; Simon/Busse/*Decker*, BayBO, Art. 75, Rn. 34.

539 Große-Suchsdorf/*Mann*, NBauO, § 79, Rn. 19; Simon/Busse/*Decker*, Art. 75, Rn. 49.

Bauprodukten im Rahmen der Genehmigung jedoch in der Regel nicht geprüft wird, kann durch eine etwaig bestehende Baugenehmigung diesbezüglich auch keine Legalisierungswirkung[540] eintreten. Die Folge der Abbruchverfügung ist die Wiederherstellung des Zustandes vor Beginn der Bauarbeiten, sodass auch die Entfernung von Bodenaushub oder Materialen umfasst sind.[541]

bb) Die am Bau Beteiligten als Adressaten der Maßnahmen

Für die Bestimmung, wer als Adressat der Verfügungen in Betracht kommt, sind die Vorschriften über die Verantwortlichen in den Ordnungsgesetzen der Länder maßgeblich.[542] Grundsätzlich richten sich die Pflichten der Bauordnung jedoch an die am Bau Beteiligten (§§ 53 ff. MBO).

Regelmäßig wird aufgrund des Gebotes der effektiven Gefahrenabwehr der Bauherr (§ 53 MBO) in Anspruch genommen. Ein Vorgehen gegen den Bauherrn ist in der Regel effektiv, da sie alle sonstigen mit der Ausführung der Arbeiten befassten Personen bindet, die vom Bauherrn bestellt wurden.[543]

Ausnahmsweise muss gegenüber dem Eigentümer, der nicht Bauherr ist, eine Duldungsanordnung ergehen, wenn die Bauherrschaft sich zivilrechtlich gegenüber dem Eigentümer zum Bauen verpflichtet hat.[544] Im Übrigen kann er als Zustandsverantwortlicher in Anspruch genommen werden.[545] Diese Verfügung bindet den Bauherrn allerdings nicht.[546]

Die Auswahl des Adressaten wird neben der Einordnung als Verhaltens- oder Zustandsstörer durch die Schranken des Ermessens bestimmt.[547] Gerade im Zusammenhang mit der Verwendung fehlerhafter Bauprodukte kommen regelmäßig viele Beteiligte als Verantwortliche in Frage. Aus § 53 Abs. 1 MBO ergibt sich aber, dass der Bauherr die übrigen am Bau Beteiligten bestellt. Es entspricht regelmäßig dem Grundsatz der Effektivität der Gefahrenabwehr[548], den Bauherrn in Anspruch zu nehmen.[549] Aufgrund der vertraglichen Abhängigkeit der übrigen Beteiligten

---

540   Kahl/Dubber, Repressive Bauaufsicht, ZJS 2015, 558 (562); Große-Suchsdorf/*Mann*, NBauO, § 79, Rn. 19.

541   OVG Lüneburg, Beschl. v. 28.07.2011 – 1 LA 239/10, Rn. 18; Große-Suchsdorf/ *Mann*, NBauO, § 79, Rn. 30.

542   Hornmann, HBO, § 71, Rn. 43; Simon/Busse/*Dirnberger*, BayBO, Art. 54, Rn. 110.

543   VGH Bayern, Beschl. v. 18.08.2008 – 9 CE 08.625, Rn. 17; Hornmann, HBO, § 71, Rn. 44; Simon/Busse/*Decker*, BayBO, Art. 75, Rn. 72.

544   Hornmann, HBO, § 71, Rn. 45; Simon/Busse/*Decker*, BayBO, Art. 75, Rn. 70.

545   VGH Bayern, Beschl. v. 26.08.2005 – 2 B 03.317, Rn. 7; Hornmann, HBO, § 71, Rn. 46; Simon/Busse/*Decker*, BayBO, Art. 75, Rn. 70.

546   Simon/Busse/*Decker*, BayBO, Art. 75, Rn. 72; Hornmann, HBO, § 71, Rn. 46.

547   Tettinger/Erbguth/Mann, Bes. VerwR, Rn. 545 ff.; Kahl/Dubber, Repressive Bauaufsicht, ZJS 2015, 558 (566).

548   VG Augsburg, Urt. v. 16.08.2006 – Au 4 K 06.403, Rn. 27.

549   Hornmann, HBO, § 71, Rn. 44.

vom Bauherrn, kann dieser in der Regel die sofortige Einstellung der Arbeiten durchsetzen.[550]

cc) Keine europarechtliche Einschränkung des Ermessens

Es steht grundsätzlich im Ermessen der Bauaufsichtsbehörde *ob* (Entschließungsermessen) und *wie* (Auswahlermessen) sie einschreitet.[551] Soweit die Voraussetzungen der Maßnahmen vorliegen, ist die Behörde regelmäßig zum Einschreiten verpflichtet, da ein Fall des intendierten Ermessens vorliegt.[552]

Das Entschließungsermessen ist in den genannten Fallgestaltungen von Bedeutung, wenn die nationalen Leistungsanforderungen nur geringfügig durch das Bauprodukt verfehlt werden und eine Gefahr praktisch nicht entsteht.[553] Im Einzelfall kann eine Maßnahme, welche die Einstellung der Arbeiten oder den Abriss anordnet in solchen Fällen unverhältnismäßig sein.

Etwas Anderes ergibt sich in der Regel nicht aus dem Umstand, dass die Bauaufsichtsbehörde indirekt einen europäischen Rechtsakt umsetzt. Eine Ermessensreduktion auf null ergibt sich ebenfalls nicht aus dem Umstand, dass ein Verstoß gegen die EU-BauPV festgestellt wurde. Dies gilt jedenfalls dann, wenn die jeweilige Maßnahme die effektive Anwendung des Unionsrechts nicht verkürzt.[554] Im Anwendungsbereich der Bauordnung besteht diese Gefahr aber nicht. Nach der einschränkenden Auslegung der §§ 79, 80 MBO i.V.m. den Hinweisen der MVV-TB auf tatbestandlicher Ebene ist eine Kollision mit der Zielsetzung der EU-BauPV ausgeschlossen. Die Bauaufsicht ist deshalb in den Ermessenerwägungen nicht durch die Regelungen der EU-BauPV eingeschränkt.

dd) Anfechtung und Nachbarrechtsschutz

Rechtsschutz gegen eine der benannten Verfügungen erreicht der Betroffene vor allem durch eine Anfechtungsklage nach § 40 Abs. 1 Alt. 1 VwGO,[555] da es sich sowohl bei der Abbruchverfügung, als auch bei der Stilllegungsverfügung um einen Verwaltungsakt handelt.[556] Sowohl für die Klage, als auch für den Widerspruch – soweit

---

550 VG Augsburg, Urt. v. 16.08.2006 – Au 4 K 06.403, Rn. 27; Simon/Busse/*Decker*, BayBO, Art. 75, Rn. 68.

551 Große-Suchsdorf/*Mann*, NBauO, § 79, Rn. 54; Kahl/Dubber, Repressive Bauaufsicht, ZJS 2015, 558 (564); Hornmann, HBO, § 72, Rn. 40 f.

552 Kahl/Dubber, Repressive Bauaufsicht, ZJS 2015, 558 (569); Hornmann, HBO, § 72, Rn. 42.

553 Große-Suchsdorf/*Mann*, NBauO, § 79, Rn. 56.

554 Zum Verhältnismäßigkeitsgrundsatz im Verwaltungsverfahren allgemein: Stelkens/Bonk/Sachs/*Sachs*, VwVfG, § 48, Rn. 266.

555 Simon/Busse/*Dirnberger*, BayBO, Art. 54, Rn. 77.

556 Kahl/Dubber, Repressive Bauaufsicht, ZJS 2015, 558 (570).

dieser im jeweiligen Bundesland statthaft ist – gilt eine Frist von einem Monat nach Bekanntgabe bzw. Zustellung der Grundverfügung.[557]

Wenn die Behörde nicht die sofortige Vollziehung nach § 80 Abs. 1 Nr. 4 VwGO angeordnet hat, hat der Widerspruch oder die Anfechtungsklage gemäß § 80 Abs. 1 VwGO aufschiebende Wirkung.[558] Wenn die Bauaufsicht – wie im Regelfall – nach § 80 Abs. 2 Satz 1 Nr. 4 VwGO die sofortige Vollziehung der Baueinstellungsverfügung oder Abrissverfügung anordnet, kann der Adressat hiergegen u.U. im Wege des Eilrechtsschutzes vorgehen. Ein entsprechender Antrag nach § 80 Abs. 5 VwGO hat Aussicht auf Erfolg, wenn ernstliche Zweifel an der Rechtmäßigkeit der Grundverfügung bestehen.[559]

Eine Verpflichtungsklage eines Nachbarn wegen Verstößen gegen die EU-BauPV bzw. §§ 16b ff. MBO hätte mangels drittschützender Wirkung der Vorschriften keine Aussicht auf Erfolg. Die §§ 16b ff. MBO dienen zwar der präventiven Gefahrenabwehr, sie stellen aber kein subjektiv-öffentliches Recht dar, sodass diese selbst keine nachbarschützende Wirkung haben.[560] Indessen kann der Nachbar ein subjektiv-öffentliches Recht aus § 3 Satz 1 MBO herleiten, wenn gefährliche Bauprodukte verwendet werden.[561] In diesem Fall sind auch Individualrechtsgüter im Rahmen des Schutzes der öffentlichen Sicherheit geschützt.[562] Allerdings muss die Schwelle der Gefahr für den Nachbarn überschritten sein. Wenn die Verwendung keinerlei Auswirkungen auf das Nachbargrundstück nimmt, hat dieser keinen Anspruch auf ein Einschreiten der Bauaufsicht.

III. Auswirkungen der EU-BauPV auf zivilrechtliche Rechtsverhältnisse

Die Pflichten der Wirtschaftsakteure nach der EU-BauPV haben mittelbare Auswirkungen auf die Anwendung des Zivilrechts. Die öffentlich-rechtlichen Handlungspflichten können auch in Privatrechtsverhältnissen sowohl innervertragliche, wie außervertragliche Pflichten beeinflussen.

1. Geltung der Regelungen der EU-BauPV zwischen Privaten

Die Verletzung der EU-BauPV kann auch im Kontext privater Vertragsverhältnisse geltend gemacht werden.

Im Zusammenhang mit der Wirkung des CE-Kennzeichens könnte ein Ausschluss der Geltendmachung unter Privaten verbunden sein.[563] In einer gerichtlichen

---

557 Siehe § 4, B., II., 1., e).
558 Simon/Busse/*Decker*, BayBO, Art. 75, Rn. 108 f.
559 Schoch/Schneider/Bier/*Schoch*, VwGO, § 80, Rn. 370.
560 VGH Bayern, Beschl. v. 09.11.1998 – 1 CS 98.2821, Rn. 9.
561 VGH Bayern, Beschl. v. 09.11.1998 – 1 CS 98.2821, Rn. 9.
562 VGH Bayern, Beschl. v. 09.11.1998 – 1 CS 98.2821, Rn. 9.
563 Siehe dazu § 3, C., I., 2., c).

Entscheidung über Rechte und Pflichten aus einem privatrechtlichen Verhältnis könnte ein Verstoß gegen Art. 8 Abs. 4 EU-BauPV liegen, soweit die Entscheidung ein CE-gekennzeichnetes Bauprodukt betrifft.[564] Dies hätte zur Folge, privatrechtliche Ansprüche, deren Voraussetzung die Verletzung der EU-BauPV ist, nicht geltend gemacht werden könnten, solange keine der von Art. 8 Abs. 4 EU-BauPV anerkannten Ausnahmen besteht.

Die Kommission hat jedoch klargestellt, dass sich aus der Brauchbarkeitsvermutung oder sonstiger Wirkungen des CE-Kennzeichens nicht die Unanwendbarkeit vertragsrechtlicher nationaler Vorschriften ergibt.[565] Im Umkehrschluss bedeutet dies, dass die zivilrechtliche Verfolgung von Produktfehlern, die sich aus Harmonisierungsrechtsakten ergeben, europarechtlich zulässig ist.

Etwas Anderes ergibt sich auch nicht aus der Rechtsprechung des EuGHs.[566]

Der EuGH hatte die Berufung auf die Verletzung von Vorschriften der BauPR im privatrechtlichen Verhältnis nämlich verneint.[567] Ein Käufer konnte sich danach in einem Rechtsstreit über die vertragliche Haftung nicht darauf berufen, dass der Verkäufer gegen das von der BauPR vorgeschriebene Konformitätsnachweisverfahren verstoßen hatte.[568]

Diese Rechtsprechung lässt sich aber nicht auf die EU-BauPV übertragen. In dem Urteil ging es maßgeblich um die Frage, ob eine *Entscheidung* der Kommission (im Sinne des ex-Art. 249 UA. 4 EGV) Geltung zwischen Privaten erlangen kann. Die Handlungsform der Entscheidung wurde im Vertrag von Lissabon durch die Rechtsform des *Beschlusses* ersetzt.[569] Entscheidungen dienten der Regelung des Einzelfalles und konnten an Unionsorgane, die Mitgliedstaaten oder an natürliche oder juristische Personen gerichtet werden.[570] Art. 288 Abs. 4 AEUV bestimmt nunmehr, dass ein Beschluss in allen Teilen verbindlich ist[571] und bindet damit seinen Adressaten[572].

Der EuGH lehnte die Bindungswirkung der konkreten Entscheidung damit ab, dass diese auf Grundlage der Bauprodukten*richtlinie* ergangen sei. Da Richtlinien sich ausschließlich an die Mitgliedstaaten richteten, könnten sie grundsätzlich keine

---

564 Siehe § 3, C., I., 2., c).

565 Schlussanträge des Generalanwalts zu EuGH, Rs. C-613/14, Rn. 76 (Vorabentscheidungsverfahren eines irländischen Gerichts zur Frage, ob ein CE-gekennzeichnetes Produkt trotz Nichteinhaltung der Vorgaben einer harmonisierten Norm aufgrund der BauPR nicht „handelsüblich" im Sinne nationaler Vorschriften des Vertragsrechts sein kann).

566 Im Ergebnis auch Englert/Motzke/Wirth/ *Wirth*, Baukommentar, Anhang I, Rn. 60.

567 EuGH, Urt. v. 07.06.2007, Rs. C-80/06, Rn. 21.

568 EuGH, Urt. v. 07.06.2007, Rs. C-80/06, Rn. 21.

569 Bieber/Epiney/Haag, Die EU, § 6, Rn. 37.

570 Bieber/Epiney/Haag, Die EU, § 6, Rn. 37.

571 Streinz/ *Schroeder*, EUV/AEUV, Art. 288 AEUV, Rn. 141.

572 Streinz/ *Schroeder*, EUV/AEUV, Art. 288 AEUV, Rn. 140.

Geltung zwischen Privaten entfalten.[573] Für die auf einer Richtlinie gründende Entscheidung könne deshalb nichts Anderes gelten.[574]

Diese Argumentation lässt sich auf die Rechtsform der Verordnung aber nicht übertragen, denn im Gegensatz zur Richtlinie folgert man aus der allgemeinen Geltung der Verordnung ihre grundsätzliche Eignung zur Drittwirkung.[575] Die unmittelbare Geltung kann entweder direkt dadurch begründet werden, dass unmittelbare zivilrechtrechtliche Konsequenzen (wie beispielsweise die Fluggästeverordnung[576]) bestimmt werden oder dass die Verordnung mittelbar über das nationale Recht auf die Vertragsbeziehungen zwischen Personen des Privatrechts einwirkt.[577]

2. Auswirkungen der EU-BauPV auf die kauf- und werkvertragliche Haftung

Regelmäßig werden im Zusammenhang mit Bauprodukten vor allem Kauf- und Werkverträge geschlossen. Aufgrund der Vielzahl von möglichen Vertragsverhältnissen ist es für die Untersuchung sinnvoll, vergleichbare Vertragsverhältnisse in einer Gruppe zusammenzufassen. Merkmale der einzelnen Gruppen können sein, welcher Vertragstyp einschlägig ist, welche öffentlich-rechtlichen Pflichten bestehen und ob Sonderrecht, wie z.B. das Handelsrecht, berücksichtigt werden muss. Danach können vier unterschiedliche Gruppen gebildet werden. Die Wirtschaftsakteure, die untereinander Verträge schließen; die Händler, die Verträge mit den Bauunternehmern schließen; die Händler, die Verträge mit Verbrauchern schließen und Verträge zwischen Bauherren und Bauunternehmern.

a) Vertragsverhältnisse zwischen den Wirtschaftsakteuren der Handelskette

aa) Einheitliche Beurteilung der Vertragsverhältnisse

Die Wirtschaftsakteure der Handelskette bilden eine gemeinsame Gruppe. Hersteller, Importeure und Händler schließen untereinander Kaufverträge ab. Die Pflichten, welche die EU-BauPV an die Wirtschaftsakteure richtet, unterscheiden sich lediglich hinsichtlich ihres Umfangs. Auch hinsichtlich des anwendbaren Sonderrechts sind die Vertragsverhältnisse vergleichbar, da regelmäßig für alle Wirtschaftsakteure das Handelsrecht zur Anwendung kommt. Nicht relevant hingegen sind die Vorschriften zum Verbrauchsgüterkauf.

---

573   EuGH, Urt. v. 07.06.2007 – C-80/06.
574   EuGH, Urt. v. 07.06.2007 – C-80/06.
575   Bieber/Epiney/Haag, Die EU, § 6, Rn. 66.
576   Verordnung (EG) 261/2004 des europäischen Parlamentes und des Rates vom 11.02.2004 über eine gemeinsame Regelung für Ausgleichs- und Unterstützungsleistungen für Fluggäste im Fall der Nichtbeförderung und Annullierung oder großer Verspätung von Flügen und zur Aufhebung der Verordnung (EWG) 295/91, ABl. EU 2004, Nr. L 45/1.
577   Haratsch/Koenig/Pechstein, Europarecht, Rn. 383.

(1) Der Kaufvertrag als typisches Vertragsverhältnis

Die Wirtschaftsakteure verbinden sich untereinander in der Regel kaufvertraglich (§§ 433 ff. BGB).[578] Die Hauptpflicht des Verkäufers liegt gemäß § 433 Abs. 1 BGB darin, dem Käufer das Eigentum und den Besitz an der sach- und rechtsmängelfreien Kaufsache – den Bauprodukten – zu übertragen. Im Gegenzug ist der Käufer gemäß § 433 Abs. 2 BGB dazu verpflichtet, dem Hersteller den vereinbarten Kaufpreis hierfür zu zahlen. Es ist zunächst der Hersteller, der als Verkäufer der von ihm produzierten Bauprodukte auftritt. Er verkauft die Ware entweder direkt an einen Händler oder – sofern er seinen Sitz außerhalb der EU hat – an einen Importeur. Sowohl der Händler, als auch der Importeur, sind in diesem Fall Käufer im Sinne der §§ 433 ff. BGB. Der Importeur kann Verkäufer werden, indem er über die von ihm eingekauften Bauprodukte einen Kaufvertrag mit dem Händler schließt. Haben beide Vertragspartner ihren Sitz innerhalb Deutschlands und ist auch sonst nichts Abweichendes vereinbart, findet das nationale Recht, wie es die §§ 433 ff. BGB bestimmen, Anwendung.

(2) Vergleichbare öffentlich-rechtliche Pflichten

Die öffentlich-rechtlichen Pflichten der Wirtschaftsakteure sind miteinander vergleichbar, da diese jeweils auf die EU-BauPV zurückgehen.[579]

Die öffentlich-rechtlichen Pflichten der Wirtschaftsakteure unterscheiden sich zwar hinsichtlich ihres Umfanges. Sie sind aber insoweit miteinander vergleichbar, wie sich die EU-BauPV vor allem mit Überprüfungspflichten an die Wirtschaftsakteure richtet. Daneben verbietet die EU-BauPV den Wirtschaftsakteuren, Bauprodukte, die nicht den Anforderungen der Verordnung genügen, auf dem Markt bereitzustellen.[580] An die Wirtschaftsakteure im Anwendungsbereich der EU-BauPV werden unmittelbar keine bauordnungsrechtlichen Vorschriften gerichtet.

(3) Ergänzende Anwendung des Handelsrechts

Die §§ 433 ff. BGB werden bei Verträgen der Wirtschaftsakteure untereinander durch die Sonderregelungen des Handelsgesetzbuchs (HGB) ergänzt. Die EU-BauPV charakterisiert die Wirtschaftsakteure als Kaufleute im Sinne des HGB. Bei einem Geschäft zwischen zwei Wirtschaftsakteuren handelt es sich deshalb in der Regel um ein Handelsgeschäft im Sinne der §§ 343 ff. HGB.

Die Vorschriften über den Verbrauchsgüterkauf (§§ 474 ff. BGB) finden im Vertragsverhältnis zwischen den Wirtschaftsakteuren keine Anwendung. Die Vorschriften über den Verbrauchsgüterkauf kommen nur zum Tragen, wenn der Käufer Verbraucher gemäß § 13 BGB ist. Wirtschaftsakteure gemäß der Art. 2 Nr. 12 bis Nr. 22 EU-BauPV können schon begrifflich keine Verbraucher im Sinne des § 13 BGB

---

578   Englert/Motzke/Wirth/ *Wirth*, Baukommentar, Anhang I, Rn. 45.
579   Siehe dazu § 3.
580   Siehe dazu § 3, B., II., 2., § 3, B., III., 2.

sein. Verbraucher ist gemäß § 13 BGB *„jede natürliche Person, die ein Rechtsgeschäft zu Zwecken abschließt, die überwiegend weder ihrer gewerblichen noch ihrer selbstständigen beruflichen Tätigkeit zugerechnet werden können."* Art. 2 Nr. 16 EU-BauPV setzt z.b. für die Händlereigenschaft voraus, dass die Abgabe des Bauproduktes im Rahmen einer *Geschäftstätigkeit* erfolgt. Verbraucher im Sinne des § 13 BGB kann jedoch nur eine natürliche Person sein, die ein Rechtgeschäft abschließt, das weder ihrer gewerblichen noch ihrer selbstständigen beruflichen Tätigkeit zugeordnet werden kann.

bb) Gewährleistungshaftung bei Verstößen gegen die EU-BauPV

Die Wirtschaftsakteure lösen in bestimmten Konstellationen Gewährleistungsansprüche des jeweiligen Käufers aus, wenn sie ein Produkt auf dem Markt bereitstellen, das nicht den Anforderungen der EU-BauPV genügt.[581]

Die kaufrechtlichen Gewährleistungsansprüche ergeben sich aus den §§ 433 ff. BGB. Anspruchsgrundlage ist § 437 BGB in Verbindung mit den Normen, auf die jeweils verwiesen wird, da es sich bei § 437 BGB um eine Rechtsgrundverweisung handelt[582]. § 437 BGB berechtigt den Käufer Nacherfüllung zu verlangen (§ 439 BGB), vom Vertrag zurückzutreten (§§ 440, 323, 326 Abs. 5 BGB), den Kaufpreis zu mindern (§ 441 BGB) oder Schadensersatz (§§ 440, 280 ff. 311a BGB) zu verlangen. Die Gewährleistungsansprüche setzen voraus, dass die Kaufsache bei Gefahrübergang mangelhaft war und die Mängelrechte auch sonst nicht ausgeschlossen sind.

(1) Sachmangel bei Verstößen gegen Pflichten der EU-BauPV

Ein Bauprodukt ist mangelhaft im Sinne des § 434 BGB, wenn ein Wirtschaftsakteur produktbezogene Pflichten der EU-BauPV verletzt hat.

Ob ein Bauprodukt mangelhaft ist, wird im Wege einer dreistufigen Prüfung des § 434 BGB ermittelt:[583] Das Bauprodukt ist gemäß § 434 BGB mangelhaft, wenn ein Produkt die vereinbarte Beschaffenheit nicht aufweist (§ 434 Abs. 1 Satz 1 BGB). Wenn die Beschaffenheit nicht vereinbart wurde, ist das Bauprodukt mangelhaft, wenn es sich nicht für die im Vertrag vorausgesetzte Verwendung eignet (§ 434 Abs. 1 Satz 2 Nr. 1 BGB). Ist weder die Beschaffenheit vereinbart, noch die Verwendung im Vertrag vorausgesetzt, ist das Produkt mangelhaft, wenn es sich für die gewöhnliche Verwendung eignet oder eine Beschaffenheit nicht aufweist, die bei Produkten gleicher Art üblich ist und die der Käufer nach der Art des Produktes erwarten kann (§ 434 Abs. 1 Satz 2 Nr. 2 BGB).

In welcher Form die Wirtschaftsakteure eine Vereinbarung über die Beschaffenheit getroffen haben oder die Verwendung im Vertrag vorausgesetzt wurde, muss

---

581 So z.B. auch Eisenberg, Das neue Bauproduktenrecht, in: NZBau 2013, 675 (680); H. Wirth, Die EU-BauPV, in: BauR 2013, 7013 (717); Leidig/Hürter/*Leidig*, Handbuch der Kauf- und Lieferverträge am Bau, S. 144.

582 MüKo/*Westermann*, BGB, § 437, Rn. 1; Beck-OK/*Faust*, BGB, § 437, Rn. 1.

583 Schulze/*Saenger*, BGB, § 434, Rn. 7; Palandt/*Weidenkaff*, BGB, § 434, Rn. 7.

anhand der konkreten Vereinbarung im Einzelfall bestimmt werden. Hier soll deshalb vor allem eine abstrakte Einordnung der Pflichtverstöße erfolgen.

(a) Beschaffenheitsdefizite

Das Bauprodukt weist in der Regel die konkludent vereinbarte oder übliche Beschaffenheit nicht auf, wenn die tatsächliche Leistung eines Bauproduktes von der in der Leistungserklärung angegebenen Leistung abweicht oder die erforderlichen Kennzeichnungen nicht auf dem Produkt angebracht sind.

i) Beschaffenheitsvereinbarung über die Anforderungen der EU-BauPV

Ein Mangel nach § 434 Abs. 1 Satz 1 BGB liegt vor, wenn die Parteien eine Vereinbarung über die Beschaffenheit getroffen haben und das Produkt diese Beschaffenheit nicht aufweist.

Ein Beschaffenheitsdefizit liegt vor, wenn die Ist-Beschaffenheit von der Soll-Beschaffenheit abweicht.[584] Die Parteien können die Beschaffenheit einer Sache als Soll bestimmen,[585] soweit die Vereinbarung in irgendeiner Form mit der Sache zusammenhängt.[586] Sie können so einvernehmlich die §§ 434 ff. BGB zur Anwendung bringen.[587] Der Beschaffenheitsbegriff ist im Einzelnen umstritten und seit der Schuldrechtsreform auch höchstrichterlich noch nicht entschieden.[588]

Hier soll der (herrschende) weite Beschaffenheitsbegriff zu Grunde gelegt werden. Nach der weiten Auffassung gehören zur Beschaffenheit einer Kaufsache neben den Eigenschaften, die der Sache unmittelbar anhaften, auch Umweltbeziehungen, wie rechtliche Bewertungen einer Sache.[589] Sie müssen aber mit den physischen Eigenschaften des Produktes zusammenhängen und nach der Verkehrsauffassung Einfluss auf die Wertschätzung der Sache haben.[590]

Die konkrete Leistung des Bauproduktes betrifft die Beschaffenheit, da es sich jeweils um Eigenschaften handelt, die der Sache unmittelbar anhaften[591].

---

584 Jauernig/*Berger*, BGB, § 434, Rn. 8.
585 Jauernig/Berger, BGB, § 434, Rn. 8.
586 Jauernig/*Berger*, BGB, § 434, Rn. 7; Reinicke/Tiedke, Kaufrecht, Rn. 307; Schulze/ Ebers, Streitfragen im neuen Schuldrecht, in: JuS 2004, 463 (463); MüKo/*Westermann*, BGB, § 434, Rn. 10.
587 Jauernig/*Berger*, BGB, § 434, Rn. 7.
588 MüKo/*Westermann*, BGB, § 434, Rn. 9.
589 So Jauernig/*Berger*, BGB, § 434, Rn. 6; MüKo/*Westermann*, BGB; § 434, Rn. 9 f.; Palandt/*Weidenkaff*, BGB, § 434, Rn. 10; Schulze/*Saenger*, BGB, § 434, Rn. 9; Reinicke/ Tiedke, Kaufrecht, Rn. 307.
590 BGH, Urt. v. 05.11.2010 – V ZR 228/09, Rn. 13; MüKo/*Westermann*, BGB, § 434, Rn. 9; Beck-OK/*Faust*, BGB, § 434, Rn. 22; Palandt/*Weidenkaff*, § 434, Rn. 10 f.; a.A. Jauernig/*Berger*, BGB, § 434, Rn. 7.
591 Offen in BT-Drucks. 14/6040, S. 213; zum Begriff der Eigenschaft vgl. Palandt/ *Weidenkaff*, BGB, § 434, Rn. 10; Beck-OK/*Faust*, BGB, § 434, Rn. 21.

Die Feuerwiderstandsdauer eines Dämmmaterials ist z.B. eine Eigenschaft, die untrennbar mit der physischen Ausgestaltung des Produktes verbunden ist.

Da die Einhaltung der Pflichten der EU-BauPV im Übrigen in der Regel keine dem Produkt unmittelbar anhaftenden Eigenschaften sind, bedarf es einer weiteren Differenzierung, welche Pflichtverletzungen die Beschaffenheit des Produktes betreffen. Dies ist für die eigenschaftsbezogenen Pflichten jedoch anzunehmen. Dazu zählen die Kennzeichnungs- und Identifizierungspflichten, die Beifügung der erforderlichen Unterlagen wie der Leistungserklärung, der Gebrauchsanleitung und Sicherheitsinformation sowie die Durchführung der erforderlichen Untersuchungspflichten. Keine eigenschaftsbezogene Pflicht ist jedoch z.B. die Pflicht nach Art. 16 EU-BauPV, die Informationen über die Handelskette vorzuhalten.

Insbesondere ein fehlendes oder unrechtmäßiges CE-Kennzeichen kann ein Beschaffenheitsdefizit begründen.[592] Auch, wenn das CE-Kennzeichen seit der Abschaffung der Brauchbarkeitsvermutung keine Aussage über die Leistungseigenschaften des gekennzeichneten Bauproduktes mehr trifft,[593] ist das Vorhandensein des Kennzeichens eine physische Eigenschaft des Produktes. Auch die Beurteilung, ob das Produkt das CE-Kennzeichen in rechtmäßiger Weise trägt, hängt zumindest mittelbar von den physischen Eigenschaften des Produktes ab. Die Rechtmäßigkeit des CE-Kennzeichens setzt zuvorderst heraus, dass die Voraussetzungen des Art. 8 Abs. 1 EU-BauPV erfüllt sind. Die Anwendbarkeit des Art. 8 Abs. 1 EU-BauPV setzt voraus, dass für das Produkt eine harmonisierte Norm besteht. Ob dies der Fall ist, hängt von den physischen Eigenschaften des Produktes ab.

Die übrigen Pflichten stellen u.a. die Sicherheit des Produktes sicher, was unmittelbar mit dem Produkt als solchem zusammenhängt und deshalb zur Beschaffenheit gehört.

Die Parteien können aufgrund dessen z.B. miteinander vereinbaren, dass das Bauprodukt allen öffentlich-rechtlichen Vorschriften genügen muss. Dabei kann z.B. vereinbart werden, dass die erforderlichen Produktprüfungen durchgeführt werden, dass dem Produkt eine Leistungserklärung beizufügen ist oder dass ein Produkt mit dem CE-Kennzeichen versehen sein muss. Soweit die öffentlich-rechtlichen Pflichten nicht die Beschaffenheit des Bauproduktes betreffen, kommt eine Haftung des jeweiligen Vertragspartners nach den §§ 280 ff. BGB in Betracht.

Die Vereinbarung zwischen den Parteien ist der Ausgangspunkt für die Bestimmung eines Sachmangels.[594] Eine Vereinbarung kann auch konkludent erfolgen,[595] wenn sie Bestandteil des Vertrages wird.[596] Die rechtlichen Aspekte der EU-BauPV

---

592 Eisenberg, Das neue Bauproduktenrecht, in: NZBau 2013, 675 (680).
593 Anders bei Aussagen über technische Normen: MüKo/*Westermann*, BGB, § 434, Rn. 15; Wagner, Einhaltung Öffentlich-rechtliche Produktverantwortung und zivilrechtliche Folgen, in: BB 1997, 2541 (2545).
594 BT-Drucks. 14/6040, S. 212.
595 BGH, Urt. v. 05.07.1972 – VIII ZR 74/71, Rn. 10; MüKo/*Westermann*, BGB, § 434, Rn. 16; Palandt/*Weidenkaff*, BGB, § 434, Rn. 17.
596 Jauernig/*Berger*, BGB, § 434, Rn. 9.

können z.b. ausdrücklich in den Kaufvertrag, bzw. in Allgemeine Geschäftsbedingungen zum Kaufvertrag aufgenommen werden.

Die Vereinbarung der konkreten Leistung eines Bauproduktes kann z.b. erfolgen, indem auf die Leistungserklärung des einschlägigen Produkttyps bei Vertragsschluss Bezug genommen wird. Zwar wird eine Leistungserklärung grundsätzlich für jedes einzelne Bauprodukt erstellt. Da die Leistungsprüfung typbezogen erfolgt, beziehen sich die Angaben in der Leistungserklärung ausschließlich auf den Produkttyp. Es ist deshalb möglich, dass das konkrete Bauprodukt von den Angaben abweicht.

Die Vereinbarung kann etwa über Allgemeine Geschäftsbedingungen des Herstellers getroffen werden, indem die AGB auf eine bereits auf der Homepage bereitgestellte Leistungserklärung verweisen. Liegt ein solcher Fall vor, muss im Einzelfall geprüft werden, ob seitens des Herstellers Rechtsbindungswille hinsichtlich einer Leistungsvereinbarung vorgelegen hat oder der Verweis nur der Erfüllung der Pflicht aus Art. 7 EU-BauPV dient.

Eine Vereinbarung kann auch durch den Verweis des Verkäufers auf eine dem Käufer bereits bekannte Leistungserklärung erfolgen. Insbesondere im Falle des Art. 7 Abs. 2 UA. 2 EU-BauPV kann es zu einer solchen Vereinbarung kommen, da die Vorschrift nicht voraussetzt, dass das „Los gleicher Produkte" lediglich im Rahmen *eines* Vertrages geliefert wird.[597] Werden im Rahmen ständiger Geschäftsbeziehungen mehrere Verträge über dieselbe Art von Bauprodukt geschlossen und wird die Abschrift der Leistungserklärung nur bei der ersten Lieferung zur Verfügung gestellt, kann die Leistungserklärung auch für die nachfolgenden Vertragsschlüsse eine Leistungsvereinbarung beinhalten. Bestellt der Käufer beim Hersteller im Rahmen ständiger Geschäftsbeziehungen einen Produkttyp nach, kann die Nachbestellung nach dem objektiven Empfängerhorizont (§§ 157, 133 BGB) unter Umständen so ausgelegt werden, dass der Kaufvertrag unter den gleichen Bedingungen geschlossen werden sollte, wie der Vorherige.[598] Ist die konkrete Leistung des Bauproduktes durch die zur Verfügung gestellte Abschrift der Leistungserklärung bekannt, ist die erklärte Leistung in der Regel auch Bestandteil des Kaufvertrages geworden. Auch in diesem Fall bedarf es der Prüfung des Rechtsbindungswillens der Parteien im Einzelfall.

ii) Unübliche Beschaffenheit infolge eigenschaftsbezogener Pflichtverstöße

Haben die Parteien keine Vereinbarung über die Leistung getroffen, kann sich ein Sachmangel gemäß § 434 Abs. 1 Nr. 2 BGB ferner daraus ergeben, dass das Bauprodukt eine Beschaffenheit nicht aufweist, die bei Sachen gleicher Art üblich ist und die der Käufer nach der Art der Sache erwarten kann.

Auch die Einhaltung der einschlägigen öffentlich-rechtlichen Vorschriften begründen die Üblichkeit der Beschaffenheit. Soweit eigenschaftsbezogene Pflichten

---

597 Siehe dazu § 3, B., I., 6., c), bb).
598 Ähnlich beim Kauf nach Muster, siehe dazu MüKo/*Westermann*, BGB, § 434, Rn. 17.

der EU-BauPV verletzt wurden, bleibt das Bauprodukt dadurch hinter der üblichen Beschaffenheit zurück.

Ein Bauprodukt, dessen Leistungen von der Leistungserklärung abweichen, können der üblichen Beschaffenheit dennoch entsprechen. Hier bedarf es einer Differenzierung danach, ob sich das Bauprodukt generell trotz der abweichenden Leistung noch für die Verwendung in einem Bauwerk eignet. Je nach Verwendung werden öffentlich-rechtlich unterschiedliche Anforderungen an die Leistung des Bauproduktes geknüpft. Um der üblichen Beschaffenheit zu genügen, reicht die Eignung für einen mehrerer möglicher Verwendungszwecke. Für die Wirtschaftsakteure ist in der Regel irrelevant, ob sich die Bauprodukte für eine bestimmte Verwendung im Bauwerk eignen, da sie die Produkte selbst nicht verbauen. Es kann deshalb nur darauf ankommen, ob die Bauprodukte im Hinblick auf den ausgewiesenen Verwendungszweck verwendbar sind. Dennoch ergibt sich die übliche Beschaffenheit eines Bauproduktes teilweise aus DIN-Normen[599] oder öffentlich-rechtlichen Vorschriften[600], wenn diese Vorgaben über die Leistung des Produktes machen. Aus den DIN-Normen auf Grundlage der EU-BauPV ergeben sich jedoch weitestgehend keine Beschaffenheitsvorgaben, soweit diese nur Prüfverfahren vorgeben. Aus den konkreten Leistungsanforderungen an Bauprodukte in den Bauordnungen können sich jedoch Erwartungen über die Beschaffenheit herausbilden.[601]

(b) Verwendbarkeitsdefizite bei Handelsverbot nach der EU-BauPV

Ist ein Bauprodukt aufgrund der Handelsverbote in Art. 13 Abs. 2 UA. 2 EU-BauPV, Art. 14 Abs. 2 UA. 2 EU-BauPV für den Käufer nicht handelbar, liegt ein Defizit hinsichtlich der im Vertrag vorausgesetzten oder gewöhnlichen Verwendung vor.

Wenn die Beschaffenheit zwischen den Wirtschaftsakteuren nicht vereinbart ist, kann ein Produkt auch mangelhaft sein, wenn es sich nicht für die im Vertrag vorausgesetzte Verwendung eignet (§ 434 Abs. 1 Satz 1 Nr. 1 BGB). Ist im Vertrag keine Verwendung vorausgesetzt, kann sich der Sachmangel gemäß § 434 Abs. 1 Satz 2 Nr. 2 BGB auch daraus ergeben, dass das Bauprodukt sich nicht für die gewöhnliche Verwendung eignet.

Wenn die Wirtschaftsakteure die Bauprodukte wegen der Vorschriften in Art. 13 Abs. 2 UA. 2 EU-BauPV und Art. 14 Abs. 2 UA. 2 EU-BauPV nicht auf dem Markt bereitstellen dürfen, eignet sich das Bauprodukt nicht für die im Vertrag vorausgesetzte Verwendung.[602] Ist die Verwendung nicht im Vertrag vorausgesetzt, fehlt es regelmäßig an der üblichen Verwendung, da die Wirtschaftsakteure untereinander voraussetzen können, dass der Kauf jeweils getätigt wird, um die Bauprodukte als

---

599 Jauernig/*Berger*, BGB, § 434, Rn. 14.
600 Jauernig/*Berger*, BGB, § 434, Rn. 14.
601 Noch zur BauPR: Gay, Mängelhaftung des Baustoffherstellers, in: BauR 2010, 1827 (1829).
602 So auch AG Frankfurt am Main, Urt. v. 05.07.2011 – 31 C 635/11, Rn. 30 zu einem fehlenden CE-Kennzeichen einer zahnärztlichen Behandlungseinheit.

Handelsware einzusetzen. Dies ergibt sich schon aus den Begriffsdefinitionen der Wirtschaftsakteure in Art. 2 EU-BauPV.

Die Möglichkeit der Verwendung nach den §§ 16b ff. MBO ist in diesen Vertragsverhältnissen nur zweitrangig zu berücksichtigen, da die Wirtschaftsakteure die Bauprodukte nicht kaufen, um sie selbst in eine bauliche Anlage einzubauen.

Die Ware ist unverkäuflich, wenn die Bereitstellungsverbote der Art. 13 Abs. 2 UA. 2 EU-BauPV, Art. 14 Abs. 1 UA. 2 EU-BauPV eingreifen.[603] Der Händler und der Importeur sind in rechtlicher Hinsicht an dem Handel mit dem konkreten Bauprodukt gehindert, wenn Angaben, die sie nach Art. 14 Abs. 2 UA. 1 EU-BauPV, Art. 13 Abs. 2 UA. 1 EU-BauPV überprüfen müssen, nicht korrekt sind. Art. 14 Abs. 2 UA. 2 EU-BauPV und Art. 13 Abs. 2 UA. 2 EU-BauPV bestimmen, dass der Händler und der Importeur das Bauprodukt erst auf dem Markt bereitstellen dürfen, wenn die entsprechenden Fehler korrigiert wurden. Ein Produkt darf z.B. nicht auf dem Markt bereitgestellt werden, solange das CE-Kennzeichen fehlerhaft ist oder die Leistungserklärung nicht beigefügt wurde oder fehlerhaft ist.

Ein Bauprodukt dessen Leistungserklärung fehlerhafte Leistungsangaben ausweist, aber dennoch der üblichen Beschaffenheit noch entspricht, kann deshalb trotzdem mangelhaft sein, weil es sich aufgrund des Bereitstellungsverbots nicht für die vertraglich vorausgesetzte Verwendung eignet.

Das AG Frankfurt am Main hat bei einem fehlenden CE-Kennzeichen an einer zahnärztlichen Behandlungseinheit einen Mangel mit der Begründung verneint, dass die Weiterveräußerlichkeit keine Rolle spiele, wenn das Produkt bereits den Endabnehmer erreicht habe.[604] Daraus ergibt sich im Umkehrschluss, dass dieser Aspekt in der Handelskette durchaus zu einem Mangel wegen der fehlenden Eignung zur im Vertrag vorausgesetzten Verwendung führen kann.

Der Annahme eines Mangels wegen der Unverkäuflichkeit des Produktes steht nicht entgegen, dass das Verbot der Bereitstellung mit der Korrektur des jeweiligen Fehlers wieder erlischt. Es bedarf gerade eines zivilrechtlichen Anspruchs des Käufers auf Berichtigung gegen den Verkäufer, damit der Käufer das Produkt schnell auf dem Markt bereitstellen darf, ohne gegen das Handelsverbot zu verstoßen. Die EU-BauPV gibt dem betroffenen Wirtschaftsakteur keinen unmittelbaren Anspruch auf Berichtigung gegen den Verkäufer. Daneben sind die Käufer teilweise nicht selbst dazu berechtigt, Korrekturen vorzunehmen. Die EU-BauPV verbietet dem Händler z.B., eigene Korrekturen an der Leistungserklärung oder ihrer Abschrift vorzunehmen.[605] Die EU-BauPV verpflichtet die Hersteller und Importeure zwar unmittelbar zur Vornahme von Korrekturen im Fall der Nichtkonformität des Bauproduktes, der Händler kann auf das Pflichtbewusstsein der anderen Wirtschaftsakteure aber lediglich vertrauen. Lediglich die Marktüberwachungsbehörde hat die Möglichkeit mit Maßnahmen der Art. 56 ff. EU-BauPV gegen die untätigen

---

603   Siehe § 3, B., II., 2.; § 3, B., III., 2.
604   AG Frankfurt am Main, Urt. v. 05.07.2011 – 31 C 635/11, Rn. 30.
605   Siehe § 3, B., III., 4.

Wirtschaftsakteure vorzugehen. Der Händler bleibt während dieses Verfahrens aber dennoch wegen Art. 14 Abs. 2 UA. 2 EU-BauPV daran gehindert, das Bauprodukt auf dem Markt bereitzustellen. Daneben ist der maßgebliche Zeitpunkt für die Mangelfreiheit der Gefahrübergang der Kaufsache.[606] Die Korrektur durch die Verkäufer entspricht jedoch regelmäßig einer Nacherfüllung im Sinne des § 439 BGB.[607] Nach einer Korrektur sind deshalb in der Regel die anderen Gewährleistungsrechte – mit Ausnahme der Geltendmachung eines Verzögerungsschadens – ausgeschlossen.

Wenn der Käufer den Mangel jedoch erkennt, kann die Geltendmachung der Mängelrechte gemäß § 442 Abs. 1 BGB ausgeschlossen sein. Auch die grob fahrlässige Unkenntnis führt zum Ausschluss der Mängelrechte, wenn der Verkäufer den Mangel nicht arglistig verschwiegen hat.

(c) Prospekthaftung des Herstellers und Importeurs

Wenn die Leistungsangaben in einer vor Vertragsschluss[608] veröffentlichten Leistungsklärung von der Leistung des Produktes abweichen, kann sich ein Sachmangel aus § 434 Abs. 2 Nr. 3 BGB ergeben. § 434 Abs. 2 Nr. 3 BGB regelt, dass zur Beschaffenheit einer Sache auch Eigenschaften gehören können, die der Käufer aufgrund einer öffentlichen Äußerung des Verkäufers, des Herstellers oder dessen Gehilfen erwarten kann und die geeignet ist, die Kaufentscheidung zu beeinflussen. Soweit keine Richtigstellung der Äußerung durch den jeweiligen Verkäufer erfolgt, muss er sich öffentliche Äußerungen des Urhebers zurechnen lassen.

i) Die Leistungserklärung als öffentliche Äußerung

Eine Leistungserklärung, die vom Hersteller auf dessen Homepage veröffentlicht wurde,[609] ist eine öffentliche Äußerung im Sinne des § 434 Abs. 1 Satz 3 BGB.

Die Leistungserklärung ist öffentlich, da sie sich regelmäßig an eine nicht konkretisierte Anzahl von Personen[610] richtet. Die Veröffentlichung auf der Homepage dient in erster Linie dem eigenen Abnehmer, da der Hersteller mit der Veröffentlichung seiner Pflicht aus Art. 7 EU-BauPV nachkommt. Dennoch kann er in der Regel nicht kontrollieren, wer Zugang zu den Informationen in der Leistungserklärung hat. Die Leistungserklärung ist deshalb nicht ausschließlich für die konkreten Käufer eines Bauproduktes bestimmt, sondern für die Öffentlichkeit, die Informationen im Hinblick auf einen bestimmten Produkttyp auf der Homepage des Herstellers einsehen kann.

---

606 BT-Drucks. 14/6040, S. 213; MüKo/*Westermann*, BGB, § 434, Rn. 50; Beck-OK/*Faust*, BGB, § 434, Rn. 34; Jauernig/*Berger*, BGB, § 434, Rn. 5.

607 Siehe § 4, B., III., 2., a), bb), (4).

608 Beck-OK/*Faust*, BGB; § 434, Rn. 80.

609 Siehe dazu § 3, B., I., 6.

610 Beck-OK/*Faust*, BGB, § 434, Rn. 81; MüKo/*Westermann*, BGB, § 434, Rn. 28; Jauernig/*Berger*, BGB, § 434, Rn. 15; Palandt/*Weidenkaff*, BGB, § 434, Rn. 34.

Öffentliche Äußerungen im Sinne des § 434 Abs. 1 Satz 3 BGB können nicht nur Werbeaussagen sein, sondern auch Sachangaben in Testberichten[611] oder in veröffentlichten Gutachten[612]. In diese Reihe gehört auch die Leistungserklärung, da sie die Ergebnisse der nach den einschlägigen technischen Normen durchgeführten Untersuchungen zusammenfasst.

Das CE-Kennzeichen fällt ebenfalls unter den Kennzeichenbegriff des § 434 Abs. 1 Satz 3 BGB. Ein Kennzeichen muss einen Bezug zu den Eigenschaften einer Sache aufweisen.[613] Eine solche Verknüpfung wird über den Symbolgehalt des Art. 8 Abs. 2 UA. 3 EU-BauPV geschaffen. Mit der Anbringung des CE-Kennzeichens erklärt der Hersteller konkludent, dass das Produkt entsprechend den einschlägigen Vorschriften geprüft wurde. Dass das Kennzeichen mangels Brauchbarkeitsvermutung keinen Aufschluss auf die Leistungsmerkmale selbst mehr gibt, schadet deshalb nicht.

Häufig werden die Angaben in der veröffentlichten Leistungserklärung auch die Kaufentscheidung des Käufers beeinflusst haben. Die Eigenschaften müssen abstrakt dazu geeignet sein, eine Kaufentscheidung zu beeinflussen.[614] Zwar verwendet der Wirtschaftsakteur das Bauprodukt regelmäßig nicht, um es selbst in ein Bauwerk einsetzen zu können, sodass nationale Leistungsanforderungen für die Wirtschaftsakteure nicht von unmittelbarere Bedeutung sind. Gerade der Händler wird aber ein Interesse daran haben, Bauprodukte vom Importeur oder Hersteller zu kaufen, die nach dem nationalen Bauordnungsrecht verwendet werden dürfen, da seine künftigen Vertragspartner regelmäßig ein solches Interesse haben. Sind die Bauprodukte nach den Vorgaben der Bauordnung jedoch für einen bestimmten Verwendungszweck nicht verwendbar, hat der Händler selbst keine Chance, die Produkte erfolgsbringend weiterzuverkaufen.

ii) Überschneidung der Herstellerbegriffe in ProdHaftG und EU-BauPV

Der Hersteller im Sinne des Art. 2 Nr. 19 EU-BauPV ist Urheber der öffentlichen Äußerung im Sinne des § 434 Abs. 1 Satz 3 BGB.

Der Hersteller ist nach den Regelungen der EU-BauPV Urheber der Leistungserklärung. Unter den Voraussetzungen des Art. 15 EU-BauPV können auch der Händler oder der Importeur i.S.d. Art. 2 Nr. 20, 21 EU-BauPV Urheber der Äußerung im Sinne des § 434 Abs. 1 Satz 3 BGB sein. Daneben reicht auch die Erstellung der Leistungserklärung durch den Bevollmächtigten als *„Gehilfe des Herstellers"* aus.

Der Begriff des Herstellers in § 434 Abs. 1 Satz 3 BGB verweist auf § 4 Abs. 1 und 2 ProdHaftG. Gemäß § 4 Abs. 1 Satz 1 ProdHaftG ist Hersteller, wer das *„Endprodukt,*

---

611   MüKo/Westermann, BGB, § 434, Rn. 28.
612   MüKo/*Westermann*, BGB, § 434, Rn. 28; Jauernig/*Berger*, BGB, § 434, Rn. 15.
613   Palandt/*Weidenkaff*, BGB, § 434, Rn. 35.
614   MüKo/*Westermann*, BGB, § 434, Rn. 29; Schulze/*Saenger*, BGB, § 434, Rn. 16; Beck-OK/*Faust*, BGB, § 434, Rn. 87.

einen Grundstoff oder ein Teilprodukt hergestellt hat". Bauprodukte als Endprodukte[615] erfüllen somit den Produktbegriff des ProdHaftG.

Als Hersteller im Sinne des ProdHaftG gilt auch derjenige, der sich *„durch das Aufbringen seines Namens, seiner Marke oder eines anderen unterscheidungskräftigen Kennzeichens als Hersteller ausgibt"*. Der Aspekt der Vermarktung im eigenen Namen ist in der EU-BauPV ebenso in Art. 15 EU-BauPV geregelt. Danach kann sowohl der Händler, als auch der Importeur Hersteller im Sinne beider Vorschriften sein.

Im Hinblick auf die von der Person des Herstellers ausgehenden Tätigkeiten, ist das ProdHaftG weiter als die EU-BauPV. Jedenfalls fallen aber die Tätigkeiten welche die EU-BauPV erfasst, auch unter das ProdHaftG. Nach § 4 Abs. 2 ProdHaftG erfassen die Herstellerpflichten des ProdHaftG auch denjenigen, der *„ein Produkt zum Zweck des Verkaufs, der Vermietung, des Mietkaufs oder einer anderen Form des Vertriebs mit wirtschaftlichem Zweck im Rahmen seiner geschäftlichen Tätigkeit in den Geltungsbereich des Abkommens über den Europäischen Wirtschaftsraum einführt oder verbringt"*. Art. 14 Abs. 1 EU-BauPV knüpft die Herstellereigenschaft, an die eigene Entwicklung, Herstellung und Vermarktung des Bauproduktes. Die Herstellerpflichten werden letztlich durch das *Inverkehrbringen* ausgelöst. Anders als im ProdHaftG genügt nicht schon jede Gebrauchsüberlassung, wie etwa im Rahmen eines Mietvertrages.

iii) Kein Ausschluss der Haftung wegen Unkenntnis der Veröffentlichung

Der Verkäufer haftet ausnahmsweise nicht für Äußerungen eines Dritten, wenn er die Äußerung weder kannte noch kennen musste.[616] Der Hersteller selbst hat naturgemäß Kenntnis von dem Bestehen der Leistungserklärung. Der Importeur hat auch schon wegen seiner Kontrollpflicht gemäß Art. 13 Abs. 2 UA. 1 EU-BauPV, die hinsichtlich der Leistungserklärung besteht, Kenntnis von der Existenz der Leistungserklärung. Der Importeur hat auch von der Bereitstellung auf der Homepage regelmäßig Kenntnis. Aufgrund seiner Pflichten aus Art. 7 EU-BauPV, Art. 13 Abs. 2 EU-BauPV hat er sich in der Regel mit den Modalitäten der Bereitstellung der Leistungserklärung beschäftigt. Für das Kennenmüssen ist einfache Fahrlässigkeit im Sinne des § 122 Abs. 2 BGB ausreichend.[617] Vor dem Hintergrund der Regelung des Art. 7 EU-BauPV stellt es die Außerachtlassung der im Verkehr erforderlichen Sorgfalt dar, die Form der Veröffentlichung der Abschrift einer Leistungserklärung nicht zu überprüfen.

---

615 Siehe § 3, A., I., 1., b).
616 Schulze/*Saenger*, BGB, § 434, Rn. 16; MüKo/*Westermann*, BGB, § 434, Rn. 33; Jauernig/*Berger*, BGB, § 434, Rn. 17; Beck-OK/*Faust*, BGB, § 434, Rn. 85.
617 BT-Drucks. 14/6040, S. 215; MüKo/Westermann, BGB, § 434, Rn. 33; Jauernig/*Berger*, BGB, § 434, Rn. 17.

iv) Ausschluss der Haftung bei Korrektur der Leistungsangaben

Die Haftung des Importeurs für eine veröffentlichte fehlerhafte Leistungserklärung ist ausgeschlossen, wenn er die Äußerung bei Vertragsschluss korrigiert hat.[618] Auch wenn der Importeur seinen Kontrollpflichten gemäß Art. 13 Abs. 2 UA. 2 EU-BauPV nachkommt, ist es möglich, dass die erforderliche Korrektur unterbleibt. Grundsätzlich darf der Importeur nur Produkte auf dem Markt bereitstellen, für die eine Leistungserklärung erstellt wurde. Das Gleiche gilt für die Übereinstimmung des Bauproduktes mit der erklärten Leistung (Art. 13 Abs. 2 UA. 2 EU-BauPV). Der Importeur muss in diesem Fall im Zweifel gemäß Art. 13 Abs. 7 EU-BauPV selbst Korrekturmaßnahmen ergreifen. Da die Importeure jedoch nur zu einer stichprobenartigen inhaltlichen Untersuchung verpflichtet sind, ist es möglich, dass der Importeur die Fehler der Leistungserklärung nicht erkannt hat und dennoch für die Abweichung haftet.

(c) Mangel bei fehlerhafter Gebrauchsanleitung

Bei der Gebrauchsanleitung im Sinne von Art. 11 Abs. 6 EU-BauPV handelt es sich in der Regel um eine Montageanleitung im Sinne des § 434 Abs. 2 Satz 2 BGB. Im Einzelfall kann sich jedoch etwas Anderes ergeben.

Die sogenannte „*IKEA-Klausel*"[619] setzt voraus, dass das betreffende Produkt zur Montage bestimmt ist.[620] Maßgeblich kommt es dabei darauf an, ob das Produkt erst nach einer erfolgten Montage erstmalig in Betrieb genommen werden kann.[621] Bei Bauprodukten ist dies in der Regel Fall, da sie als Einzelprodukt oft unbrauchbar sind. Die Mangelhaftigkeit wegen einer fehlerhaften Gebrauchsanleitung ist zwischen den Wirtschaftsakteuren nicht ausgeschlossen, weil sie das Produkt in der Regel selbst nicht einbauen. Für einen Mangel nach § 434 Abs. 2 Satz BGB kommt es nämlich nicht darauf an, ob der Käufer das Produkt selbst verbauen will.[622]

Die Gebrauchsanleitung ist mangelhaft, wenn ein Großteil der potentiellen Käufer nicht in der Lage ist, dass Produkt auf Anhieb richtig zu installieren.[623]

(2) Verstoß gegen Pflichten der EU-BauPV bei Gefahrübergang

Der Gefahrübergang eines Bauproduktes ist in der Regel bereits erfolgt, wenn ein Produkt den Anforderungen der EU-BauPV nicht genügt, da die Pflichten der EU-BauPV an die Bereitstellung auf dem Markt geknüpft sind.

---

618 MüKo/*Westermann*, BGB, § 434, Rn. 34.

619 Beck-OK/*Faust*, BGB, § 434, Rn. 93; MüKo/*Westermann*, BGB, § 434, Rn. 38.

620 MüKo/*Westermann*, BGB, § 434, Rn. 39; Beck-OK/*Faust*, BGB, § 434, Rn. 95; Palandt/*Weidenkaff*, BGB, § 434, Rn. 46.

621 Beck-OK/*Faust*, BGB § 434, Rn. 95.

622 Beck-OK/*Faust*, BGB, § 434, Rn. 95; MüKo/*Westermann*, BGB, § 434, Rn. 39.

623 Beck-OK/*Faust*, BGB; § 434, Rn. 97; MüKo/*Westermann*, BGB, § 434, Rn. 39.

Maßgeblicher Zeitpunkt für das Vorliegen eines Mangels ist der Gefahrübergang.[624] Der Gefahrübergang erfolgt in der Regel durch Übergabe des Bauproduktes an den Käufer (§ 446 BGB)[625] oder bei der Übergabe an die Transportperson (§ 447 BGB).

Stellt sich nach dem Gefahrübergang heraus, dass das Bauprodukt mangelhaft ist, weil eine Pflicht der EU-BauPV verletzt wurde, liegt es nach der Art des Mangels nahe, dass diese schon bei Gefahrübergang vorgelegen hat. Umgekehrt liegt kein Sachmangel vor, wenn der betroffene Wirtschaftsakteur die Untersuchung vor der Bereitstellung auf dem Markt unterlassen hat, die Untersuchung aber bis zum Gefahrübergang nachholt und das Produkt ggf. korrigiert. Trotz der Missachtung der Pflichten der EU-BauPV ist das Produkt dann zum maßgeblichen Zeitpunkt mangelfrei.

(3) Kein Ausschluss der Mängelhaftung nach § 377 HGB

Eine nach § 377 HGB unterlassene Rüge schließt unter Umständen die Gewährleistungsrechte eines Wirtschaftsakteurs aus.[626] § 377 Abs. 1, Abs. 2 HGB gibt dem Käufer auf, die Ware unverzüglich nach ihrer Ablieferung auf Mängel zu untersuchen und einen ggf. entdeckten Mangel zu rügen. Andernfalls gilt die Ware als genehmigt (§ 377 Abs. 2 HGB).

Wie viel Zeit dem betroffenen Wirtschaftsakteur zur Rüge bleibt, hängt vor allem davon ab, welche Pflichtverletzung des Verkäufers den Mangel jeweils verursacht hat. § 377 HGB begründet jedoch lediglich eine Obliegenheit[627] der Wirtschaftsakteure. Das bedeutet, dass sie zur Rüge nicht verpflichtet sind, sondern im Falle eines Unterlassens die eigenen Gewährleistungsrechte verlieren.[628]

(a) Handelskauf bei Geschäften der Wirtschaftsakteure untereinander

§ 377 HGB kommt bei Handelskäufen im Sinne der §§ 343, 344 HGB[629] zur Anwendung.[630] Handeln die Wirtschaftsakteure untereinander, liegen die Voraussetzungen eines Handelskaufs regelmäßig vor.

Bauprodukte als „handelbare, bewegliche Sachen"[631] erfüllen den Begriff der Ware. Ein beiderseitiges Handelsgeschäft liegt vor, wenn Käufer und Verkäufer jeweils

---

624   BT-Drucks. 14/6040, S. 213; MüKo/*Westermann*, BGB, § 434, Rn. 50; Beck-OK/*Faust*, BGB, § 434, Rn. 34; Jauernig/*Berger*, BGB, § 434, Rn. 5.

625   BT-Drucks. 14/6040, S. 212; MüKo/*Westermann*, BGB, § 434, Rn. 50; Beck-OK/*Faust*, BGB, § 434, Rn. 35.

626   Oetker/*Koch*, HGB, § 377, Rn. 117.

627   Koller/Kindler/Roth/Morck/*Roth*, HGB; § 377, Rn. 1.

628   Koller/Kindler/Roth/Morck/*Roth*, HGB; § 377, Rn. 1.

629   Baumbach/Hopt/*Hopt*, HGB, § 377, Rn. 2; Ebenroth/Boujong/Joost/Strohn/*Müller*, HGB, § 377, Rn. 1; MüKo/*Grunewald*, HGB, § 377, Rn. 7.

630   Baumbach/Hopt/*Hopt*, HGB, § 377, Rn. 2.

631   Zum Begriff der Ware: Ebenroth/Boujong/Joost/Strohn/*Müller*, HGB, § 377, Rn. 1.

echte Kaufleute sind.[632] Die Wirtschaftsakteure sind Kaufleute, da der Handel mit Bauprodukten in der Regel so komplex ist, dass ein in kaufmännischer Weise eingerichteter Geschäftsbetrieb (§ 1 Abs. 2 HGB) erforderlich ist. Sind die Wirtschaftsakteure ohnehin in Form einer Handelsgesellschaft[633], also z.B. als OHG, KG, GmbH oder AG,[634] organisiert, sind sie schon aufgrund ihrer Rechtsform Kaufleute (§ 6 HGB).

(b) Bestimmung der Rügefrist nach der Art des Mangels

Eine Mängelrüge muss unverzüglich nach der Ablieferung der Ware erfolgen, wenn ein Mangel offensichtlich ist. Allein auf die rechtzeitige Rüge kommt es an, um die Genehmigungsfiktion des § 377 Abs. 2 HGB zu verhindern.[635] Nur, wenn eine sofortige Untersuchung nach Ablieferung der Ware untunlich ist oder der Mangel verdeckt ist, kann die Rüge ausnahmsweise später erfolgen.[636] Zur Bestimmung der Rügefrist kommt es also auf die Art des Mangels an. Ein offensichtlicher Mangel muss eher gerügt werden, als ein Mangel, der naturgemäß erst nach gründlicher Untersuchung der gesamten Lieferung entdeckt werden kann.[637] Da es sich bei Bauprodukten im Sinne der Verordnung um Massengüter handelt, genügt in der Regel eine stichprobenartige Untersuchung.[638]

Ein Mangel ist offensichtlich, wenn er daraus resultiert, dass das Bauprodukt formale Anforderungen der EU-BauPV nicht einhält. Auf diese Mängel muss das Produkt deshalb unverzüglich nach Ablieferung der Ware[639] untersucht und ggf. gerügt[640] werden. Unverzüglich bedeutet dabei *ohne schuldhaftes Zögern* im Sinne des § 121 BGB.[641]

Zu den formalen Anforderungen gehören vor allem die Angaben, die der Händler nach Art. 14 Abs. 2 EU-BauPV bzw. der Importeur nach Art. 13 Abs. 2 EU-BauPV überprüfen muss. Die dort aufgelisteten Prüfpflichten enthalten ausschließlich äußerlich erkennbare Unzulänglichkeiten des Bauproduktes. Es muss z.B. überprüft

632 Ebenroth/Boujong/Joost/Strohn/*Müller*, HGB, § 377, Rn. 8; MüKo/*Grunewald*, HGB, § 377, Rn. 10; Oetker/*Koch*, § 377, Rn. 3.

633 Oetker/*Körber*, HGB, § 6, Rn. 2.

634 Oetker/*Körber*, HGB, § 6, Rn. 2 ff; Baumbach/Hopt/*Hopt*, HGB, § 6, Rn. 2, 3; MüKo/ *Schmidt*, HGB, § 6, Rn. 3.

635 Baumbach/Hopt/*Hopt*, HGB, § 377, Rn. 20.

636 Baumbach/Hopt/*Hopt*, HGB, § 377, Rn. 20.

637 Baumbach/Hopt/*Hopt*, HGB, § 377, Rn. 35 ff.

638 Ebenroth/Boujong/Joost/Strohn/*Müller*, HGB, § 377, Rn. 84, 98; Baumbach/Hopt/ *Hopt*, HGB, § 377, Rn. 27.

639 Baumbach/Hopt/*Hopt*, HGB, § 377, Rn. 21; Koller/Kindler/Roth/Morck/*Roth*, HGB, § 377, Rn. 6.

640 BGH, Urt. v. 14.07.1993 – VIII ZR 143/92, Rn. 25; Koller/Kindler/Roth/Morck/*Roth*, HGB, § 377, Rn. 8; MüKo/*Grunewald*, HGB, § 377, Rn. 60.

641 Baumbach/Hopt/*Hopt*, HGB, § 377, Rn. 35.

werden, ob das CE-Kennzeichen angebracht ist[642], ob sonstige erforderliche Unterlagen beigefügt sind, ob die Produkte Informationen über den Hersteller enthalten sowie, ob die Produkte eine Identifikations- und Seriennummer aufweisen.

Offensichtlich ist ein Mangel ausnahmsweise auch bei erkennbar falschen Leistungsangaben. Erkennen der Importeur oder der Händler aufgrund der Abschrift der Leistungserklärung, dass Angaben in der Leistungserklärung nicht mit der Leistung des Bauproduktes übereinstimmen können, müssen sie auch diesen Verdacht zu rügen. Dies kann der Fall sein, wenn die Fehlerhaftigkeit der Leistungsangaben offensichtlich ist. Die Wirtschaftsakteure sind auch zur Rüge verpflichtet, wenn sie unabhängig von einer Untersuchung[643], Kenntnis von einem Mangel aufgrund fehlerhafter Leistungsangaben erlangt haben.

Der Käufer kann sich nicht darauf berufen, dass er nicht wusste, dass das Bauprodukt entweder nach der EU-BauPV oder den Bauordnungen zertifiziert sein muss.[644] Er muss daher die Einhaltung dahingehender Regeln überprüfen.[645] Wenn der Käufer jedoch den Verdacht hat, dass ein Bauprodukt anstatt der europäischen Vorschriften nach den nationalen Zertifizierungsvorschriften geprüft und gekennzeichnet wurde, kann sich die Untersuchungsfrist ausnahmsweise verlängern.[646] Allerdings muss er dem Verdacht auf schnellstmöglichem Wege nachgehen.[647] Falls ihm hierfür die erforderliche Sachkunde fehlt, muss er einen Sachverständigen[648] – etwa einen Rechtsanwalt – heranziehen.

Der Käufer muss auch die Leistung eines Bauproduktes stichprobenartig überprüfen. Die Untersuchungsobliegenheit erstreckt sich grundsätzlich auch auf schwierig zu bestimmende Mängel[649]. Der Umfang der erforderlichen Untersuchung fällt für Händler und Importeur jeweils unterschiedlich aus. Die unterschiedlichen Anforderungen ergeben sich daraus, dass schon die EU-BauPV unterschiedliche Untersuchungsanforderungen an die Wirtschaftsakteure stellt.

Art und Umfang der Untersuchung richten sich danach, was aus Sicht eines objektiven, in der Branche tätigen Käufers geboten ist.[650] Dies erfolgt unter anderem

---

642 So auch LG Kleve, Urt. v. 22.02.2012 – 2 O 260/11, Rn. 35; Kuffer/Wirth/*Schmidt*, Der Baustoffhandel, Rn. 1325.

643 Oetker/*Koch*, HGB, § 377, Rn. 33; Baumbach/Hopt/*Hopt*, § 377, Rn. 20; MüKo/ *Grunewald*, HGB, § 377, Rn. 31.

644 LG Kleve, Urt. v. 22.02.2010 – 2 O 260/11, Rn. 35.

645 LG Kleve, Urt. v. 22.02.2010 – 2 O 260/11, Rn. 35.

646 Ebenroth/Boujong/Joost/Strohn/*Müller*, HGB, § 377, Rn. 164.

647 Ebenroth/Boujong/Joost/Strohn/*Müller*, HGB, § 377, Rn. 164.

648 Ebenroth/Boujong/Joost/Strohn/*Müller*, HGB, § 377, Rn. 76; Baumbach/Hopt/*Hopt*, HGB, § 377, Rn. 28.

649 Baumbach/Hopt/*Hopt*, HGB, 377, Rn. 28; Koller/Kindler/Roth/Morck/*Roth*, HGB, § 377, Rn. 8.

650 Koller/Kindler/Roth/Morck/*Roth*, HGB, § 377, Rn. 8a; Oetker/*Koch*, HGB, § 377, Rn. 39.

im Wege einer Interessensabwägung.[651] Gerade im Hinblick auf die Durchführung einer chemischen Analyse müssen dabei die Untersuchungskosten in die Abwägung eingestellt werden.[652]

Dem Importeur ist eine stichprobenartige Überprüfung der Richtigkeit der Leistungsangaben zumutbar. Dem Händler ist die Überprüfung jedoch regelmäßig nur zumutbar, wenn Verdachtsmomente vorliegen.

Der Umfang der Untersuchungsobliegenheit ergibt sich mittelbar auch aus der EU-BauPV. Da der Importeur und der Händler häufig die Leistung eines Bauproduktes nicht selbst überprüfen können, müssen sie Sachverständige oder Prüfinstitute einbeziehen. Die Zumutbarkeit bestimmt sich nach der Tunlichkeit und bezieht den Aufwand, die Kosten, aber auch die Gepflogenheiten der Branche ein.[653] Da eine solche Untersuchung mit erheblichen Kosten und Aufwand verbunden ist,[654] ist die Schwelle für die Prüfpflicht höher anzulegen, als bei der Prüfung auf formale Unzulänglichkeiten des Produktes. Der Importeur ist nach Art. 13 Abs. 6 EU-BauPV sowieso dazu verpflichtet, die Leistung der Bauprodukte, die auf dem Markt bereitstellt, stichprobenartig zu prüfen. Dem Importeur ist die Untersuchung nach § 377 HGB deshalb in der Regel zumutbar.

Anders ist dies im Einzelfall für den Händler zu beurteilen. Der Händler ist gemäß Art. 14 Abs. 2 UA. 2 EU-BauPV grundsätzlich nicht dazu verpflichtet, die Leistungsangaben materiell nachzuprüfen. Wenn kein objektiver Verdacht besteht, dass die Angaben in der Leistungserklärung nicht die tatsächliche Leistung des Bauproduktes abbilden, ist dem Händler eine umfängliche Untersuchung nicht zumutbar.[655]

Die Untersuchungs- und Rügefrist muss verlängert werden,[656] soweit die Richtigkeit der Leistungserklärung geprüft werden muss, da es in der Regel der Einbeziehung Dritter bedarf. Im Einzelfall kann sich jedoch etwas Anderes ergeben, wenn die Untersuchung mit verhältnismäßig geringen Kosten verbunden ist.[657]

(4) Rechtsfolgen des § 437 BGB

Rechtsfolge eines Sachmangels können alle in § 437 BGB genannten Rechte sein. Vorrangig ist das Recht auf Nacherfüllung (§§ 437 Nr. 1, 439 BGB). Erst wenn die Nacherfüllung nicht mehr in Betracht kommt, kann der Käufer den Kaufpreis mindern,

---

651 BGH, Urt. v. 24.02.2016 – VIII ZR 38/15, Rn. 20; BGH, Urt. v. 14.10.1970 – VIII ZR 156/68, Rn. 10; Koller/Kindler/Roth/Morck/*Roth*, HGB, § 377, Rn. 8a.

652 OLG Koblenz, Urt. v. 07.07.2016 – 2 U 504/15, Rn. 23.

653 BGH, Urt. v. 03.12.1975 – VII ZR 237/74, Rn. 6; Koller/Kindler/Roth/Morck/*Roth*, HGB, § 377, Rn. 8a; MüKo/*Grunewald*, HGB, § 377, Rn. 38; Baumbach/Hopt/*Hopt*, HGB, § 377, Rn. 25; Ebenroth/Boujong/Joost/Stohn/*Müller*, HGB, § 377, Rn. 85.

654 Oetker/*Koch*, HGB, § 377, Rn. 39; Koller/Kindler/Roth/Morck/*Roth*, HGB, § 377, Rn. 8a.

655 So auch für den Bauunternehmer LG Potsdam, Urt. v. 21. 05. 2014 – 3 O 86/13, Rn. 34.

656 Oetker/*Koch*, HGB, § 377, Rn. 40.

657 Siehe dazu auch OLG Koblenz, Urt. v. 07.07.2016 – 2 U 504/15, Rn. 23.

vom Vertrag zurücktreten oder Schadensersatz geltend machen. Bei Mängeln, die aus einer Verletzung der Pflichten der EU-BauPV resultieren, kommen deshalb vorrangig Korrekturmaßnahmen in Betracht. Wenn der Käufer Schadensersatz (§§ 437 Nr. 3, 280 ff. BGB) begehrt, muss der Verkäufer den Mangel zu vertreten haben.

(a) Vorrang von Korrekturmaßnahmen im Rahmen der Nacherfüllung

Der Käufer muss in der Regel eine Frist zur Nacherfüllung setzen, bevor die übrigen Rechte geltend machen kann. Bevor der Käufer vom Vertrag zurücktritt, den Kaufpreis mindert oder Schadensersatz verlangt, muss er den Verkäufer zunächst zu Korrekturmaßnahmen auffordern.[658] Ausnahmsweise bedarf es in den Fällen des § 440 BGB und des § 326 Abs. 5 BGB keiner Fristsetzung.

Wenn der Käufer Nacherfüllung in Form der Lieferung einer mangelfreien Sache (§ 439 Abs. 1 Alt. 2 BGB) verlangt, kann der Verkäufer diese eventuell wegen Unverhältnismäßigkeit gemäß § 439 Abs. 3 BGB verweigern.[659] Regelmäßig sind die Voraussetzungen der Verweigerung des Verkäufers wegen relativer Unverhältnismäßigkeit erfüllt, wenn lediglich Korrekturmaßnahmen vorgenommen werden müssen. Relative Unverhältnismäßigkeit liegt in der Regel vor, wenn die Nachlieferung des Bauproduktes im Vergleich zur Korrektur etwa 120 Prozent[660] beträgt. Dies ist z.B. der Fall, wenn die Gebrauchsanleitung oder Sicherheitserklärung nachgereicht werden kann oder die Angaben in der Leistungserklärung korrigiert werden können.

(b) Schadensersatz: Vertretenmüssen bei Pflichtverletzung der EU-BauPV

Praktisch relevant im Zusammenhang mit der Lieferung mangelhafter Bauprodukte ist vor allem der Schaden, der dadurch entsteht, dass der Käufer das Bauprodukt erst nach der Korrektur des Fehlers auf dem Markt bereitstellen darf. Davon erfasst sind z.B. Schäden, die durch die Lagerkosten entstehen. Auch der entgangene Gewinn des Weiterverkaufs wird ersetzt, wenn dieser aufgrund des Mangels scheitert.[661] Der Schaden wird im Rahmen des Schadensersatzes neben der Leistung gemäß § 280 Abs. 1 BGB ersetzt, da der Schaden bereits eintritt, während der Käufer am Weiterverkauf verhindert ist.[662] Der Schaden kann deshalb durch die Nacherfüllung nicht

---

658   Beck-OK/*Faust*, BGB, § 439, Rn. 2; Palandt/*Weidenkaff*, BGB; § 439, Rn. 7.

659   Beck-OK/*Faust*, BGB, § 439, Rn. 38; Jauernig/*Berger*, BGB, § 439, Rn. 27.

660   LG Ellwangen, Urt. v. 13.12.2002 – 3 O 219/02, Rn. 40; Palandt/*Weidenkaff*, BGB, § 439, Rn. 16a; Jauernig/*Berger*, BGB, § 439, Rn. 30.

661   Tiedke/Schmitt, Kaufrechtlicher Schadensersatz statt der Leistung, in: BB 2005, 615 (618).

662   BGH, Urt. v. 19.06.2009 – V ZR 93/08, Rn. 11; Beck-OK/*Faust*, BGB; § 437, Rn. 65; Lorenz, Schuldrechtsreform 2002, in: NJW 2005, 1889, (1891); Palandt/*Weidenkaff*, BGB, § 434, Rn. 34; MüKo/*Westermann*, BGB, § 437, Rn. 34; a.A.: Arnold/Dötsch, Ersatz von Mangelfolgeaufwendungen, in: BB 2003, 2250 (2253); Oechsler, Praktische Anwendungsprobleme des Nacherfüllungsanspruchs, in: NJW 2004, 1825 (1828).

mehr beseitigt werden. Eine Fristsetzung zur Nacherfüllung ist hierfür entbehrlich. Voraussetzung eines Schadensersatzanspruchs ist, dass der Verkäufer den Mangel zu vertreten hat.[663] Dies ergibt sich aus der Verweisung auf §§ 280 ff. BGB. Da hier bereits an die Schlechtleistung des Erfüllungsanspruchs angeknüpft wird, muss sich das Verschulden auch auf die Mangelverursachung beziehen.

Der jeweilige Verkäufer hat den Mangel am Bauprodukt regelmäßig zu vertreten, wenn er seinerseits eine der Pflichten der EU-BauPV verletzt hat und diese Verletzung ursächlich für den Mangel war.

Verletzt ein Wirtschaftsakteur Pflichten, die ihm durch die EU-BauPV auferlegt wurden und äußert sich diese Pflichtverletzung in einem Mangel des Bauproduktes, hat er in der Regel die im Verkehr erforderliche Sorgfalt außer Acht gelassen (§ 276 Abs. 1, 3 BGB). Grundsätzlich muss der Verkäufer zwar nicht alle Produkte uneingeschränkt auf Mängel untersuchen, bevor er sie zum Kauf anbietet.[664] Etwas Anderes ergibt sich aber aus den Pflichten der EU-BauPV. Sie stellen öffentlich-rechtliche Handlungspflichten dar, die den Sorgfaltsmaßstab des jeweiligen Wirtschaftsakteurs verschieben[665].

i) Prüfung formaler Anforderungen

Die Wirtschaftsakteure handeln in der Regel fahrlässig im Sinne des § 276 Abs. 2 BGB, wenn sie Prüfpflichten der EU-BauPV verletzen, die sich auf formale Anforderungen an Bauprodukte beziehen.

Hat der Importeur z.B. nicht überprüft, ob der Hersteller das Bauprodukt mit dem CE-Kennzeichen versehen hat und verkauft er das Produkt dennoch an einen Händler weiter, hat er den Mangel jedenfalls fahrlässig verursacht. Wäre er seiner Prüfpflicht nachgekommen, hätte er den Mangel erkannt und das Bauprodukt in Folge des Bereitstellungsverbots des Art. 14 Abs. 2 UA. 2 EU-BauPV nicht auf dem Markt bereitgestellt.

Die Verletzung der Prüfpflichten der EU-BauPV deckt sich nicht mit den Untersuchungspflichten des § 377 HGB. Eine stichprobenartige Überprüfung reicht nach den Vorgaben der EU-BauPV auch bei großen Liefermengen nicht aus. Art. 13 Abs. 2 UA. 1 EU-BauPV sieht z.B. vor, dass sich der Importeur vergewissern muss, dass das Bauprodukt mit dem CE-Kennzeichen versehen ist. Da die Kennzeichnungspflicht für jedes einzelne Produkt gilt, bedarf es auch einer Einzelprüfung. Der betroffene Wirtschaftsakteur hat deshalb nicht die im Verkehr erforderliche Sorgfalt beachtet, wenn er Untersuchungen vornimmt, die lediglich dem § 377 HGB genügen.

Auch wenn der betroffene Wirtschaftsakteur die Untersuchung vor der Bereitstellung auf dem Markt unterlassen hat, kann er die Untersuchung bis zum Gefahrübergang nachholen, ohne dass das Produkt sachmangelhaft wäre. Während die

---

663 MüKo/*Ernst*, BGB, § 280, Rn. 21; Schulze/*Schulze*, BGB, § 280, Rn. 14; Beck-OK/ *Lorenz*, BGB, § 280, Rn. 31; MüKo/*Grundmann*, BGB, § 276, Rn. 4.

664 BT-Drucks. 14/6040, S. 210.

665 Beck-OK/*Lorenz*, BGB, § 276, Rn. 24.

Prüfpflichten der EU-BauPV auf den Zeitpunkt vor dem Inverkehrbringen abstellen, muss das Bauprodukt erst bei Gefahrübergang[666] frei von Sachmängeln sein. Dieser erfolgt im Regelfall nach § 446 BGB mit der Übergabe des Bauproduktes an den Vertragspartner.[667]

ii) Prüfung der Leistungsangaben

Anders zu beurteilen ist die Frage bei der materiellen Überprüfung der Leistung. Hier sind insbesondere der Hersteller und der Importeur in der Pflicht.

Grundsätzlich muss der jeweilige Verkäufer zur Beachtung der im Verkehr erforderlichen Sorgfalt keine umfassenden technischen Untersuchungen durchführen, um den Sorgfaltsanforderungen gerecht zu werden.[668]

Etwas Anderes gilt jedoch für den Hersteller und den Importeur, da die Untersuchungspflichten für diese Wirtschaftsakteure öffentlich-rechtlich vorgeschrieben sind. Der Hersteller muss nach Art. 11 Abs. 1 EU-BauPV eine Leistungserklärung erstellen, die mit der tatsächlichen Leistung des Bauproduktes übereinstimmt (Art. 4 Abs. 3 EU-BauPV). Wenn er diese Pflicht verletzt, hat er die im Verkehr erforderliche Sorgfalt missachtet.

Der Hersteller kann sich entlasten, indem er nachweist, dass die falschen Leistungsangaben auf falschen Prüfergebnissen der notifizierten Stelle beruhen. Diese Möglichkeit steht ihm jedoch nur offen, wenn der Fehler im Verantwortungsbereich der notifizierten Stelle aufgetreten ist. Allerdings kann die Pflichtverletzung dann in dem Unterlassen der Sicherstellung der Leistungsbeständigkeit bei der Serienproduktion liegen, die nach Art. 11 Abs. 3 UA. 3 EU-BauPV ebenfalls sorgfaltswidrig ist. Der Hersteller hat den Mangel wegen abweichender Leistungsangaben auch nicht zu vertreten, wenn die Leistungsabweichung dadurch entstanden ist, dass andere Wirtschaftsakteure in der Handelskette das Produkt falsch transportiert oder gelagert haben, nachdem es seinen Machtbereich verlassen hat. Darüber hinaus ist dem Hersteller eine Leistungsabweichung nicht vorzuwerfen, wenn diese auf einer fehlerhaften harmonisierten Norm beruht.

Der Importeur hat Mängel, die aus einer abweichenden Leistung des Bauproduktes resultieren, nur in wenigen Konstellationen zu vertreten. Dabei ist ebenfalls daran anzuknüpfen, inwieweit er die Pflichten der EU-BauPV verletzt hat. Da der Importeur zur stichprobenartigen Überprüfung der Leistung der importierten Bauprodukte verpflichtet ist, hat er den Mangel zu vertreten, wenn er die Untersuchung unterlassen hat und der Mangel durch die Untersuchung zu Tage getreten wäre. Wenn bereits der Hersteller den Mangel verursacht hat, kann der Importeur diesen

---

666 BT-Drucks. 14/6040, S. 212; MüKo/*Westermann*, BGB, § 434, Rn. 50; Beck-OK/*Faust*, BGB, § 434, Rn. 34; Jauernig/*Berger*, BGB, § 434, Rn. 5.

667 BT-Drucks. 14/6040, S. 212; MüKo/*Westermann*, BGB, § 434, Rn. 50; Beck-OK/*Faust*, BGB, § 434, Rn. 35.

668 BGH, Urt. v. 19.06.2009 – V ZR 93/08, Rn. 19.

regelmäßig in Regress nehmen, da ihm seinerseits Gewährleistungsrechte gegen diesen zustehen.

Dem Hersteller ist im Rahmen des § 278 BGB auch das Verschulden des Bevollmächtigten zuzurechnen, da dieser als Erfüllungsgehilfe des Herstellers fungiert. Der Kaufvertrag zwischen dem Hersteller und dem Händler oder Importeur stellt das erforderliche Sonderrechtsverhältnis[669] dar. Der Bevollmächtigte erbringt seine Pflichten dem Hersteller gegenüber auch zur Erfüllung dessen vertraglicher Verbindlichkeiten. Der Begriff der Verbindlichkeit ist nämlich weit auszulegen[670] und umfasst auch alle Sorgfaltspflichten, die der Hersteller ansonsten selbst durchführen müsste.[671] Die Zurechnung ist nicht allein deshalb ausgeschlossen, weil die Tätigkeit des Bevollmächtigten bereits vor Entstehung des Kaufvertrages abgeschlossen ist.[672] Die Einhaltung der Kennzeichnungs- und Prüfpflichten nach der EU-BauPV obliegt diesem nämlich zur Vermeidung einer sachmangelhaften Lieferung.

iii) Keine Herstellergarantie der Leistungsangaben

Ein Vertretenmüssen des Herstellers für negative Leistungsabweichungen lässt sich in diesen Fällen auch nicht über eine Garantie im Sinne des § 276 Abs. 1 BGB herleiten. Eine Garantie sichert in der Regel Eigenschaften einer Kaufsache zu.[673] Auch über den Inhalt des Art. 4 Abs. 3 EU-BauPV lässt sich nicht ohne Weiteres eine Garantie konstruieren. Art. 4 Abs. 3 EU-BauPV sieht vor, dass der Hersteller mit der Erstellung der Leistungserklärung die Verantwortung für die Konformität des Bauproduktes mit der erklärten Leistung übernimmt.

Die Leistungserklärung ist weder eine Willenserklärung, noch läge für die Übernahme einer Garantie ein ausreichender Rechtsbindungswille vor.

Vereinzelte Stimmen in der Literatur gehen – ohne nähere Begründung – davon aus, dass es sich bei der Leistungserklärung um eine Wissens- und Willenserklärung handelt.[674] Diese Ansicht ist jedoch im Hinblick auf die Einordnung der Leistungserklärung als Willenserklärung abzulehnen. Die Motive des BGB definieren die Willenserklärung[675] als „[...] *eine Privatwillenserklärung, gerichtet auf die Hervorbringung eines rechtlichen Erfolges, der nach der Rechtsordnung deshalb eintritt, weil er gewollt ist.*"[676]. Ob eine Erklärung auf eine bestimmte Rechtsfolge gerichtet ist, lässt

---

669 MüKo/*Grundmann*, BGB, § 287, Rn. 15; Beck-OK/*Lorenz*, BGB, § 278, Rn. 2.

670 MüKo/*Grundmann*, BGB, § 287, Rn. 21; Schulze/*Schulze*, BGB, § 278, Rn. 9.

671 Beck-OK/*Lorenz*, BGB, § 278, Rn. 18.

672 Beck-OK/*Grundmann*, BGB, § 287, Rn. 23; Jauernig/*Stadler*, BGB, § 287, Rn. 3.

673 BT-Drucks. 14/6040, S. 132; Beck-OK/*Lorenz*, BGB, § 276, Rn. 40; Schulze/*Schulze*, BGB, § 276, Rn. 23.

674 „[...] *die Leistungserklärung [ist] eine eigene Erklärung des Herstellers, die zugleich eine verkörperte Willens- und Wissenserklärung darstellt.*", H. Wirth, Die EU-BauPV, in: BauR 2013, 703 (711).

675 die Begriffe Willenserklärung und Rechtsgeschäft werden im BGB synonym verwendet: Mugdan, Mot. I., S. 421.

676 Mugdan, Mot. I, S. 421.

sich durch Auslegung der Erklärung bestimmen (§§ 133, 157 BGB).[677] Ermittelt wird dabei, was der Urheber einer Erklärung zu verstehen geben wollte. Grundsätzlich ist dabei zwar der Einzelfall maßgebend. Soweit aber die Mustererklärung im Anhang III verwendet wird – was nach der hier vertretenen Auffassung verpflichtend ist[678] – wird man von einer Erklärung mit identischem Inhalt in einer Vielzahl von Fällen ausgehen können. Würde man eine Leistungserklärung mit dem Inhalt des Musters in Anhang III auslegen, könnte man aber regelmäßig nicht davon ausgehen, dass der Hersteller durch die Erklärung eine bestimmte Rechtsfolge herbeiführen will. Vielmehr kommt er einer gesetzlichen Pflicht nach, die es ihm erst ermöglicht, das Produkt in den Markt einzuführen.[679] Obwohl an eine qualitativ fehlerhafte Leistungserklärung (im Sinne der EU-BauPV) weitere rechtliche Konsequenzen geknüpft sein können – die auf Sekundärebene im Leistungsstörungsrecht oder im Gewährleistungsrecht zu suchen sind – handelt es sich dabei gerade nicht um ein Rechtsgeschäft. Die Pflichten ergeben sich unabhängig vom Willen des Herstellers aus der EU-BauPV und sind lediglich an ein wirksames Rechtsgeschäft, z.B. den Kaufvertrag zwischen Hersteller und Händler, geknüpft. Aus diesen Gründen ist es fernliegend, dass der Hersteller mit der Leistungserklärung eine Garantieerklärung abgibt. Wegen der weitreichenden Rechtsfolgen einer Garantie sind hohe Anforderungen an die Annahme einer Garantie zu stellen.[680] Unter Berücksichtigung aller denkbaren Haftungskonsequenzen und dem Ausgleich der beiderseitigen Interessen, ist damit nicht davon auszugehen, dass der Hersteller darüber hinaus aus einer Garantie selbst haften will.[681]

cc) Regress des Herstellers beim Bevollmächtigten

Der Hersteller kann den Bevollmächtigten auf Schadensersatz in Anspruch nehmen, wenn ihm aufgrund eines vom Bevollmächtigten zu vertretenen Mangel ein Schaden entsteht.

(1) Vertragliche Verbindung zwischen Hersteller und Bevollmächtigtem

Die Haftung des Bevollmächtigten gegenüber dem Hersteller richtet sich nach den §§ 631 ff. BGB, da es sich bei der Bevollmächtigung durch den Hersteller im Regelfall um einen typengemischten Vertrag handelt, dessen Schwerpunkt[682] im Werkvertragsrecht liegt.

677　MüKo/*Busche*, BGB, § 145, Rn. 6; Beck-OK/*Eckert*, BGB, § 145, Rn. 35.
678　Siehe dazu § 3, B., I., 1., d).
679　Ähnlich zur fehlenden Garantiewirkung des CE-Kennzeichens: OLG Zweibrücken, Urt. v. 30.01.2014 – 4 U 66/13, Rn. 41.
680　BGH, Urt. v. 23. Januar 1975 – VII ZR 137/73, Rn. 10.
681　So auch OLG Düsseldorf, Urt. 25.10.2013 – 22 U 27/13, Rn. 7.
682　Abzustellen ist jeweils auf den „gestörten" Teil, Jauernig/*Stadler*, BGB, § 311, Rn. 33; Beck-OK/*Gehrlein/Sutschet*, BGB, § 311, Rn. 20.

Gemäß § 631 Abs. 2 BGB liegt ein Werkvertrag u.a. vor, wenn ein durch Dienstleistung herbeizuführender Erfolg geschuldet wird.[683] Bei einem Dienstvertrag steht hingegen die Geschäftsbesorgung als Tätigkeit im Mittelpunkt.[684] Bei der Ausführung der Pflichten des Herstellers nach Art. 11, Art. 7, Art. 4, Art. 8 EU-BauPV kommt es jedoch regelmäßig auf den Erfolg an. Geschuldet ist z.b. die Erstellung der Leistungserklärung oder die ordnungsgemäße Kennzeichnung des Produktes. Die Aufbewahrungs- und Kooperationspflicht, als dienstvertragliche Elemente, treten dahinter zurück.

(2) Haftung nach §§ 634 Nr. 4, 636, 280 ff. BGB

Der Bevollmächtigte haftet dem Hersteller gegenüber aus §§ 634 Nr. 4, 636, 280 ff. BGB, wenn der Bevollmächtigte die Pflichten des Herstellers nicht ordnungsgemäß erfüllt.

Regelmäßig ist der Gefahrübergang durch die Abnahme[685] bereits erfolgt, wenn dem Hersteller ein Schaden durch den Mangel entsteht, sodass das Gewährleistungsrecht Anwendung findet[686]. Eine Abnahme erfolgt in der Regel durch die Entgegennahme z.B. der vom Bevollmächtigten erstellten Leistungserklärung. Bei den übrigen Leistungen des Herstellers ist die körperliche Entgegennahme nicht möglich ist, sodass § 646 BGB zur Anwendung kommt.

Je nach dem Inhalt des Vertrages ergibt sich aus der Verletzung der Pflichten des Herstellers, die dem Bevollmächtigten übertragen wurden, ein Mangel im Sinne des § 633 BGB. Eine Werkleistung ist gemäß § 633 Abs. 2 Satz 1 BGB u.a. mangelhaft, wenn sie die vereinbarte Beschaffenheit nicht aufweist. Für die Vereinbarung gilt das Gleiche wie für den Kaufvertrag.[687] Soweit in dem Vertrag zwischen Hersteller und Bevollmächtigtem auf die entsprechenden Vorschriften der EU-BauPV verwiesen wurden, ist die Beschaffenheit der Werkleistung mit dem Inhalt der Pflichten der EU-BauPV vereinbart. Weicht der Bevollmächtigte von diesen Vorgaben ab, liegt eine negative Abweichung von der Soll-Beschaffenheit[688] vor.

Aber auch wenn die Beschaffenheit nicht vereinbart wurde, eignet nicht das Werk nicht für die im Vertrag vorausgesetzte Verwendung im Sinne des § 633 Abs. 2 Satz 2 Nr. 1 BGB. Mit der Übertragung der Pflichten auf den Bevollmächtigten bezweckt der Hersteller sich dieser selbst zu entledigen. Dieser Zweck kann nur erfüllt werden, wenn die Wahrnehmung der Pflichten durch den Bevollmächtigten den Hersteller auch von dessen Haftung befreit.

---

683 Beck-OK/*Voit*, BGB, § 631, Rn. 6; Messerschmidt/Voit/*von Rintelen*, Privates Baurecht, BGB, § 631, Rn. 2.

684 Beck-OK/*Fuchs*, BGB, § 611, Rn. 11.

685 MüKo/*Busche*, BGB, § 434, Rn. 3.

686 Jauernig/*Mansel*, BGB, § 634, Rn. 3; Beck-OK/*Voit*, BGB, § 634, Rn. 22.

687 MüKo/*Busche*, BGB, § 633, Rn. 7.

688 MüKo/*Busche*, BGB, § 633, Rn. 9.

Der Bevollmächtigte muss den Mangel zu vertreten haben. Gemäß § 276 BGB hat der Bevollmächtigte Vorsatz und Fahrlässigkeit sowie die Übernahme einer Garantie zu vertreten. Das Verschulden im Rahmen der §§ 280 ff. BGB wird vermutet.[689] Der Bevollmächtigte kann sich entlasten, indem er darlegt und beweist, dass die Leistungsabweichung aufgrund einer fehlerhaften harmonisierten Norm, falscher Prüfergebnisse der notifizierten Stelle oder wegen falscher Lagerung und Transport beim Importeur oder beim Händler eingetreten ist.

Der Schaden des Herstellers besteht in der Regel in seinen Haftungsverpflichtungen. Diese können sich aus dem vertraglichen Gewährleistungsrecht ergeben, aber auch aus dem ProdHaftG, den §§ 823 ff. BGB oder den durch die Marktüberwachungsbehörde verfügten Korrektur- oder Rückrufmaßnahmen.

b) Vertragsverhältnisse zwischen Händler und Bauunternehmer

aa) Einheitliche Beurteilung Vertragsverhältnisse

Auch die Vertragsverhältnisse zwischen den Händlern und den Bauunternehmern können zu einer Gruppe zusammengefasst werden, soweit der Bauunternehmer Bauprodukte einkauft, um sie später im Rahmen seiner Geschäftstätigkeit in eine bauliche Anlage einzusetzen.

Auch das typische Vertragsverhältnis zwischen Bauunternehmer und Händler ist durch die kaufvertraglichen und handelsrechtlichen Vorschriften geprägt.[690]

Die Ausführungen zur Gewährleistungshaftung im Verhältnis der Wirtschaftsakteure untereinander, gelten im Wesentlichen auch im Verhältnis zwischen Händlern und Bauunternehmer. Unterschiede ergeben sich jedoch bei der Bestimmung des Sachmangels. Der Verwender bezweckt nämlich – anders als die Wirtschaftsakte – nicht den Weiterverkauf des Bauproduktes, sondern dessen Einbau. Ob sich das Bauprodukt für die im Vertrag vorausgesetzte oder gewöhnliche Verwendung eignet, ergibt sich deshalb aus den Vorgaben Bauordnungen.

bb) Mangelhaftigkeit bei Produktabweichungen von der EU-BauPV

Bauprodukte sind mangelhaft, wenn sie den Vorgaben der EU-BauPV nicht genügen. Sie eignen sich dann nicht zur im Vertrag vorausgesetzten oder üblichen Verwendung, da der Bauunternehmer jederzeit mit Maßnahmen nach §§ 79, 80 MBO rechnen muss. Dies ist auch der Fall, wenn die Leistungsangaben in der Leistungserklärung auch nur unerheblich von der tatsächlichen Leistung des Produktes abweichen, wenngleich dann u.U. kein Beschaffenheitsdefizit vorliegt.

---

689 Jauernig/*Stadler*, BGB, § 280, Rn. 25 f.
690 Rodemann, Haftung für Verarbeitungshinweise, in: ZfBR 2010, 523.

(1) Beschaffenheitsdefizite bei Abweichungen der Leistungsangaben

Unzutreffende Angaben in der Leistungserklärung betreffen grundsätzlich die Beschaffenheit eines Bauproduktes.[691]

In der Konstellation zwischen Händler und Bauunternehmer ist die Vereinbarung der Leistungswerte von hoher praktischer Relevanz. Aufgrund der bauordnungsrechtlichen Vorschriften müssen häufig konkrete Produktleistungen erzielt werden, um das Bauprodukt für ein Bauvorhaben verwenden zu dürfen. Andernfalls drohen dem Bauherrn oder dem Bauunternehmer Maßnahmen nach §§ 79, 80 MBO durch die Bauaufsicht.[692]

Abweichungen der tatsächlichen Leistung von den Leistungsangaben sind unter Umständen irrelevant, wenn sie zwischen den Parteien nicht als Beschaffenheit vereinbart wurden. Trotz der abweichenden Leistung weist das Bauprodukt eine übliche Beschaffenheit auf. Die übliche Beschaffenheit wäre dann nicht mehr gegeben, wenn sich das Bauprodukt keinesfalls mehr für den Verbau in eine bauliche Anlage mehr eignen würde, weil es nach den Vorschriften der Bauordnung für keinen möglichen Verwendungszweck die erforderlichen Leistungen erbringt. Solange sich das Bauprodukt aber aufgrund seiner Leistung bauordnungsrechtlich zumindest für einen der möglichen Verwendungszwecke eignet, genügt es der üblichen Beschaffenheit in der Regel noch.

Etwas anders ergibt sich in diesem Fall, wenn die übliche Beschaffenheit durch die Prospekthaftung modifiziert wird.[693] Die Angaben der veröffentlichten Leistungserklärung können nach § 434 Abs. 1 Satz 3 BGB maßgebend sein. Die Vorschrift ist in dieser Vertragskonstellation von hoher praktischer Relevanz. Mit den Angaben in der Leistungserklärung, die der Hersteller veröffentlicht hat, wird die Kaufentscheidung des Bauunternehmers in der Regel beeinflusst. Dem Bauunternehmer kommt es häufig maßgeblich auf die Leistung des Bauproduktes an. Die erforderliche Produktleistung wird vielfach bereits in der Ausschreibung durch den Architekten vorgegeben. Der Bauunternehmer wird deshalb Produkte einkaufen wollen, die dieser Produktleistung genügen.

(2) Verwendbarkeitsdefizite durch bauordnungsrechtliche Anforderungen

Verwendbarkeitsdefizite liegen vor, wenn das Bauprodukt aufgrund der Nichtkonformität mit der EU-BauPV nicht verwendet werden kann. Die Voraussetzungen sind erfüllt, wenn jederzeit mit einer Baueinstellungs- oder Abrissverfügung gerechnet werden muss.[694] Das Bauprodukt, dessen Leistungserklärung fehlerhaft ist, darf deshalb auch dann bauordnungsrechtlich nicht verwendet werden, wenn die

---

691   Siehe § 4, B., III., 2., a), bb), (1), (a).
692   Siehe § 4, B., II., 1.
693   Siehe § 4, B., III., 2., a), bb), (1), (c).
694   Englert/Motzke/Wirth/*Wirth*, Baukommentar, Anhang I, Rn. 58.

tatsächliche Leistung nur so unerheblich abweicht, dass kein Beschaffenheitsdefizit vorliegt.[695]

(a) Verwendbarkeitsdefizit bei formalen Fehlern

Die Verwendbarkeit eines Bauproduktes ist ausgeschlossen, wenn ein Bauprodukt den formalen Anforderungen der EU-BauPV nicht genügt. Unter den Voraussetzungen der §§ 79, 80 MBO besteht die Gefahr, dass der Bauunternehmer die Produkte nicht verwenden darf.[696]

Zugleich eignen sich die Bauprodukte in der Regel nicht für den konkludent im Vertrag vorausgesetzten Verwendungszweck. Der Verwendungszweck – der Einbau des Bauproduktes im Rahmen eines Werkvertrages – ist häufig im Kaufvertrag zwischen Händler und Bauunternehmer vorausgesetzt. Nach diesem Zweck muss Bauprodukt zumindest so ausgestaltet sein, dass die Verwendung für den Bauunternehmer haftungsfrei erfolgen kann. Dies ist jedoch ausgeschlossen, wenn dem Bauherrn Maßnahmen nach den §§ 79, 80 MBO drohen, für die der Bauunternehmer vertraglich einzustehen hätte.

Ein Verwendbarkeitsdefizit ergibt sich daneben in der Regel nicht aus einem damit einhergehenden Sicherheitsmangel. Die Sicherheit eines Bauproduktes ist bei rein formalen Unzulänglichkeiten in der Regel nicht beeinträchtigt. Wenn das Bauprodukt z.B. keine Seriennummer trägt oder die erforderlichen Angaben des CE-Kennzeichens unvollständig sind, sind die sicherheitsrelevanten Eigenschaften eines Bauproduktes in der Regel nicht berührt.

Etwas Anderes kann sich aber u.U. daraus ergeben, dass ein CE-Kennzeichen oder die Leistungserklärung fehlt. In diesem Fall wird ein unkalkulierbares Sicherheitsrisiko geschaffen. Dadurch eignet sich das Bauprodukt nicht zur im Vertrag vorausgesetzten Verwendung, da der Bauherr zur Ausübung seiner Gewährleistungsrechte gegenüber dem Bauunternehmer berechtigt wird.[697]

(b) Verwendbarkeitsdefizite wegen bauordnungsrechtlicher Anforderungen

Wenn ein Bauprodukt die von der Bauordnung geforderte Leistung nicht erbringt, eignet es sich regelmäßig für die im Vertrag vorausgesetzte Verwendung nicht.

Ob ein Bauprodukt aufgrund seiner Leistungen für eine bauliche Anlage verwendet werden darf, ist jedoch keine Frage des europäischen Bauproduktenrechts. Welche Leistungen für einen bestimmten Verwendungszweck gefordert werden, bestimmt sich vielmehr nach dem nationalen Bauordnungsrecht.

Da die Verwendbarkeit eines Bauproduktes davon abhängt, welche Anforderungen für den konkreten Verwendungszweck gefordert werden, können Leistungsabweichungen nur zu einem Verwendbarkeitsdefizit führen, wenn der konkrete

---

695   § 4, B., III., 2., b), bb).
696   § 4, B., II., 2.; § 4, B., III., 2., b), bb), (2).
697   OLG Frankfurt, Urt. v. 11.03.2008 – 10 U 118/07.

Verwendungszweck Niederschlag im Vertrag gefunden hat. Ein Bauprodukt, dass sich aufgrund seiner Leistung für den Einbau in ein Gebäude der Klassen 1 bis 5[698] eignet, muss sich nicht zwangsläufig für den Einbau in ein Hochhaus[699] eignen. Die Verwendung muss deshalb mindestens im Vertrag vorausgesetzt werden. Eine Einigung kann etwa darin bestehen, dass der Verwender den konkret geplanten Einsatz des Produktes kommuniziert hat und der Händler daraufhin das entsprechende Produkt ausgewählt hat.

Aufgrund der einschränkenden Auslegung der §§ 79, 80 MBO eignet sich ein Bauprodukt auch für die gewöhnliche Verwendung, wenn der Händler Eigenschaften nicht nachweist, die zusätzlich zu der Leistungserklärung aufgrund der ergänzenden Hinweise in der MVV-TB von der Bauaufsicht gefordert werden.[700] Maßgeblich ist allein, ob ein Bauprodukt in materieller Hinsicht die Anforderungen der Bauordnung erfüllt. Dies gilt jedenfalls soweit es sich um harmonisierte Bauprodukte handelt.

Die ergänzende Nachweispflicht kann sich aus dem vertraglich vereinbarten Verwendungszweck ergeben. Haben die Parteien im Vertrag vorausgesetzt, dass der Bauunternehmer das Produkt in die bauliche Anlage eines Dritten – des Bauherrn – einsetzt, eignet sich das Bauprodukt nicht, wenn mit dem fehlenden Nachweis ein wesentliches Sicherheitsdefizit der baulichen Anlage verbunden ist. Denn in diesem Fall haftet der Bauunternehmer gegenüber dem Bauherrn aufgrund des Sicherheitsdefizits selbst. Die Beurteilung der Sicherheit einer baulichen Anlage ist in diesem Zusammenhang eine tatsächliche Frage, für die die rechtlichen Vorgaben der MBO nachrangig sind.

cc) Ausschluss der Mängelhaftung nach § 377 HGB

Um die Gewährleistungsrechte nicht zu verlieren, muss der Bauunternehmer seiner Rügeobliegenheit nach § 377 Abs. 2 HGB nachkommen.[701] Der Anwendungsbereich des § 377 HGB ist bei einem Vertrag zwischen Händler und Bauunternehmer eröffnet.[702]

Die Rechtzeitigkeit der Mängelrüge hängt von Art des Mangels ab. Auch der Bauunternehmer muss offensichtliche Mängel unverzüglich nach Erhalt der Ware untersuchen und rügen. Da auch das Fehlen eines CE-Kennzeichens einen Mangel begründen kann, sollte der Bauunternehmer nach Erhalt der Ware prüfen, ob das Kennzeichen vorhanden ist. Der Bauunternehmer muss auch überprüfen, ob die angegebene Leistung in der Leistungserklärung mit der üblichen oder vereinbarten Beschaffenheit übereinstimmt.

Der Verwender muss keine umfangreichen technischen Untersuchungen dahingehend durchführen, ob die Leistungsangaben mit der tatsächlichen Leistung

---

698 § 2 Abs. 3 Satz 1 MBO.
699 § 2 Abs. 3 Satz 2 MBO.
700 § 4, A., II., 2.
701 Englert/Motzke/Wirth/*Wirth*, Baukommentar, Anhang I, Rn. 70.
702 Ebenroth/Boujong/Joost/Stohn/*Müller*, HGB, § 377, Rn. 97.

übereinstimmen. Ebenso wie dem Händler ist dem Bauunternehmer eine solche Prüfung in der Regel nicht zumutbar.[703] Der Bauunternehmer hat, anders als einige Wirtschaftsakteure, keine öffentlich-rechtlichen Prüfpflichten hinsichtlich der Leistung eines Bauproduktes. Der Verzicht auf diese Prüfpflichten ist nicht zuletzt der Grund für die Einführung der Zertifizierungspflichten im Bauproduktenrecht.

Eine Prüfpflicht kann sich hingegen ergeben, wenn Verdachtsmomente dahingehend bestehen, dass die angegebene Leistung fehlerhaft ist.

Wenn die Leistung nach einer Evaluierung korrigiert wird und das Bauprodukt dadurch mangelhaft wird, handelt es sich um einen versteckten Mangel. Der Bauunternehmer muss deshalb inhaltliche Abweichungen von der in der Leistungserklärung angegebenen Leistung erst nach deren Entdecken rügen.

dd) Kein Ersatz der Mängelbeseitigungskosten nach dem Einbau

Der Bauunternehmer hat gegen den Händler häufig keinen Anspruch auf den Ersatz der Kosten, die ihm für die Nacherfüllung beim Bauherrn entstanden sind. Es geht insbesondere um Kosten, die dadurch entstehen, dass der Bauunternehmer ein mangelhaftes Bauprodukt beim Bauherrn eingebaut hat. Der Bauunternehmer setzt Bauprodukte regelmäßig nicht in ein eigenes Gebäude ein, sondern steht mit einem Bauherrn in einem Werkvertragsverhältnis. Der Bauunternehmer schuldet dann im Rahmen der Nacherfüllung des Werkvertrages gegenüber dem Bauherrn u.U. den Ein- und Ausbau der mangelhaften Bauprodukte.[704] Aufgrund der Verschuldensunabhängigkeit der Gewährleistungshaftung, entstehen die Kosten unabhängig von einer Kenntnis des Bauunternehmers.

Auch der Unternehmerregress gemäß § 478 Abs. 2 BGB verhilft dem Bauunternehmer nicht zu einem Anspruch gegen den Händler. § 478 Abs. 2 BGB kommt nur zu Anwendung, wenn zwischen dem Bauunternehmer und dem Bauherrn ein Verbrauchsgüterkauf besteht. Auf Werkverträge findet § 478 Abs. 2 BGB jedoch keine Anwendung, sodass der Anwendungsbereich des § 478 BGB in diesem Fall nicht eröffnet ist.

(1) Kein Ersatz der Ein- und Ausbaukosten im Rahmen der Nacherfüllung

Soweit der Einbau eines mangelhaften Bauproduktes das Entstehen eines mangelhaften Werkes nach sich zieht, hat der Bauunternehmer nach § 634 Nr. 1 i.V.m. § 635 Abs. 2 BGB die erforderlichen Kosten für den erneuten Ein- und Ausbau zu tragen, während er selbst vom Händler nur die Neulieferung des verwendeten Materials verlangen kann. Im Rahmen des Nacherfüllungsanspruchs trägt der Händler die Kosten für den Ausbau beim Bauherrn nicht. Der BGH schließt den Ersatz der Ein- und Ausbaukosten im Rahmen der Nacherfüllung außerhalb des Verbrauchsgüterkaufs

---

703 LG Potsdam, Urt. v. 21.05.2014 – 3 O 86/13, Rn. 34.
704 Messerschmidt/*Voit*, Privates Baurecht, BGB, § 635, Rn. 42; MüKo/*Busche*, BGB, § 635, Rn. 12.

aus. Als Begründung wird angeführt, dass auch die ursprüngliche Leistungspflicht des Verkäufers nicht auf den Ein- und Ausbau der Kaufsache gerichtet sei.[705]

(2) Kein Vertretenmüssen des Händlers bei Leistungsabweichungen

Auch der Ersatz im Rahmen eines Schadensersatzanspruchs scheidet aus, weil der Händler den Mangel häufig nicht zu vertreten hat.[706] Darüber hinaus kann daneben in der Regel keine Pflichtverletzung aus einem selbstständigen Beratungsvertrag hergeleitet werden, da das Gewährleistungsrecht insoweit abschließend ist.[707] Auch etwaige Beratungspflichten hinsichtlich der grundsätzlichen bauordnungsrechtlichen Verwendbarkeit bestehen nicht, wenn der Bauunternehmer nicht zu erkennen gegeben hat, eine solche Beratung gewünscht ist.[708]

Wenn der Händler die Prüfpflichten[709] des Art. 14 Abs. 2 EU-BauPV unterlassen hat, bevor das Bauprodukt auf dem Markt bereitgestellt hat und wenn er das Produkt dann nicht hätte bereitstellen dürfen, handelt er fahrlässig. Ohne Verschulden handelt der Händler jedoch, wenn er nicht erkannt hat, dass die Leistungsangaben in der Leistungserklärung fehlerhaft sind.[710] Der Händler ist zu einer solchen Prüfung nur verpflichtet, wenn er die Abweichung auch ohne Prüfung erkannt oder grob fahrlässig nicht erkannt hat.[711]

Der Händler muss sich ein Verschulden des Herstellers nicht über § 278 S. 1 BGB zurechnen lassen, da dieser regelmäßig nicht dessen Erfüllungsgehilfe ist.[712] Nach § 278 BGB hat der Schuldner ein Verschulden von Personen, deren er sich zur Erfüllung seiner Verbindlichkeit bedient, in gleichem Umfang zu vertreten, wie eigenes Verschulden. Erfüllungsgehilfe ist, *„wer mit dem Willen des Schuldners bei der Erfüllung der diesem obliegenden Pflichten als dessen Hilfsperson tätig wird“*.[713] Die Pflichten des Händlers gegenüber seinen Vertragspartnern ergeben sich aus den §§ 433 ff. BGB. In der Regel ist der Kauf, den der Händler seinerseits gegenüber dem Hersteller getätigt hat, bereits abgeschlossen, sodass der Hersteller nicht als Hilfspersonen zur Erfüllung der Verbindlichkeit des Händlers auftritt.[714]

---

705   Kritisch MüKo/*Westermann*, BGB, § 439, Rn. 15; Beck-OK/*Faust*, BGB, § 439, Rn. 19.
706   Englert/Motzke/Wirth/*Wirth*, Baukommentar, Anhang I, Rn. 27.
707   OLG Düsseldorf, Urt. v. 25.10.2013 – 22 U 27/13, Rn. 48.
708   OLG Düsseldorf, Urt. v. 25.10.2013 – 22 U 27/13, Rn. 54.
709   Englert/Motzke/Wirth/*Wirth*, Baukommentar, Anhang I, Rn. 27.
710   Zur Untersuchung ohne Erkennbarkeit LG Potsdam, Urt. v. 21.05.2015 – 3 O 86/13, Rn. 41 f.
711   § 3, B., III., 2.; § 4; BGH, Urt. v. 19.06.2008 – V ZR 93/08, Rn. 19.
712   BGH, Urt. v. 19.06.2008 – V ZR 93/08, Rn. 19; BGH, Urt. v. 15.07.2008 – VIII ZR 211/07, Rn. 29; OLG Düsseldorf, Urt. v. 25.10.2013 – 22 U 27/13, Rn. 57; Englert/Motzke/Wirth/*Wirth*, Baukommentar, Anhang I, Rn. 27; a.A. LG Potsdam, Urt. v. 21.05.2014 – 3 O 86/13, Rn. 42.
713   BGH, Urt. v. 21.04.1954 – VI ZR 55/53, Rn. 21.
714   BGH, Urt. v. 15.07.2008 – VIII ZR 211/07, Rn. 29; BGH, Urt. v. 21.06.1967 – VI ZR 26/65, Rn. 10.

c) Vertragsverhältnisse zwischen Händler und Verbraucher

Das Vertragsverhältnis zwischen dem Händler und Verbraucher entspricht im Wesentlichen dem Verhältnis zwischen Bauunternehmer und Händler. Hier ergeben sich nur einige Besonderheiten aufgrund der Verbrauchereigenschaft des Käufers.

aa) Einheitliche Beurteilung der Vertragsverhältnisse

Das Vertragsverhältnis zwischen Händler und Verbraucher stellt eine eigene Gruppe dar. Verbraucher ist gemäß § 13 BGB *„jede natürliche Person, die ein Rechtsgeschäft zu Zwecken abschließt, die überwiegend weder ihrer gewerblichen noch ihrer selbstständigen beruflichen Tätigkeit zugeordnet werden kann".* Betroffen sind z.b. Baustoffkäufe durch private Bauherren oder Heimwerker.

Auch die private Verwendung des Bauproduktes richtet sich nach den Vorschriften der Bauordnungen. Die Vorschriften des Handelsrechts sind nicht von Belang. § 377 HGB kommt mangels Kaufmannseigenschaft des Verbrauchers nicht zur Anwendung. Jedoch sind insbesondere im Rahmen der Gewährleistungshaftung die Sonderregelungen des Verbrauchsgüterkaufs (§§ 474 ff. BGB) zu beachten,[715] da der Händler als Unternehmer im Sinne des § 14 BGB einen Kaufvertrag mit einem Verbraucher im Sinne des § 13 BGB schließt.[716]

bb) Sachmangel bei unzureichender Leistung und formaler Nichtkonformität

Ein Sachmangel kann sich aus den gleichen Gründen ergeben, die beim Kaufvertrag zwischen Händler und Bauunternehmer.[717]

Hinsichtlich der Erweiterung der üblichen Beschaffenheit durch die Prospekthaftung, muss im Einzelfall geprüft werden, ob die Angaben in der Leistungserklärung die Kaufentscheidung des Käufers beeinflussen konnten. Zweifelhaft ist die Beeinflussung, weil die Leistungserklärung sich vor allem an professionelle Verwender richtet. Eine Haftung des Verkäufers für die Angaben der Leistungserklärung ist dann ausgeschlossen.[718]

cc) Erstattung der Ein- und Ausbaukosten im Rahmen der Nacherfüllung

Anders als der Bauunternehmer hat der Verbraucher in der Regel einen Anspruch auf den Ersatz der Ein- und Ausbaukosten des mangelhaften Bauproduktes. Der BGH[719] spricht dem Verbraucherkäufer die Ein- und Ausbaukosten mittlerweile über § 439 Abs. 1 Alt. 2 BGB zu, indem er eine richtlinienkonforme Auslegung vornimmt.

---

715 Englert/Motzke/Wirth/ *Wirth*, Baukommentar, Anhang I, Rn. 39.
716 BT-Drucks. 14/6040, S. 243; MüKo/*Lorenz*, BGB, § 474, Rn. 18; Beck-OK/*Faust*, BGB, § 474, Rn. 17; Jauernig/*Berger*, BGB; § 474, Rn. 2.
717 § 4, B., III., 2., b).
718 Dazu MüKo/*Westermann*, BGB, § 434, Rn. 29; a.A. Beck-OK/*Faust*, BGB, § 434, Rn. 82.
719 BGH, Urt. v. 17.10.2012 – VIII ZR 226/11; BGH, Urt. v. 21.12.2011 – VIII ZR 70/08.

Die Ein- und Ausbaukosten müssen danach jedenfalls im Rahmen eines Verbrauchsgüterkaufs durch den Verkäufer übernommen werden.[720] Die richtlinienkonforme
Auslegung wird damit begründet, dass die Verbrauchsgüterkaufrichtline[721] Nacherfüllungsansprüche vorsieht.[722] Wenn ein Ersatz der Ein- und Ausbaukosten
über § 439 Abs. 1 Alt. 2 BGB verneint würde, würde der Verbraucher aufgrund
der erheblichen Kosten und des Aufwandes des Ein- und Ausbaus faktisch an der
Geltendmachung seiner Nacherfüllungsansprüche gehindert.[723] Bis zu einer dahin-
gehenden Entscheidung des EuGH[724], verneinte der BGH[725] den Ersatz der Ein- und
Ausbaukosten im Rahmen des Kaufvertrages.

d) Vertragsverhältnisse zwischen Bauherr und Bauunternehmer

aa) Einheitliche Beurteilung der Vertragsverhältnisse

Die Vertragsverhältnisse zwischen Bauunternehmern und Bauherren bilden eine
weitere Gruppe, die hinsichtlich ihrer rechtlichen Beurteilung zusammengefasst
werden kann. Diese Gruppe unterscheidet sich von den anderen Gruppen insbesondere dadurch, dass zwischen dem Bauunternehmer und dem Bauherrn in der Regel
ein Werkvertrag (§§ 631 ff. BGB) geschlossen wird.

Die Regelungen des Handelskaufs sowie sonstige kaufrechtliche Regeln finden
deshalb keine Anwendung.[726] Durch Vereinbarung der Parteien kann ergänzend
zu den §§ 631 ff. BGB Teil B der Vergabe- und Vertragsordnung für Bauleistungen
(VOB/B) zu Anwendung gelangen.

Öffentlich-rechtliche Vorschriften, an die sich der Bauunternehmer bei der Verwendung von Bauprodukten halten muss, ergeben sich vorrangig aus der Bauordnung. Die EU-BauPV hingegen enthält keine Vorschriften, die sich unmittelbar an
die Bauunternehmer richten.

bb) Gewährleistungshaftung nach dem BGB-Werkvertragsrecht

Die Gewährleistungshaftung zwischen dem Bauunternehmer und dem Bauherrn –
unabhängig davon, ob der Bauherr Unternehmer oder Verbraucher ist – richtet
sich nach den §§ 631 ff. BGB. Ähnlich, wie § 437 BGB listet § 634 BGB die Gewährleistungsrechte des Werkvertrages auf. Danach kann der Bauherr Nacherfüllung
(§ 635 BGB) verlangen, im Wege der Selbstvornahme den Mangel auf Kosten des

---

720 BGH, Urt. v. 17.10.2012 – VIII ZR 226/11, Rn. 16; BGH, Urt. v. 21.12.2011 – VIII ZR
70/08, Rn. 25.
721 Richtilinie 1999/44/EG des Europäischen Parlaments und des Rates vom 25. Mai
1999 zu bestimmten Aspekten des Verbrauchsgüterkaufs und der Garantien für
Verbrauchsgüter, ABl. Nr. L 171 vom 07.07.1999, S. 12.
722 BGH, Urt. v. 17.10.2012 – VIII ZR 226/11, Rn. 15 f.
723 EuGH, Urt. v. 16.06.2011, Rs. C-65/09, Rs. C-87/09, Rn. 47.
724 EuGH, Urt. v. 16.06.2011, Rs. C-65/09, Rs. C-87/09, Rn. 46 ff.
725 BGH, Urt. v. 15.07.2008 – VIII ZR 211/07, Rn. 10.
726 Ingenstau/Korbion/ *Wirth*, VOB/B, Vor § 13, Rn. 10.

Bauunternehmers beseitigen (§ 637 BGB), vom Vertrag zurücktreten (§§ 636 323, 326 Abs. 5 BGB), den Kaufpreis mindern (§ 638 BGB) oder nach den §§ 636, 280 ff. BGB Schadensersatz verlangen.

(1) Anwendbarkeit des Werkvertragsrechts

Eine Haftung nach den §§ 633 ff. BGB kommt nur in Betracht, wenn es sich bei dem Vertrag zwischen Bauunternehmer und dem Bauherrn um einen Werkvertrag handelt. Der Werkvertrag muss im Einzelfall von dem Kaufvertrag mit Montageverpflichtung oder dem Werklieferungsvertrag (§ 651 BGB) abgegrenzt werden. In den beiden letzteren Fällen, richtet sich die Gewährleistungshaftung nach den Regeln des Kaufrechts, da es sich beim Kaufvertrag mit Montageverpflichtung um eine Sonderform eines Kaufvertrages handelt.[727] § 651 BGB verweist für den Werklieferungsvertrag auf die Anwendung der §§ 433 ff. BGB.

Verpflichtet sich der Verkäufer eine verkaufte Sache zu liefern und anschließend zu montieren, hängt die Qualifizierung als Kauf- oder Werkvertrag von dem vertraglichen Schwerpunkt ab.[728] Der Vertrag kann als Kaufvertrag qualifiziert werden, wenn der Montageverpflichtung eine untergeordnete Rolle zukommt. Sind hingegen für die Montage Fachkenntnisse erforderlich, spricht dies eher für einen Schwerpunkt der Errichtungsverpflichtung. Dann kann der Vertrag als Werkvertrag qualifiziert werden.

Bei Kaufverträgen mit Montageverpflichtung steht der Warenumsatz im Vordergrund, während die Montage eine Serviceleistung[729] darstellt.

Als Werkverträge hat der BGH z.B. die Errichtung oder Herstellung neuer Bauwerke[730], die Erhaltung oder Wartung eines Bauwerkes[731] oder die Herstellung beweglicher Sachen, mit der Übernahme einer Einbauverpflichtung, wenn die Herstellung im Vordergrund steht[732] sowie die Errichtung eines Fertighauses[733], eingeordnet. Dem Kaufrecht wurden z.B. auch Verträge über den Kauf von Bausätzen zugeordnet, wenn der Käufer die Bausätze im Bauwerk selbst zusammensetzt.[734]

---

727 BGH, Urt. v. 22.07.1998 – VII ZR 220/97, Rn. 15.

728 Zur Abgrenzung von Kauf- und Werkvertrag insgesamt BGH, Beschl. v. 16.04.2013 – VIII ZR 375/11, Rn. 8; BGH, Urt. v. 03.03.2004 – VIII ZR 76/03, Rn. 10.

729 Messerschmidt/Voit/*Leidig*, Privates Baurecht, § 651 BGB, Rn. 60.

730 BGH, Urt. v. 04.11.1982 – VII ZR 65/82, Rn. 14 f.

731 BGH, Urt. v. 08.01.1970 – VII ZR 35/68, Rn. 8.

732 BGH, Urt. v. 22.11.1973 – VII ZR 217/71, Rn. 11 ff.; OLG Düsseldorf, Urt. v. 04.12.1998 – 22 U 127/98, Rn. 2 ff.

733 BGH, Urt. v. 10.03.1983 – VII ZR 302/82, Rn. 18; Messerschmidt/Voit/*Messerschmidt*, Privates Baurecht, B. Abgrenzung des Werkvertrages zu anderen Vertragstypen, Rn. 6.

734 BGH, Urt. v. 10.03.1983 – VII ZR 302/82, Rn. 20; Messerschmidt/Voit/*Messerschmidt*, Privates Baurecht, B. Abgrenzung des Werkvertrages zu anderen Vertragstypen, Rn. 7.

Wenn der Verkäufer das Produkt noch herstellen (lassen) muss, liegt ein Kaufvertrag vor, wenn die Bestellung durch den Käufer auf einen Katalog zurückgeht.[735]

Beim Einbau von Bauprodukten im Sinne der EU-BauPV und der MBO bedarf es regelmäßig eines gewissen Fachwissens um einen fachgerechten Einbau zu ermöglichen. In der Regel sind der Bauherr und der Bauunternehmer werkvertraglich miteinander verbunden. Ob sich etwas Abweichendes ergibt, sollte im Einzelfall anhand der o.g. Kriterien geprüft werden.

Wenn sich im Einzelfall ergibt, dass ein Kaufvertrag mit Montageverpflichtung oder ein Werklieferungsvertrag im Sinne des § 651 BGB vorliegt, richtet sich die Gewährleistungshaftung nach den §§ 434 ff. BGB. Der Bauherr ist im Anwendungsbereich des HGB aufgrund des § 377 Abs. 2 HGB zur sofortigen Untersuchung und Rüge der gelieferten Bauprodukte angehalten,[736] um seine Mängelrechte zu erhalten.[737]

(2) Werkmangel bei Verstößen gegen das öffentliche Recht

Ein Mangel am Bauwerk liegt aus Sicht des Bauherrn vor, wenn ihm Maßnahmen nach den §§ 79, 80 MBO drohen. Dies ist einerseits der Fall, wenn die verwendeten Bauprodukte die nationalen Leistungsanforderungen nicht erbringen. Daneben liegen die Voraussetzungen der §§ 79, 80 MBO vor, wenn die verwendeten Bauprodukte formal nicht mit der EU-BauPV konform sind.[738]

Die Gewährleistungshaftung im Werkvertragsrecht wurde durch die Schuldrechtsreform 2002 an die Haftung im Kaufrecht angeglichen.[739] Ob ein Werkmangel vorliegt, bestimmt sich deshalb ähnlich wie im Kaufrecht. Ein Werk ist mangelhaft, wenn es nicht der vereinbarten Beschaffenheit genügt (§ 633 Abs. 2 Satz 1 BGB). Auch im Werkvertragsrecht findet eine dreistufige Prüfung statt.[740] Wenn die Beschaffenheit nicht vereinbart ist, ist das Werk mangelhaft, wenn es sich nicht für die im Vertrag vorausgesetzte Verwendung eignet (§ 633 Abs. 2 Satz 2 Nr. 1 BGB). Ist keine Verwendung im Vertrag vorausgesetzt und keine Beschaffenheit vereinbart, kommt es darauf an, ob sich das Werk für die gewöhnliche Verwendung eignet und es eine Beschaffenheit aufweist, die bei Werken gleicher Art üblich ist und die der Besteller – hier der Bauherr – nach der Art des Werkes erwarten kann.

---

735   BGH, Urt. v. 02.04.2014 – VII ZR 46/13, Rn. 18.
736   Siehe dazu § 4, B., III., 2., a), bb), (3).
737   Meier, Rügepflichten am Bau, in: IBR 2012, 1000, Rn. 20.
738   Siehe § 4, B., II., 2; Eisenberg, Das neue Bauproduktenrecht, in: NZBau 2013, 675 (680).
739   MüKo/*Busche*, BGB, § 633, Rn. 1; Jauernig/*Ebert*, BGB, § 633, Rn. 2; Palandt/*Sprau*, BGB, § 633, Rn. 2.
740   Ingenstau/Korbion/*Wirth*, VOB/B, § 13 Abs. 1, Rn. 16.

(a) Beschaffenheitsdefizit bei drohenden bauaufsichtlichen Maßnahmen

Eine negative Abweichung von der vereinbarten Beschaffenheit liegt in der Regel vor, wenn die Voraussetzungen für ein bauaufsichtliches Einschreiten gegeben sind.

Der werkvertragliche Beschaffenheitsbegriff entspricht im Wesentlichen dem des Kaufrechts.[741] Bezugspunkt ist dabei jedoch nicht die Kaufsache, sondern das Werk.[742] Ist eine Beschaffenheitsvereinbarung getroffen, richtet sich die Bestimmung des Sachmangels vorrangig[743] nach dieser. Erst wenn keine Beschaffenheit vereinbart ist und keine Verwendung im Vertrag vorausgesetzt wurde, ist auf die übliche Beschaffenheit und die gewöhnliche Verwendung abzustellen.[744]

Zur Beschaffenheit einer Bauleistung gehören alle dem Werk unmittelbar für eine gewisse Dauer anhaftenden physischen Eigenschaften.[745] Zur Beschaffenheit zählen darüber hinaus auch Eigenschaften und Merkmale, die sich aus der Umwelt der Bauleistung ergeben, sofern diese Merkmale objektiv Einfluss auf den Wert oder die Brauchbarkeit der Bauleistung haben können.[746]

Die Funktionstauglichkeit des Werkes ist bei Bauleistungen in der Regel konkludent vereinbart.[747] Die Funktionstauglichkeit des Werkes umfasst auch die Einhaltung öffentlich-rechtlicher Vorschriften,[748] soweit der Bauherr mit bauordnungsrechtlichen Maßnahmen rechnen muss.[749] Die konkludente Vereinbarung über die Funktionstauglichkeit eines Bauwerks führt sowohl zu dessen Mangelhaftigkeit, wenn die verwendeten Bauprodukte die für den Verwendungszweck erforderliche Leistung nicht erbringen, als auch, wenn sie nicht mit der EU-BauPV vereinbar

---

741 MüKo/*Busche*, § 633, Rn. 11; Messerschmidt/Voit/*Drossart*, Privates Baurecht, § 633 BGB, Rn. 2; Schulze/*Scheuch/Ebert*, BGB, § 633, Rn. 2.

742 MüKo/*Busche*, § 633, Rn. 11.

743 Messerschmidt/Voit/*Drossart*, Privates Baurecht, § 633 BGB, Rn. 18; Beck-OK/*Voit*, BGB, § 633, Rn. 6.

744 Messerschmidt/Voit/*Drossart*, Privates Baurecht, § 633 BGB, Rn. 18; Beck-OK/*Voit*, BGB, § 633, Rn. 4a.

745 Messerschmidt/Voit/*Drossart*, Privates Baurecht, § 633 BGB, Rn. 19; Beck-OK/*Voit*, BGB, § 633, Rn. 4; MüKo/*Busche*, BGB, § 633, Rn. 10; Palandt/*Sprau*, BGB, § 633, Rn. 5.

746 Messerschmidt/Voit/*Drossart*, Privates Baurecht, § 633 BGB, Rn. 19; Beck-OK/*Voit*, BGB, § 633, Rn. 4.

747 BGH, Urt. v. 08.05.2014 – VII ZR 203/11, Rn. 14; BGH, Urt. v. 11.11.1999 – VII ZR 403/98, Rn. 22; Messerschmidt/Voit/*Drossart*, Privates Baurecht, § 633, Rn. 29; Beck-OK/*Voit*, BGB, § 633, Rn. 4; Palandt/*Sprau*, § 633, BGB, Rn. 6.

748 OLG Hamburg, Beschl. v. 09.01.2008 – 6 U 197/07, Rn. 4; Reichert/Wedemeyer, Öffentlich-rechtliche Bauvorschriften in der Mangelsystematik des privaten Baurechts, in: BauR 2013, 1 (5); Ingenstau/Korbion/*Wirth*, VOB/B, § 13 Abs. 1, Rn. 97; Ziegler, „Das private Baurecht im Kontext des europäischen Bauproduktenrecht", in: NZBau 2017, 325 (327); Halstenberg, Die aktuellen Entwicklungen im Bauproduktenrecht und die zivilrechtlichen Konsequenzen, in: BauR 2017, 356 (364).

749 OLG Brandenburg, Urt. v. 14.04.2010 – 4 U 19/09, Rn. 44; LG Mönchengladbach, Urt. v. 17.06.2015 – 4 S 141/14, Rn. 9.

sind.[750] Dann kann die Bauaufsicht jeweils unter den zusätzlichen Voraussetzungen der §§ 79, 80 MBO entsprechende Maßnahmen erlassen.

Der Verstoß gegen öffentlich-rechtliche Vorschriften muss sich nicht in einem Sicherheitsdefizit äußern. Es genügt, dass ein Bauprodukt bereits in formaler Hinsicht den Anforderungen der EU-BauPV nicht genügt.[751] Ein tatsächliches Einschreiten der Behörde ist ebenfalls nicht erforderlich.[752] Es genügt, dass für den Bauherrn ein unkalkulierbares Risiko besteht.[753] Zwar handelt es sich bei den §§ 79, 80 MBO um Vorschriften, die der Behörde bei Vorliegen der Tatbestandsvoraussetzungen einen Ermessensspielraum eröffnen. Der Ermessensspielraum schmälert das Risiko für den Bauherrn jedoch nicht, da die Ausübung des Ermessens von vielen Unwägbarkeiten abhängt.

Grundsätzlich ist die Funktionstauglichkeit nicht beeinträchtigt, wenn der Bauunternehmer Nachweise, welche in den Hinweisen der MVV-TB enthalten sind, nicht nachweist, da ein entsprechendes Vorgehen der Bauaufsicht nach §§ 79, 80 MBO europarechtswidrig wäre. Etwas Anderes kann sich ergeben, wenn der Hinweis in der MVV-TB unerlässlich für die Einhaltung der materiellen Anforderungen der Bauordnung ist oder eine allgemein anerkannte Regel der Technik darstellt, die der Bauunternehmer missachtet hat. Die Funktionstauglichkeit kann in einem solchen Fall beeinträchtigt sein, wenn das Fehlen des Nachweises gleichzeitig einen tatsächlichen Sicherheitsmangel begründet. Ob dies der Fall ist, muss je nach Hinweis und konkretem Verwendungszweck des Bauproduktes jeweils im Einzelfall ermittelt werden.

Daneben kann das Fehlen des CE-Kennzeichens sowie der Leistungserklärung auch in materieller Hinsicht zu einem Mangel führen.[754] Das Fehlen des CE-Kennzeichens oder der Leistungserklärung birgt das Risiko, dass das Bauprodukt nicht auf seine Leistung geprüft wurde. Der Bauunternehmer kann deshalb die Leistung des Bauproduktes nicht zuverlässig bestimmen. Daraus ergeben sich unkalkulierbare Sicherheitsdefizite, die für einen Werkmangel schon genügen.[755] Das bestehende Sicherheitsrisiko muss sich dabei nicht in einem Schaden verwirklicht haben.[756]

(b) Verwendbarkeitsdefizit bei unzureichender Produktleistung

Auch wenn die Parteien die Beschaffenheit nicht vereinbart haben, kann sich ein Sachmangel daraus ergeben, dass sich das Bauwerk nicht für die im Vertrag

---

750 Noch zur BauPR OLG Düsseldorf, Urt. v. 29.03.2011 – 21 U 6/07, Rn. 43; LG Mönchengladbach, Urt. v. 17.06.2015 – 4 S 141/14, Rn. 9.

751 OLG Düsseldorf, Urt. v. 29.03.2011 – 21 U 6/07, Rn. 43; LG Mönchengladbach, Urt. v. 17.06.2015 – 4 S 141/14, Rn. 9.

752 OLG Düsseldorf, Urt. v. 14.06.2005 – 23 U 3/05, Rn. 9.

753 LG Mönchengladbach, Urt. v. 17.06.2015 – 4 S 141/14, Rn. 11.

754 Gay, Die Mängelhaftung des Baustoffherstellers, in: BauR 2010, 1827 (1830).

755 OLG Frankfurt, Urt. v. 11.03.2008 – 10 U 118/07.

756 BGH, Urt. v. 08.05.2014 – VII ZR 203/11, Rn. 21.

vorausgesetzte Verwendung eignet. Die Verwendbarkeit des Bauwerks ist ebenfalls betroffen, wenn der Bauherr mit Maßnahmen nach §§ 79, 80 MBO rechnen muss. Dieser Mangel stimmt weitgehend mit der Funktionstauglichkeit im Rahmen der Beschaffenheitsvereinbarung überein.

Ist jedoch bereits ein Mangel nach § 633 Abs. 2 Satz 1 BGB vorhanden,[757] hat die Alternative des Verwendbarkeitsdefizits für die Bestimmung des Werkmangels keine eigenständige Bedeutung.

(3) §§ 634 Nr. 4, 280 ff. BGB: Vertretenmüssen bei äußerlicher Erkennbarkeit

Welche Rechte dem Bauherrn bei Mängeln am Werk zustehen, richtet sich nach § 634 BGB. Der Bauherr kann im Rahmen der Gewährleistungshaftung u.a. Schadensersatz verlangen (§§ 280 ff. BGB).

Wenn der Bauherr Schadensersatz begehrt, muss der Bauunternehmer den Mangel oder die Verletzung der Nacherfüllungspflicht zu vertreten haben.[758] Schadensersatz, in Folge des Einbaus mangelhafter Bauprodukte begehrt wird, ist dem Schadensersatz statt der Leistung[759] zuzuordnen und wird deshalb unter den Voraussetzungen des §§ 280 Abs. 1, Abs. 3, 281 BGB zu ersetzen. Wenn eine Fristsetzung nicht im Einzelfall entbehrlich ist, muss dem Bauunternehmer zunächst eine angemessene Frist zur Nacherfüllung gesetzt werden.[760] Wenn die Bauaufsichtsbehörde noch nicht eingeschritten ist, kann der Schaden nämlich grundsätzlich noch durch die Nachbesserung beseitigt werden.[761] Ist die Bauaufsichtsbehörde hingegen bereits tätig geworden, liegt ein Fall des Schadensersatzes neben der Leistung vor, da der Adressat der Maßnahme in der Regel unverzüglich zum Handeln verpflichtet wird.

Der Bauunternehmer hat den Mangel zu vertreten, wenn er wusste oder wissen musste, dass das Bauprodukt den Anforderungen der EU-BauPV nicht genügt. Dies ist der Fall, wenn das CE-Kennzeichen fehlt oder eine Abschrift der Leistungserklärung nicht vorliegt. In der Regel hat der Bauunternehmer den Mangel aber nicht zu vertreten, wenn die Leistungserklärung die Leistung des Bauproduktes unzutreffend wiedergibt.

Da der Bauunternehmer ein funktionstaugliches Werk schuldet, ist ihm grundsätzlich zumutbar, dass er die Einhaltung öffentlich-rechtlicher Produktanforderungen prüft. Anknüpfungspunkt für die Haftung sind deshalb die gebotenen, aber unterlassenen Prüfpflichten.[762]

---

757 Siehe § 4, B., III., 2., d), bb), (2).

758 Jauernig/*Mansel*, BGB, § 636, Rn. 7; MüKo/*Busche*, BGB, § 636, Rn. 26.

759 Zur Abgrenzung vom Schadensersatz neben der Leistung MüKo/*Busche*, BGB, § 634, Rn. 35 ff.

760 Messerschmidt/Voit/*Moufang*/*Koos*, Privates Baurecht, BGB, § 636, Rn. 118; Jauernig/*Mansel*, BGB, § 636, Rn. 1; MüKo/*Busche*, BGB, § 636, Rn. 25.

761 Palandt/*Sprau*, BGB, § 634, Rn. 7.

762 Englert/Motzke/Wirth/*Wirth*, Baukommentar, Anhang I, Rn. 69.

Geboten ist zumindest die Prüfung äußerlich erkennbarer Anforderungen. Dazu zählt u.a. die Prüfung von erforderlichen Kennzeichnungen und beizufügenden Unterlagen, wie dem CE-Kennzeichen oder der Leistungserklärung. Eine umfassende Prüfung der Richtigkeit der Leistungsangaben ist jedoch in der Regel nicht erforderlich. Etwas Anderes kann jedoch gelten, wenn äußerlich erkennbare Anhaltspunkte auf die Unrichtigkeit der Leistungsangaben hindeuten und ein verständiger Bauunternehmer dies erkennen konnte. Grundsätzlich muss der Bauunternehmer auch die zusätzlichen Nachweise erbringen, die in der MVV-TB enthalten sind. Ein Verschulden trifft ihn dabei in der Regel nur, wenn von er von den Vorgaben des Architekten abweicht. Es ist nämlich Aufgabe des Architekten, zu bestimmen, ob neben den Angaben der harmonisierten Norm im Einzelfall weitere Nachweise erforderlich sind, um ein sicheres Bauwerk zu erstellen.

Dem Bauunternehmer kann jedoch ein etwaiges Verschulden des Händlers nicht zugerechnet werden. Eine Zurechnung gemäß § 278 BGB setzt voraus, dass der Händler als Erfüllungsgehilfe des Bauunternehmers fungiert. Diese Funktion nimmt er allerdings regelmäßig nicht ein,[763] da er nicht verpflichtet ist, den Werkerfolg herbeizuführen oder zu fördern.[764]

(4) Keine Regressforderungen gegen den Architekten

Bei der Verwendung mangelhafter Bauprodukte im Kontext der EU-BauPV hat der Bauunternehmer in der Regel keine Regressansprüche gegen den Architekten. Ein Gesamtschuldnerausgleich[765] scheidet aus, da der Bauherr regelmäßig ausschließlich Schadensersatzansprüche gegen den Bauunternehmer hat und somit keine Gesamtschuld vorliegt.

Bei der Verwendung mangelhafter Bauprodukte, die den Anforderungen der EU-BauPV nicht genügen, ist das Werk des Architekten in der Regel mangelfrei, sodass dieser dem Bauherrn gegenüber nicht nach den §§ 634, 280 ff. BGB haftet. Im Stadium der Bauausführung haftet der Architekt in der Regel nicht für Fehler des Bauunternehmers.[766] Etwas Anderes gilt nur ausnahmsweise, wenn der Unternehmer die Überwachung durch den Architekten erwarten konnte.[767] Dies wird entweder angenommen, wenn die Pflichtverletzung des Architekten besonders

763 Ingenstau/Korbion/*Wirth*, VOB/B, Vor § 13, Rn. 228.

764 Beck'scher VOB-Kommentar/*Bröker*, VOB/B, § 10 Abs. 1, Rn. 57; MüKo/*Busche*, BGB, § 634, Rn. 65.

765 BGH, Beschl. v. 01.02.1965 – 1 GSZ 1/64, Rn. 11; zur gesamtschuldnerischen Haftung zwischen Architekt und Bauunternehmer, siehe z.B. MüKo/*Busche*, BGB, § 634, Rn. 139; Beck'scher VOB-Kommentar/*Zahn*, Teil B, § 13, Rn. 99.

766 BGH, Urt. 16.02.1971 – VI ZR 125/69, Rn. 27; BGH, Beschl. v. 01.02.1965 – 1 GSZ 1/64, Rn. 11; Beck'scher VOB Kommentar/*Zahn*, Teil B, § 13, Rn. 98, 115.

767 OLG Stuttgart, Urt. v. 13.02.2006 – 5 U 136/05, Rn. 59; Korbion/Mantscheff/Vygen/ *Wirth*, HOAI, B. Grundlagen des Architekten- und Ingenieurrechts, Rn. 556.

schwerwiegend ist oder die Bauaufsichtsfehler einen besonders fehlerträchtigen Bauabschnitt betreffen.[768]

Im Wege der Überprüfung, ob ein Bauprodukt den formalen Anforderungen der EU-BauPV genügt, trifft den Architekten aber keine Überwachungspflicht, da es keines spezifischen Fachwissens für diese Überprüfung bedarf.[769] Der Bauunternehmer muss nur die formalen Vorgaben der Verordnung mit dem konkreten Produkt abgleichen. Auch eine Untersuchung der Leistungsangaben von serienmäßig gefertigten Bauprodukten durch den Architekten ist in der Regel entbehrlich.[770] Er kann sich auf die Angaben in der Leistungserklärung verlassen, soweit diese nicht offensichtlich fehlerhaft sind. Die Leistungsangaben hat der Architekt bereits im Zuge der Werkplanung angegeben, sodass der Bauunternehmer nur die Leistungsangaben in der Leistungserklärung mit den Leistungsvorgaben vergleichen muss. Auch hierfür ist kein Spezialwissen erforderlich.

Bei Spezialanfertigungen reicht die bloße Sichtprüfung durch den Architekten jedoch nicht aus.[771] In der Regel muss aber gemäß Art. 5 lit. a EU-BauPV keine Leistungserklärung erstellt werden, wenn das Produkt individuell angefertigt wurde. Es muss dann ohnehin anderweitig bestimmt werden, welche Leistung das angefertigte Bauteil erbringt.

Davon zu unterschieden ist der Fall, dass der Architekt Produkttypen auswählt, die sich für den Verwendungszweck nicht eignen. Hierin liegt bereits ein Planungsfehler, da die Auswahl des Baumaterials zu einem Mangel am Bauwerk führt[772]. Der Mangel ergibt sich daraus, dass die Bauaufsicht nach den §§ 79, 80 MBO einschreiten kann. Das ist aber keine Folge eines nach der EU-BauPV fehlerhaften Produktes. Der Architekt haftet dann gegenüber dem Bauherrn allein. In diesem Fall ergibt sich schon aus der (richtigen) Leistungserklärung, dass das ausgewählte Bauprodukt nicht den Anforderungen der Bauordnung genügt. Es ist die originäre Aufgabe des Architekten Bauprodukte auszuwählen, deren Leistung den Sicherheitsanforderungen der Bauordnung genügen. Eine falsche Wahl stellt einen Planungsfehler, jedoch keinen Überwachungsfehler dar. Der Architekt ist bereits in der Planungsphase dazu verpflichtet, Baumaterialien einzuplanen, die öffentlich-rechtlich verwendet werden dürfen.[773] Er muss daneben veranlassen, die nach der MVV-TB zusätzlich erforderlichen Nachweise einzuholen. Dies gilt jedenfalls dann, wenn mit dem fehlenden Nachweis ein materielles tatsächliches Sicherheitsdefizit einhergeht. Ob dies der Fall

---

768 OLG Stuttgart, Urt. v. 13.02.2006 – 5 U 136/05, Rn. 59; Korbion/Mantscheff/Vygen/*Wirth*, HOAI, B. Grundlagen des Architekten- und Ingenieurrechts, Rn. 561; Beck'scher VOB-Kommentar/*Zahn*, Teil B, § 13, Rn. 115.
769 A.A. H. Wirth, Auswirkungen der EU-BauPV, in: NZBau 2013, 193 (195); offen: Korbion/Mantscheff/Vygen/*Wirth*, HOAI, B. Grundlagen des Architekten- und Ingenieurrechts, Rn. 549 f.
770 OLG Hamm, Urt. v. 20.12.2013 – 12 U 79/13, Rn. 27.
771 OLG Hamm, Urt. v. 20.12.2013 – 12 U 79/13, Rn. 24 ff.
772 BGH, VersR 1971, 958; Ingenstau/Korbion/*Wirth*, VOB/B, Vor § 13, Rn. 186.
773 OLG Düsseldorf, Urt. v. 14.06.2005 – 23 U 3/05, Rn. 6.

ist, muss der Architekt im Einzelfall ermitteln. Der Architekt kommt mit den *konkret* zu verwendenden Bauprodukten in der Planungsphase noch nicht in Berührung.

(5) Haftungsausschluss bei Produktbereitstellung durch den Auftraggeber

Die Geltendmachung von Mängelrechten durch den Bauherrn ist ausgeschlossen, wenn der Bauherr dem Bauunternehmer mangelhafte Bauprodukte zur Verwendung bereitstellt.[774] Voraussetzung für den Haftungsausschluss ist, dass der Unternehmer gegenüber dem Bauherrn auf die Mängel der Bauprodukte hinweist[775]. Dazu muss er auch vom Bauherrn bereitgestellte Produkte auf Mängel untersuchen.[776] Hat er Zweifel an der Mangelfreiheit der Produkte, muss er diese unverzüglich gegenüber dem Bauherrn benennen,[777] um einer Mängelhaftung zu entgehen. Das Gleiche gilt bei der Verwendung von Baumaterialien durch Subunternehmer. Die Pflicht ergibt sich aus der parallelen Anwendung der §§ 4 Abs. 3 VOB/B, 13 Abs. 3 VOB/B, die als Ausdruck des allgemeinen Grundsatzes von Treu und Glauben entsprechend auch für einen BGB-Werkvertrag gelten.[778]

(6) Haftungsausschluss bei vorbehaltloser Abnahme

Der Bauherr kann die Gewährleistungsrechte gemäß § 640 Abs. 2 BGB verlieren, wenn er sie bei der Abnahme kannte und sie sich nicht vorbehalten hat. Ob der Bauherr davon Kenntnis hatte, ist eine Frage des Einzelfalls.

Grundsätzlich verliert der Auftraggeber die Gewährleistungsrechte, wenn er sie sich bei der Abnahme der Leistung nicht ausdrücklich vorbehält.[779] Dazu muss der Auftraggeber den Mangel bei der Abnahme positiv kennen.[780] Ein bloßes Kennenmüssen reicht hingegen nicht aus.[781]

Für einen Verlust der Mängelrechte müsste der Bauherr also wissen, dass die verwendeten Bauprodukte nicht den Anforderungen der EU-BauPV oder den Leistungsanforderungen der Bauordnungen genügen. Wenn der Bauherr bereits Kenntnis davon hat, dass ein mangelhaftes Bauprodukt den Mangel des Werkes verursacht hat, muss er sich den Mangel bei der Abnahme vorbehalten. Die Kenntnis davon, dass ein Bauprodukt aufgrund von Zweifeln an der Richtigkeit der Leistungsangaben

---

774 Jauernig/*Mansel*, BGB, § 634, Rn. 6.

775 MüKo/*Busche*, BGB, § 634, Rn. 82.

776 MüKo/*Busche*, BGB, § 634, Rn. 85.

777 MüKo/*Busche*, BGB, § 634, Rn. 82.

778 BGH, Urt. v. 23.10.1986 – VII ZR 48/85, Rn. 8; Englert/Motzke/Wirth/*Wirth*, Baukommentar, Anhang I, Rn. 73.

779 Messerschmidt/Voit/*Messerschmidt*, Privates Baurecht, § 640 BGB, Rn. 86; BeckOK/*Voit*, BGB, § 640, Rn. 35.

780 Messerschmidt/Voit/*Messerschmidt*, Privates Baurecht, § 640 BGB, Rn. 86; BeckOK/*Voit*, BGB, § 640, Rn. 35; MüKo/*Busche*, BGB, § 640, Rn. 30.

781 Messerschmidt/Voit/*Messerschmidt*, Privates Baurecht, § 640 BGB, Rn. 293; BeckOK/*Voit*, BGB, § 640, Rn. 35; MüKo/*Busche*, BGB, § 640, Rn. 30.

evaluiert wird, kann dafür jedoch bereits genügen. Zwar steht noch nicht fest, dass das Bauprodukt die erklärte Leistung nicht erbringt. Ein begründeter Verdacht kann die Bauaufsicht aber bereits zum Einschreiten ermächtigen, sodass ein Mangel bereits in diesem Stadium vorliegt.

cc) Haftung des Unternehmers nach der VOB/B

Die Gewährleistungshaftung im Verhältnis zwischen Bauunternehmer und Bauherr richtet sich nach der VOB/B, wenn die Parteien dies vereinbart haben.

Die VOB/B besteht aus standardisierten Geschäftsbedingungen, die nur durch ihre Einbeziehung in den Bauvertrag für die Parteien vertraglich verbindlich werden.[782] Die Einbeziehung muss die Voraussetzungen der §§ 305 ff. BGB erfüllen.[783] Die VOB/B trägt den Besonderheiten im Baubetrieb Rechnung, während die abstrakte Formulierung des BGB-Werkvertragsrechts aufkommende Probleme bei der Ausführung von Bauleistungen nicht hinreichend zu lösen vermag.[784] Soweit die VOB/B gegenüber dem gesetzlichen Werkvertragsrechts speziellere Regelungen trifft, sind diese vorrangig anzuwenden.[785]

Anders als das BGB-Werkvertragsrecht hält die VOB/B bereits für das Ausführungsstadium Rechte des Bestellers gegen den Bauunternehmer bereit. Nach Abnahme (§ 12 VOB/B) kommt das Gewährleistungsrecht nach § 13 VOB/B zur Anwendung.[786] Für die Zeit vor der Abnahme regelt vor allem § 4 VOB/B Rechte des Bestellers.[787]

(1) Haftung für Bauwerksmängel nach Abnahme

Nach der Abnahme des Werkes richten sich die Gewährleistungsrechte nach § 13 VOB/B. § 13 VOB/B ist an das Gewährleistungsrecht des BGB-Werkvertrages angelehnt.[788] Die Gewährleistungshaftung der VOB/B unterscheidet sich vor allem

---

782 Kapellmann/Messerschmidt/*von Rintelen*, VOB/B, Einleitung, Rn. 38.

783 Messerschmidt/Voit/*Voit*, Privates Baurecht, Vorb. § 1 VOB/B, Rn. 1; Kapellmann/ Messerschmidt/*von Rintelen*, VOB/B, Einl. Rn. 82; Beck-OK/*Wieseler*, VOB/B, § 1 Abs. 1, Rn. 3.

784 Kapellmann/Messerschmidt/*von Rintelen*, VOB/B, Einleitung, Rn. 38; Beck-OK/*Wieseler*, VOB/B, § 1, Rn. 1; Beck'scher VOB-Kommentar/*Sacher*, Teil B, Einl., Rn. 3, 6.

785 Kapellmann/Messerschmidt/*von Rintelen*, VOB/B, Einleitung, Rn. 38.

786 Kapellmann/Messerschmidt/*Havers*, VOB/B, § 12, Rn. 43; Kapellmann/Messerschmidt/*Weyer*, VOB/B, § 13, Rn. 5; Beck-OK/*Koenen*, VOB/B, § 12, Rn. 74; Messerschmidt/Voit/*Voit*, Privates Baurecht, VOB/B, § 13, Rn. 25; Beck'scher VOB-Kommentar/*Bröker*, Teil B, § 12, Rn. 1.

787 Ingenstau/Korbion/*Wirth*, VOB/B, Vor § 13, Rn. 25; Kapellmann/Messerschmidt/ *Merkens*, VOB/B, § 4 Rn. 1; Beck-OK/*Fuchs*, VOB/B, Vor § 4; Nicklisch/Weick/*Gartz*, VOB/B, § 4, Rn. 1.

788 Ingenstau/Korbion/*Wirth*, VOB/B, Vor § 13, Rn. 20, § 13 Abs. 1, Rn. 50; Beck-OK/ *Koenen*, VOB/B, § 13 Abs. 1, Einl.;Kapellmann/Messersschmidt/*Weyer*, VOB/B, § 13, Rn. 10.

hinsichtlich der Rechtsfolgen. Anders als im BGB-Werkvertragsrecht ist ein Rücktritt vom Vertrag nicht vorgesehen.[789] Auch zu einer Minderung soll es im Regelfall nicht kommen.[790] Für den Schadensersatz enthält § 13 Abs. 7 VOB/B eine Abstufung der Schäden.[791]

(a) Werkmangel bei Nichteinhaltung nationaler Leistungsanforderungen

§ 13 VOB/B entspricht im Wesentlichen dem Mangelbegriff des § 633 Abs. 1 BGB.[792] Gemäß § 13 Abs. 1 Satz 2 VOB/B ist das Werk frei von Sachmängeln, wenn es die vereinbarte Beschaffenheit aufweist und den anerkannten Regeln der Technik entspricht. Ist eine Beschaffenheit nicht vereinbart, ist das Werk frei von Sachmängeln, wenn es sich für die im Vertrag vorausgesetzte Verwendung eignet (§ 13 Abs. 1 Nr. 1 VOB/B). Ist weder die Beschaffenheit vereinbart, noch die Verwendung des Werks im Vertrag vorausgesetzt, ist das Werk frei von Sachmängeln, wenn es sich für die gewöhnliche Verwendung eignet und eine Beschaffenheit aufweist, die bei Werken gleicher Art üblich ist und die der Auftraggeber nach der Art der Leistung erwarten kann.

i) Beschaffenheitsdefizite durch Verstöße gegen das öffentliche Recht

Ein Werkmangel wegen eines Beschaffenheitsdefizits liegt vor, wenn die Funktionstauglichkeit des Bauwerks beeinträchtigt ist. Dies ist der Fall, wenn Maßnahmen nach den §§ 79, 80 MBO drohen, weil der Bauunternehmer Bauprodukte eingesetzt hat, die nicht im Einklang mit dem öffentlichen Recht stehen.[793]

Mit der Einbeziehung der VOB/C in den Vertrag wird keine zusätzliche Beschaffenheitsvereinbarung dahingehend geschlossen, dass die verwendeten Bauprodukte den Anforderungen der EU-BauPV genügen müssen, da die Normen der VOB/C keinen Bezug zur EU-BauPV herstellen. Die VOB/C wird über § 1 Abs. 1 VOB/B Vertragsbestandteil jedes VOB/B-Vertrages.[794] Sie enthält technische Normen, welche

---

789 Beck-OK/*Koenen*, VOB/B; § 13, Rn. 1; Kapellmann/Messersschmidt/*Weyer*, VOB/B, § 13, Rn. 11; Messerschmidt/Voit/*Voit*, Privates Baurecht, VOB/B, § 13, Rn. 25; Beck'scher VOB-Kommentar/*Zahn*, Teil B, § 13, Rn. 1.

790 Beck-OK/*Koenen*, VOB/B, § 13 Abs. 1, Einl.;Kapellmann/Messersschmidt/*Weyer*, VOB/B, § 13, Rn. 11; Beck'scher VOB-Kommentar/*Zahn*, Teil B, § 13, Rn. 1.

791 Beck'scher VOB-Kommentar/*Zahn*, Teil B, § 13, Rn. 2.

792 Ingenstau/Korbion/*Wirth*, VOB/B, Vor § 13, Rn. 20; Beck'scher VOB-Kommentar/*Zahn*, Teil B, § 13, Rn. 3; Rn. 7; a.A. MüKo/*Busche*, BGB, § 633, Rn. 39.

793 Ausführlich zum Werkmangel siehe § 4, B., III., 2., d), bb), (2); siehe dazu auch Ziegler, „Das private Baurecht im Kontext des europäischen Bauproduktenrechts", in: NZBau 2017, 325.

794 Beck-OK/*Wieseler*, VOB/B, § 1, Rn. 42, 44; Kapellmann/Messersschmidt/*von Rintelen*, VOB/B, § 1, Rn. 17.

die Ausführung einzelner Bauarbeiten umschreiben. Die Grundnorm DIN 18299,[795] enthält Hinweise zur Ausführung von Bauarbeiten jeder Art. Sie macht in Abschnitt 2 Angaben zu Bauprodukten.[796] Die DIN 18299 stellt aber keinen unmittelbaren Bezug zur EU-BauPV her. Der Verweis auf die Einhaltung produktbezogener DIN-Normen in Abschnitt 2.3.2 der DIN 18299 bezieht sich ausschließlich auf qualitative Leistungsanforderungen. Nach der DIN 18299 müssen Stoffe und Bauteile, für die Normen einschlägig sind, die Güte- und Maßbestimmung der Norm einhalten (DIN 18922, 2.3.2). Die harmonisierten Normen, die auf Grundlage der EU-BauPV entwickelt wurden, enthalten jedoch keine Güte- und Maßbestimmungen. Sie legen Verfahren zur Untersuchung der Bauprodukte fest. Darüber hinaus enthalten die technischen Normen der VOB/C keine Verweise auf die die Einhaltung der Kennzeichnungs- und Prüfpflichten in der EU-BauPV. Der Hinweis auf die einschlägigen Normen bezieht sich also auf die Leistungsanforderungen, welche die Bauordnung stellt. Er bezieht sich jedoch nicht auf die Handelsvorschriften der EU-BauPV.

ii) Verwendbarkeitsdefizite bei unzureichender Produktleistung

Wie auch im BGB-Werkvertrag, eignet sich das Bauwerk jedoch nicht zur im Vertrag vorausgesetzten oder zur gewöhnlichen Verwendung, wenn Bauprodukte verwendet wurden, welche die nationalen Leistungsanforderungen der Bauordnungen nicht erbringen.[797]

(b) Haftungsausschluss bei Produktbereitstellung durch den Auftraggeber

Der Ausschluss der Mängelrechte nach § 13 Abs. 3 VOB/B greift in der Regel aufgrund mangelhafter Bauprodukte nicht ein, wenn auch der Bauherr sie selbst zur Verfügung[798] gestellt hat. Nach § 13 Abs. 3 VOB/B haftet der Auftragnehmer u.a. für Mängel, die auf vom Auftraggeber gelieferten oder vorgeschriebenen Stoffe oder Bauteile zurückzuführen sind, es sei denn, der Auftragnehmer hat die Bedenken schriftlich mitgeteilt (§ 4 Abs. 3 VOB/B)[799].

§ 13 Abs. 3 VOB/B gilt nicht für den typischen Fall des Bauproduktes, das den Anforderungen der EU-BauPV nicht genügt. Die Mängelhaftung ist nur ausgeschlossen, wenn der Auftraggeber ein abstrakt ungeeignetes Produkt auswählt. § 13 Abs. 3 VOB/B soll hingegen nicht gelten, wenn der Werkmangel aus dem Fehler eines konkreten Produktes resultiert, das sich jedoch *abstrakt* zur Verwendung

---

795 Vgl. zur Ergänzungsfunktion: Beck'scher VOB-Kommentar/*Englert*/*Grauvogl*/ *Katzenbach*, VOB/C, DIN 18299, Rn. 4 ff.

796 Beck'scher VOB-Kommentar/*Englert*/*Grauvogl*/*Katzenbach*, VOB/C, DIN 18299, Rn. 100, siehe auch Kaiser/Leesmeister, VOB/C, Rn. 362.

797 Siehe dazu ausführlich § 4, B., III., 2., d), bb), (2).

798 Beck-OK/*Koenen*, VOB/B, § 13, Rn. 15; Kapellmann/Messerschmidt/ *Weyer*, VOB/B, § 13, Rn. 86.

799 Beck-OK/*Koenen*, VOB/B, § 13 Abs. 3, Rn. 19.

eignet.[800] Der Auftraggeber wählt das Produkt auf Grundlage der Leistungsangaben aus. Weicht die tatsächliche Leistung des Bauproduktes im Einzelfall von den Angaben in der Leistungserklärung ab, beruht der Mangel auf dem konkreten Produkt und nicht auf der abstrakten Auswahl durch den Auftraggeber.

Anders liegt der Fall, wenn der Auftraggeber ein Produkt auswählt, dessen korrekte Leistungsangaben schon nicht den nationalen Anforderungen an die Verwendung genügen.[801] Ein Ausschluss der Gewährleistungshaftung erfolgt in diesem Fall nur, wenn der Bauunternehmer dem Bauherrn Bedenken gegen die Produkte schriftlich mitgeteilt[802] (§§ 13 Abs. 3, 4 Abs. 3 VOB/B). Der Unternehmer muss deshalb anhand der Leistungserklärung prüfen, ob die Bauprodukte, die nationalen Anforderungen der Bauwerkssicherheit erfüllen.

(c) Haftungsausschluss bei vorbehaltloser Abnahme

§ 640 Abs. 2 BGB[803] ist ohne Einschränkungen auch auf § 12 VOB/B anwendbar.[804] Auch hier bedarf es einer Prüfung im Einzelfall, ob der Bauherr positive Kenntnis vom Mangel hatte. In der Regel kennt der Bauherr den Werkmangel, der aus dem Einbau eines mangelhaften Bauproduktes entsteht, jedoch nicht.

(d) Schadensersatz: § 13 Abs. 7 VOB/B

§ 13 Abs. 7 VOB/B enthält, die Rechtsfolgen der Mangelbeseitigung betreffend, besondere Regelungen zum Schadensersatz, die von den gesetzlichen Regelungen des BGB abweichen. Von besonderer Bedeutung für den Bauherrn sind regelmäßig Schäden, die an der baulichen Anlage entstehen. Die VOB/B in § 13 Abs. 7 Nr. 3 VOB/B schränkt den Ersatz für Schäden an der baulichen Anlage im Vergleich zur Regelung im BGB am ehesten ein. Der Schaden, der an der baulichen Anlage entsteht, wird grundsätzlich nur unter den Voraussetzungen § 13 Abs. 7 Nr. 3 Satz 1 VOB/B (sog. „kleiner Schadensersatz"[805]).[806] Die Mangelfolgeschäden werden unter

---

800 BGH, Urt. v. 14.03.1996 – VII ZR 34/95, Rn. 12 ff.; Ingenstau/Korbion/*Wirth*, VOB/B, § 13 Abs. 3, Rn. 10; Kapellmann/Messerschmidt/*Weyer*, VOB/B, § 13, Rn. 88; Messerschmidt/Voit/*Voit*, Privates Baurecht, § 13 VOB/B, Rn. 8.

801 Vergleichbar mit der Auswahl durch den Architekten, siehe § 4, B., III., 2, d), bb), (4).

802 Ingenstau/Korbion/*Wirth*, VOB/B, § 13, Rn. 84; Beck-OK/*Koenen*, VOB/B, § 13 Abs. 3, Rn. 19; Kapellmann/Messerschmidt/*Weyer*, VOB/B, § 13, Rn. 94; Messerschmidt/Voit/*Voit*, Privates Baurecht, § 13 VOB/B, Rn. 11.

803 Siehe dazu ausführlich § 4, B., III., 2., d), bb), (6).

804 Ingenstau/Korbion/*Wirth*, VOB/B § 13 Abs. 7, Rn. 3; Kapellmann/Messerschmidt/*Havers*, VOB/B, § 12, Rn. 2, 47; Beck-OK/*Koenen*, VOB/B, § 12, Rn. 3; Messerschmidt/Voit/*Voit*, Privates Baurecht, § 12, Rn. 1.

805 Ingenstau/Korbion/*Wirth*, VOB/B, § 13 Abs. 7, Rn. 61; Beck'scher VOB-Kommentar/*Kohler*, § 13 Abs. 7 VOB/B, Rn. 80; Nicklisch/Weick/*Moufang/Koos*, VOB/B, § 13, Rn. 420.

806 Kapellmann/Messerschmidt/*Weyer*, VOB/B, § 13, Rn. 420.

den Voraussetzungen § 13 Abs. 7 Nr. 3 Satz 2 VOB/B ersetzt (sog. „großer Schadensersatz"[807]).[808] § 13 Abs. 7 Nr. 3 VOB/B ist auf alle Fallgestaltungen anwendbar, die nicht schon unter § 13 Abs. 7 Nr. 1, Nr. 2 VOB/B fallen.[809]

Der Schadensersatz nach § 13 Abs. 7 Nr. 3 Satz 2 VOB/B umfasst den gesamten Schaden an der baulichen Anlage und ist nicht nur auf die jeweilige Leistung des Bauunternehmers beschränkt.[810] Die Verursachung des Schadens durch einen wesentlichen Mangel ist Voraussetzung für den kleinen Schadensersatz.[811] Der Schaden an der baulichen Anlage wird in Folge fehlerhafter Bauprodukte nur ersetzt, wenn die Voraussetzungen der §§ 79, 80 MBO auch unter Berücksichtigung der Ermessensaspekte vorliegen. Maßnahmen der Bauaufsicht drohen z.B. bei erheblichen Abweichungen der tatsächlichen Leistung des Bauproduktes von der erklärten Leistung. Wird die Entschließungsermessensschwelle jedoch nicht überschritten, liegt ein wesentlicher Mangel nicht vor. Ob ein wesentlicher Mangel vorliegt, bestimmt sich im Einzelfall subjektiv und objektiv nach den Auswirkungen auf das Werk.[812] Die Bewertung muss insbesondere in Bezug zur Funktionalität des Werkes stehen.[813] Die Funktionalität ist jedoch nur unwesentlich beeinträchtigt, wenn Maßnahmen der Bauaufsichtsbehörde realistisch nicht drohen. Dies ist bei geringfügigen Verstößen der verwendeten Bauprodukte gegen die EU-BauPV der Fall, wenn durch den Verstoß in keiner Weise die Sicherheit des Bauwerks beeinträchtigt wird.

Der Bauunternehmer muss den Mangel verschuldet haben.[814] Das Verschulden richtet sich gemäß § 10 Abs. 1 VOB/B nach § 276 BGB.[815] Ein Verschulden des Auftragnehmers scheidet aus, wenn er Fehler in der Leistungserklärung nicht erkennen konnte, ohne selbst eine umfangreiche technische Untersuchung durchzuführen. Der Auftragnehmer muss sich grundsätzlich über § 278 BGB auch ein Verschulden seines Erfüllungsgehilfen zurechnen lassen.[816] Der Händler ist jedoch kein Erfüllungsgehilfe des Auftragnehmers, da er regelmäßig nicht zur Erfüllung der

---

807 Ingenstau/Korbion/ *Wirth*, VOB/B, § 13 Abs. 7, Rn. 61; Beck'scher VOB-Kommentar/*Kohler*, § 13 Abs. 7 VOB/B, Rn. 80.

808 Beck-OK/*Koenen*, VOB/B, § 13 Abs. 7, Rn. 39; Kapellmann/Messerschmidt/*Weyer*, VOB/B, § 13, Rn. 396.

809 Kapellmann/Messerschmidt/*Weyer*, VOB/B, § 13, Rn. 395; Messerschmidt/Voit/ *Voit*, Privates Baurecht, § 13 VOB/B, Rn. 45.

810 Ingenstau/Korbion/ *Wirth*, VOB/B, § 13 Abs. 7, Rn. 101.

811 Ingenstau/Korbion/ *Wirth*, VOB/B, § 13 Abs. 7, Rn. 26; Beck'scher VOB-Kommentar/*Kohler*, § 13 Abs. 7, Rn. 79.

812 BGH, Urt. v. 19.11.1998 – VII ZR 371/96, Rn. 23; Ingenstau/Korbion/*Wirth*, VOB/B, § 13 Abs. 7, Rn. 74; Nicklisch/Weick/*Moufang*/*Koos*, VOB/B, § 13, Rn. 421.

813 Ingenstau/Korbion/ *Wirth*, VOB/B, § 13 Abs. 7, Rn. 76.

814 Ingenstau/Korbion/ *Wirth*, VOB/B, § 13 Abs. 7, Rn. 86; Beck-OK/*Koenen*, VOB/B, § 13 Abs. 7, Rn. 50.

815 Ingenstau/Korbion/Wirth, VOB/B, § 13 Abs. 7, Rn. 87; Kapellmann/Messerschmidt/ *Weyer*, VOB/B, § 13, Rn. 402; Beck-OK/*Koenen*, VOB/B, § 13 Abs. 7, Rn. 51.

816 Kapellmann/Messerschmidt/ *Weyer*, VOB/B, § 13, Rn. 403; Beck-OK/*Koenen*, VOB/B, § 13 Abs. 7, Rn. 53.

werkvertraglichen Pflicht tätig wird.[817] Dies gilt allerdings nicht, wenn der Händler das Bauprodukt selbst montiert.[818]

Schäden außerhalb der baulichen Anlage werden nur ersetzt, wenn der Auftragnehmer gegen die allgemein anerkannten Regeln der Technik verstoßen hat, eine vertraglich vereinbarte Beschaffenheit missachtet wurde oder der Schaden durch eine Versicherung abgedeckt ist.

In § 13 Abs. 7 Nr. 1, Nr. 2 VOB/B erfolgt eine Abstufung des für einen Schadensersatzanspruch des Auftraggebers erforderlichen Verschuldens des Auftragnehmers. Die Regelung entspricht im Wesentlichen der Abstufung in § 309 Nr. 7 BGB.[819] Bei der Verletzung des Lebens, des Körpers oder der Gesundheit in Folge des Mangels haftet der Auftragnehmer für Mängel, die er schuldhaft verursacht hat (§ 13 Abs. 7 Nr. 1 VOB/B).[820] Führt die Verwendung eines mangelhaften Bauproduktes zu einem Mangel am Bauwerk, in dessen Folge Menschen verletzt oder gar getötet werden, genügt einfache Fahrlässigkeit des Bauunternehmers.[821]

Nach § 13 Abs. 7 Nr. 2 VOB/B haftet der Bauunternehmer für alle weiteren Schäden nur, wenn er den Mangel vorsätzlich oder grob fahrlässig verursacht hat.

(2) Rechte des Bauherrn vor Abnahme

Anders, als das BGB-Werkvertragsrecht, gibt die VOB/B dem Bauherrn bereits während der Ausführung einen vorgezogenen Mängelanspruch.[822] Die Rechte des Bauherrn vor der Abnahme steigern die Chancen auf die Errichtung eines mangelfreien Werkes.[823] Vor allem nach dem Einbau ist eine Feststellung von Mängeln an den verwendeten Bauprodukten schwierig.[824] Der Bauherr kann gemäß § 4 Abs. 6 VOB/B vom Bauunternehmer verlangen, vertragswidrige Bauprodukte von der Baustelle zu entfernen. § 4 Abs. 7 VOB/B ermöglicht es dem Bauherrn schon vor Abnahme[825] die Beseitigung von Mängeln zu verlangen. § 4 Abs. 6 VOB/B kommt solange zur Anwendung, wie die Bauprodukte noch nicht eingesetzt wurden.[826]

---

817 BGH, Urt. v. 09.02.1978 – VII ZR 84/77, Rn. 11; Kapellmann/Messerschmidt/ *Weyer*, VOB/B, § 13, Rn. 403.

818 Kapellmann/Messerschmidt/*Weyer*, VOB/B, § 13, Rn. 403; Beck-OK/*Koenen*, VOB/B, § 13 Abs. 7, Rn. 55.

819 Ingenstau/Korbion/*Wirth*, VOB/B, § 13 Abs. 7, Rn. 51; Kapellmann/Messerschmidt/ *Weyer*, VOB/B, § 13, Rn. 390; Beck-OK/*Koenen*, VOB/B, § 13 Abs. 7, Rn. 33.

820 Ingenstau/Korbion/*Wirth*, VOB/B, § 13 Abs. 7, Rn. 50.

821 Ingenstau/Korbion/*Wirth*, VOB/B, § 13 Abs. 7, Rn. 50.

822 Ingenstau/Korbion/*Oppler*, VOB/B, § 4 Abs. 6, Rn. 2.

823 Beck-OK/*Fuchs*, VOB/B, § 4, Vor; Messerschmidt/Voit/*Voit*, Privates Baurecht, VOB/B, § 4, Rn. 26.

824 Ingenstau/Korbion/*Oppler*, VOB/B, § 4 Abs. 6, Rn. 2.

825 Ingenstau/Korbion/*Oppler*, VOB/B, § 4 Abs. 1 Rn. 1; Kapellmann/Messerschmidt/ *Merkens*, VOB/B, § 3, Rn. 164.

826 Kapellmann/Messerschmidt/*Merkens*, VOB/B, § 4, Rn. 139.

Sobald der Bauunternehmer die mangelhaften Produkte eingesetzt hat und dadurch ein Mangel entstanden ist, muss er nach § 4 Abs. 7 VOB/B vorgehen.[827]

(a) Anspruch auf Entfernung vertragswidriger Bauprodukte

Die Entfernungspflicht des § 4 Abs. 6 VOB/B bezieht sich auf Bauprodukte, die vertragswidrig sind.[828] In allen Fällen, in denen die Verwendung des Bauproduktes einen Werkmangel begründet,[829] steht dem Bauherrn das Recht aus § 4 Abs. 6 VOB/B zu. § 4 Abs. 6 VOB/B greift deshalb, wenn ein Bauprodukt gegen die Anforderungen der EU-BauPV verstößt.[830]

Der Auftraggeber muss den Auftragnehmer zunächst unter Setzung einer Frist[831] zur Entfernung auffordern.[832] Kommt der Auftragnehmer dieser Aufforderung nicht innerhalb der gesetzten Frist nach, kann der Auftraggeber entweder die Bauprodukte auf Kosten des Auftragnehmers selbst abtransportieren oder sie auf Rechnung des Auftragnehmers veräußern.[833]

(b) Rechte auf Mängelbeseitigung

Auch nachdem Bauprodukte eingesetzt wurden, die einen Mangel am Bauwerk verursachen oder vertragswidrig sind, kann der Bauherr vom Unternehmer – auch ohne vorherige Aufforderung – die Beseitigung des Mangels verlangen. § 4 Abs. 7 VOB/B liegt derselbe Mangelbegriff zu Grunde wie § 13 VOB/B.[834]

Wenn der Bauunternehmer den Mangel zu vertreten hat, ist er auch zum Ersatz des Schadens hieraus verpflichtet (§ 4 Abs. 7 Satz 2 VOB/B). Der Bauunternehmer hat den Mangel zu vertreten, wenn er bereits vor dem Einbau wusste, dass die zu Grunde gelegten Leistungsangaben unzutreffend sind. Für die Annahme von Fahrlässigkeit genügt, dass der Bauunternehmer davon in Kenntnis gesetzt wurde, dass aufgrund eines Verdachtes ein Evaluierungsverfahren durchgeführt wird.

---

827 Ingenstau/Korbion/*Oppler*, VOB/B, § 4 Abs. 6, Rn. 6; Kapellmann/Messerschmidt/ *Merkens*, VOB/B, § 4, Rn. 139.

828 Ingenstau/Korbion/*Oppler*, VOB/B, § 4 Abs. 6, Rn. 3; Kapellmann/Messerschmidt/ *Merkens*, VOB/B, § 4, Rn. 141.

829 Siehe dazu § 4, B., III., 2., d), bb), (2).

830 Noch zum BauPG a.F. Kapellmann/Messerschmidt/*Merkens*, VOB/B, § 4, Rn. 143 f. und Beck'scher VOB-Kommentar/*Junghenn*, VOB/B, § 4 Abs. 6, Rn. 13, 15 ff.; Beck-OK/*Fuchs*, VOB/B, § 4 Abs. 6, Rn. 2.

831 Ingenstau/Korbion/*Oppler*, VOB/B, § 4 Abs. 7, Rn. 6; Beck-OK/*Fuchs*, VOB/B, § 4 Abs. 6, Rn. 4; Kapellmann/Messerschmidt/*Merkens*, VOB/B, § 4, Rn. 147; Messerschmift/Voit/*Voit*, Privates Baurecht, VOB/B, § 4, Rn. 27.

832 Kapellmann/Messerschmidt/*Merkens*, VOB/B, § 4, Rn. 146; Messerschmidt/Voit/ *Voit*, Privates Baurecht, VOB/B, § 4, Rn. 27; Beck-OK/*Fuchs*, VOB/B, § 4 Abs. 6, Rn. 3.

833 Ingenstau/Korbion/*Oppler*, VOB/B, § 4 Abs. 7, Rn. 14; Messerschmidt/Voit/*Voit*, Privates Baurecht, VOB/B, § 4, Rn. 27.

834 Kapellmann/Messermschmidt/*Merkens*, VOB/B, § 4, Rn. 162.

Gemäß §§ 4 Abs. 7 Satz 3, 8 Abs. 3 VOB/B kann der Bauherr den Auftrag entziehen, den Mangel selbst beseitigen und hierfür Aufwendungsersatz verlangen. Erforderlich hierfür ist, dass der Bauherr eine Frist zur Nacherfüllung[835] gesetzt hat, mit der er auch die Androhung der Kündigung aufgenommen hat.

3. Auswirkungen auf die außervertragliche Haftung

Die außervertragliche (deliktische) Haftung greift auch außerhalb der beschriebenen Vertragsverhältnisse ein. Es kommt sowohl eine Haftung nach den §§ 823 ff. BGB, als auch eine Haftung nach dem ProdHaftG in Betracht, wenn Schäden durch fehlerhafte Bauprodukte verursacht werden.[836]

Die deliktische Haftung steht grundsätzlich neben der Gewährleistungshaftung.[837] Praktische Relevanz kommt dem vor allem zu, wenn dem Wirtschaftsakteur oder Verwender gegen den eigenen Vertragspartner jeweils kein Schadensersatzanspruch zusteht.[838] Beim Handel mit fehlerhaften Bauprodukten scheidet ein vertraglicher Schadensersatzanspruch häufig aus, weil der Vertragspartner den Mangel nicht zu vertreten hat. In der Regel hat weder der Händler, noch der Bauunternehmer einen Fehler wegen falscher Leistungsangaben zu vertreten.[839] Die außervertragliche Haftung ermöglicht in diesen Fällen ein Vorgehen gegen Wirtschaftsakteure, die nicht Vertragspartner gewesen sind.

a) Haftung nach den §§ 823 ff. BGB

Außerhalb spezialgesetzlicher Haftungsgrundlagen, richtet sich die deliktische Haftung für unerlaubte Handlungen nach den §§ 823 ff. BGB. § 823 Abs. 1 BGB kommt als Anspruchsgrundlage gegen alle Wirtschaftsakteure in Betracht, wenn das fehlerhafte Bauprodukt eine Rechtsgutverletzung verursacht hat.[840] Der Hersteller im Sinne des Art. 2 Nr. 19 EU-BauPV haftet im Vergleich zu den anderen Wirtschaftsakteuren unter den schärferen Bedingungen der sog. Produzentenhaftung. Eine Haftung der Wirtschaftsakteure kann sich außerdem aus § 823 Abs. 2 BGB ergeben, wenn Vorschriften des nationalen oder europäischen Bauproduktenrechts verletzt wurden, die auch Schutzgesetze sind.[841]

---

835 Kapellmann/Messerschmidt/*Merkens*, VOB/B, § 4, Rn. 160.
836 Dazu grundsätzlich: Nicklisch/Weick/*Moufang/Koos*, VOB/B, § 13, Rn. 465.
837 BGH, Urt. v. 24.05.1976 – VIII ZR 10/74, Rn. 8 ff.; Beck-OK/*Faust*, BGB, § 437, Rn. 197; MüKo/*Westermann*, BGB, § 437, Rn. 61.
838 Dazu grundsätzlich Jauernig/*Teichmann*, BGB, § 823, Rn. 124a; Beck-OK/*Förster*, BGB, § 823, Rn. 661.
839 Siehe § 4, B., III., 2., b), dd), (2); § 4, B., III., 2., b), d), bb), (3).
840 Beck-OK/*Förster*, BGB, § 823, Rn. 15.
841 Jauernig/*Teichmann*, BGB, § 823, Rn. 41; Beck-OK/*Förster*, BGB, § 823, Rn. 15, 264.

aa) Herstellerhaftung nach den Grundsätzen der Produzentenhaftung

Allein der Bauproduktenhersteller haftet nach den Grundsätzen der Produzentenhaftung. Diese ergänzen die Haftung nach § 823 Abs. 1 BGB[842] und wurden maßgeblich durch die Rechtsprechung entwickelt.[843] Im Rahmen dessen kategorisieren sog. Fehlertypen die Verkehrspflichtverletzungen der Hersteller. Mit dem Vorliegen eines Fehlertyps gehen teilweise Beweiserleichterungen für den Geschädigten einher. Eine Beweislastumkehr hinsichtlich des Verschuldensnachweises erleichtert z.B. die Geltendmachung des Anspruchs durch den Geschädigten.[844] Die Voraussetzungen hierfür sind regelmäßig bei falschen Leistungsangaben, fehlerhaften Gebrauchsanleitungen oder falschen Sicherheitsinformationen gegeben, da diese Fehler in der Regel einen Instruktionsfehler begründen.

(1) Haftung der Hersteller im Sinne des Art. 2 Nr. 19 EU-BauPV

Die Besonderheiten der Produzentenhaftung finden nur auf den Hersteller im Sinne des Art. 2 Nr. 19 EU-BauPV Anwendung. Der persönliche Anwendungsbereich der Produzentenhaftung ist für die anderen Wirtschaftsakteure in der Regel nicht eröffnet.

Da der persönliche Anwendungsbereich der Produzentenhaftung für Endhersteller eröffnet ist, ist der Herstellerbegriff der EU-BauPV mit der Rechtsprechung zu § 823 Abs. 1 BGB kongruent. Endhersteller ist dasjenige Unternehmen, dass die Fabrikation und Konstruktion des Produktes leitet und es in den Verkehr bringt.[845] Der Hersteller im Sinne des Art. 2 Nr. 19 EU-BauPV stellt definitionsgemäß Bauendprodukte her. Zulieferer von Zwischenprodukten sind hingegen keine Hersteller im Sinne von Art. 2 Nr. 19 EU-BauPV.[846] Händler und Importeure, die nach Art. 15 EU-BauPV (sog. „Quasi-Hersteller") wie Hersteller behandelt werden, fallen nicht unter den Herstellerbegriff im Sinne der Produzentenhaftung. Die Grundsätze der Produzentenhaftung sind auf „Quasi-Hersteller" nämlich nicht anwendbar.[847]

---

842 MüKo/*Wagner*, BGB, § 823, Rn. 777.

843 Grundlegend BGH, Urt. v. 26.11.1968 – VI ZR 212/66; MüKo/*Wagner*, BGB, § 823, Rn. 777.

844 Beck-OK/*Förster*, BGB, § 823, Rn. 662, 759.

845 MüKo/*Wagner*, BGB, § 823, Rn. 786, m.w.N.; Jauernig/*Teichmann*, BGB, § 823, Rn. 129; Beck-OK/*Förster*, BGB, § 823, Rn. 744.

846 Siehe § 3, A., I., 1., b).

847 BGH, Urt. v. 21.06.2005 – VI ZR 238/03, Rn. 14 ff.; BGH, Urt. v. 07.12.1993 – VI ZR 74/93, Rn. 22.

Der Anwendungsbereich wird im Regelfall nicht auf den Händler[848] oder den Importeur ausgeweitet.[849] Nur ausnahmsweise haftet auch der Händler unter den verschärften Bedingungen der Produzentenhaftung, wenn er positive Kenntnis von Schadensfällen hat, die in Folge eines Produktfehlers eingetreten sind.[850] Eine Haftung des Händlers nach den Grundsätzen der Produzentenhaftung kommt außerdem in Betracht, wenn der Produktfehler äußerlich erkennbar war.[851] Kenntnis von den Fehlern hat der Händler jedoch in der Regel nur, wenn er entweder ausdrücklich in Kenntnis gesetzt wurde oder wenn der Fehler in der Leistungserklärung, Gebrauchsanleitung oder Sicherheitsinformation offensichtlich war.

Auch der Importeur scheidet grundsätzlich aus dem persönlichen Anwendungsbereich der Produzentenhaftung aus. Der Importeur ist – ebenso wie der Händler – an der Produktherstellung nicht beteiligt.[852] Teilweise wird vorgebracht, dass der Importeur nach den Grundsätzen der Produzentenhaftung haftet, wenn er Produkte aus Drittstaaten in die EU importiert. Begründet wird dies damit, dass aus Drittstaaten importierte Produkte in der Regel einen geringeren Sicherheitsstandard aufweisen, als Unionsprodukte.[853] Der Importeur schaffe dadurch ein besonderes Sicherheitsrisiko.[854] Im Anwendungsbereich der EU-BauPV scheidet diese Argumentation jedoch aus. Zwar ist der Importeur ein Wirtschaftsakteur, der schon definitionsgemäß Bauprodukte aus *Drittstaaten* importiert (Art. 2 Nr. 21 EU-BauPV). Der Bauproduktenhersteller des Drittstaates ist aber an die europäischen Marktregeln gebunden, da die EU-BauPV ihre Pflichten unterschiedslos an alle Hersteller – unabhängig davon, ob sich ihr Sitz innerhalb der EU befindet – richtet.[855] Daneben wird die Überprüfung dieser Standards durch die Pflichten des Importeurs in Art. 13 EU-BauPV öffentlich-rechtlich sichergestellt. Bauprodukte aus Drittstaaten sind deshalb nicht gefahrträchtiger als Bauprodukte aus den Staaten der EU.

Ausnahmsweise ist der Importeur jedoch zur passiven Produktbeobachtung verpflichtet, wenn er eine *„Schlüsselposition"*[856] beim Vertrieb des Produktes auf dem

---

848 BGH, Urt. v. 31.10.2006 – VI ZR 223/05, Rn. 11, 14; BGH, Urt. v. 09.12.1986 – VI ZR 65/86, Rn. 14; Beck-OK/*Förster*, BGB, § 823, Rn. 751; MüKo/*Wagner*, BGB, § 823, Rn. 791.

849 BGH, Urt. v. 11.12.1979 – VI ZR 141/78, Rn. 16; Beck-OK/*Förster*, BGB, § 823, Rn. 756; MüKo/*Wagner*, BGB, § 823, Rn. 794.

850 OLG Düsseldorf, Urt. v. 20.02.2008 – 22 U 157/08, Rn. 37; OLG Hamm, Urt. v. 20.07.2004 – 9 U 45/04, Rn. 9; Beck-OK/*Förster*, BGB, § 823, Rn. 752.

851 MüKo/*Wagner*, BGB, § 823, Rn. 791.

852 BGH, Urt. v. 11.12.1979 – VI ZR 141/78, Rn. 16; Beck-OK/*Förster*, BGB, § 823, Rn. 756; MüKo/*Wagner*, BGB, § 823, Rn. 794.

853 BGH, Urt. v. 28.03.2006 – VI ZR 46/05, Rn. 21; BGH, Urt. v. 11.12.1979 – VI ZR 141/78, Rn. 16; Beck-OK/*Förster*, BGB, § 823, Rn. 757.

854 BGH, Urt. v. 28.03.2006 – VI ZR 46/05, Rn. 21; BGH, Urt. v. 11.12.1979 – VI ZR 141/78, Rn. 16; Beck-OK/*Förster*, BGB, § 823, Rn. 757.

855 Siehe § 3, A., I., 3.

856 BGH, Urt. v. 07.12.1993 – VI ZR 74/93, Rn. 23.

europäischen Markt innehat.[857] Etwas Anderes kann sich auch im Hinblick auf Instruktionspflichten,[858] vor allem hinsichtlich der Übersetzung der beigefügten Sicherheitsinformation, ergeben.

(2) Instruktionsfehler bei Verstößen gegen Art. 11 EU-BauPV

Die Verkehrspflichten, die im Bereich der Produzentenhaftung anerkannt sind, äußern sich regelmäßig in sog. *Fehlertypen*. Als Fehlertypen anerkannt sind Konstruktions-[859], Fabrikations-[860] und Instruktionsfehler.[861]

Harmonisierte Bauprodukte sind regelmäßig mit einem Instruktionsfehler behaftet, wenn die Leistungserklärung fehlerhafte Leistungsangaben enthält. Ferner weist das Produkt einen Instruktionsfehler auf, wenn die Gebrauchsanleitung oder Sicherheitsinformation unvollständig oder falsch ist. Ein Verstoß gegen die Warn- und Rückrufpflicht liegt vor, wenn der Hersteller den Fehler erkennt und die Leistungserklärung nicht korrigiert oder einen Rückruf unterlässt, obwohl dieser geboten gewesen wäre.

(a) Instruktionsfehler bei falschen Leistungsangaben

Fehlerhafte Angaben in der Leistungserklärung des Bauproduktes begründen einen Instruktionsfehler. Ein Instruktionsfehler liegt vor, wenn der Verwender nicht über die Art und Weise der sicherheitsrelevanten Verwendung des Produktes aufgeklärt wird.[862]

Infolge fehlerhafter Leistungsangaben kann es zu einer gefahrgeneigten Verwendung des Bauproduktes kommen. Für die rechtliche Beurteilung kommt die Sondereigenschaft der Produktkategorie „Bauprodukt" zum Tragen: Die Gefährlichkeit eines Bauproduktes richtet sich nach seiner konkreten Verwendung im Zielgebäude. Der Verwender prüft die Eignung des Bauproduktes für seine konkrete Verwendung im Bauwerk anhand der Angaben in der Leistungserklärung. Die Beurteilung, ob das Bauprodukt unter Beachtung aller sicherheitsrelevanter Aspekte in das Bauwerk eingesetzt werden kann, setzt die zutreffende Information über alle sicherheitsrelevanten Leistungseigenschaften voraus.[863] Die Informationspflicht kann sich auch auf die gemeinsame Verwendung des Produktes mit anderen Sachen beziehen.[864]

857 BGH, Urt. v. 07.12.1993 – VI ZR 74/93, Rn. 24; Michalski, Rückrufpflicht des Produzenten, in: BB 1998, 961 (964).
858 MüKo/*Wagner*, BGB, § 823, Rn.794.
859 Beck-OK/*Förster*, BGB, § 823, Rn. 691.
860 Beck-OK/Förster, BGB, § 823, Rn. 697.
861 Jauernig/*Teichmann*, BGB, § 823, Rn. 128; Beck-OK/*Förster*, BGB, § 823, Rn. 689; MüKo/*Wagner*, BGB, § 823, Rn. 806.
862 BGH, Urt. v. 19.02.1975 – VIII ZR 144/73, Rn. 10 ff.; MüKo/*Wagner*, BGB, § 823, Rn. 826.
863 MüKo/*Wagner*, BGB, § 823, Rn. 826.
864 MüKo/*Wagner*, BGB, § 823, Rn. 827.

Kein Instruktionsfehler liegt hingegen vor, wenn die Leistungsangaben nur unwesentlich von der tatsächlichen Leistung des Bauproduktes abweichen. In diesen Fällen kommt dem Fehler in der Regel keine Sicherheitsrelevanz zu. Unwesentlich ist die Abweichung deshalb, wenn sich das Bauprodukt trotz der falschen Angaben für die konkrete Verwendung eignet.

Ein Instruktionsfehler liegt nicht vor, wenn die Leistungserklärung Eigenschaften, die in den Hinweisen der MVV-TB enthalten ist, nicht ausweist. Aufgrund der nicht ausgewiesenen Eigenschaft entsteht beim Verwender keine Fehlvorstellung über sicherheitsrelevante Eigenschaften. Da der Verwender grundsätzlich selbst bestimmen muss, ob sich das Produkt für den Verwendungszweck eignet, erkennt er, dass Nachweise fehlen, die für die Bestimmung der Verwendungseignung erforderlich wären. Anders als bei der Angabe unzutreffender Leistungen, kann sich der Verwender nicht auf die in der Leistungserklärung gemachten Angaben verlassen.

(b) Instruktionsfehler bei fehlerhaften Gebrauchs- und Sicherheitsinformationen

Ein Instruktionsfehler liegt regelmäßig ebenfalls vor, wenn der Hersteller die Pflicht nach Art. 11 Abs. 6 EU-BauPV verletzt. Art. 11 Abs. 6 EU-BauPV verpflichtet den Hersteller dem Bauprodukt eine Gebrauchsanleitung und Sicherheitsinformationen beizufügen.[865] Ein Instruktionsfehler liegt vor, wenn die Gebrauchsanleitung und Sicherheitsinformation gänzlich weggelassen wird, wie auch, wenn die Informationen nicht ausreichen, um vor drohenden Gefahren zu warnen. Der nach der EU-BauPV erforderliche Inhalt stellt dabei einen Mindestkatalog dar, der aber im Einzelfall durch den Hersteller ergänzt werden muss, wenn nicht alle Gefahren abgedeckt sind.[866] Da die Pflicht nach Art. 11 Abs. 6 EU-BauPV dem Schutz der Verwender dient, richtet sie sich inhaltlich nach den Anforderungen an die Instruktionspflicht nach der Produktsicherheitsrichtlinie bzw. dem ProdHaftG. Erforderlich ist, durch die Auswahl der Informationen der bestimmungsgemäße Gebrauch und ein naheliegender Fehlgebrauch abgedeckt werden.[867]

(3) Verletzung der Warn- und Rückrufpflicht

Auch nach den Grundsätzen der Produzentenhaftung muss der Hersteller die Verwender davor warnen, dass die Leistungserklärung falsche Angaben enthält und diese korrigieren.[868] Auch nach dem Inverkehrbringen des Produktes besteht eine Pflicht zur Produktbeobachtung, die jedenfalls eine Warnpflicht einschließt.[869] Dabei

---

865   Siehe § 3, B., I., 7.
866   BGH, Urt. v. 07.10.1986 – VI ZR 187/85, Rn. 16.
867   Jauernig/*Teichmann*, BGB, § 823, Rn. 135; MüKo/*Wagner*, BGB, § 823, Rn. 662.
868   MüKo/*Wagner*, BGB, § 823, Rn. 826.
869   Michalski, Rückrufpflicht des Produzenten, in: BB 1998, 961 (962); Jauernig/*Teichmann*, BGB, § 823, Rn. 128; MüKo/*Wagner*, BGB, § 823, Rn. 837 ff; Hauschka/Moosmeyer/Lösler/*Veltins*, Corporate Compliance, § 24, Rn. 14.

handelt es sich um eine allgemeine Verkehrssicherungspflicht,[870] die aber durch die Pflicht zur Produktbeobachtung nach Art. 11 Abs. 3 UA. 2 EU-BauPV konkretisiert wird. Dazu muss der Hersteller stichprobenartig Bauprodukte auf ihre Leistung überprüfen, die sich bereits auf dem Markt befinden. Der Hersteller kommt seiner Warnpflicht in der Regel nach, wenn er die Leistungserklärung korrigiert. Die Produktleistung, welche der Verwender zu Grunde legen darf, richtet sich dann nach den korrigierten Werten.

Ob neben der Warnung bzw. Korrektur ein Produktrückruf erforderlich ist, ist in der Literatur und Rechtsprechung umstritten.[871] Nach der EU-BauPV entsteht eine öffentlich-rechtliche Rückrufpflicht, wenn die Gefahr unter Abwägung der Interessen nicht mehr anders abwendbar ist.[872] In der Regel genügt jedoch bei falschen Leistungsangaben die Korrektur der Leistungserklärung, sodass ein Rückruf nicht erforderlich wird.[873] Daran anknüpfend stellt sich die Frage, ob die zivilrechtliche Rückrufpflicht über die Pflicht des Herstellers nach der EU-BauPV hinausgeht.

Eine Ansicht will auch bei der zivilrechtlichen Rückrufpflicht auf die Interessensabwägung, die § 26 ProdSG erfordert zurückgreifen.[874] Im Wesentlichen entspricht diese Lösung der Rückrufpflicht der EU-BauPV. Der BGH hat in der sog. Pflegebetten-Entscheidung[875] eine Rückrufpflicht nur unter der Voraussetzung angenommen, dass eine Warnung nicht *potentiell* geeignet ist, die Verwender vor Gefahren zu schützen.[876] Auch nach dieser Entscheidung ist im Einzelfall abzuwägen, sodass ein Rückruf *ultima ratio* ist.[877] Auch diese Ansicht kommt zu den gleichen Ergebnissen, wie die nach der EU-BauPV erforderliche Abwägung. Eine weitere Auffassung stellt auf das Verschulden des Fehlers bei der Bereitstellung des Produktes auf dem Markt ab.[878] Eine Rückrufpflicht entsteht demnach dann, wenn der Hersteller den Mangel zu vertreten hat.[879] Diese Lösung weicht von der Rückrufpflicht nach der EU-BauPV ab. Die Konsequenz wäre, dass der Hersteller das Produkt öffentlich-rechtlich immer zurücknehmen muss, wenn der drohenden Gefahr mit einer Warnung oder Korrektur nicht mehr abgeholfen werden kann. Wenn nach dieser Beurteilung eine Warnung ausreicht, müsste der Hersteller das Bauprodukt aus zivilrechtlichen Gründen zurückrufen, wenn er die falschen Leistungsangaben bei der Bereitstellung auf dem Markt verschuldet hat.

---

870 Hauschka/Moosmeyer/Lösler/*Veltins*, Corporate Compliance, § 24, Rn. 14.
871 Vgl. dazu MüKo/*Wagner*, BGB, § 823, Rn. 677 ff.; dagegen: Jauernig/*Teichmann*, BGB, § 823, Rn. 137; differenzierend: Müko/*Wagner*, BGB, § 823, Rn. 848; Beck-OK/*Förster*, BGB, § 823, 737.
872 Siehe § 3., B., I., 9.; § 4, B., II., 1, d).
873 Siehe § 3., B., I., 9.; § 4, B., II., 1, d).
874 Beck-OK/*Förster*, BGB, § 823, Rn. 737.
875 BGH, Urt. v. 16.12.2008 – VI ZR 170/07.
876 BGH, Urt. v. 16.12.2008 – VI ZR 170/07, Rn. 11.
877 Molitoris, Kehrtwende des BGH bei Produktrückrufen, in: NJW 2009, 1049 (1052).
878 MüKo/*Wagner*, BGB, § 823, Rn. 848.
879 MüKo/*Wagner*, BGB, § 823, Rn. 848.

Auf ein Verschulden des Herstellers bei der Bereitstellung des Produktes auf dem Markt muss nicht abgestellt werden. Die zivilrechtliche Rückrufpflicht deckt sich mit der öffentlich-rechtlichen Rückrufpflicht. Wenn einem Bauprodukt eine fehlerhafte Leistungserklärung beigefügt ist, genügt in der Regel die Korrektur der Erklärung. Dies steht mit der Rechtsprechung des BGH im Einklang. Diese hatte in der Pflegebetten-Entscheidung vor allem damit argumentiert, dass die Warnung schon ausreichen würde, weil es sich bei dem Geschädigten um einen Unternehmer handelte, der seinerseits gegenüber den Verwendern der Betten haftungspflichtig gewesen wäre. Der Geschädigte musste deshalb die Warnung ernst nehmen. So liegt es beim Handel mit Bauprodukten auch. Vor dem Einbau richtet sich der Rückruf an unternehmerische Verwender der Produkte. Der Rückruf betrifft deshalb vor allem die Bauunternehmer, die im Falle eines Einbaus gewährleistungsrechtlich zum Ein- und Ausbau der Produkte verpflichtet werden. Die Bauunternehmer beachten die Warnungen und Korrekturen deshalb bereits, um der eigenen Haftung zu entgehen. Auch wenn das fehlerhafte Bauprodukt daraufhin bei einem Verwender eingesetzt wird, ändert der Rückruf an der Gefährlichkeit des Bauproduktes nichts mehr. Eine Rückgabe nach dem Einbau ist in der Regel nicht mehr ohne erhebliche Kosten möglich. Der Rückruf kommt deshalb der Warnung gleich. Ein Verschulden des Herstellers hinsichtlich des Produktfehlers bei der Bereitstellung auf dem Markt kann in die Interessenabwägung[880] eingestellt werden und bleibt so nicht völlig außen vor.

(4) Rechtsgutverletzungen in Folge des Einbaus fehlerbehafteter Bauprodukte

Die für § 823 Abs. 1 BGB erforderliche Rechtsgutverletzung[881] kann durch fehlerhafte Bauprodukte insbesondere in Gestalt einer Lebens-, Körper-, Gesundheits- oder Eigentumsverletzung eintreten.

(a) Leben-, Körper- und Gesundheitsverletzung

Die Verletzung des Lebens, des Körpers und der Gesundheit droht insbesondere, wenn ein Bauprodukt die angegebene Leistung nicht erbringt. Falsche Leistungsangaben können z.B. die Standsicherheit oder die Luftraumqualität des Gebäudes sicherheitsrelevant beeinträchtigen. Wenn in der Leistungserklärung z.B. eine falsche Druckfestigkeit für ein Betonfertigteil angegeben wird, ist die statische Berechnung u.U. fehlerhaft. Herabstürzende Gebäudeteile können Menschen, die sich im Bauwerk befinden, verletzen oder töten. Die Verletzung bedeutet einen Eingriff in die körperliche Integrität,[882] sodass darin eine Körperverletzung zu sehen ist. Wenn in

---

880 Siehe dazu § 3., B., I., 9.; § 4, B., II., 1, d).
881 Beck-OK/*Förster*, BGB, § 823, Rn. 96; Jauernig/*Teichmann*, BGB, § 823, Rn. 1.
882 BGH, Urt. v. 17.09.2013 – VI ZR 95/13, Rn. 12; Beck-OK/*Förster*, BGB, § 823, Rn. 108; MüKo/*Wagner*, BGB, § 823, Rn. 173; Jauernig/*Teichmann*, BGB, § 823, Rn. 3.

der Leistungserklärung falsche Schallwerte[883] oder Schadstoffemissionswerte[884] angeben sind, kann die Gesundheit der Menschen, die sich dauerhaft in dem Gebäude aufhalten, beeinträchtigt werden. Eine Gesundheitsverletzung ist jede pathologische Störung der körperlichen und seelischen Lebensvorgänge.[885]

Die bloße Gefährdung der Rechtsgüter reicht für eine Schadensersatzpflicht jedoch nicht aus.[886] Der geschädigte Verwender muss deshalb darlegen und beweisen, dass eine Rechtsgutverletzung eingetreten ist.

(b) Eigentumsverletzung durch den Einbau

Durch den Einbau fehlerbehafteter Bauprodukte wird in wenigen Fallgestaltungen das Eigentum des Bauherrn verletzt. Eine Eigentumsverletzung kommt jedoch nur in Betracht, wenn das fehlerbehaftete Bauprodukt erst im Rahmen einer Umbaumaßnahme untrennbar mit dem Bauwerk verbunden wird und an einem Fehler leidet, der zu einem Einsturz oder Abriss des Bauwerks führt.

Voraussetzung der Eigentumsverletzung ist, dass entweder in die Substanz[887] des Bauwerkes eingegriffen oder seine Nutzung[888] vollständig aufgehoben wird.

Ein Eingriff in die Sachsubstanz liegt jedenfalls vor, wenn das Gebäude in Folge des Einbaus beschädigt[889] wird. Eine Beschädigung kann z.B. dadurch eintreten, dass sich Gebäudeteile ablösen oder das Bauwerk einstürzt. Eine Beeinträchtigung der Sachsubstanz liegt ebenfalls vor, wenn die bauliche Anlage in Folge einer behördlichen Verfügung abgerissen werden muss. Der Haftung des Herstellers steht nicht entgegen, dass der Bauunternehmer erst durch den Einbau die Gefahr verursacht. Ausreichend ist, dass der Hersteller eine Kausalkette in Gang setzt, die zu der Eigentumsverletzung führt.[890] Dies geschieht dadurch, dass er ein Bauprodukt auf dem Markt bereitstellt, dessen sichere Verwendung aufgrund falscher Leistungsangaben durch den Verwender unzutreffend bewertet wird.

Ergeht jedoch lediglich eine Baueinstellungsverfügung, ist in der Regel eine der Eigentumsverletzung gleichzustellende Nutzungsbeeinträchtigung nicht gegeben. An die Nutzungsbeeinträchtigung müssen strenge Anforderungen gestellt werden, um sie als Eigentumsverletzung qualifizieren zu können. Erforderlich ist grundsätzlich, dass der bestimmungsgemäße Gebrauch der Sache nicht nur unerheblich beeinträchtigt wird.[891] Wenn der Eigentümer die Sache noch bestimmungsgemäß nutzen

---

883 MüKo/*Wagner*, BGB, § 823, Rn. 177.
884 BGH, Urt. v. 17.06.1997 – VI ZR 372/95; MüKo/*Wagner*, BGB, § 823, Rn. 177.
885 MüKo/*Wagner*, BGB, § 823, Rn. 177; Beck-OK/*Förster*, BGB, § 823, Rn. 110.
886 Beck-OK/*Förster*, BGB, § 823, Rn. 96.
887 Beck-OK/*Förster*, BGB, § 823, Rn. 125; MüKo/*Wagner*, BGB, § 823, Rn. 228.
888 Beck-OK/*Förster*, BGB, § 823, Rn. 128.
889 Beck-OK/*Förster*, BGB, § 823, Rn. 125.
890 BGH, Urt. v. 31.03.1971 – VIII ZR 256/69. Rn. 21.
891 BGH, Urt. v. 09.12.2014 – VI ZR 155/14, Rn. 8; BGH, Urt. v. 31.03.1998 – VI ZR 109/97, Rn. 17.

kann, liegt in der Regel keine relevante Nutzungsbeeinträchtigung vor.[892] Wann eine Nutzungsuntersagung oder Baueinstellungsverfügung den bestimmungsgemäßen Gebrauch ausschließt, ist eine Frage des Einzelfalls. In der Regel kann der Bauherr das Gebäude jedoch weiterhin – wenn auch eingeschränkt – nutzen und über die bauliche Anlage disponieren. Eine Eigentumsverletzung liegt in dieser Hinsicht deshalb regelmäßig nicht vor. Zwar hat der BGH eine Eigentumsbeeinträchtigung eines Nachbargrundstücks für den Fall angenommen, in dem dieses aufgrund einer polizeilichen Verfügung geräumt wurde.[893] Der Fall bei einer Baueinstellungsverfügung oder Nutzungsuntersagung liegt jedoch anders. In Folge der polizeilichen Räumung ist die Nutzbarkeit des Grundstücks völlig ausgeschlossen. In Folge der Baueinstellung oder Nutzungsuntersagung kann der Eigentümer das Grundstück sowie das Gebäude in seiner bis dahin errichteten Gestalt weiterhin – wenn auch ggf. anders – nutzen.

Allerdings muss auch bei einer Substanzverletzung in Folge des Einbaus fehlerhafter Bauprodukte differenziert werden, ob sich durch den Einbau ein über den mangelbedingten Unwert hinausgehende Verletzung realisiert hat.

Eine Eigentumsverletzung im Sinne des § 823 Abs. 1 BGB wird von der Rechtsprechung bejaht, wenn das Integritätsinteresse des Bauherrn betroffen ist.[894] Der BGH sieht jedoch nur das – vertraglich abzuwickelnde – Äquivalenzinteresse betroffen, wenn der geltend gemachte Schaden mit dem mangelbedingten Unwert der Sache *stoffgleich* ist.[895]

Wird ein mangelhaftes Bauprodukt im Wege der Errichtung eines Gebäudes eingesetzt, hat von Beginn an kein mangelfreies Eigentum des Bauherrn an dem Bauwerk bestanden. Eine Eigentumsverletzung im Sinne des § 823 Abs. 1 BGB scheidet insoweit aus.[896] Auch, wenn ein mangelhaftes Bauprodukt zunächst in ein anderes Bauteil eingesetzt wird und dieses im mangelhaften Zustand in das Eigentum des Bestellers gelangt, liegt keine Eigentumsverletzung vor.[897]

Eine Eigentumsverletzung durch den Einbau mangelhafter Bauprodukte kommt jedoch bei Umbaumaßnahmen in Betracht. Das fehlerbehaftete Bauprodukt muss in ein zunächst mangelfreies Bauwerk eingesetzt werden.[898] Dies ist der Fall, wenn das

---

892   Beck-OK/*Förster*, BGB, § 823, Rn. 130; MüKo/*Wagner*, BGB; § 823, Rn. 243.

893   BGH, Urt. v. 21.06.1977 – VI ZR 58/76, Rn. 16.

894   BGH, Urt. v. 12. 12.2000 – VI ZR 242/99, Rn. 15; BGH; Urt. v. 18.01.1983 – VI ZR 310/79, Rn. 9 f.; Beck'scher VOB-Kommentar/*Zahn*, Teil B, § 13, Rn. 11.

895   BGH, Urt. v. 27.01.2005 – VII ZR 158/03, Rn. 34; BGH, Urt. v. 12. 12.2000 – VI ZR 242/99, Rn. 14; BGH, Urt. v. 18.01.1983 – VI ZR 310/79, Rn. 12; Beck'scher VOB-Kommentar/*Zahn*, VOB/B, § 13, Rn. 11; Englert/Motzke/Wirth/*Galda*, Baukommentar, Anhang II, Rn. 6.

896   OLG Brandenburg, Urt. v. 05.12.2012 – 4 U 118/11, Rn. 86 ff.; Beck'scher VOB-Kommentar/ *Zahn*, Teil B, § 13, Rn. 12; MüKo/*Wagner*, BGB, § 823, Rn. 262.

897   BGH, Urt. v. 24.06.1981 – VIII ZR 96/80, Rn. 30 f.; MüKo/*Wagner*, BGB, § 823, Rn. 261.

898   Beck'scher VOB-Kommentar/*Zahn*, Teil B, § 13, Rn. 12.

Produkt so untrennbar mit dem Bauwerk verbunden wird, dass die mangelhaften Teile wertlos oder jedenfalls eine erhebliche Wertminderung erfahren.[899]

(c) Haftungsbegründende Kausalität bei falschen Leistungsangaben

Der Instruktionsfehler, der durch falsche Angaben in der Leistungserklärung entsteht, ist in der Regel äquivalent und adäquat kausal[900] für die Rechtsgutverletzung. Äquivalent kausal sind alle Rechtsgutverletzungen, die bei der Einhaltung der im Verkehr erforderlichen Sorgfalt nicht eingetreten wären.[901] Adäquat kausal ist eine Handlung oder ein Unterlassen für die Rechtsgutverletzung, wenn die Verletzung nicht außerhalb jeder Wahrscheinlichkeit liegt.[902] Beide Voraussetzungen liegen vor. Die Rechtsgutverletzungen können in der Regel durch richtige Leistungsangaben verhindert werden, da der Architekt die Produkte nicht zur Verwendung freigegeben hätte. Dass das Bauwerk einstürzt, Menschen verletzt, oder der Bauherr mit einer Abrissverfügung belegt wird, ist nicht so fernliegend, dass damit nicht zu rechnen wäre.

In beiden Fällen liegt ist der Schutz vor Rechtsgutsverletzungen auch innerhalb des Schutzzwecks[903] der verletzten Norm. Die Pflicht des Herstellers nach Art. 11 Abs. 1 i.V.m. Art. 4 EU-BauPV dient der Bewertung der Verwendbarkeit des Bauproduktes im Hinblick auf die Grundanforderungen an Bauwerke. Dadurch sollen sicherheitsbeeinträchtigende Auswirkungen des Einbaus verhindert werden.

(5) Beweislastumkehr hinsichtlich des Verschuldens

Teilweise ist die Beweislast im Rahmen der Produzentenhaftung umgekehrt. Bei einem Instruktionsfehler muss nach wie vor der Geschädigte die eingetretene Rechtsgutsverletzung beweisen.[904] Die Beweislast obliegt ihm auch hinsichtlich der objektiven Gebotenheit der fehlerhaften Informationen für den Produktgebrauch[905] sowie hinsichtlich der haftungsbegründenden Kausalität.[906] Das bedeutet, dass der

---

899 BGH, Urt. v. 31.01.1998 – VI ZR 109/97, Rn. 18.
900 Zum Erfordernis der haftungsbegründenden Kausalität: Beck-OK/*Förster*, BGB, § 823, Rn. 740; MüKo/*Wagner*, BGB, § 823, Rn. 67 ff.
901 MüKo/*Wagner*, § 823, Rn. 69; Schwarz/Wandt, Gesetzliche Schuldverhältnisse, Rn. 125 f.; Jauernig/*Teichmann*, BGB, § 823, Rn. 22.
902 Jauernig/*Teichmann*, BGB, § 823, Rn. 25; Schwarz/Wandt, Gesetzliche Schuldverhältnisse, § 16Rn. 133.
903 BGH, Urt. v. 22.04.1958 – VI ZR 56/57, Rn. 7; MüKo/*Wagner*, § 823, Rn. 71; Jauernig/*Teichmann*, BGB, § 823, Rn. 26.
904 BGH, Urt. v. 26.11.1968 – VI ZR 212/66, Rn. 29; Jauernig/*Teichmann*, BGB, § 823, Rn. 136.
905 BGH, Urt. v. 17.03.1981 – VI ZR 191/79, Rn. 30 ff.; BGH, Urt. v. 26.11.1968 – VI ZR 212/66, Rn. 33; Jauernig/*Teichmann*, BGB, § 823, Rn. 136.
906 Jauernig/*Teichmann*, BGB, § 823, Rn. 136; Schulze/*Staudinger*, BGB, § 823, Rn. 184; MüKo/*Wagner*, BGB, § 823, Rn. 864.

Geschädigte nachweisen muss, dass die Rechtsgutsverletzung ausgeblieben wäre, wenn die Leistungsangaben und Gebrauchsinformation zutreffend und ausreichend gewesen wären.[907]

Im Rahmen der Produzentenhaftung ist die Beweislast für das Verschulden umgekehrt.[908] Grundsätzlich muss der Geschädigte für einen Anspruch nach § 823 Abs. 1 BGB das Verschulden des Schädigers nachweisen.[909] Wenn der Geschädigte das Vorliegen eines Instruktionsfehlers bewiesen hat, wird das Verschulden des Herstellers hingegen vermutet[910] und die Beweislast insoweit umgekehrt. Der Hersteller kann sich entlasten, indem er nachweist, dass die Gefahr für einen sorgfältigen Hersteller nicht erkennbar war.[911] Diesen Nachweis kann er führen, indem er darlegt und beweist, dass er über ein ausreichendes Qualitätssicherungssystem verfügt, welches den Fehler in aller Regel erkannt hätte.[912]

Bei falschen Angaben in der Leistungserklärung kann die Entlastung erfolgen, indem der Hersteller z.B. die technische Dokumentation vorlegt, aus der hervorgeht, dass er die Beständigkeit der Leistung regelmäßig überprüft wurde und auch im Übrigen die Anforderungen an die Werkskontrolle etc. eingehalten wurden. Der Hersteller wird jedoch auch bei der Einschaltung einer notifizierten Stelle nicht vollständig von eigenen Überprüfungen entbunden.[913] Dies gilt für die EU-BauPV umso mehr, da der Hersteller die Leistung selbstständig ermittelt und ihm dadurch ein hohes Maß an Eigenverantwortlichkeit übertragen wird.[914]

Bei unvollständigen Angaben in der Gebrauchsanleitung und Sicherheitsinformation gilt Entsprechendes.

(6) Übertragung der Verkehrssicherungspflichten auf den Bevollmächtigten

Der Hersteller haftet auch für Fehler, die der Bevollmächtigte bei den ihm übertragenen Aufgaben macht. Diese Haftung des Herstellers stellt auf dessen eigenes Verschulden hinsichtlich der unterlassenen Überwachung ab[915] und ist unabhängig von der Haftung nach § 831 BGB.[916]

Die Rechtsprechung erkennt die Übertragung von Verkehrssicherungspflichten an.[917] Erforderlich ist allerdings, dass sich aus der Vereinbarung zwischen dem

---

907 BGH, Urt. v. 24.01.1989 – VI ZR 112/88, Rn. 35.
908 Beck-OK/*Förster*, BGB, § 823, Rn. 662, 759; MüKo/*Wagner*, BGB, § 823, Rn. 684.
909 MüKo/*Wagner*, BGB, § 823, Rn. 85.
910 Beck-OK/*Förster*, BGB, § 823, Rn. 862.
911 BGH, Urt. v. 16.06.2009 – VI ZR 107/08, Rn. 27.
912 Hauschka/Moosmayer/Lösler/*Veltins*, Corporate Compliance, § 23, Rn. 50.
913 BGH, Urt. v. 09.12.1986 – VI ZR 65/86, Rn. 25; auch für andere Zertifizierungen nach Richtlinien des Neuen Konzepts: Beck-OK/*Förster*, BGB, § 823, Rn. 685.
914 Zur Verknüpfung von Produkthaftung und Marktzugangsregelungen: BGH, Urt. v. 09.12.1986 – VI ZR 65/86, Rn. 18.
915 BGH, Urt. v. 22.01.2008 – VI ZR 126/07, Rn. 9.
916 Beck-OK/*Förster*, BGB, § 823, Rn. 356.
917 OLG Brandenburg, Urt. v. 05.08.2008 – 2 U 15/07, Rn. 19.

Hersteller und Bevollmächtigten ausdrücklich ergibt, dass die Pflichten mit für den Hersteller befreiender Wirkung übertragen wurden.[918] Die Übertragung der Verkehrssicherungspflichten des Herstellers auf den Bevollmächtigten ist auch unter deliktsrechtlichen Gesichtspunkten möglich. Der Hersteller wird dadurch aber nicht von seiner Haftung frei.[919] Er muss sicherstellen, dass er den Bevollmächtigten sorgfältig auswählt und hinreichend überwacht.[920] Insbesondere am Anfang sind hierzu auch stichprobenartige Kontrollen der Leistung des Bevollmächtigten notwendig.[921]

bb) Haftung der Wirtschaftsakteure und Verwender nach § 823 ff. BGB

Auch die anderen Wirtschaftsakteure haben Verkehrssicherungspflichten,[922] deren Verletzung zu einer deliktischen Haftung führen kann. Haften mehrere Wirtschaftsakteure für den gleichen Schaden, haften sie in der Regel als Gesamtschuldner.

(1) Haftung nach § 823 Abs. 1 BGB

(a) Verkehrspflichten der Wirtschaftsakteure und Verwender

Die Verkehrspflichten, die den Wirtschaftsakteuren auferlegt werden, ergeben sich aus der EU-BauPV. Insbesondere der Importeur kann verpflichtet sein, die Richtigkeit der Gebrauchsanleitung und Sicherheitsinformation zu prüfen und eventuell zu ergänzen.[923] Die Verkehrspflichten des Bauunternehmers beschränken sich darauf, das Bauprodukt auf seine Eignung zu prüfen.[924]

Verkehrssicherungspflichten, welche von den Wirtschaftsakteuren verletzt werden können, ergeben sich aus der Missachtung der in der EU-BauPV unmittelbar an die Wirtschaftsakteure gerichteten Pflichten.[925]

Pflichtverletzungen des Bevollmächtigten können sich ergänzend danach richten, welche Herstelleraufgaben ihm durch die Vollmacht übertragen wurden. Ein Unterlassen wird nämlich einer positiven Handlung gleichgestellt, wenn eine rechtliche Pflicht zum Handeln besteht.[926]

Prüfpflichten des Bauunternehmers hinsichtlich der einzubauenden Bauprodukte ergeben sich hingegen nicht aus der EU-BauPV. Die Überprüfung, ob sich

918 BGH, Urt. v. 22.01.2008 – VI ZR 126/07, Rn. 9; BGH, Urt. v. 04.06.1996 – VI ZR 75/95, Rn. 13; BGH, Urt. v. 08.12.1987 – VI ZR 79/87, Rn. 9.
919 BGH, Urt. v. 01.10.2013 – VI ZR 369/12, Rn. 16.
920 BGH, Urt. v. 01.10.2013 – VI ZR 369/12, Rn. 16.
921 OLG Brandenburg, Urt. v. 05.08.2008 – 2 U 15/07, Rn. 23 f.
922 Jauernig/*Teichmann*, BGB, § 823, Rn. 129.
923 OLG Stuttgart, Urt. v. 07.10.1991 – 7 U 3/91, Rn. 34.
924 MüKo/*Wagner*, BGB, § 823, Rn. 462.
925 Zu Instruktionspflichten aus Vorschriften zur Produktsicherheit: BGH, Urt. v. 01.10.1986 – VI ZR 187/85, Rn. 16.
926 BGH, Urt. v. 02.12.2014 – VI ZR 501/13, Rn. 13; BGH, Urt. v. 1402.1978 – X ZR 19/76, Rn. 48; Jauernig/*Teichmann*, BGB, § 823, Rn. 29; Schwarz/Wandt, Gesetzliche Schuldverhältnisse, Rn. 105.

die Bauprodukte zum Einbau eignen, ist aber eine anerkannte Verkehrssicherungspflicht[927]. Verkehrspflichten können in Anlehnung an § 276 Abs. 2 BGB bestimmt werden.[928] Grundsätzlich ergeben sich die Verkehrspflichten des Bauunternehmers aus den von ihm übernommenen Aufgaben.[929] Durch den Einbau von Bauprodukten hat der Bauunternehmer die Verantwortung für die Verwendung bauordnungsrechtlich zulässiger Produkte übernommen.[930] Ausnahmsweise kann eine Verkehrspflicht des Bauunternehmers eine vollständige Untersuchung der Bauprodukte auf die Richtigkeit der Leistungsangaben beinhalten. Dazu darf es jedoch nur kommen, wenn erhebliche Zweifel an der Richtigkeit der Angaben bestehen. Die Intensität der Verkehrspflichten hängt nach den allgemeinen Grundsätzen auch von einer Kosten- und Nutzenabwägung ab[931]. Die Leistungserklärung soll den Verwendern umfangreiche Eigenprüfungen ersparen. Die Annahme einer Pflicht des Bauunternehmers zur inhaltlichen Prüfung der Leistungserklärung ist deshalb grundsätzlich abzulehnen.

(b) Verletzung von Leben, Körper, Gesundheit und Eigentum

Die Ausführungen zu den möglichen Rechtsgutsverletzungen im Rahmen der Produzentenhaftung gelten hier entsprechend.[932] Das Unterlassen der Prüfpflichten nach der EU-BauPV kann ebenfalls zur Verletzung des Lebens, des Körpers und der Gesundheit führen. Das Gleiche gilt für das Unterlassen der allgemeinen Prüfpflicht des Bauunternehmers. Auch im Rahmen der deliktischen Haftung nach § 823 Abs. 1 BGB muss im Einzelfall geprüft werden, ob eine Eigentumsverletzung an einem Bauwerk durch ein mangelhaftes Bauprodukt entstanden ist, wenn dieses mit dem Bauwerk verbunden wird.[933]

(c) Keine Kausalität zwischen Rechtsgutverletzung und formalen
     Prüfpflichten

Jeder unterlassenen Prüfpflicht hinsichtlich der formalen Anforderungen der EU-BauPV kann eine Rechtsgutverletzung folgen. In aller Regel ist das Unterlassen solcher Prüfpflichten aber nicht kausal für die Rechtsgutverletzung. Auf die Sicherheit des Bauproduktes nimmt z.B. die Kennzeichnung mit einer Seriennummer keinen unmittelbaren Einfluss.[934] Auch ein fehlendes CE-Kennzeichen ist regelmäßig nicht kausal für die Rechtsgutverletzung. Wenn das CE-Kennzeichen fehlt, weil das Bauprodukt

---

927 MüKo/ *Wagner*, BGB, 6. Auflage, § 823, Rn. 477.
928 MüKo/ *Wagner*, BGB, § 823, Rn. 57, 394.
929 MüKo/ *Wagner*, BGB, § 823, Rn. 462.
930 Siehe § 4, B., III., d), bb), (2).
931 MüKo/ *Wagner*, BGB, § 823, Rn. 424.
932 Siehe § 4, B., III., 3., a), aa), (4).
933 Siehe § 4, B., III., 3., a), aa), (4), (b).
934 So zum ProdSG: Wagner, Öffentlich-rechtliche Produktverantwortung und zivilrechtliche Folgen, in: BB 1997, 2541 (2543).

gar nicht nach den Vorschriften der EU-BauPV geprüft wurde, dann liegt dem Verwender auch keine Leistungserklärung vor. In diesen Fällen besteht die Gefahr, dass die Gefährlichkeit des Bauproduktes falsch bewertet wird, in der Regel nicht. Wenn das CE-Kennzeichen aber nur fehlt, weil der Hersteller trotz ordnungsgemäßer Durchführung der erforderlichen Untersuchungen die Anbringung unterlassen hat, führt das fehlende Zeichen für sich genommen nicht zu einem Sicherheitsdefizit.

(d) Beweislast des Geschädigten

Die Darlegungs- und Beweislast für die Anspruchsvoraussetzungen des § 823 Abs. 1 BGB – mit Ausnahme der Rechtswidrigkeit – obliegt dem Geschädigten.[935] Hierin liegt der Unterschied zur Haftung des Herstellers nach den Grundsätzen der Produzentenhaftung. Ein Vorgehen des Geschädigten gegen den Hersteller ist aus prozessualer Sicht deshalb in der Regel vorzugswürdig.

(2) Haftung nach § 823 Abs. 2 BGB

Die Haftung nach § 823 Abs. 2 BGB setzt keine Rechtsgutsverletzung voraus.[936] Erforderlich ist jedoch, dass ein Schutzgesetz verletzt wurde.[937] Infolgedessen kann der Geschädigte auch einen Vermögensschaden ersetzt verlangen, wenn dieser auf der Verletzung des Schutzgesetzes beruht.[938] § 823 Abs. 2 BGB hilft deshalb vor allem dem Bauherrn, bei dem noch keine endgültige Rechtsgutverletzung eingetreten ist. Da nicht jeder Verstoß gegen ein Gesetz zu einer deliktischen Haftung führen soll,[939] muss auch für die Vorschriften des Bauproduktenrechts bestimmt werden, welche dem Anwendungsbereich des § 823 Abs. 2 BGB unterfallen. Nicht alle Vorschriften, die Pflichten für die Wirtschaftsakteure und Verwender begründen, sind Schutzgesetze im Sinne des § 823 Abs. 2 BGB.

(a) Normen der EU-BauPV und der Bauordnungen als Schutzgesetze

Während die Wirtschaftsakteure die Vorschriften der EU-BauPV verletzen, verstoßen die Bauunternehmer gegen Vorschriften der Bauordnungen. Der Schutzgesetzcharakter muss für jede einzelne Vorschrift unter Berücksichtigung ihres Schutzzwecks festgestellt werden.[940]

---

935 BGH, Urt. v. 20.06.1990 – VIII ZR 182/89, Rn. 11; BGH, Urt. v. 12.02.1962 – VI ZR 70/62, Rn. 11 ff.; Beck-OK/*Förster*, BGB, § 823, Rn. 42; MüKo/*Wagner*, BGB, § 823, Rn. 85.

936 MüKo/*Wagner*, BGB, § 823, Rn. 475 Jauernig/*Teichmann*, BGB, § 823, Rn. 41; Beck-OK/*Förster*, BGB, § 823, Rn. 15, 264.

937 Jauernig/*Teichmann*, BGB, § 823, Rn. 41; Geigel/*Freymann*, Haftpflichtprozess, Kapitel 15, Rn. 1.

938 MüKo/*Wagner*, BGB, § 823, Rn. 540; Beck-OK/*Förster*, BGB, § 823, Rn. 264.

939 Schwarz/Wandt, Gesetzliche Schuldverhältnisse, § 17, Rn. 3; Beck-OK/*Förster*, BGB, § 823, Rn. 264.

940 BGH, Urt. v. 16.03.2004 – VI ZR 105/03, Rn. 8; Beck-OK/*Förster*, BGB, § 823, Rn. 273.

i) EU-BauPV als Schutzgesetz: Differenzierung nach einzelnen Vorschriften

Die Pflichten, der Wirtschaftsakteure nach der EU-BauPV, haben teilweise Schutzgesetzcharakter.[941]

Die EU-BauPV erfüllt insgesamt die Anforderungen an die Normqualität. Die Vorschriften der EU-BauPV sind „Rechtsnormen" im Sinne des Art. 2 EGBGB. Schutzgesetz kann jede Rechtsnorm sein; neben formellen Gesetzen zählen Verordnungen, Satzungen und Gewohnheitsrecht dazu.[942] Auch europäische Rechtsakte erfüllen die Anforderungen an die Normqualität, soweit sie unmittelbare Geltung im Verhältnis zum Bürger entfalten.[943] Da die EU-BauPV als europäischer Sekundärrechtsakt unmittelbare Wirkung entfaltet, weisen ihre Vorschriften eine hinreichende Normqualität auf.

Teilweise erfüllen die Vorschriften der EU-BauPV aufgrund ihrer Zielrichtung auch inhaltlich die Anforderungen an ein Schutzgesetz. Eine Gesamteinordnung der EU-BauPV ist dabei aufgrund der unterschiedlichen Schutzrichtungen der einzelnen Regelungen nicht möglich. *„Ein Schutzgesetz im Sinne von § 823 Abs. 2 BGB ist eine Rechtsnorm, die nach Zweck und Inhalt zumindest auch dazu dienen soll, den einzelnen oder einzelne Personenkreise gegen die Verletzung eines bestimmten Rechtsguts zu schützen. [...] Es genügt, daß [sic!] die Norm zumindest auch das in Frage stehende Interesse des Einzelnen schützen soll, mag sie auch in erster Linie das Interesse der Allgemeinheit im Auge haben."*[944]

Eine Reihe von Vorschriften der EU-BauPV sind keine Schutzgesetze, da sie in erster Linie der Vereinheitlichung des Binnenmarktes dienen. Dazu gehört zunächst die Pflicht des Herstellers gemäß Art. 11 Abs. 1 EU-BauPV, das Bauprodukt mit einem CE-Kennzeichen zu versehen. Das CE-Kennzeichen ist eine rein formale Kennzeichnung, die keinen Bezug zur konkreten Leistung des Bauproduktes herstellt. Dem Kennzeichen kommt deshalb keine unmittelbare Sicherheitsrelevanz zu. Das CE-Kennzeichen gibt lediglich in Kurzform die in der Leistungserklärung aufgeführten Leistungswerte an. Die Wiedergabe dieser Angaben dient jedoch vor allem der Zuordnung des gekennzeichneten Produkts zur einschlägigen Leistungserklärung.[945] Auch die Pflicht des Herstellers, die Leistungserklärung nach dem Muster in Anhang III der Verordnung zu erstellen, ist kein Schutzgesetz. Die Erstellung der Leistungserklärung nach einheitlichen Vorgaben dient vor allem der Vergleichbarkeit der Erklärungen in formeller Hinsicht. Die äußere Gestaltung der Leistungserklärung hat jedoch ebenfalls keinerlei Sicherheitsrelevanz. Entsprechendes gilt für die Überprüfungspflichten der übrigen Wirtschaftsakteure, die sich auf diese rein formalen Eigenschaften des Produktes beziehen.

---

941 Grundsätzlich zum ProdSG: MüKo/*Wagner*, BGB, § 823, Rn. 526.
942 Schwarz/Wandt, Gesetzliche Schuldverhältnisse, Rn. 6; MüKo/*Wagner*, BGB, § 823, Rn. 479; Geigel/*Freymann*, Haftpflichtprozess, Kapitel 15, Rn. 2.
943 BGH, Urt. v. 12.05.1998 – KZR 23/96, Rn. 16; MüKo/*Wagner*, BGB, § 823, Rn. 481.
944 BGH, Urt. v. 16.03.2004 – VI ZR 105/03, Rn. 8.
945 Siehe § 3, B., I., 1., 2., c).

Andere Vorschriften sind hingegen als Schutzgesetze zu qualifizieren. Diese dienen zwar auch der Vereinheitlichung des Binnenmarktes, schützen aber gleichzeitig – wenn auch nur mittelbar – die Bauwerkssicherheit. Dass die EU-BauPV die Anforderungen an die Bauwerkssicherheit nicht unmittelbar selbst regelt, ist allein der Kompetenzaufteilung zwischen Union und Mitgliedstaaten geschuldet. Dass die Prüfung von Bauprodukten aber von der sicheren Verwendung nicht losgelöst werden kann, zeigt die Verzahnung der Bauordnung mit der EU-BauPV.

Zur Wahrung der Bauwerkssicherheit steht die Pflicht des Herstellers, eine zutreffende Leistungserklärung für das Bauprodukt zu erstellen (Art. 11 Abs. 1 EU-BauPV) an erster Stelle. Die Zuverlässigkeit dieser Daten muss gewährleistet werden, damit die Verwender des Bauproduktes eine zutreffende Verwendbarkeitsprognose abgeben können. Die Pflicht des Herstellers nach Art. 11 Abs. 1 EU-BauPV dient deshalb dem Schutz der Rechtsgüter des Verwenders.

Auch Art. 7 EU-BauPV ist ein Schutzgesetz im Sinne des § 823 Abs. 2 BGB. Die Pflicht der Wirtschaftsakteure, eine Abschrift der Leistungserklärung zur Verfügung zu stellen, dient ebenfalls dem Schutz der Verwender.

Auch Art. 11 Abs. 6 EU-BauPV ist ein Schutzgesetz. Nach Art. 11 Abs. 6 EU-BauPV ist der Hersteller verpflichtet, dem Bauprodukt eine Gebrauchsanleitung und Sicherheitsinformation beifügen. Auch diese Vorschrift stellt die Sicherheit des Bauproduktes im eingebauten Zustand sicher und dient damit dem Schutz des Verwenders vor Gefahren.

Auch Art. 11 Abs. 2 UA. 1 EU-BauPV ist ein Schutzgesetz im Sinne des § 823 Abs. 2 BGB. Nach Art. 11 Abs. 2 UA. 1 EU-BauPV müssen die technischen Unterlagen zehn Jahre aufbewahrt werden. Einerseits dient die Aufbewahrungspflicht zwar dazu, der Marktüberwachungsbehörde die Überprüfung der in der EU-BauPV aufgestellten Pflichten zu kontrollieren. Andererseits ermöglicht es die Aufbewahrungspflicht gerade im Fall von nicht konformen Produkten die jeweils drohenden Gefahren zu identifizieren.

Auch Art. 16 EU-BauPV ist ein Schutzgesetz. Art. 16 EU-BauPV sieht die Identifizierung der Handelskette vor. Ebenso, wie die Aufbewahrungspflicht, dient die Identifizierung dazu, Warnungen vor Gefahren möglichst effektiv durchführen zu können.[946]

Auch die Pflicht des Herstellers Korrekturmaßnahmen zu ergreifen, dient dem Schutz des Einzelnen und deshalb Schutzgesetz im Sinne des § 823 Abs. 2 BGB. Einerseits sollen die Korrekturmaßnahmen zwar die Konformität des Bauproduktes mit der Verordnung und der in der Leistungserklärung angegebenen Leistung wiederherstellen. Die Korrektur muss insoweit nicht zwingend mit der Notwendigkeit einer Gefahrenabwehr verbunden sein. Die Konformität des Produktes mit der Leistungserklärung dient aber letztendlich der Einschätzung der Risiken durch den Verwender. Darüber hinaus normiert Art. 11 Abs. 7 EU-BauPV die Pflicht des Herstellers, bei Gefahr die nationalen Behörden über die Korrekturmaßnahmen zu

---

946 Blue Guide 2014, S. 51, S. 54.

informieren. Aus dieser Bezugnahme ergibt sich, dass die Korrekturmaßnahmen zumindest auch der Gefahrenabwehr dienen und deshalb als Schutzgesetz zu qualifizieren sind. Das Gleiche gilt auch hier für die entsprechenden Prüfpflichten der Wirtschaftsakteure.

Die Pflicht des Herstellers, Bauprodukte zurückzurufen, ist ebenfalls ein Schutzgesetz. Der Rückruf zielt vor allem darauf ab, Gefahren für die Verwender zu vermeiden. Für das § 26 Abs. 2 Nr. 7 ProdSG wird in der Literatur angeführt, dass eine Verletzung nur in Betracht kommt, wenn schon eine behördliche Verfügung vorgelegen hat, die den Rückruf anordnet.[947] Diese Aussage gilt für die EU-BauPV jedoch nicht entsprechend, wenngleich § 5 BauPG auf § 26 ProdSG verweist. Die Wirtschaftsakteure – insbesondere der Hersteller – sind bereits ohne eine behördliche Anordnung zum Rückruf der Produkte verpflichtet, wenn sie Kenntnis von entsprechenden Gefahren haben.

ii) Schutzgesetzcharakter des § 16c MBO

§ 16c MBO ist ein Schutzgesetz im Sinne des § 823 Abs. 2 BGB. Der Bauunternehmer ist unter anderem gemäß § 16c MBO verpflichtet, CE-gekennzeichnete Bauprodukte nur in eine bauliche Anlage einzusetzen, wenn die erklärte Leistung den Anforderungen der Bauordnung entspricht.

§ 16c MBO ist in formeller Hinsicht ein Gesetz im Sinne des § 823 Abs. 2 BGB. Als Vorschrift der Bauordnung ist § 16c MBO ein formelles Gesetz und entspricht Art. 2 EGBGB.[948]

Die Einordnung der Vorgängerregelung des § 16c MBO – § 17 MBO a.F.– als Schutzgesetz war in der Literatur und Rechtsprechung jedenfalls noch unter Geltung der BauPR umstritten. Der Streit stellt sich nach der heutigen Rechtslage nicht mehr.

§ 16c MBO i.V.m. § 3 Satz 2 MBO i.V.m. § 85a MBO ist Schutzgesetz im Sinne des § 823 Abs. 2 BGB. Soweit die Vorschrift die Verwendbarkeit an die Einhaltung der nach der MBO erforderlichen Leistungen abstellt, ist der Schutzgesetzcharakter gegeben. § 16c MBO stellt in erster Linie darauf ab, die Bauwerkssicherheit in Einklang mit § 3 Satz 2 MBO zu gewährleisten. Die Vorschrift zielt darauf ab, die Schutzgüter der öffentlichen Sicherheit öffentlich-rechtlich zu gewährleisten. Die die Bauwerkssicherheit konkretisierende MVV-TB selbst stellt jedoch kein Schutzgesetz im Sinne des § 823 Abs. 2 BGB dar. Verwaltungsvorschriften genügen nämlich nicht den Anforderungen des Art. 2 EGBGB,[949] sodass es an der erforderlichen Normqualität fehlt.

---

947 MüKo/*Wagner*, BGB, § 823, Rn. 873.
948 § 16c MBO selbst ist kein formelles Gesetz. Gemeint sind die entsprechenden Vorschriften in den Bauordnungen der Länder.
949 MüKo/*Wagner*, BGB, § 823, Rn. 489; Beck-OK/*Förster*, BGB, § 823, Rn. 268.

Nach der alten Rechtslage waren § 17 MBO a.F. und § 4 Abs. 1 BauPG a.F. untrennbar miteinander verknüpft. Nach einer Ansicht[950] dienten die nationalen Umsetzungsakte der BauPR ausschließlich dem freien Warenverkehr, die nur reflexartig die Gefahrenabwehr bezweckten. Nach einer anderen Ansicht[951] stellten die nationalen Umsetzungsakte ein Schutzgesetz dar, da auch die Produktharmonisierung mittelbar auf die Gefahrenabwehr abziele. Diese Verknüpfung, die u.a. erforderte, dass das Bauprodukt nach der EU-BauPV bzw. der BauPR handelbar war, ist mittlerweile weggefallen. Die Handelbarkeit richtet sich nur nach der EU-BauPV, während die MBO allein die Anforderungen an die Bauwerkssicherheit regelt.

(b) Verschulden bei der Schutzgesetzverletzung

Der betroffene Wirtschaftsakteur muss das Schutzgesetz schuldhaft verletzt haben.[952] Wenn ein Wirtschaftsakteur die ihm obliegenden Pflichten der EU-BauPV verletzt ist dies regelmäßig der Fall. Wenn das Schutzgesetz selbst kein Verschulden erfordert, muss der Verletzter mindestens fahrlässig gehandelt haben.[953]

Der Hersteller kann sich entlasten, indem er nachweist, dass die falschen Angaben in der Leistungserklärung auf den Angaben der notifizierten Stelle beruhen und dass er die Leistungsbeständigkeit regelmäßig überprüft hat. Er kann sich auch entlasten, indem er nachweist, die Aufgabe, die verletzt wurde, auf den Bevollmächtigten übertragen zu haben.[954] Dies gilt auch, wenn der die Vollmacht nicht schriftlich erteilt wurde, da sie in Folge eines Formverstoßes nicht nichtig wird.[955]

Der Importeur kann sich entlasten, indem er nachweist zumindest stichprobenartig die Leistung der von ihm importierten Bauprodukte geprüft zu haben.[956] Der Händler kann nachweisen, dass der Fehler in den Leistungsangaben nicht offensichtlich war und er deshalb nicht zu weiteren Prüfungen veranlasst war.

Auch der Bauunternehmer muss die Bauprodukte nicht auf die Richtigkeit der angegebenen Leistung überprüfen. Ebenso wie der Händler, kann er sich entlasten, indem er nachweist, dass die Leistungsabweichung nicht offensichtlich war.

Soweit Pflichten verletzt wurden, die formale Anforderungen an Bauprodukte betreffen, hat der Betroffene jedoch die im Verkehr erforderliche Sorgfalt missachtet.

---

950 OLG Frankfurt am Main, Urt. v. 23.11.2005 – 17 U 218/04, Rn. 42, 44; OLG Brandenburg, Urt. v. 05.12.2012 – 4 U 118/11, Rn. 99; Fuchs, Die deliktische Haftung für fehlerhafte Bauprodukte, in: BauR 1995, 747 ff.
951 Finke, Auswirkungen europäischer technischer Normen auf das nationale Haftungsrecht, S. 153 f.
952 Beck-OK/*Förster*, BGB, § 823, Rn. 281.
953 BGH, Urt. v. 26.02.1962 – II ZR 22/61, Rn. 8; BGH, Urt. v. 24.11.1981 – VI ZR 47/80, Rn. 18; Beck-OK/*Förster*, BGB, § 823, Rn. 281; MüKo/*Wagner*, BGB, § 823, Rn. 543.
954 Siehe dazu § 3, B., IV., 1.; § 4, B., 2., a), cc).
955 Siehe dazu § 3, A., I., 4.
956 Siehe § 3, B., II., 2., a), § 4, B., III., 2., a), bb), (3).

(c) Haftungsbegründende Kausalität bei Verletzung des Schutzgesetzes

Voraussetzung für eine Haftung nach § 823 Abs. 2 BGB ist, dass dem Anspruchsteller ein Schaden im Sinne der §§ 249 ff. BGB entstanden ist.[957] Dieser muss allerdings kausal auf der Verletzung des Schutzgesetzes beruhen (haftungsausfüllende Kausalität[958]).

Ein Bauwerk, das gefährdet ist, Maßnahmen der Bauaufsicht ausgesetzt zu sein, ist regelmäßig aufgrund dessen in seinem Wert gemindert. Auch wenn die Ermessensschwelle zu einem Einschreiten noch nicht überschritten ist, ist der Nutzer des Bauwerks einer gewissen Rechtsunsicherheit ausgesetzt.[959] Der Schaden des Bauherrn, bzw. des Eigentümers des Bauwerks, beruht deshalb kausal auf der Verletzung des Schutzgesetzes.

cc) Keine Haftung des Herstellers für den Bevollmächtigten nach § 831 BGB

Der Hersteller haftet nicht für Fehler des Bevollmächtigten nach Maßgabe des § 831 BGB. In der Regel ist der Bevollmächtigte nämlich kein Verrichtungsgehilfe des Herstellers. Verrichtungsgehilfen sind Personen, die wissentlich und willentlich im Interesse des Geschäftsherrn tätig werden und von dessen Weisung abhängig sind.[960] Die Rechtsprechung verneint die Eigenschaft als Verrichtungsgehilfe in der Regel, wenn selbstständige Unternehmen tätig werden.[961] Der Bevollmächtigte ist ebenfalls in der Regel selbstständig und nicht in das Unternehmen des Herstellers eingegliedert. Das bedeutet aber nicht, dass der Hersteller die Haftung auf den Bevollmächtigten abwälzen kann. Wenn er das Produkt im eigenen Namen bereitstellt, muss er z.B. die Richtigkeit der Leistungsangaben selbst überprüfen. Der haftet u.U. selbst nach § 823 Abs. 1 BGB und den Grundsätzen der Produzentenhaftung, wenn er den Bevollmächtigten unzureichend überwacht.[962]

dd) Gesamtschuldnerische Haftung nach § 840 BGB

Mehrere Wirtschaftsakteure und Bauunternehmer, die nach den §§ 823 ff. BGB zum Ersatz desselben Schadens verpflichtet sind, haften als Gesamtschuldner (§ 840 BGB). Das bedeutet, dass der Schaden insgesamt nur einmal ersetzt werden muss.[963] Der Geschädigte kann in diesen Fällen jeden Schuldner in Anspruch nehmen.[964] Im Innenverhältnis findet jedoch ein sog. Gesamtschuldnerausgleich nach Maßgabe

---

957 Beck-OK/*Förster*, BGB, § 823, Rn. 45.
958 Schwarz/Wandt, Gesetzliche Schuldverhältnisse, Rn. 186.
959 So auch LG Mönchengladbach, Urt. v. 17.06.2015 – 4 S. 141/14 bezüglich der werkvertraglichen Mängelhaftung, siehe auch § 4, B., III., 2., d).
960 Schwarz/Wandt, Gesetzliche Schuldverhältnisse, § 18, Rn. 5.
961 BGH, Urt. v. 07.10.1975 – VII ZR 43/74, Rn. 22 f.; OLG Düsseldorf, Urt. v. 13.07.1995 – 10 U 5/95, Rn. 35.
962 BGH, Urt. v. 22.01.2008 – VI ZR 126/07, Rn. 9.
963 Beck-OK/*Spindler*, BGB, § 840, Rn. 6.
964 Beck-OK/*Spindler*, BGB, § 840, Rn. 6; MüKo/*Wagner*, BGB, § 840, Rn. 13.

des § 426 Abs. 1 BGB statt.[965] Die Quotelung im Innenverhältnis erfolgt nach dem individuellen Verschuldensanteil.[966] Wirtschaftsakteure oder der Bauunternehmer wegen eines fehlerhaften Produktes in Anspruch genommen wird, empfiehlt sich deshalb die Streitverkündung gegenüber anderer potentieller Mitverursacher. Die Ergebnisse des Ausgangsprozesses zwischen dem Geschädigten und dem In- anspruchgenommenen, können dann in einem späteren Prozess gegen die anderen Gesamtschuldner verwertet werden.[967]

Zu einer gesamtschuldnerischen Haftung des Herstellers und des Bevollmäch- tigten kommt es in der Regel, wenn der Bevollmächtigte die Leistungsangaben unzutreffend in die Leistungserklärung aufgenommen hat und der Hersteller den Bevollmächtigten nicht ordnungsgemäß ausgesucht oder überwacht hat.[968] Mehrere Wirtschaftsakteure haften außerdem nebeneinander, wenn sie jeweils die fehler- haften Leistungsangaben, hätten erkennen müssen.

b) Auswirkungen auf die Herstellerhaftung nach dem ProdHaftG

Neben die Ansprüche aus den § 823 ff. BGB treten die Ersatzansprüche aus dem Produkthaftungsgesetz. Das Nebeneinander ergibt sich aus § 15 Abs. 2 ProdHaftG.[969] Die Haftung gründet sich auf § 1 ProdHaftG, dessen Voraussetzungen erfüllt sein müssen. Sachschäden kann nur der Verbraucher ersetzt verlangen, während die Ver- letzung des Körpers, des Lebens und der Gesundheit auch zu einem Schadensersatz- anspruch des Unternehmers führen kann. Da die Haftungsnormen des ProdHaftG kein Verschulden voraussetzen,[970] ist ein Vorgehen nach dem ProdHaftG in prozes- sualer Hinsicht vorzuziehen, soweit die Haftungshöchstbeträge (§ 10 ProdHaftG) nicht überschritten werden. Etwaige Produktbeobachtungs- und Rückrufpflichten ergeben sich jedoch nicht aus dem ProdHaftG.[971]

aa) Haftung des Herstellers und des „Quasi-Herstellers"

Der Begriff des Herstellers nach dem ProdHaftG ist weiter, als der der EU-BauPV.[972] Das ProdHaftG ist autonom und richtlinienkonform[973] auszulegen. Der Hersteller im Sinne des Art. 2 Nr. 19 EU-BauPV ist auch Hersteller im Sinne des ProdHaftG.

965   Beck-OK/*Spindler*, BGB, § 840, Rn. 16 f.; Jauernig/*Teichmann*, BGB, § 840, Rn. 1, 7.
966   Wandt, Produkthaftung mehrerer und Regress, in: BB 1994, 1436 (1440).
967   Beck-OK/*Dressler*, ZPO, § 74, Rn. 7.
968   BGH, Urt. v. 26.11.1974 – VI ZR 164/73, Rn. 21; OLG Nürnberg, Urt. v. 29.11.2000 – 4 U 2917/00, Rn. 26 ff.
969   MüKo/*Wagner*, BGB, § 823, Rn. 781.
970   Ebenroth/Boujong/Joost/Strohn/*Joost*, HGB, § 347, Rn. 62.
971   MüKo/*Wagner*, BGB, § 1 ProdSG, Rn. 59.
972   Siehe § 4, B., I., 1., a).
973   Jauernig/*Teichmann*, BGB, Anm. zum ProdHaftG, Rn. 138; MüKo/*Wagner*, BGB, Einl. ProdHaftG, Rn. 8.

§ 4 Abs. 1 Satz 2 ProdHaftG weitet den Anwendungsbereich auf sog. „Quasi-Hersteller" im Sinne des Art. 15 EU-BauPV aus.

Das ProdHaftG findet jedoch keine Anwendung auf den Bauunternehmer. Die Anwendbarkeit des ProdHaftG scheitert daran, dass der Bauunternehmer kein Produkt im Sinne des § 2 ProdHaftG herstellt.[974] Das Produkt, das der Bauunternehmer herstellt – das Gebäude – ist unbeweglich.[975] § 2 ProdHaftG erfasst nur bewegliche Sachen, sodass der Bauunternehmer kein Produkt im Sinne des § 2 ProdHaftG herstellt.

bb) Produktbegriff: Haftung für Bauprodukte nach ihrem Einbau

Bauprodukte bleiben jedoch auch nach ihrem Einbau in ein Bauwerk Produkte im Sinne des § 2 Abs. 1 ProdHaftG. Vor dem Hintergrund der Produktdefinition in § 2 ProdHaftG ist diese Einordnung unter Berücksichtigung der §§ 94 ff. BGB problematisch.[976] Bauprodukte werden zum Zeitpunkt ihres Einbaus wesentliche Bestandteile des Grundstücks (§ 94 BGB) und verlieren gemäß § 94 Abs. 2 BGB ihre Sonderrechtsfähigkeit[977]. Diese Grundsätze gelten bei der Haftung nach dem ProdHaftG jedoch nicht.[978] Der Begriff des Produktes muss autonom ausgelegt werden, da das ProdHaftG auf einen europäischen Rechtsakt zurückgeht.[979] Aus dem Wortlaut von § 2 ProdHaftG ergibt sich, dass durch den Einbau eines Produktes in eine unbewegliche Sache die Produkteigenschaft nicht verloren geht.[980] Dies ist im Gesetzesentwurf für den Einbau von beweglichen Sachen in ein Bauwerk ausdrücklich beschrieben[981] und gilt insoweit auch für Bauprodukte.

cc) Rechtsgutverletzung

(1) Verletzung des Lebens, des Körpers oder Gesundheit

In Folge eines Produktfehlers muss gemäß § 1 Abs. 1 ProdHaftG ein Mensch getötet worden sein, an Körper oder Gesundheit verletzt worden sein oder eine Sache von bedeutendem Wert beschädigt worden sein. Die Inhalte der geschützten Rechtsgüter stimmen mit § 823 Abs. 1 BGB überein.[982]

---

974 MüKo/*Wagner*, BGB, § 2 ProdHaftG, Rn. 8.
975 Büsken/Kampmann, Produktbegriff nach Produzentenhaftung und ProdHaftG, in: r+s 1991, 73 (74).
976 Büsken/Kampmann, Produktbegriff nach Produzentenhaftung und ProdHaftG, in: r+s 1991, 73 (74).
977 MüKo/*Wagner*, ProdHaftG, § 2, Rn. 8.
978 Büsken/Kampmann, Produktbegriff nach Produzentenhaftung und ProdHaftG, in: r+s 1991, 73 (74).
979 MüKo/*Wagner*, ProdHaftG, § 2, Rn. 2; Jauernig/*Teichmann*, BGB, Anm. zum ProdHaftG, Rn. 139.
980 MüKo/*Wagner*, ProdHaftG, § 2, Rn. 8; Kleine-Möller/Merl/*Glöckner*, Handbuch des privaten Baurechts, § 4, Rn. 277; Palandt/*Sprau*, BGB, § 2 ProdHaftG, Rn. 1.
981 BT-Drucks. 11/2447, S. 17.
982 Siehe § 4, B., III., 3., aa), (4); Palandt/*Sprau*, BGB, § 1 ProdHaftG, Rn. 3 f.

(2) Bauwerk als Sache von bedeutendem Wert

Ein Unterschied zur § 823 Abs. 1 BGB liegt darin, dass statt des Eigentums eine fremde Sache beschädigt worden sein muss.[983]

Die Beschädigung eines Bauwerks nach § 1 Abs. 1 ProdHaftG ist nur für einen Verbraucher anspruchsbegründend.[984] Ein Bauherr, der zu geschäftlichen Zwecken baut, hat jedoch keinen Anspruch. Erforderlich für die Haftung nach § 1 Abs. 1 ProdHaftG ist nämlich, dass der Schaden an einer anderen Sache, als dem Produkt eintritt und dass diese Sache dem privaten Gebrauch dient.[985] Eine Sache von bedeutendem Wert ist in der Regel beschädigt, wenn ein privat genutztes Gebäude durch den Einbau eines fehlerhaften Bauproduktes beschädigt wird.

Der Sachbegriff ist im Sinne des § 90 BGB zu verstehen,[986] sodass Bauwerke als unbewegliche Sachen auch Schadensobjekt nach § 1 Abs. 1 ProdHaftG sein können. Der BGH wendet auch die Grundsätze zur Nutzungsbeeinträchtigung zu § 823 Abs. 1 BGB entsprechend auf § 1 Abs. 1 ProdHaftG an.[987]

Auch das ProdHaftG darf nicht dazu führen, dass Schäden, die ausschließlich dem Äquivalenzinteresse zuzuordnen sind, ersetzt werden und dadurch die Wertungen des Gewährleistungsrechts umgangen werden.[988] Die Grundsätze, die zur Abgrenzung zwischen Integritätsinteresse und Äquivalenzinteresse im Rahmen der Haftung nach § 823 Abs. 1 BGB entwickelt wurden, können auf § 1 Abs. 1 ProdHaftG übertragen werden.[989] Dies gilt jedenfalls soweit, wie nicht der Schaden am Bauprodukt selbst geltend gemacht wird.

dd) Produktfehler

Wann ein Produkt fehlerhaft ist, richtet sich nach § 3 ProdHaftG. Daneben kommen die Fehlerbegriffe der Produzentenhaftung zur Anwendung.[990] Ein Fehler haftet dem gemäß § 3 Abs. 1 lit a. ProdHaftG Produkt an, wenn die Angaben in der Leistungserklärung unzutreffend sind, die Sicherheitsinformation oder Gebrauchsanleitung fehlerhaft sind, da es in diesem Fall hinter seiner Darbietung zurückbleibt.

(1) Zurückbleiben des Bauproduktes hinter seiner Darbietung

Darbietungsfehler eines Bauproduktes bestehen, wenn die Angaben in der Leistungserklärung fehlerhaft sind, indem sie negativ von der tatsächlichen Leistung

---

983 MüKo/*Wagner*, § 1 ProdHaftG, Rn. 5.
984 BT-Drucks. 11/2447, S. 13.
985 Palandt/*Sprau*, BGB, § 1 ProdHaftG, Rn. 6 f.
986 Palandt/*Sprau*, BGB, § 1 ProdHaftG, Rn. 5.
987 BGH, Urt. v. 06.12.1994 – VI ZR 229/93, Rn. 11.
988 MüKo/*Wagner*, BGB, § 1 ProdHaftG, Rn. 8.
989 Katzenmeier, Produkthaftung und Gewährleistung des Herstellers, in: NJW 1997, 486 (493); MüKo/*Wagner*, BGB, § 1 ProdHaftG, Rn. 9.
990 BT-Drucks. 11/2447, S. 17; BGH, Urt. v. 17.03.2009 – VI ZR 176/08, Rn. 6; LG Kiel, Urt. v. 19.08.2011 – 5 O 274/09, Rn. 20; MüKo/*Wagner*, ProdHaftG, § 3, Rn. 3.

des Produktes abweichen. Ein Bauprodukt bleibt außerdem hinter seiner Darbietung zurück, wenn die Gebrauchsanleitung oder Sicherheitsinformation unvollständig oder falsch sind. Kein Darbietungsfehler liegt jedoch vor, wenn das CE-Kennzeichen entgegen Art. 8 Abs. 1 EU-BauPV angebracht wurde.

Soweit auf berechtigte Sicherheitserwartungen abgestellt wird, ist zunächst nur der in der Leistungserklärung ausgewiesene Verwendungszweck (Art. 6 Abs. 3 EU-BauPV) geschützt. Wenn sich das Bauprodukt aufgrund der falschen Leistungsangaben nicht für andere Verwendungszwecke eignet, kann die Haftung in der Regel nicht darauf gestützt werden. Die Haftung nach dem ProdHaftG ist auf den bestimmungsgemäßen Gebrauch des Produktes begrenzt.[991] Fehlgebräuche sind nur erfasst, wenn sie vorhersehbar und üblich sind.[992] Ob dies jeweils der Fall ist, bedarf jedoch einer Prüfung im Einzelfall. Die Verwendung von Holzbauteilen für den Außenbereich im Innenbereich kann z.B. eine Haftung bereits ausschließen.

(a) Leistungserklärung als Darbietung

Die Leistungserklärung gehört zur Darbietung des Bauproduktes. Unter der Darbietung sind nach der Vorstellung des Gesetzgebers alle Tätigkeiten zu verstehen, durch die das Produkt der Öffentlichkeit dargestellt wird.[993] Davon wird unter anderem auch die Darstellung des Produktes in den beigefügten Unterlagen erfasst.[994] Bei Bauprodukten wird regelmäßig nicht schon das äußere Erscheinungsbild eine bestimmte Sicherheitsvorstellung beim Verwender hervorrufen. Die Leistung eines Bauproduktes ist regelmäßig gerade nicht äußerlich erkennbar, sondern muss durch aufwändige Untersuchungen ermittelt werden. Eine inhaltlich falsche Leistungserklärung kann deshalb falsche Sicherheitserwartungen bei dem Verwender des Bauproduktes wecken. Wenn die Leistungsangaben zu den wesentlichen Merkmalen der Leistungserklärung falsch sind, kann der Verwender die Bedingungen für einen sicheren Einbau des Produktes nicht mehr ermitteln.

Ein Fehlerverdacht genügt hingegen nicht.[995] Es muss erwiesen sein – wenn auch als Folge einer Evaluierung – dass die Angaben in der Leistungserklärung unzutreffend sind.

---

991 MüKo/*Wagner*, ProdHaftG, § 3, Rn. 20; Palandt/*Sprau*, BGB, § 3, Rn. 6.

992 BT-Drucksache, 11/2447, S. 18; MüKo/*Wagner*, ProdHaftG, § 3, Rn. 21; Palandt/ *Sprau*, BGB, § 3 ProdHaftG, Rn. 6.

993 BT-Drucksache 11/2247, S. 18; LG Kiel, Urt. v. 19.08.2011 – 5 O 274/09, Rn. 20; Palandt/*Sprau*, BGB, § 3 ProdHaftG, Rn. 5.

994 MüKo/*Wagner*, ProdHaftG, § 3, Rn. 3; Palandt/*Sprau*, BGB, § 3 ProdHaftG, Rn. 10, 5.

995 MüKo/*Wagner*, BGB, § 3 ProdHaftG, Rn. 47.

(b) Inhalt der Gebrauchsanleitung und Sicherheitsinformation als Darbietung

Auch die inhaltliche Gestaltung der Sicherheitsinformation und der Gebrauchsanleitung im Sinne des Art. 11 Abs. 6 EU-BauPV kann zu einer falschen Sicherheitsvorstellung des Verwenders führen. Auch dadurch wird Produktfehler[996] begründet. Der Verwender muss sich darauf verlassen können, dass Gebrauchshinweise, die in der Anleitung nicht gegeben werden, für die sichere Verwendung des Produktes nicht erforderlich sind.

(c) Keine Darbietung durch unberechtigtes CE-Kennzeichen

Das CE-Kennzeichen vermag die Sicherheitserwartung des Verwenders hingegen nur begrenzt zu beeinträchtigen. Zwar steht das CE-Kennzeichen gemäß Art. 8 Abs. 2 UA. 3 EU-BauPV dafür, dass der Hersteller die Verantwortung für die Einhaltung der Anforderungen der EU-BauPV eingehalten hat und die Leistung zutreffend wiedergegeben ist. Sie lässt aber sonst keine Rückschlüsse auf die qualitative Ausgestaltung des Produktes zu. Darüber hinaus tragen auch Bauprodukte, die diese Anforderungen unerkannt nicht einhalten, das CE-Kennzeichen.

(d) Zurechenbarkeit der Darbietung

Für den Produktfehler haftet der Hersteller nicht, wenn ihm dieser nicht zurechenbar ist. § 3 Abs. 1 lit. a ProdHaftG fordert stillschweigend die Zurechenbarkeit der Darbietung zum Hersteller.[997] Eine Zurechnung scheidet aus, wenn der Produktfehler erst in der Sphäre des Händlers oder des Importeurs entstanden ist, etwa dadurch, dass er das Bauprodukt falsch gelagert hat.[998]

(2) Fehlertypen entsprechend der Produzentenhaftung

Darüber hinaus kann das Produkt fehlerhaft sein, wenn es unter eine der auch aus dem allgemeinen Deliktsrecht bekannten Fehlerkategorien fällt. Diese Fehlertypen sind im ProdHaftG zwar nicht ausdrücklich als solche genannt. Dem Konzept des ProdHaftG liegt aber ein mit dem Deliktsrecht einheitlicher Fehlerbegriff zu Grunde, sodass die Fehlertypen auch im Rahmen des ProdHaftG zur Feststellung eines Fehlers herangezogen werden können.[999] Zum Instruktionsfehler kann auf die Ausführungen zur Haftung nach § 823 BGB verwiesen werden.[1000]

---

996   Palandt/*Sprau*, BGB, § 3 ProdHaftG, Rn. 10.
997   MüKo/*Wagner*, ProdHaftG, § 1, Rn. 19.
998   A.A.: Wandt, Produkthaftung mehrerer und Regress, in: BB 1994, 1436 (1438).
999   BT-Drucks. 11/2447, S. 17; BGH, Urt. v. 17.03.2009 – VI ZR 176/08, Rn. 6; LG Kiel, Urt. v.19.08.2011 – 5 O 274/09, Rn. 20; MüKo/*Wagner*, ProdHaftG, § 3, Rn. 3.
1000   Siehe dazu § 4, B., III., 3., a), aa), (2).

ee) Kausalität des Fehlers für die Rechtsgutsverletzung

Erforderlich ist, dass der Fehler kausal für die Rechtsverletzung geworden ist.[1001] Dabei wird im Rahmen Gefährdungshaftung nicht auf die Adäquanz abgestellt, sondern auf die Äquivalenz zwischen Fehler und Rechtsgutsverletzung sowie darauf, ob die Verletzung innerhalb des Schutzzwecks der Norm liegt.[1002] Das zu den §§ 823 ff. BGB Ausgeführte gilt hier entsprechend.

ff) Haftungsausschluss bei fehlerhafter harmonisierter Norm

Die Ersatzpflicht nach § 1 Abs. 1 ProdHaftG ist gemäß § 1 Abs. 2 Nr. 4 ProdHaftG ausgeschlossen, wenn fehlerhafte Angaben in der Leistungserklärung auf Fehler in der harmonisierten Norm zurückgehen. Falsche Leistungsangaben können auch durch die fehlerhafte Angabe der Untersuchungsmethoden in der harmonisierten Norm entstehen.

§ 1 Abs. 2 Nr. 4 ProdHaftG schließt die Haftung des Herstellers aus, wenn der Produktfehler darauf beruht, dass das Produkt in dem Zeitpunkt, in dem der Hersteller es in den Verkehr gebracht hat, dazu zwingenden Rechtsvorschriften entsprochen hat.

Es bedurfte dieses ausdrücklichen Haftungsausschlusses, da die Einhaltung aller technischen Standards – wie z.B. DIN-Normen – die Fehlerhaftigkeit des Produktes grundsätzlich nicht ausschließt.[1003] DIN-Normen fehlt es grundsätzlich an der erforderlichen Verbindlichkeit.[1004] Aufgrund der zwingenden Anwendung der harmonisierten Normen nach Art. 4 Abs. 1 EU-BauPV, liegt dennoch ein Fall des § 1 Abs. 2 Nr. 4 ProdHaftG vor.[1005] Das ergibt sich aus der Zielsetzung der Vorschrift. § 1 Abs. 2 Nr. 4 ProdHaftG will vermeiden, dass der Hersteller Handlungskonflikten ausgesetzt ist, die daraus entstehen, dass er einerseits verpflichtet ist, ein fehlerfreies Produkt herzustellen und andererseits, sich an zwingende Vorschriften halten zu müssen.[1006] Nach der Gesetzesbegründung sollen deshalb auch technische Normen erfasst sein, wenn aufgrund eines Verweises in der Rechtsvorschrift ihre Anwendung zwingend ist.[1007]

Andererseits sollen nach der Gesetzesbegründung solche Verweise auf technische Normen, die nur zwingend einen Mindeststandard festlegen, nicht unter § 1 Abs. 2 Nr. 4 ProdHaftG fallen. Die technischen Normen, auf die in Art. 4 Abs. 1 EU-BauPV verwiesen wird, sind umfänglich verbindlich und stellen nicht nur auf einen Mindeststandard ab. Da die Normen in der Regel Untersuchungsverfahren festlegen, hat der Hersteller keinen Spielraum, von der Norm abzuweichen. Wenn

---

1001 MüKo/*Wagner*, ProdHaftG, § 1, Rn. 19.
1002 MüKo/*Wagner*, ProdHaftG, § 1, Rn. 21.
1003 MüKo/*Wagner*, ProdHaftG, § 3, Rn. 3.
1004 BT-Drucks. 11/2447, S. 15; MüKo/*Wagner*, ProdHaftG, § 1, Rn. 43.
1005 BT-Drucks. 11/2447, S. 15.
1006 BT-Drucks. 11/2447, S. 15.
1007 BT-Drucks. 11/2447, S. 15.

die Norm einen Spielraum hinsichtlich verschiedener Stufen- und Leistungsklassen offenlässt, richtet sich der Spielraum nicht an die Hersteller, sondern an die Mitgliedstaaten. Die Mitgliedstaaten legen die einschlägigen Leistungsstufen- und Klassen verbindlich fest.

gg) Kein Haftungsausschluss in Folge eines Ausreißers

Umstritten ist, ob die Haftung des Herstellers bei sog. Ausreißern ausgeschlossen sein soll. Bejaht man den Haftungsausschluss, wäre die Haftung etwa dann ausgeschlossen, wenn nur die Leistung eines einzelnen Bauproduktes von der Leistungserklärung abweicht und diese Abweichung durch eine umfassende Qualitätssicherung nicht erkannt werden konnte. Der BGH hat einen solchen Haftungsausschluss angenommen, soweit die Überprüfung für den Hersteller unzumutbar ist.[1008] Diese Entscheidung begegnet Bedenken,[1009] da insbesondere die Gesetzesbegründung die Haftung für Ausreißer ausdrücklich ausschließt.[1010] Außerdem ist die Haftung nach dem ProdHaftG als Gefährdungshaftung[1011] ausgestaltet. Diese soll Risiken, wie etwa die Gefährdung durch Ausreißer gerade abdecken. Ein Ausschluss der Haftung für Ausreißer ist deshalb nicht angezeigt.

4. Auswirkungen auf die Haftung nach dem Lauterkeitsrecht

Verletzt ein Wirtschaftsakteur Pflichten der EU-BauPV, können seinen Mitbewerbern Ansprüche nach dem Gesetz gegen den unlauteren Wettbewerb (UWG) zustehen. § 8 Abs. 1 UWG gibt einen Anspruch auf Unterlassung oder Beseitigung unzulässiger geschäftlicher Handlungen.[1012] Ferner steht den Mitbewerbern ein Anspruch auf Schadensersatz (§ 9 UWG) und Gewinnabschöpfung (§ 10 UWG) zu.[1013]

a) Anspruchsinhaber: Interessenverbände, Kammern und Mitbewerber

Die Geltendmachung der Ansprüche der §§ 8 ff. UWG stehen verschiedenen Berechtigten zu. Insbesondere die Wirtschafsakteure untereinander können die Ansprüche

---

1008 BGH, Urt. 17.03.2009 – VI ZR 176/08, Rn. 11.

1009 Fuchs/Baumgärtner, Ansprüche aus Produzentenhaftung und Produkthaftung, in: Jus 2011, 1057 (1062).

1010 BT-Drucks. 11/2447, S. 11; Fuchs/Baumgärtner, Ansprüche aus Produzentenhaftung und Produkthaftung, in: Jus 2011, 1057 (1062).

1011 MüKo/Wagner, BGB, Einl. ProdHaftG, Rn. 17.

1012 Hartmannsberger/Herzig, Wettberbsrechtliche Folgen von Verstößen gegen formale Produktanforderungen, in: GRUR-RR 2016, 433 (433); Köhler/Bornkamm/Bornkamm, UWG, § 8, Rn. 1.1.

1013 Hartmannsberger/Herzig, Wettberbsrechtliche Folgen von Verstößen gegen formale Produktanforderungen, in: GRUR-RR 2016, 433 (433); Köhler/Bornkamm/Bornkamm, UWG, § 8, Rn. 1.1.

aus den §§ 8 ff. UWG geltend machen, wenn ein Konkurrent unlauter handelt. Die Anspruchsberechtigung ergibt sich jeweils aus § 8 Abs. 3 UWG.

aa) Marktteilnehmende Wirtschaftsakteure als Mitbewerber

Mitbewerber im Bereich des Handels mit Bauprodukten sind alle Wirtschaftsakteure untereinander, die gleichartige Bauprodukte auf demselben Markt anbieten.

Mitbewerber ist gemäß § 2 Abs. 1 Nr. 3 UWG *„jeder Unternehmer, der mit einem oder mehreren Unternehmern als Anbieter oder Nachfrager von Waren oder Dienstleistungen in einem konkreten Wettbewerbsverhältnis steht."*

Die Wirtschaftsakteure sind Unternehmer im Sinne des § 2 Abs. 1 Nr. 6 UWG. Nach § 2 Abs. 1 Nr. 6 UWG ist Unternehmer *„jede natürliche oder juristische Person, die geschäftliche Handlungen im Rahmen ihrer gewerblichen, handwerklichen oder beruflichen Tätigkeit vornimmt, und jede Person die im Namen oder Auftrag der Person handelt."* Die Wirtschaftsakteure, die von der EU-BauPV erfasst sind, handeln in der Regel im Rahmen einer Geschäftstätigkeit. Bei der Unternehmerdefinition kommt es im UWG, ebenso wie in der EU-BauPV, nicht auf die Rechtsform des Wirtschaftsakteurs an, da der Begriff der juristischen Person ebenfalls unionsrechtskonform weit auszulegen ist.[1014] Es kommt lediglich darauf an, ob der Personenmehrheit Rechtspersönlichkeit zukommt, sodass auch die Personengesellschaften von dem Begriff der juristischen Person erfasst sind.[1015]

Erforderlich ist, dass zumindest gleichartige Waren demselben Kreis von Endabnehmern angeboten werden,[1016] wobei die räumliche Erreichbarkeit der Kunden zu beachten ist[1017]. Dazu muss sich das Warenangebot eines Wirtschaftsakteurs zumindest mittelbar an die gleichen Abnehmer richten.[1018] Mitbewerber des Herstellers kann z.B. der Händler sein, da für die Annahme eines konkreten Mitbewerberverhältnisses nicht erforderlich ist, dass die Wirtschaftsakteure auf derselben Handelsstufe tätig werden.[1019]

Hinsichtlich der Gleichartigkeit der Waren wird schwerpunktmäßig auf die Austauschbarkeit der Ware aus der Sicht des Durchschnittsverwenders abgestellt.[1020] Von der Gleichartigkeit ist immer auszugehen, wenn die Leistungserklärung denselben

---

1014 § 3, A., I., 1., a).; Ohly/Sosnitza/*Sosnitza*, UWG, § 2, Rn. 89.

1015 Siehe § 3, A., I., 1., a).

1016 Köhler/Bornkamm/*Köhler*, UWG, § 2, Rn. 108.; Ohly/Sosnitza/*Sosnitza*, UWG, § 2, Rn. 58.; Harte-Bavendamm/Henning-Bodewig/*Keller*, UWG, § 2, Rn. 132 f.

1017 Ohly/Sosnitza/*Sosnitza*, UWG, § 2, Rn. 64; Harte-Bavendamm/Henning-Bodewig/ *Keller*, UWG, § 2, Rn. 138.

1018 Ohly/Sosnitza/*Sosnitza*, UWG, § 2, Rn. 57, 62; Spindler/Schuster/*Micklitz/Schirmbacher*, UWG, § 2, Rn. Rn. 30.

1019 Köhler/Bornkamm/*Köhler*, UWG, § 2, Rn. 102; Ohly/Sosnitzy/*Sosnitza*, UWG, § 2, Rn. 61.

1020 Köhler/Bornkamm/*Köhler*, UWG, § 2, Rn. 108a; Ohly/Sosnitza/*Sosnitza*, UWG, § 2, Rn. 60.

Produkttyp ausweist.[1021] Die Gleichartigkeit kann hingegen nicht mehr angenommen werden, wenn der jeweilige Wirtschaftsakteur Bauprodukte im Sinne der gesamten Produktkategorie anbietet. Die potentiellen Kunden des jeweiligen Wirtschaftsakteurs kaufen Bauprodukte, um sie in ein Bauwerk einzusetzen. Der Verwendungszweck eines Bauproduktes beschränkt die Möglichkeiten seines Einsatzes für die Kunden. Aus Sicht des Kunden kann z.b. ein Ziegel nicht durch eine Glasscheibe ersetzt werden, da die Produktkategorien unterschiedlich verwendet werden.

bb) Interessensverbände und Verbraucherverbände

Neben den Mitbewerbern haben außerdem Verbraucherverbände und andere Interessensverbände die Befugnis Verstöße geltend zu machen.[1022] § 8 Abs. 3 Nr. 3 UWG bezeichnet die Verbraucherverbände als qualifizierte Einrichtungen zum Schutz von Verbraucherinteressen. Der Tätigkeitskreis der Einrichtung muss sich aus seiner Satzung ergeben.[1023] Die Einrichtung muss sich auf Antrag in eine Liste des Bundesverwaltungsamts eintragen, um als qualifiziert zu gelten.[1024] Gemäß § 8 Abs. 3 Nr. 4 UWG sind auch die Industrie,- und Handelskammern sowie die Handwerkskammern anspruchsberechtigt.

b) Anspruchsgegner: Unternehmensinhaber des betroffenen Wirtschaftsakteurs

Anspruchsgegner ist der Wirtschaftsakteur, welcher gegen § 3 UWG verstoßen hat.[1025] Die Bestimmung erfolgt im Sinne des deliktsrechtlichen Täterbegriffes, sodass sowohl die unmittelbare Täterschaft, als auch mit Teilnehme zu einer Inanspruchnahme führen kann.[1026] Das bedeutet, dass z.B. auch Wirtschaftsakteure, die den Rechtsbruch eines anderen Akteures wissentlich und willentlich gefördert haben, nach dem UWG in Anspruch genommen werden können.

c) Rechtsbruch als unlautere Handlung (§ 3a UWG)

Die unlautere Handlung ist der Anknüpfungspunkt für die Ansprüche nach §§ 8 ff. UWG, da auf die §§ 3, 7 UWG Bezug genommen wird.[1027] Was eine unlautere Handlung

---

1021 Angenommen für Entrauchungsklappen: OLG Frankfurt, Urt. v. 25.09.2014 – 6 U 99/14, Rn. 1.

1022 Ohly/Sosnitza/*Ohly*, UWG, § 8, Rn. 109.

1023 Köhler/Bornkamm/*Köhler*/*Feddersen*, UWG, § 8, Rn. 3.56; Ohly/Sosnitza/*Ohly*, UWG, § 8 Rn. 111.

1024 Köhler/Bornkamm/*Köhler*/*Feddersen*, UWG, § 8, Rn. 3.54; Ohly/Sosnitza/*Ohly*, UWG, § 8, Rn. 110.

1025 Ohly/Sosnitza/*Ohly*, UWG, § 8, Rn. 114.

1026 Ohly/Sosnitza/*Ohly*, UWG, § 8, Rn. 114; Harte-Bavendamm/Henning-Bodewig/ *Bergmann/Goldmann*, UWG, § 8, Rn. 68.

1027 Hartmannsberger/Herzig, Wettberbsrechtliche Folgen von Verstößen gegen formale Produktanforderungen, in: GRUR-RR 2016, 433 (434); Harte-Bavendamm/ Henning-Bodewig/*Bergmann/Goldmann*, UWG, § 8, Rn. 7.

ist, wird in §§ 3, 3a UWG konkretisiert. § 3a UWG ersetzt seit der Novelle im Jahr 2015 § 4 Nr. 11 UWG a.F.[1028] Gemäß § 3a UWG handelt unterlauter, wer einer gesetzlichen Vorschrift zuwiderhandelt, die auch dazu bestimmt ist, im Interesse der Marktteilnehmer das Marktverhalten zu regeln und der Verstoß geeignet ist, die Interessen von Verbrauchern, sonstigen Marktteilnehmer und Mitbewerbern spürbar zu beeinträchtigen. Kommen die Wirtschaftsakteure den Pflichten der EU-BauPV nicht nach, ist jeweils durch Auslegung zu ermitteln, ob die verletzte Vorschrift diese Interessen potentiell spürbar beeinträchtigt.

aa) Bereitstellung eines Bauproduktes auf dem Markt als geschäftliche Handlung

Erforderlich ist zunächst, dass der jeweilige Wirtschaftsakteur geschäftlich handelt.[1029] Verletzen die Wirtschaftsakteure Pflichten der EU-BauPV, liegt immer eine geschäftliche Handlung vor.

Eine geschäftliche Handlung ist gemäß § 2 Abs. 1 Nr. 1 UWG jedes Verhalten einer Person zugunsten des eigenen oder eines fremden Unternehmers, bei oder nach einem Geschäftsabschluss, das mit der Förderung des Absatzes oder des Bezugs von Waren oder Dienstleistungen oder mit dem Abschluss oder der Durchführung eines Vertrags über Waren oder Dienstleistungen objektiv zusammenhängt. Die Kennzeichnungs- und Prüfpflichten der Wirtschaftsakteure nach der EU-BauPV sind jeweils an die Bereitstellung des Bauproduktes auf dem Markt geknüpft. Sobald die Pflicht nach der EU-BauPV entsteht, liegt eine geschäftliche Handlung vor, da die Bereitstellung auf dem Markt den Absatz des Produkts erst ermöglicht.

bb) Die EU-BauPV als Marktverhaltensregel

Der Begriff der Rechtsnorm ist im Sinne des Art. 2 EGBGB zu verstehen,[1030] sodass auch die Regelungen der EU-BauPV von § 3a UWG erfasst sind.

Die Regelung der EU-BauPV, gegen die der Wirtschaftsakteur jeweils verstoßen hat, muss hinsichtlich ihres Schutzzweckes mindestens untergeordnet zu Gunsten der Marktteilnehmer wirkt.[1031] Diesen Zweck erfüllen alle Vorschriften der EU-BauPV, welche Voraussetzungen für das Bereitstellen des Produktes auf dem Markt enthalten. Das gilt sowohl für die Pflichten der Hersteller, als auch für die Pflichten der Importeure und der Händler. Auch wenn z.B. ein Händler ein Bauprodukt auf dem Markt bereitstellt, obwohl es entgegen Art. 14 Abs. 2 EU-BauPV nicht den

---

1028 Köhler/Bornkamm/*Köhler*, UWG, § 3a, Rn. 1.5.
1029 Köhler/Bornkamm/*Köhler*, UWG, § 3a, Rn. 1.51; Spindler/Schuster/*Micklitz/ Schirmbacher*, UWG, § 4, Rn. 341.
1030 OLG Frankfurt, Urt. v. 20.01.2011 – 6 U 203/09, Rn. 13; Köhler/Bornkamm/*Köhler*, UWG, § 3a, Rn. 1.52; Ohly/Sosnitza/*Ohly*, UWG, § 4, Rn. 11/12; Spindler/Schuster/ *Micklitz/Schirmbacher*, UWG, § 4, Rn. 342.
1031 Köhler/Bornkamm/*Köhler*, UWG, § 3a, Rn. 1.64.; Ohly/Sosnitza/*Ohly*, UWG, § 4, Rn. 11/14; Spindler/Schuster/*Micklitz/Schirmbacher*, UWG, § 4, Rn. 344.

dort genannten Anforderungen entspricht, liegt ein Verstoß gegen eine Marktverhaltensregel vor.

Die Pflicht zur Kennzeichnung des Bauproduktes mit dem CE-Kennzeichen[1032],
die Kennzeichen zur Rückverfolgung[1033], die Pflicht zur Beifügung einer Abschrift
der Leistungserklärung und die Beifügung von Sicherheitsinformationen[1034] sind
Marktverhaltensregeln.

Daran ändert sich nichts durch den unterschiedlichen Bedeutungsgehalt des CE-
Kennzeichens, das dem Kennzeichen nach der EU-BauPV zukommen. Die Rechtsprechung hat die Kennzeichnungspflicht von Bauprodukten mit dem CE-Kennzeichen
nach § 4 BauPG a.F. bisher als Marktverhaltensregel qualifiziert.[1035] Maßgebliches
Argument hierfür war, dass die Abnehmer aufgrund der Kennzeichnung erkennen
können, dass das Bauprodukt verwendet werden darf.[1036] Auch, wenn das CE-Kennzeichen selbst nunmehr keine Angaben über die Qualität eines Bauproduktes enthält, gibt es an, dass die nach der Norm einschlägigen Untersuchungen durchgeführt
worden sind. Diese Bedingung für die rechtmäßige Anbringung des CE-Kennzeichen
knüpft an das Inverkehrbringen eines Produktes an und hält deshalb auch nach Abschaffung der Brauchbarkeitsvermutung Regeln für das Marktverhalten bereit.

IV. Auswirkungen auf das Straf- und Ordnungswidrigkeitenrecht

Verstöße gegen die EU-BauPV können mittelbar auch strafrechtliche Konsequenzen
haben. Die Strafbarkeit nach dem StGB und seinen Nebengesetzen kommt dabei
ebenso in Betracht, wie ein Verstoß gegen die eigens für die EU-BauPV geschaffenen
Ordnungswidrigkeiten.

1. Keine strafrechtliche Unternehmenshaftung

Ein Wirtschaftsakteur, der als juristische Person oder Personenvereinigung organisiert ist, haftet nicht selbst für begangene Straftaten.[1037] Anders als bei der zivilrechtlichen Haftung, kann das Haftungssubjekt im Strafrecht kein Unternehmen

---

1032 OLG Frankfurt am Main, Urt. v. 25.09.2014 – 6 U 99/14, Rn. 22 Hartmannsberger/
    Herzig, Wettbewersrechtliche Folgen von Verstößen gegen formale Produktanfor-
    derungen, in: GRUR-RR 2016, 433 (436).
1033 Hartmannsberger/Herzig, Wettbewersrechtliche Folgen von Verstößen gegen for-
    male Produktanforderungen, in: GRUR-RR 2016, 433 (436).
1034 Hartmannsberger/Herzig, Wettbewersrechtliche Folgen von Verstößen gegen for-
    male Produktanforderungen, in: GRUR-RR 2016, 433 (438).
1035 BGH, Urt. v. 20.10.2005 – I ZR 10/03, Rn. 22; OLG Frankfurt am Main, Urt. v.
    20.01.2011 – 6 U 203/09, Rn. 12.
1036 OLG Frankfurt am Main, Urt. v. 20.01.2011 – 6 U 203/09, Rn. 12; LG Berlin, Urt. v.
    26.05.2008 – 16 O 161/08, Rn. 209.
1037 Beck-OK/*Meyberg*, OWiG, § 30, Rn. 1.

sein, sondern muss sich immer auf den Einzelnen, z.b. den Unternehmensinhaber oder einzelne Mitarbeiter beziehen.[1038] Diese Konkretisierung ist erforderlich, weil eine Strafe ein schuldhaftes Handeln voraussetzt, das von einem Unternehmen als solchem nicht begangen werden kann.[1039] § 14 StGB zieht die Organe einer juristischen Person persönlich strafrechtlich zur Verantwortung.[1040]

In diesem Fall kann aber gemäß § 30 OWiG eine Geldbuße gegen den Wirtschaftsakteur gerichtet werden. Der Wirtschaftsakteur haftet für Straftaten oder Ordnungswidrigkeiten, die von Leitungspersonen seines Unternehmens begangen wurden.[1041] Der Täterkreis ist in § 30 Abs. 1 OWiG abschließend beschrieben.[1042] Die Vorschrift nennt *„juristische Personen"* und *„Personenvereinigungen"* als Haftungssubjekte. Erfasst davon sind aber auch Personengesellschaften, wie die OHG, KG oder GbR.[1043] Voraussetzung für ein Bußgeld gegen das Unternehmen ist, dass eine verantwortliche Person mit Leitungsfunktion eine Ordnungswidrigkeit oder eine Straftat begangen hat.[1044] Dies sind z.B. Geschäftsführer oder vertretungsberechtigte Gesellschafter.[1045] Aufgrund dieser Vorschrift kann gegen Wirtschaftsakteure vorgegangen werden, die nicht als Einzelpersonen handeln, sondern als juristische Person oder Personengesellschaft organisiert sind. Die sog. Anknüpfungstat muss eine betriebsbezogene Pflicht verletzen.[1046] In Betracht kommen hier insbesondere Verstöße gegen die §§ 8, 9 BauPG. Die Pflichten der EU-BauPV, welche die §§ 8, 9 BauPG unter Strafe stellen, sind betriebsbezogen, da sie unmittelbar an den Wirtschaftsakteur adressiert sind[1047]. Aber auch Straftaten nach den §§ 222, 229 StGB kommen in Betracht,[1048] wenn ein Wirtschaftsakteur z.B. die Korrektur der Leistungserklärung unterlässt. Die Betriebsbezogenheit ist grundsätzlich anerkannt für die Schadensabwendungspflicht von Unternehmen, die Produkte in den Verkehr bringen.[1049] Soweit eine Leitungsperson nicht selbst für die Verletzung einer Pflicht nach der EU-BauPV verantwortlich ist, kommt auch § 130 OWiG als Anknüpfungstat in Betracht.[1050] § 130 OWiG klassifiziert die Verletzung der Aufsichtspflicht als Ordnungswidrigkeit.

1038 Schlutz, Haftungstatbestände des Produkthaftungsrechts, in: DStR 1994, 1811 (1814); Meier, Verbraucherschutz durch Strafrecht, in: NJW 1992, 3193 (3194).

1039 Streinz/*Hammerl*, Lebensmittelrechts-Handbuch, Kap. A, Rn. 53.

1040 Englert/Motzke/Wirth/*Hegger,* Baukommentar, Anhang IV, Baustrafrecht, Rn. 31.

1041 Beck-OK/*Meyberg*, OWiG, § 30, Rn. 46.

1042 Beck-OK/*Meyberg*, OWiG, § 30, Rn. 47; Bohnert/Krenberger/Krumm/*Bohnert/ Krenberger/Krumm*, OWiG; § 30, Rn. 11.

1043 KK/*Rogall*, OWiG, § 30, Rn. 41.

1044 KK/*Rogall*, OWiG, § 30, Rn. 88.

1045 Englert/Motzke/Wirth/*Hegger*, Baukommentar, Anhang IV, Baustrafrecht, Rn. 32.

1046 KK/*Rogall*, OWiG, § 30, Rn. 89.

1047 Beck-OK/*Meyberg*, OWiG, § 30, Rn. 80; KK/*Rogall*, OWiG, § 30, Rn. 91.

1048 Beck-OK/*Meyberg*, OWiG, § 30, Rn. 82; KK/*Rogall*, OWiG, § 30, Rn. 93.

1049 KK/*Rogall*, OWiG, § 30, Rn. 93.

1050 Beck-OK/*Meyberg*, OWiG, § 30, Rn. 78; KK/Rogall, OWiG, § 30, Rn. 92.

2. Strafbarkeit nach dem StGB und § 9 BauPG

Das StGB und § 9 BauPG bilden Normen des Straf- und Nebenstrafrechts[1051]. Die Behörden sind beim Vorliegen der Tatbestandsvoraussetzungen aufgrund des Legalitätsgebots grundsätzlich zum Einschreiten verpflichtet.[1052] Die Normen des Kriminal- und Nebenstrafrechts gelten als sozialethisch besonders verwerflich.[1053] Im Übrigen unterscheiden sie sich von den Ordnungswidrigkeiten vor allem in ihrer Rechtsfolge. Während Ordnungswidrigkeiten eine bloße Geldbuße nach sich ziehen,[1054] ist die Rechtsfolge bei den Normen des StGB und des Nebenstrafrechts eine schuldbezogene Strafe.[1055]

a) Strafbarkeit nach §§ 222, 229 StGB

Wird ein Mensch durch die Verwendung von Bauprodukten, die nicht den Anforderungen der EU-BauPV genügen, getötet oder an der Gesundheit verletzt, macht sich der Hersteller wegen fahrlässiger Tötung oder Körperverletzung strafbar. Vorsätzliches Handeln (§§ 212 Abs. 1, 224 Abs. 1 StGB) ist zwar denkbar, aber wird praktisch selten eine Rolle spielen. Die strafrechtliche Produkthaftung ist nahe an der zu § 823 Abs. 1 BGB entwickelten Produzentenhaftung.[1056]

Die Straftatbestände §§ 222, 229 StGB unterscheiden sich im Wesentlichen im eingetretenen Verletzungserfolg,[1057] sodass die sonstigen Voraussetzungen sich weitgehend decken.

Der Strafrahmen einer fahrlässigen Körperverletzung sieht eine Freiheitsstrafe bis zu drei Jahren oder eine Geldstrafe vor. § 229 StGB ist gemäß § 230 StGB ein Antragsdelikt. Ein Strafantrag ist mithin Verfahrensvoraussetzung.[1058] Der Strafrahmen einer fahrlässigen Tötung sieht eine Freiheitsstrafe von bis zu fünf Jahren oder eine Geldstrafe vor.

aa) Objektiv sorgfaltswidriges Verhalten als Tathandlung

Als Tathandlung kommt jedes vorschriftswidrige Verhalten der Wirtschaftsakteure und Verwender in Betracht, das zu den Taterfolgen[1059] der §§ 222, 229 StGB führen kann und das objektiv sorgfaltswidrig ist.[1060] Objektiv Sorgfaltswidrig ist potentiell

---

1051 Buddendiek/Rudkowski, Lexikon des Nebenstrafrechts, Buchstabe B, Rn. 83a.

1052 Noak, Ordnungswidrigkeitenrecht, ZJS 2012, 175.

1053 Bohnert, OWiG, § 1, Rn. 3.

1054 KK/*Rogall*, OWiG, § 1, Rn. 3.

1055 Beck-OK/*Gerold*, OWiG, § 1, Rn. 1; Bohnert, OWiG, § 1, Rn. 3.

1056 Schönke/Schröder/*Sternberg-Lieben/Schuster*, StGB, § 15, Rn. 216.

1057 Lackner/Kühl/*Kühl*, § 229, Rn. 1.

1058 Beck-OK/*Eschelbach*, StGB, § 230, Rn. 6.

1059 Fischer, StGB, § 229, Rn. 3; Schönke/Schröder/*Sternberg-Lieben/Hecker*, StGB, § 222, Rn. 3.

1060 Fischer, StGB, § 229, Rn. 3.

jeder Verstoß gegen Pflichten der EU-BauPV, soweit die Pflichten dem Schutz des Lebens oder der Gesundheit dienen[1061]. Dies ist unter den gleichen Voraussetzungen der Fall, wie die Pflichten der EU-BauPV und der MBO Schutzgesetze im Sinne des § 823 Abs. 2 BGB darstellen.[1062]

(1) Missachtung der EU-BauPV durch die Wirtschaftsakteure

Die Tathandlung liegt in dem Inverkehrbringen des gefährlichen Bauproduktes.[1063] Das Produkt wird potentiell erst ab der Bereitstellung auf dem Markt verwendet, sodass die Bereitstellungshandlung die sorgfaltspflichtverletzende Tätigkeit darstellt. Nach dem Inverkehrbringen liegt die vorwerfbare Handlung im Unterlassen von Korrekturen der Leistungserklärung oder einem Rückruf.

Die Sorgfaltswidrigkeit ergibt sich u.a. aus der Angabe falscher Leistungswerte für das Bauprodukt. Der Hersteller ist verpflichtet, die Leistung des Bauproduktes in der Leistungserklärung zutreffend anzugeben (Art. 11 Abs. 1, 3, Art. 4 Abs. 3 EU-BauPV). Wenn der Hersteller Angaben macht, die hinter der tatsächlichen Leistung des Produktes zurückbleiben, kann es dazu kommen, dass der Verwender das Produkt zu Zwecken einsetzt, zu denen es sich nicht eignet. Dadurch kann z.B. die Standsicherheit des Gebäudes gefährdet werden. Ablösende Gebäudeteile können zu einer Verletzung oder Tötung führen.

Nicht nur der Hersteller handelt sorgfaltswidrig, wenn er Produkte auf dem Markt bereitstellt, denen falsche Leistungsangaben beigefügt sind. Auch der Importeur oder der Händler, der diese Bauprodukte ohne die Korrektur der Leistungserklärung auf dem Markt bereitstellt, handelt sorgfaltswidrig, wenn die falschen Angaben offen erkennbar waren oder der betroffene Importeur oder Händler den Fehler positiv kannte.

Sorgfaltswidrig kann auch die unvollständige oder falsche Gebrauchsanleitung und Sicherheitsinformation sein. Auch das Beifügen einer falschen Gebrauchsanleitung oder Sicherheitsinformation (Art. 11 Abs. 6 EU-BauPV) kann zu einer Beeinträchtigung der Sicherheit eines Produktes führen, indem der Verwender es nicht sachgerecht verwendet.

Die Sorgfaltswidrigkeit kann sich aber auch aus einem geboten, nicht durchgeführten Rückruf[1064] oder der Korrektur der Leistungsangaben ergeben. Das Produkt ist in diesen Fällen in der Regel bereits beim Verwender angekommen. Wenn insbesondere dem Hersteller der Fehler eines Produktes bekannt ist, liegt die strafrechtlich vorwerfbare Handlung in dem Unterlassen eines Rückrufs bzw. einer Korrektur der Leistungserklärung.[1065]

1061   Kindhäuser/Neumann/Peaffgen/*Neumann*, StGB, § 222, Rn. 12.
1062   Siehe hierzu ausführlich § 4., B., III., 3.
1063   BGH, Urt. v. 06.07.1990 – 2 StR 549/89, Rn. 34; Fischer, StGB, § 13, Rn. 72.
1064   BGH, Urt. v. 06.07.1990 – 2 StR 549/89, Rn. 47 f.
1065   BGH, Urt. v. 06.07.1990 – 2 StR 549/89, Rn. 34.

Wird der tatbestandliche Erfolg durch ein Unterlassen hervorgerufen,[1066] weil der Schwerpunkt der Vorwerfbarkeit in einem Unterlassen liegt,[1067] ist zusätzlich eine Garantenstellung des Täters erforderlich (§ 13 StGB). Beim Handel mit Bauprodukten hängt der Schwerpunkt der Vorwerfbarkeit von der jeweils verletzten Rechtspflicht ab. Ein aktives Tun liegt vor, wenn die EU-BauPV vor dem Inverkehrbringen verletzt wurde. Vorwerfbare Handlung ist dann die Bereitstellung des Bauproduktes, das die sicherheitsrelevanten Anforderungen der EU-BauPV nicht einhält, auf dem Markt. Der Schwerpunkt der Vorwerfbarkeit liegt dann in einem aktiven Tun. Werden Pflichten nach dem Inverkehrbringen verletzt, liegt in der Regel ein Unterlassen vor. Die Wirtschaftsakteure sind nämlich zu Warnungen, Korrekturen und Produktrückrufen verpflichtet.[1068]

(2) Einbau gefährlicher fehlerhafter Bauprodukte durch den Unternehmer

Auch der Bauunternehmer, der erkennt oder weiß, dass das Bauprodukt nicht die für die Verwendung erforderliche Leistung erbringt und es dennoch einbaut, handelt sorgfaltswidrig. Es genügt dabei schon, dass dem Bauunternehmer bekannt ist, dass das Produkt evaluiert wird, weil ernstliche Zweifel an der Richtigkeit der Leistungserklärung bestehen. Diese Erkenntnis kann sich z.B. auch an eine durchgeführte Bauüberwachung anschließen. Der Bauunternehmer, der Bauprodukte einsetzt, die von einem Rückruf betroffen ist, handelt sorgfaltswidrig. Er ist zwar öffentlich-rechtlich nicht verpflichtet, das Produkt zurückzugeben. Missachtet er jedoch den Rückruf oder eine Warnung, ist ihm bekannt, dass von dem Produkt selbst eine Gefahr ausgeht. Ein Rückruf ist nämlich in der Regel nicht erforderlich, wenn die Gefahr nicht durch die Korrektur der Leistungserklärung behoben werden kann.[1069]

bb) Eintritt des Erfolges: Tötung eines Menschen oder Gesundheitsverletzung

In Folge der sorgfaltswidrigen Handlungen der Wirtschaftsakteure können Rechtsgutsverletzungen eintreten. Menschen können infolge der beschriebenen Handlungen am Körper verletzt oder getötet werden.

Der objektive Tatbestand des § 222 StGB setzt die Tötung eines Menschen voraus.[1070] Für § 229 StGB muss eine Körperverletzung eingetreten sein.[1071] Was eine Körperverletzung ist, richtet sich nach § 223 Abs. 1 StGB.[1072] Danach ist eine Köperverletzung tatbestandlich erfolgt, wenn eine körperliche Misshandlung oder eine

---

1066 Beck-OK/*Eschelbach*, StGB, § 229, Rn. 5; Kindhäuser/Neumann/Peaffgen/*Paeffgen*, StGB, § 229, Rn. 16.
1067 Beck-OK/*Eschelbach*, StGB, § 222, Rn. 5.
1068 BGH, Urt. v. 06.07.1990 – 2 StR 549/89, Rn. 34.
1069 Siehe § 3, B., I., 6.
1070 Schönke/Schröder/*Sternberg-Lieben*/*Hecker*, StGB, § 222, Rn. 2.
1071 Lackner/Kühl/*Kühl*, § 229, Rn. 2.
1072 Fischer, StGB, § 229, Rn. 2; Beck-OK/*Eschelbach*, StGB, § 229, Rn. 1.

Gesundheitsverletzung vorliegt.[1073] Eine Gesundheitsverletzung ist „[...] *das Hervorrufen oder Steigern* [...] *wenn auch nur vorübergehenden pathologischen Zustandes, unabhängig davon, ob das Opfer zuvor ‚gesund' war oder ob eine Vorschädigung bestand.*"[1074] Diese Erfolge können eintreten, indem Bauprodukte in Folge fehlerhafter Leistungsangaben verwendet werden, obwohl sie sich für die sichere Verwendung nicht eignen. Dies kann sich z.B. daraus ergeben, dass aufgrund der falschen Leistungswerte die Standfestigkeit des Gebäudes nicht sichergestellt ist. Herabstürzende Gebäudeteile können Menschen töten oder verletzen. Die Leistungserklärung kann aber auch z.B. falsche Angaben zu Schadstoffanteilen enthalten, sodass bereits eine Gesundheitsverletzung durch den Umgang mit den Materialien hervorgerufen wird. Gleiches kann sich z.B. infolge fehlender Sicherheitshinweise ergeben. Das Unterlassen von Schutzvorrichtungen, wie z.B. Atemschutz, kann zu Gesundheitsverletzungen führen.

cc) Subjektiv vorwerfbare Verletzung der EU-BauPV

Die Handlungen müssen dem jeweiligen Wirtschaftsakteur oder Verwender in der Regel auch subjektiv vorwerfbar. Diese Voraussetzung ist gegeben, wenn der Taterfolg subjektiv vorhersehbar und vermeidbar war.[1075] Setzt sich der Hersteller über eine objektive Sorgfaltspflicht hinweg, indiziert dies regelmäßig die Vorhersehbarkeit des Erfolges.[1076] Die Wirtschaftsakteure und Verwender kennen in der Regel den rechtlichen Rahmen, in dem sie agieren. Durch die umfassende Durchführung der Marktüberwachung ist die Wahrscheinlichkeit, dass ihnen Produktfehler dauerhaft verborgen bleiben, gering. Spätestens wenn die Marktüberwachung tätig geworden ist und zu einem negativen Evaluierungsergebnis gekommen ist, haben die betroffenen Wirtschaftsakteure Kenntnis von dem jeweiligen Produktfehler.

dd) Keine Unterbrechung der Zurechenbarkeit durch die Handelskette

Die Zurechenbarkeit des Erfolges zur Handlung des Herstellers ist regelmäßig nicht unterbrochen, weil das Produkt den Weg über mehrere Wirtschaftsakteure gefunden hat, die jeweils das Bauprodukt selbst auf dem Markt bereitgestellt haben. Der Zurechnungszusammenhang würde nur entfallen, wenn durch die Bereitstellung auf dem Markt jeweils ein neues Risiko entstehen würde.[1077] Unabhängig davon, ob z.B. der Händler seinen Pflichten vollumfänglich nachgekommen ist, ist die Setzung eines *neuen* Risikos durch die pflichtwidrige Weitergabe des Produktes auf dem

---

1073 Schönke/Schröder/*Sternberg-Lieben*/*Hecker*, StGB, § 229, Rn. 2; Beck-OK/*Eschelbach*, StGB, § 229, Rn. 1.

1074 Fischer, StGB, § 223, Rn. 8.

1075 Beck-OK/*Eschelbach*, StGB, § 222, Rn. 20.

1076 OLG Karlsruhe, Urt. v. 16.12.1999 – 3 Ss 43/99, Rn. 9; Beck-OK/*Eschelbach*, StGB, § 222, Rn. 20; Kindhäuser/Neumann/Paeffgen/*Neumann*, StGB, § 222, Rn. 12.

1077 BGH, Urt. v. 10.01.2008 – 3 StR 463/07, Rn. 21; BGH, Urt. v. 08.09.1993 – 3 StR 341/93, Rn. 9.

Markt regelmäßig zu verneinen. Die dem Hersteller nachfolgenden Wirtschaftsakteure prüfen nur, ob der Hersteller seinen Pflichten nachgekommen ist. Hat der Hersteller seine Pflichten verletzt, die Angaben in der Leistungserklärung zutreffend anzugeben, wird durch die Weitergabe des Produktes z.b. durch den Händler kein neues Risiko gesetzt. Vielmehr wirkt der Fehler des Herstellers fort. Das gleiche gilt, wenn der Hersteller das Produkt auf dem Markt bereitstellt, ohne eine Gebrauchsanleitung oder Sicherheitsinformation beizufügen. Wenn der Händler, der Importeur oder der Verwender die Pflichtwidrigkeit erkennt, ist er vielmehr Nebentäter.

ee) Garantenstellung des Herstellers

Der Hersteller hat in den Fällen des Unterlassens die erforderliche Garantenstellung[1078] nach § 13 StGB. In der Regel liegt ein Unterlassen vor, wenn das Bauprodukt bereits auf dem Markt bereitgestellt wurde. Die Garantenstellung ergibt sich aus Ingerenz, also aus einem vorherigen gefahrbegründendem Verhalten.[1079] Das gefahrbegründende Verhalten liegt in der Bereitstellung eines gefährlichen Produktes auf dem Markt.

b) Strafbarkeit nach § 319 Abs. 1 StGB bei äußerlicher Erkennbarkeit

Ebenso wie §§ 229, 222 StGB, schützt § 319 StGB die Gesundheit und das Leben von Menschen, die ein Gebäude nutzen oder an ihm arbeiten.[1080]

aa) Verwender von Bauprodukten als Täter

Als Täter des § 319 StGB kommen drei Tätertypen in Betracht: Die Bauplaner[1081], die Bauleiter[1082] und die Bauausführenden[1083].[1084] Die Wirtschaftsakteure fallen deshalb nicht in den Anwendungsbereich des § 319 StGB. Der Tatbestand der Baugefährdung ist damit ein Sonderdelikt[1085] und unterscheidet sich insoweit von §§ 229, 222 StGB. Der Begriff des Baus ist weit auszulegen[1086] und umfasst jedes in das Gebiet

---

1078 Fischer, StGB, § 13, Rn. 9 ff.; Beck-OK/*Eschelbach*, StGB, § 222, Rn. 7.
1079 BGH, Urt. v. 06.07.1990 – 2 StR 549/89, Rn. 35; Fischer, StGB, § 13, Rn. 71.
1080 Esser/Keuten, Strafrechtliche Risiken am Bau, in: NStZ 2011, 314 (315); Lackner/
        Kühl/*Heger*, StGB, § 319, Rn. 1.
1081 Fischer, StGB, § 319, Rn. 4; Schönke/Schröder/*Sternberg-Lieben/Hecker*, StGB, § 319,
        Rn. 11; MüKo/*Wieck-Noodt*, StGB, § 319, Rn. 9.
1082 Fischer, StGB, § 319, Rn. 5; Schönke/Schröder/*Sternberg-Lieben/Hecker*, StGB, § 319,
        Rn. 9; MüKo/*Wieck-Noodt*, StGB, § 319, Rn. 10.
1083 Fischer, StGB, § 319, Rn. 6; Schönke/Schröder/*Sternberg-Lieben/Hecker*, StGB, § 319,
        Rn. 10; MüKo/*Wieck-Noodt*, StGB, § 319, Rn. 14.
1084 Esser/Keuten: Strafrechtliche Risiken am Bau, in: NStZ 2011, 314 (315).
1085 Fischer, StGB, § 319, Rn. 2.
1086 Lackner/Kühl/*Heger*, StGB, § 319, Rn. 4; MüKo/*Wieck-Noodt*, StGB, § 319, Rn. 8;
        Schönke/Schröder/*Sternberg-Lieben/Hecker*, StGB, § 319, Rn. 3.

des Baugewerbes fallende Unternehmen.[1087] Geht es um die Verwendbarkeit von Bauprodukten, ist dieses Merkmal praktisch immer erfüllt.

Vor allem die Bauleiter und Bauausführenden können mit der Verwendung fehlerhafter Bauprodukte in Berührung kommen können.

bb) Verwendung von Bauprodukten als Verletzung der Regeln der Technik

Tathandlung ist die Verletzung der allgemein anerkannten Regeln der Technik.[1088] Werden Bauprodukte verwendet, die nicht den Anforderungen der EU-BauPV entsprechen, ergibt sich daraus selbst kein Verstoß gegen die allgemein anerkannten Regeln der Technik. Die Pflichten der EU-BauPV nehmen nämlich selbst keinen Bezug auf die qualitativen Anforderungen, die an Bauprodukte gestellt werden.

Eine Verletzung der allgemein anerkannten Regeln der Technik kann jedoch darin liegen, dass der Bauunternehmer ein Bauprodukt einbaut, dessen Leistung den Anforderungen der Bauordnung nicht genügt. Zwar sind die Regelungen in der Bauordnung und der MVV-TB selbst nicht zwangsläufig allgemein anerkannte Regel der Technik.[1089] Dennoch kommt ihrer Aufnahme in die entsprechenden Regelwerke Indizwirkung dahingehend zu, dass es sich um allgemein anerkannte Regeln der Technik handelt.[1090]

cc) Konkrete Gefahr für Leib und Leben

Durch die Verletzung der allgemein anerkannten Regeln der Technik, muss eine konkrete Gefahr für Leib oder Leben eines anderen Menschen eingetreten sein.[1091] Diese liegt praktisch immer vor, wenn es bereits zu Verletzungen gekommen ist. Aber auch, wenn anzunehmen ist, dass ein Mangel bei alsbald zu erwartender Benutzung zu einem Schaden führen würde.[1092]

dd) Abstufung des Strafrahmens nach subjektiven Elementen

Der subjektive Tatbestand ist regelmäßig nur erfüllt, wenn der Täter entweder den Fehler der Leistungserklärung positiv kennt oder fahrlässig nicht erkannt und/oder wenn er in Kenntnis der Unrichtigkeit oder in fahrlässiger Unkenntnis eine Gefahr

---

1087 Fischer, StGB, § 319, Rn. 3; Schönke/Schröder/*Sternberg-Lieben/Hecker*, StGB, § 319, Rn. 3; MüKo/*Wieck-Noodt*, StGB, § 319, Rn. 8.

1088 Fischer, StGB, § 319, Rn. 10; MüKo/*Wieck-Noodt*, StGB, § 319, Rn. 20.

1089 Fischer, StGB, § 319, Rn. 10; MüKo/*Wieck-Noodt*, StGB, § 319, Rn. 23; Beck-OK/*Stoll*, StGB, § 319, Rn. 14.

1090 Fischer, StGB, § 319, Rn. 10; MüKo/*Wieck-Noodt*, StGB, § 319, Rn. 23; Schönke/Schröder/*Sternberg-Lieben/Hecker*, StGB, § 319, Rn. 5.

1091 Fischer, StGB, § 319, Rn. 11; MüKo/*Wieck-Noodt*, StGB, § 319, Rn. 2; Schönke/Schröder/*Sternberg-Lieben/Hecker*, StGB, § 319, Rn. 7; Beck-OK/*Stoll*, StGB, § 319, Rn. 15.

1092 Fischer, StGB, § 319, Rn. 11; Müko/*Wieck-Noodt*, StGB, § 319, Rn. 27.

für Leib und Leben verursacht. Dabei nimmt § 319 StGB eine Abstufung des Straf-rahmens vor,[1093] die von den subjektiven Tatbestandselementen abhängt.

(1) Fahrlässige Handlung und Verursachung der konkreten Gefahr

Die mildeste mögliche Verwirklichung liegt in der fahrlässigen Begehung[1094] der in § 319 Abs. 1, 2 StGB beschriebenen Tathandlung und der fahrlässigen Verursachung der Gefahr (§ 319 Abs. 4 StGB). Als Strafrahmen sieht § 319 Abs. 4 StGB eine Frei-heitstrafe bis zu zwei Jahren oder Geldstrafe vor.

Wenn der Verwender jedoch keine äußerlichen Anhaltspunkte dafür hat, dass die Leistungsangaben des konkreten Bauproduktes nicht zutreffen, kann ihm in beiderlei Hinsicht kein Vorwurf gemacht werden. Er handelt dann schon nicht objektiv sorgfaltswidrig. Es liegt weder eine konkrete Norm, noch eine Verkehrs-sicherungspflicht vor, die eine etwaige inhaltliche Überprüfung der Angaben der Leistungserklärung durch die Planer, Ausführer oder Leiter vorschreibt. Es ist gerade das Wesen der Leistungserklärung, die Leistung eines Bauproduktes zu-treffend anzugeben. Die Planer, Ausführer und Leiter dürfen sich deshalb solange auf die Richtigkeit der Angaben in der Leistungserklärung verlassen, wie ihnen nicht positiv bekannt ist, dass bereits ein Evaluierungsverfahren läuft oder solange keine konkreten Anhaltspunkte dafür vorliegen, dass die angegebene Leistung des Bauproduktes unzutreffend wiedergegeben ist. Konkrete Anhaltspunkte können sich daraus ergeben, dass ein angegebener Wert technisch nicht möglich ist und der Verwender dies aufgrund seiner technischen Kenntnisse und Erfahrungen hätte erkennen können. Eine fahrlässige Herbeiführung der Gefährdung liegt z.B. vor, wenn der Verwender das Bauprodukt dennoch einbaut und darauf vertraut, dass die Leistungsabweichung nicht zu einer Gefährdung führen würde.

(2) Vorsätzliche Tathandlung und fahrlässige Verursachung der Gefahr

Ist dem Täter sowohl positiv bekannt, dass die Leistungserklärung die Leistung des Bauproduktes unzutreffend wiedergibt und deshalb die nach der MVV-TB für den Verwendungszweck erforderliche Leistung tatsächlich nicht erbringt und dass damit eine Gefährdung für Leib und Leben eines Menschen einhergeht, liegt regelmäßig eine vorsätzliche Handlung vor. Ist ihm zwar bekannt, dass das Bauprodukt die nach der MVV-TB erforderliche Leistungsklasse in Wahrheit nicht erbringt, vertraut er aber darauf, dass der Einbau des Produktes dennoch keine Gefahr mit sich bringt z.B., weil er die Gefahr anderweitig glaubt abgesichert zu haben, liegt jedenfalls Fahrlässigkeit hinsichtlich der Gefahrverursachung vor (§ 319 Abs. 3 StGB). Gemäß § 11 Abs. 2 StGB ist diese Vorsatz-Fahrlässigkeits-Kombination wie eine vorsätzliche

---

1093 MüKo/*Wieck-Noodt*, StGB, § 319, Rn. 30; Fischer, StGB, § 319, Rn. 13; Schönke/ Schröder/*Sternberg-Lieben*/*Hecker*, StGB, § 319, Rn. 7.
1094 Zum Verschulden des Verwenders siehe § 3, B., III., 2., d), bb), (3).

Straftat zu behandeln, sodass auch hier eine Teilnahme möglich ist.[1095] Strafrahmen ist eine Freiheitstrafe bis zu drei Jahren oder eine Geldstrafe.

(2) Vorsätzliche Tathandlung und vorsätzliche Herbeiführung einer Gefahr

Die Tathandlung, als auch die Gefahr, kann wissentlich und willentlich und somit vorsätzlich begangen worden sein. Erforderlich ist bedingter Vorsatz im Sinne des § 16 Abs. 1 StGB.[1096] § 319 Abs. 1 StGB sieht einen Strafrahmen von bis zu fünf Jahren Freiheitstrafe oder Geldstrafe vor.

ee) Konkurrenzen

§ 319 StGB kann der Verwender in Tateinheit mit §§ 222, 229 StGB verwirklicht haben, wenn nicht nur eine Gefährdung eingetreten ist, sondern ein Verletzungserfolg. § 319 StGB ist in diesem Fall subsidiär und tritt hinter §§ 222, 229 StGB zurück.[1097] Idealkonkurrenz besteht nur, wenn neben den verletzten Personen weitere konkret gefährdet wurden.[1098]

c) Strafbarkeit nach § 9 BauPG

Das BauPG hält mit § 9 BauPG einen Straftatbestand des Nebenstrafrechts[1099] bereit. Tatbestandlich verweist § 9 BauPG auf die Ordnungswidrigkeiten des § 8 Abs. 2 BauPG. Allerdings werden nur einige der dort genannten Pflichtverletzungen mit Strafe bedroht. Daneben setzt § 9 BauPG eine besondere Art der Pflichtverletzung voraus, um die bloße Ordnungswidrigkeit als Straftat ahnden zu können.

aa) Tathandlungsalternativen

§ 9 BauPG enthält zwei Tathandlungsalternativen, wovon mindestens eine neben die Pflichtverletzung der EU-BauPV treten muss. Entweder der Täter wiederholt den Verstoß gegen die in § 9 BauPG genannten Pflichten beharrlich oder er gefährdet durch die Verletzung der genannten Pflichten das Leben, die Gesundheit oder eine Sache mit bedeutendem Wert.

Die unter Strafe gestellten Pflichtverletzungen umfassen v.a. die Pflichten, mit denen Gefahren verbunden sind. Unter Strafe gestellt ist die unrichtige Erstellung der Leistungserklärung sowie das Unterlassen der beständigen Leistungskontrolle, das Unterlassen gebotener Korrekturen, ein Verstoß gegen das Bereitstellungsverbot

---

1095 MüKo/*Wieck-Noodt*, StGB, § 319, Rn. 30.

1096 Schönke/Schröder/*Sternberg-Lieben*/*Hecker*, StGB, § 319, Rn. 516; Fischer, StGB, § 319, Rn. 12.

1097 Esser/Keuten: Strafrechtliche Risiken am Bau: in: NStZ 2011, 314 (322); Schönke/Schröder/*Sternberg-Lieben*/*Hecker*, StGB, § 319, Rn. 17; Beck-OK/*Stoll*, StGB, § 319, Rn. 21.

1098 Esser/Keuten: Strafrechtliche Risiken am Bau: in: NStZ 2011, 314 (322).

1099 Buddendiek/Rudkowski, Lexikon des Nebenstrafrechts, Buchstabe B, Rn. 83a.

oder die Zuwiderhandlung gegen eine vollziehbare Anordnung der Marktüberwachungsbehörde.

(1) Mehrfacher Verstoß die EU-BauPV als beharrliche Wiederholung

Der Begriff der beharrlichen Wiederholung wird im Nebenstrafrecht vielfach verwendet. Die Auslegung des Begriffes kann aufgrund des Gebotes der Einheit der Rechtsordnung an die Bedeutung in anderen Gesetzen des Nebenstrafrechts angelehnt werden. Der Begriff der beharrlichen Wiederholung taucht z.B. in der Gewerbeordnung (GewO) auf. Danach bedeutet Beharrlichkeit, dass ein Täter aus Missachtung oder Gleichgültigkeit des Verbots immer wieder gegen dieses verstößt.[1100] Dazu ist die zweite Wiederholung erforderlich, nachdem ein entsprechender Hinweis der Behörde ergangen ist.[1101] Gleiches gilt etwa für § 11 SchwarzArbG.[1102] Auch die Wirtschaftsakteure müssen deshalb mindestens das zweite Mal gegen die Vorschriften der EU-BauPV verstoßen haben.

(2) Konkrete Gefährdung für Leib, Leben oder Sache von bedeutendem Wert

Auch zur Bestimmung des Begriffes *Gefährdung* kann auf den Gefährdungsbegriff der konkreten Gefährdungsdelikte im StGB zurückgegriffen werden, da eine systematische Nähe des § 9 BauPG zum StGB gegeben ist. Das StGB versteht unter einer konkreten Gefahr, dass sich eine abstrakte Gefahr so konkret verwirklicht hat, dass es nach einer objektiven, nachträglichen Prognose nur noch vom Zufall abhing, ob das Rechtsgut verletzt wurde oder nicht.[1103]

Die Gefährdung muss sich im Hinblick auf die genannten Rechtsgüter eingestellt haben. Dazu kommen Leib und Leben eines anderen, als auch die Beschädigung einer fremden Sache von nicht unbedeutendem Wert in Betracht. Der Täter darf sich und seine eigenen Sachen aber durchaus selbst gefährden, da es sich um eine Sanktion der Gefährdung *fremder* Rechtsgüter handelt – was sich eindeutig aus dem Wortlaut der Vorschrift ergibt. Es muss mithin das Leben oder die Gesundheit eines Dritten gefährdet worden sein oder Sachen, die nicht im Eigentum des Täters stehen. Wann eine Sache von erheblichem Wert vorliegt, ist für verschiedene Tatbestände nicht einheitlich beurteilt. Im Rahmen des § 315c StGB sind aber häufig Werte um die 750 Euro angenommen worden.[1104]

1100 Beck-OK/*Kieresch*, GewO, § 148, Rn. 5; Erbs/Kohlhaas/*Ambs*, Strafrechtliche Nebengesetze, § 148 GewO, Rn. 1.

1101 Beck-OK/*Kieresch*, GewO, § 148, Rn. 5; MüKo/*Weyand*, StGB, § 148 GewO, Rn. 6; Erbs/Kohlhaas/*Ambs*, Strafrechtliche Nebengesetze, § 148 GewO, Rn. 1.

1102 MüKo/*Mosbacher*, StGB, SchwarzArbG, § 11, Rn. 6 f.

1103 So beispielsweise zu § 315 StGB: BGH, Urt. v. 05.03.1969 – 4 StR 375/68, Rn. 8 f.; Burmann/Hess/Janker/*Burmann*, Straßenverkehrsrecht, § 315c StGB; Fischer, StGB, § 315c, Rn. 15a; Beck-OK/*Kudlich*, StGB, § 315c, Rn. 55.

1104 BGH, Urt. v. 28.09.2010 – 4 StR 245/10, Rn. 4; Lackner/Kühl/*Lackner*, StGB, § 315c, Rn. 22; Kindhäuser/Neumann/Peaffgen/*Zieschang*, StGB, § 315c, Rn. 28.

(3) Strafbare Pflichtverletzungen der EU-BauPV

(a) Keine oder unrichtige Erstellung der Leistungserklärung

§ 9 BauPG i.V.m. § 8 Abs. 2 Nr. 2 lit. a BauPG stellt die Verletzung der Herstellerpflicht, eine Leistungserklärung zu erstellen, unter Strafe.

Aber auch, wenn der Hersteller eine Leistungserklärung erstellt hat, diese aber unrichtig oder nicht rechtzeitig erstellt wurde, soll er nach § 9 BauPG bestraft werden. Die Leistungserklärung muss nach dem Wortlaut sowohl formell, als auch auf die materiell richtig sein. Die formelle Gestaltung der Leistungserklärung richtet sich nach dem verbindlichen Muster in Anhang III.

Nach der Systematik ist jedoch zweifelhaft, ob eine Bestrafung nach § 9 BauPG auch schon bei formellen Fehlern der Leistungserklärung eintreten soll. Die übrigen Pflichtverstöße, die § 9 BauPG unter Strafe stellt, sind mit erheblichen Gefahren verbunden. Durch Fehler in der formellen Gestaltung der Leistungserklärung können Gefahren jedoch regelmäßig nicht eintreten. Diese Härte wird bei der Gefährdungsalternative durch die fehlende Kausalität der formell fehlerhaften Leistungserklärung für die Gefährdung von Leib und Leben korrigiert. In der Wiederholungsalternative erfolgt diese Korrektur hingegen nicht. Jedenfalls wird dieser Umstand regelmäßig auf der Rechtsfolgenseite zu beachten sein.

Rechtzeitig bedeutet, dass die Leistungserklärung spätestens bis zum Zeitpunkt des Inverkehrbringens vorliegt, da mit diesem Zeitpunkt die Pflicht zur Erstellung der Leistungserklärung verknüpft ist.[1105]

(b) Keine Sicherstellung der Leistungsbeständigkeit bei Serienfertigung

§ 9 BauPG i.V.m. § 8 Abs. 2 Nr. 5 BauPG stellt die unterlassene Sicherstellung der Leistungsbeständigkeit unter Strafe. Der Hersteller muss durch regelmäßige Untersuchungen sicherstellen, dass auch die Bauprodukte, die in Serie gefertigt werden, weiterhin den Angaben der Leistungserklärung entsprechen.[1106]

(c) Unterlassen gebotener Korrekturmaßnahmen

§ 9 BauPG i.V.m. § 8 Abs. 2 Nr. 9 BauPG nimmt Bezug auf erforderliche Korrekturmaßnahmen, welche die Wirtschaftsakteure bei Nichtkonformität des Bauproduktes mit den Anforderungen der EU-BauPV ergreifen müssen.

Von der Vorschrift erfasst sind jeweils die Korrekturmaßnahmen des Herstellers, des Händlers und des Importeurs nach dem Inverkehrbringen des Bauproduktes.

Der Text differenziert zwischen dem Eingreifen und der Veranlassung von Korrekturmaßnahmen. Diese Unterscheidung geht darauf zurück, dass nur der Hersteller eigene Korrekturmaßnahmen ergreifen muss, während die anderen Wirtschaftsakteure Korrekturmaßnahmen nur veranlassen können.[1107]

1105 Siehe § 3, B., I., 9.
1106 Siehe § 3, B., I., 3.
1107 Siehe § 3, B., I., 9.

Strafbar ist das vollständige Unterlassen der erforderlichen Korrekturmaßnahme. Strafbarbar handelt aber auch, wer nicht die Korrektur unrichtig oder nicht rechtzeitig veranlasst oder vornimmt. Die Pflicht zur Veranlassung oder Ergreifung der Korrekturmaßnahmen entsteht, sobald einer der genannten Wirtschaftsakteure der Auffassung ist oder Grund zu der Annahme hat, dass entweder die Leistungserklärung nicht korrekt ist oder das Bauprodukt im Übrigen nicht den Anforderungen der EU-BauPV genügt. Mit dem Verdacht oder der Erkenntnis eines Wirtschaftsakteurs ist dieser angehalten unverzüglich Korrekturmaßnahmen zu ergreifen oder zu veranlassen.

Wenn er nicht unverzüglich aktiv wird, hat er nicht mehr rechtzeitig gehandelt. Sobald er gar nicht aktiv wird, hat er keine Korrekturmaßnahme ergreifen oder veranlasst. Der Unterschied zwischen beiden Alternativen besteht darin, dass er bei nicht rechtzeitigem Tätigwerden gehandelt hat, während er sonst die Korrekturmaßnahmen vollständig unterlassen hat.

Davon unterscheidet sich auch die nicht richtige Vornahme von Korrekturmaßnahmen. Ist z.B. die Leistungserklärung inhaltlich falsch, müssen mit der Korrektur auch die korrekten Werte in die Leistungserklärung eingesetzt werden.

(d) Missachtung des Bereitstellungsverbots

§ 9 BauPG i.V.m. § 8 Abs. 2 Nr. 14 BauPG sanktioniert den Verstoß gegen das Bereitstellungsverbot. Der Importeur und der Händler dürfen das Bauprodukt bei Zweifeln oder der Überzeugung von der Nichtkonformität nicht auf dem Markt bereitstellen oder in den Verkehr bringen (Art. 13 Abs. 2 UA. 2 EU-BauPV, Art. 14 Abs. 2 UA. 2 EU-BauPV).[1108]

(e) Zuwiderhandlung einer vollziehbaren Anordnung der Marktüberwachung

§ 9 BauPG i.V.m. § 8 Abs. 2 Nr. 18 EU-BauPV sanktioniert die Nichtbeachtung von Aufforderungen der Marktüberwachungsbehörden nach Art. 56 Abs. 1 UA. 2 EU-BauPV.[1109] Voraussetzung ist, dass die Anordnung der Marktüberwachungsbehörde jeweils vollziehbar ist.

bb) Wirtschaftsakteure als taugliche Täter

Als Täter kommen nur die Wirtschaftsakteure im Sinne der EU-BauPV in Betracht. § 9 BauPG knüpft ausschließlich an Verletzungen von Pflichten der EU-BauPV an. Die EU-BauPV enthält nur Pflichten, die sich an die Wirtschaftsakteure richten. Sie enthält hingegen keine Pflichten, die sich an die Verwender von Bauprodukten richten. § 9 BauPG verweist dabei teilweise auf die als Ordnungswidrigkeiten in § 8 BauPG bezeichneten Pflichtverletzungen. Unter Strafe stehen demnach das

---

1108 Siehe § 3, B., II., 2.; § 3, B., III., 2.
1109 Siehe § 4, B., II., 1.

Nichterstellen einer Leistungserklärung durch den Hersteller entgegen Art. 4 Abs. 1 EU-BauPV, die Überprüfung der Beständigkeit der Leistung der Bauprodukte durch den Hersteller (Art. 11 Abs. 3 EU-BauPV), das (rechtzeitige) Unterlassen von geeigneten Korrekturmaßnahmen durch den Hersteller, Importeur und Händler (Art. 14 Abs. 7, Art. 13 Abs. 7, Art. 14 Abs. 4 EU-BauPV), die Bereitstellung eines Bauproduktes auf dem Markt, obwohl die Voraussetzungen hierfür nicht vorliegen nach Art. 13 Abs. 2 UA. 2 EU-BauPV und Art. 14 Abs. 2 UA. 2 EU-BauPV sowie die Missachtung der Anordnung einer sofortigen Vollziehung nach Art. 56 Abs. 1 UA. 2, 4 UA. 1, Art. 5 Abs. 1 EU-BauPV. Je nach verletzter Pflicht kommen jedoch nicht alle Wirtschaftsakteure als Täter in Betracht, da sich nicht jede Pflicht an alle Wirtschaftsakteure richtet. Die falsche Anbringung eines CE-Kennzeichens kann z.B. nur die Täterschaft des Herstellers begründen.

cc) Vorsätzlicher Verstoß gegen die genannten Pflichten der EU-BauPV

§ 9 BauPG fordert ausdrücklich Vorsatz. Bei der ersten Handlungsalternative muss der Täter vorsätzlich gegen die Pflicht der EU-BauPV verstoßen haben. Da die *beharrliche Wiederholung* des Verbotes erforderlich ist, ist eine fahrlässige Begehung faktisch ausgeschlossen. Eine beharrliche Wiederholung erfordert, dass der Täter dem Verbot Gleichgültigkeit entgegenbringt,[1110] sodass in der Regel Vorsatz vorliegt. Auch die zweite Handlungsalternative – das Verursachen einer konkreten Gefährdung – erfordert die vorsätzliche Begehung. Der Vorsatz des Täters muss sich aber lediglich auf die verursachende Handlung beziehen. Für die Gefährdung muss hingegen kein Vorsatz vorliegen. Hinsichtlich der Gefährdung genügt vielmehr Fahrlässigkeit.

dd) Konkurrenzen

Soweit der Wirtschaftsakteur durch diese Tathandlungen und einen Verletzungserfolg im Rahmen der §§ 222, 229 StGB herbeigeführt hat, besteht zwischen § 9 BauPG und §§ 222, 227 StGB Tateinheit. § 9 BauPG tritt dann im Wege der Subsidiarität zurück. Die konkurrenzrechtliche Subsidiarität ist immer dann gegeben, wenn ein Straftatbestand nur hilfsweise für den Fall eintreten soll, dass ein anderer Tatbestand nicht eingreift.[1111] § 9 BauPG als Norm des Nebenstrafrechts kommt im Verhältnis zu den Tatbeständen des StGB Auffangfunktion zu.

3. Ordnungswidrigkeiten nach § 8 BauPG

Sind keine Straftaten verwirklicht, kommt regelmäßig die Verwirklichung eines Tatbestandes aus dem Ordnungswidrigkeitenrecht in Betracht. Grundlage hierfür ist § 8 BauPG. Die Bauordnungen enthalten keine Möglichkeiten gegen die Wirtschaftsakteure vorzugehen, die gegen die EU-BauPV verstoßen. Gegen einen

---

1110   Z.B. zur GewO: MüKo/*Weyand*, StGB, § 148 GewO, Rn. 6.
1111   MüKo/*Heintschel-Heinegg*, StGB, Vor § 52, Rn. 42.

Bauproduktenhersteller enthalten sie nur die Grundlagen für Verstöße gegen die nationale Kennzeichnungspflicht mit dem Ü-Zeichen. Die übrigen Grundlagen in der MBO ermöglichen ausschließlich ein Vorgehen gegen die am Bau Beteiligten. § 84 Abs. 1 Satz 1 Nr. 11 MBO qualifiziert Verstöße des Bauherrn und des Bauunternehmers gegen § 55 Abs. 1 Satz 3 MBO, § 53 Abs. 1 Satz 4 MBO als Ordnungswidrigkeit. Diese Vorschriften verpflichten den Bauherrn und den Bauunternehmer, jederzeit die Abschrift der Leistungserklärung zu den verwendeten Bauprodukten bereitzuhalten.

Die Tatbestände in § 8 BauPG gehen auf Art. 30 Abs. 6 Verordnung (EG) Nr. 765/2008 zurück, auf den Erwägungsgrund 46 EU-BauPV verweist.[1112] Aufgrund der Gleichbehandlung der Wirtschaftsakteure in den verschiedenen Produktionssektoren, sind die §§ 8 und 9 BauPG eng an die Regelungstechnik und den Sanktionsrahmen des Produktsicherheitsgesetzes angelehnt.[1113]

§ 8 BauPG präzisiert die Pflichtverletzungen, welche den Wirtschaftsakteuren ein Bußgeld einbringen kann. § 8 BauPG bildet spiegelbildlich die Pflichten der Wirtschaftsakteure nach der EU-BauPV ab. Die Auslegung des § 8 BauPG ist deshalb eng mit der Auslegung der Verordnung als solche verknüpft. Erforderlich ist entweder eine vorsätzliche oder eine fahrlässige Handlung. Zur Ausfüllung dieser Begriffe sind die allgemeinen strafrechtlichen Grundsätze zur Abgrenzung zwischen Vorsatz und Fahrlässigkeit heranzuziehen.

§ 8 Abs. 3 BauPG weist zwei verschiedene Bußgeldhöhen aus. Ein Bußgeld von bis zu 50.000 Euro ist für schwerere Pflichtverstöße vorgesehen. Dieses höhere Bußgeld sanktioniert für Verstöße gegen § 8 Abs. 1 BauPG, wenn ein Wirtschaftsakteur gegen eine Rechtsverordnung verstößt und diese auf § 8 BauPG verweist. Außerdem ist das höhere Bußgeld für Verstöße gegen § 8 Abs. 2 Nr. 2, 5, 8, 9, 12, 13, 14, 15, 16 und 18 BauPG vorgesehen. Das niedrigere Bußgeld von bis zu 10.000 Euro droht für nicht so gravierende Verstöße gegen die EU-BauPV. Es ist für Verstöße gegen § 8 Abs. 2 Nr. 1, 3, 4, 6, 7, 10, 11 und 17 BauPG vorgesehen. Voraussetzung ist jeweils, dass der Wirtschaftsakteur die Tathandlung vorsätzlich oder fahrlässig begangen hat.

a) Bußgeld bis zu 50.000 Euro

aa) Keine oder falsche Erstellung der Leistungserklärung und CE-Kennzeichnung

§ 8 Abs. 2 Nr. 2 BauPG bezieht sich auf die Pflicht des Herstellers eine Leistungserklärung zu erstellen und auf die Pflicht das CE-Kennzeichen anzubringen.

Der Hersteller muss eine formell und materiell richtige Leistungserklärung rechtzeitig erstellen.[1114]

1112 BT-Drucksache 17/13010, S. 14.
1113 BT-Drucksache 17/13010, S. 14.
1114 Siehe § 3, B., I., 1.

Das Gleiche gilt bezüglich des CE-Kennzeichens. Dieses muss ebenso inhaltlich wie formell mit der Verordnung konform angebracht sein. Auch der Zeitpunkt, in dem die Pflicht der Anbringung erfolgen soll, ist derselbe wie für die Erstellung der Leistungserklärung.

Ob Vorsatz oder Fahrlässigkeit des Herstellers vorliegt, ist nach den Umständen des Einzelfalls zu beurteilen. In der Regel wird aber mindestens Fahrlässigkeit gegeben sein, wenn eine der genannten Pflichten verletzt wurde, da man davon ausgehen muss, dass den Bauproduktenherstellern ihre Pflichten hinsichtlich der Erstellung der Leistungserklärung und der CE-Kennzeichnung bekannt sind. Soweit sie inhaltlich fehlerhaft ist, weil sich der Hersteller auf Untersuchungsergebnisse einer notifizierten Stelle verlassen hat und selbst weder die Möglichkeit noch die Pflicht hatte, dieses Ergebnis zu hinterfragen oder nachzuprüfen, bedarf es einer gesonderten Prüfung, inwieweit dem Hersteller ein Fahrlässigkeitsvorwurf gemacht werden kann.

bb) Unregelmäßige Überprüfung der Leistungsbeständigkeit

Der Hersteller muss die Leistungsbeständigkeit der in Serie gefertigten Bauprodukte überprüfen.[1115] Nimmt er diese regelmäßigen Untersuchungen nicht vor, droht ihm ein Bußgeld.

cc) Keine Beifügung der Gebrauchsanleitung und Sicherheitsinformation

§ 8 Abs. 2 Nr. 8 BauPG bezieht sich auf die Pflicht des Importeurs und des Herstellers die Gebrauchsanleitung und Sicherheitsinformation in deutscher Sprache beizufügen.

Das BauPG stimmt wörtlich an dieser Stelle hinsichtlich der Sprache nicht mit der EU-BauPV überein. Das BauPG fordert Deutsch als Sprache für die Gebrauchsanleitung und Sicherheitsinformation, während Art. 11 Abs. 6 EU-BauPV und Art. 13 Abs. 4 EU-BauPV eine Sprache fordern, die der Mitgliedstaat festgelegt hat und die von den Benutzern leicht verstanden werden kann. Einen Verstoß gegen die EU-BauPV stellt § 8 Abs. 2 Nr. 8 BauPG aber nicht dar, da das BauPG inhaltlich mit der Vorgabe der EU-BauPV übereinstimmt. Anders als bei der Erstellung der Gebrauchsanleitung und Sicherheitsinformation für den Export in andere Mitgliedstaaten ist die Bestimmung der maßgeblichen Sprache im nationalen Recht möglich. Das BauPG legt die Sprache nämlich nur für solche Bauprodukte fest, die auf dem deutschen Markt in den Verkehr gebracht werden. Die deutsche Sprache kann von den Benutzern im nationalen Markt in der Regel leicht verstanden werden.

§ 8 Abs. 2 Nr. 8 BauPG bezieht sich nicht auf die inhaltliche Gestaltung der Gebrauchsanleitung und Sicherheitsinformation. Die Vorschrift enthält lediglich Vorgaben zur sprachlichen Gestaltung. Dies ergibt sich aus der Systematik, da § 8 Abs. 2 Nr. 8 BauPG sich auf § 6 Abs. 1 BauPG bezieht. Dort ist lediglich eine Festlegung der

---

1115 Siehe § 3, B., I., 3.

Sprache getroffen, die aber keinerlei Konkretisierung zur inhaltlichen Gestaltung der Gebrauchsanleitung- und Sicherheitsinformation enthält.

dd) Unterlassen gebotener Korrekturmaßnahmen

§ 8 Abs. 2 Nr. 9 BauPG nimmt Bezug auf erforderliche Korrekturmaßnahmen.[1116] Erfasst sind jeweils die Korrekturmaßnahmen des Herstellers, des Händlers und des Importeurs nach dem Inverkehrbringen des Bauproduktes. Auch wenn der Händler selbst keine Korrekturmaßnahmen vornehmen muss, muss er sie veranlassen.

ee) Unterlassen der Herstellerprüfung durch Importeur und Händler

§ 8 Abs. 2 Nr. 12, 13 BauPG beziehen sich auf die Überprüfungspflicht des Händlers und des Importeurs nach Art. 14 Abs. 2 UA. 1 EU-BauPV und Art. 13 Abs. 2 UA. 1 EU-BauPV.

Der Importeur muss dieser Pflicht nachkommen, bevor er ein Bauprodukt auf dem Markt der Union bereitstellt. Das Gleiche gilt für den Händler. Der Umfang der erforderlichen Prüfung unterscheidet sich für den Händler und den Importeur. Der Umfang ergibt sich jeweils aus Art. 14 Abs. 2 EU-BauPV und Art. 13 Abs. 2 EU-BauPV. Grundsätzlich hat die Marktüberwachungsbehörde gar keine Möglichkeit zu überprüfen, ob der Händler und der Importeur die Überprüfung vorgenommen haben. Ein Indiz dafür ist lediglich, dass nach dem Inverkehrbringen festgestellt wird, dass die Angaben, die hätten überprüft werden müssen, entweder unvollständig, falsch oder nicht vorhanden sind.

§ 8 Abs. 2 Nr. 13 BauPG nimmt Bezug auf die Pflicht des Importeurs, sicherzustellen, dass das Bauprodukt entsprechend der Pflicht des Art. 8 Abs. 1 EU-BauPV mit dem CE-Kennzeichen versehen ist. Der Importeur muss prüfen, ob dem Produkt die erforderlichen Unterlagen beigefügt sind (Sicherheitsinformationen, Gebrauchsanleitung, Abschrift einer Leistungserklärung) und dass der Hersteller sich gemäß Art. 11 Abs. 4, 5 EU-BauPV nach den dortigen Vorschriften identifizieren lässt.

ff) Verstoß gegen das Bereitstellungsverbot

§ 8 Abs. 2 Nr. 14 BauPG sanktioniert den Verstoß gegen das Bereitstellungsverbot. Der Importeur und der Händler dürfen das Bauprodukt bei Zweifeln oder der Überzeugung von der Nichtkonformität mit der EU-BauPV oder der erklärten Leistung nicht auf dem Markt bereitzustellen.[1117]

gg) Verstoß gegen die Informationspflicht

§ 8 Abs. 2 Nr. 15 BauPG bezieht sich auf die Unterrichtungspflicht des Importeurs und des Händlers, die jeweils übrigen Wirtschaftsakteure der Handelskette sowie

---

1116 Siehe § 3, B., I., 9.; § 3, B., II., 2., g); § 3, B., III., 3.
1117 Siehe § 3, B., II., 2.; § 3, B., III., 2.

die Marktüberwachungsbehörde über die Nichtkonformität zu informieren. Die Unterrichtungspflicht tritt ein, wenn mit dem Bauprodukt Gefahren verbunden sind. Bei dieser Unterrichtungspflicht geht es um die Unterrichtung vor dem Inverkehrbringen eines nicht konformen Bauproduktes. Um den Tatbestand zu verwirklichen, ist es bereits ausreichend, wenn die Unterrichtung nicht unverzüglich vorgenommen wurde.

hh) Falsche Lagerung oder Transport

§ 8 Abs. 2 Nr. 16 BauPG sanktioniert die falsche Lagerung und den falschen Transport durch den Importeur oder den Händler. Die Wirtschaftsakteure müssen sicherstellen, dass sich die Leistung des Bauproduktes durch die Lagerung oder den Transport nicht verändert. Wenn sich die Leistung verändert, sind die Angaben in der Leistungserklärung nicht mehr konform mit der tatsächlichen Leistung des Bauproduktes.

ii) Nichtbeachtung der Aufforderung nach Art. 56 Abs. 1 UA. 2 EU-BauPV

Die Nichtbeachtung von Aufforderungen der Marktüberwachungsbehörden nach Art. 56 Abs. 1 UA. 2 EU-BauPV ist bußgeldbewährt. Die Wirtschaftsakteure müssen den Aufforderungen der Marktüberwachung nachkommen. Voraussetzung ist, dass die Anordnung der Marktüberwachungsbehörde jeweils vollziehbar ist.

b) Bußgeld bis zu 10.000 Euro

aa) Fehlerhafte Abschrift der Leistungserklärung

§ 8 Abs. 2 Nr. 1 BauPG setzt voraus, dass ein Wirtschaftsakteur die Abschrift der Leistungserklärung nicht, nicht richtig oder nicht in der vorgeschriebenen Weise zur Verfügung stellt.[1118] Dabei ist von Bedeutung, dass die Pflicht zur Bereitstellung der Leistungserklärung nicht nur den Hersteller als originären Aussteller der Leistungserklärung treffen kann, sondern jeden der Wirtschaftsakteure, soweit er ein Bauprodukt auf dem Markt bereitstellt.

(1) Keine Bereitstellung der Abschrift

Der Verstoß gegen Art. 7 EU-BauPV kann auch bestehen, dass der Wirtschaftsakteur gar keine Abschrift der Leistungserklärung bereitstellt.[1119] Der betroffene Wirtschaftsakteur kann sich nicht darauf berufen, dass sein Vertragspartner selbst keine Leistungserklärung zur Verfügung gestellt hat und ihm die Bereitstellung der Abschrift deshalb unmöglich gewesen sei. Erkennt der Wirtschaftsakteur, dass es

---

1118 Siehe § 3, B., I., 6.; § 3, B., II., 2., c); § 3, B., III., 6.
1119 Siehe § 3, B., I., 6.; § 3, B., II., 2., c); § 3, B., III., 6.

ihm die Bereitstellung der Abschrift nicht möglich ist, darf er das Produkt selbst nicht auf dem Markt bereitstellen.[1120]

(2) Fahrlässigkeit bei inhaltlich fehlerhafter Abschrift

Das Gleiche gilt, wenn die Leistungserklärung fehlerhaft ist. Erkennt der nachfolgende Wirtschaftsakteur in der Handelskette, dass die Abschrift der Leistungserklärung, die er erhalten hat, fehlerhaft ist, darf er das Bauprodukt gemäß Art. 14 Abs. 2 UA. 2 EU-BauPV nicht auf dem Markt bereitstellen.

Stellt er das Bauprodukt mit einer inhaltlich falschen Leistungserklärung auf dem Markt bereit, kommt es nach der Bußgeldvorschrift darauf an, ob der jeweilige Wirtschaftsakteur den Fehler fahrlässig verkannt hat. Hier wird in der Regel zwischen dem Pflichtenkatalog des jeweiligen Wirtschaftsakteurs nach der EU-BauPV und zwischen der Art des Fehlers zu differenzieren sein. An den Hersteller kann ein strengerer Sorgfaltsmaßstab zu stellen sein, da dieser die Möglichkeit hat, auf die technische Dokumentation sowie auf die sonstigen Untersuchungsergebnisse zurückzugreifen. An den Händler muss im Verhältnis ein geringerer Sorgfaltsmaßstab angelegt werden, da dieser grundsätzlich nicht dazu verpflichtet ist, die inhaltliche Richtigkeit einer Leistungserklärung zu überprüfen.[1121] Fahrlässigkeit des Händlers ist jedoch regelmäßig zu bejahen, wenn die Abschrift der Leistungserklärung oder die Leistungserklärung formell fehlerhaft ist. Bei inhaltlichen Fehlern kommt es darauf an, ob der Fehler so offensichtlich war, dass der Händler ihn auch ohne eine technische Untersuchung erkennen konnte. Strengere Maßstäbe müssen entsprechend seiner Pflichten hingegen wieder beim Importeur angelegt werden. Dieser ist nach der EU-BauPV stichprobenartig zur inhaltlichen Überprüfung der Leistungserklärung verpflichtet.

bb) Keine Erstellung der Technischen Dokumentation

Auch § 8 Abs. 2 Nr. 3 BauPG nimmt Bezug auf die Pflicht des Herstellers, eine Technische Dokumentation zu erstellen. Diese Pflicht kann auch dem Bevollmächtigten übertragen werden (Art. 12 Abs. 1 UA. 2 EU-BauPV). Maßgeblich verpflichtet bleibt dennoch der Hersteller.

Neben der Pflicht zur Erstellung einer technischen Dokumentation, muss der Hersteller die Dokumentation auch vollständig erstellen. Wann eine unvollständige Dokumentation vorliegt, ist vor dem Hintergrund, dass es keine detaillierten Vorschriften gibt, schwierig zu bestimmen.[1122] Mindestens sollten aber die in der einschlägigen Norm durchzuführenden Untersuchungen und die Beteiligung der notifizierten Stelle aufgeführt sein. Aber gerade in dem Fall, in dem die Behörde der Ansicht ist, dass die Technische Dokumentation unvollständig ist, bedarf es

---

1120 Siehe § 3, B., II., 2.; § 3, B., III., 2.
1121 Siehe § 3, B., II., 2., a).
1122 Siehe §, B., I., 4.

der genauen Abgrenzung, ob der Hersteller bereits die Grenze der Fahrlässigkeit überschritten hat. Gerade vor dem Hintergrund der fragmentarischen Regelung wird man dem Hersteller dann, wenn nur unwesentliche Informationen fehlen, keinen Vorwurf machen können. Wie auch in den anderen Fällen, bleibt dies aber eine Frage des Einzelfalls.

cc) Unterschreitung der zehnjährigen Aufbewahrungspflicht

§ 8 Abs. 2 Nr. 4 BauPG bezieht sich auf die zehnjährige Aufbewahrungspflicht der technischen Unterlagen durch den Hersteller. Der Hersteller muss die technischen Unterlagen für diese Zeit aufbewahren. Auch der Importeur ist nach Art. 13 Abs. 8 EU-BauPV dazu verpflichtet, eine Abschrift der Leistungserklärung zehn Jahre aufzubewahren und die technische Dokumentation für die Behörden bereitzuhalten. Die Aufbewahrungspflicht beginnt in zeitlicher Hinsicht mit dem Zeitpunkt des Inverkehrbringens des Bauproduktes. Dazu muss in irgendeiner Weise niedergelegt sein, wann ein Bauprodukt in den Verkehr gebracht worden ist, um das Ende der Aufbewahrungspflicht zu berechnen. Soweit diese Aufgabe einem Bevollmächtigten übertragen wurde, kommt auch dieser als Täter in Betracht, da § 8 Abs. 2 Nr. 4 BauPG ausdrücklich Bezug auf Art. 12 EU-BauPV nimmt. Art. 12 EU-BauPV regelt die Aufgaben des Bevollmächtigten.

dd) Keine Kennzeichnung zur Identifizierung des Produktes

Auch § 8 Abs. 2 Nr. 6, 7 BauPV betrifft den Hersteller und seine Pflicht zur Kennzeichnung der Bauprodukte mit einer Typen-, Serien- und Chargennummer. Hat er die Bauprodukte nicht mit den entsprechenden Angaben, wie sie in Art. 11 Abs.4 EU-BauPV vorgeschrieben sind, versehen, kann er mit einem Bußgeld belegt werden. Das gleiche gilt, wenn der Hersteller oder der Importeur gemäß Art. 11 Abs. 5 EU-BauPV, bzw. Art. 13 Abs. 3 EU-BauPV Angaben, die dort gefordert werden, nicht, unvollständig oder falsch macht. Der Hersteller muss seinen Namen, seinen eingetragenen Handelsnamen oder seine eingetragene Marke sowie seine Kontaktanschrift angeben. Für die Kontaktaufnahme muss eine zentrale Stelle angegeben sein, über die der Hersteller erreicht werden kann. Die Unrichtigkeit dieser Angaben kann einerseits in der Art und Weise der Anbringung der Angaben liegen, etwa wenn die Angaben nicht auf dem Bauprodukt angebracht worden sind, sondern unberechtigterweise auf den beigefügten Unterlagen.

ee) Unterlassen der gebotenen Unterrichtung

Zu § 8 Abs. 2 Nr. 10 BauPG gilt das Gleiche wie zu § 8 Abs. 2 Nr. 9 BauPG. Die Unterrichtungspflicht ist jeweils an dieselben Voraussetzungen geknüpft, wie die Pflicht zur Ergreifung oder Veranlassung von Korrekturmaßnahmen. Die Unterrichtungspflicht umfasst die Informierung der Marktüberwachungsbehörde über Aspekte, die zur Nichtkonformität des Bauproduktes führen. Auch wenn der Verdacht besteht, dass die Leistung eines Bauproduktes entweder nicht mit den Angaben in der

Leistungserklärung übereinstimmt oder nicht den Anforderungen der EU-BauPV genügt, greift die Pflicht zur Information ein.

Wenn sich der Verdacht nicht erhärtet, schadet dies dem Wirtschaftsakteure nicht. In der Mitteilung eines falschen Verdachts liegt in der Regel keine falsche Unterrichtung. Die Angabe ist aus Sicht des Wirtschaftsakteurs regelmäßig nicht falsch. Dies gilt gerade vor dem Hintergrund, dass die Pflicht schon damit entsteht, dass ein begründeter Verdacht besteht. Kommt ein Wirtschaftsakteur der rechtlichen Pflicht nach, kann er dafür nicht bestraft werden, da die Pflicht gerade an den *Verdacht* anknüpft und nicht an den Zeitpunkt, in dem sich der Verdacht als wahr erwiesen hat.

Auch in zeitlicher Hinsicht gilt, dass der Unterrichtungspflicht unverzüglich nachgekommen werden muss. Eine Unterrichtung ist deshalb nicht mehr rechtzeitig, wenn sie zwar vorgenommen wird, aber nicht mehr unverzüglich geschehen ist.

ff) Zurückhaltung der erforderlichen Unterlagen

§ 8 Abs. 2 Nr. 11 BauPG bezieht sich darauf, dass die einzelnen Wirtschaftsakteure bei begründetem Verlagen den Behörden alle erforderlichen Unterlagen auszuhändigen haben.

Diese Pflicht trifft zunächst gemäß Art. 11 Abs. 8 EU-BauPV den Hersteller. Die Pflicht richtet sich aber gemäß Art. 13 Abs. 9 EU-BauPV auch gegen den Importeur sowie gemäß Art. 14 Abs. 5 EU-BauPV den Händler. Dort ist jeweils festgelegt, dass der Wirtschaftsakteur der nationalen Behörde die Unterlagen in der Sprache auszuhändigen haben, die von der Behörde leicht verstanden werden kann. § 6 Satz 2 BauPG legt die deutsche Sprache fest. Diese Pflicht bedeutet für die Wirtschaftsakteure auch, dass sie Unterlagen übersetzen lassen müssen, wenn sie ihnen selbst nur in anderen Sprachen zu Verfügung gestellt wurden.

gg) Auskunftsverweigerung bezüglich der Handelskette

Nach § 8 Abs. 2 Nr. 17 BauPG ist die Nichtnennung der Vertragspartner entgegen Art. 16 EU-BauPV bußgeldbewehrt. Alle Wirtschaftsakteure sind gemäß Art. 16 EU-BauPV dazu verpflichtet, innerhalb von zehn Jahren nach dem Inverkehrbringen der Bauprodukte gegenüber den Marktüberwachungsbehörden Auskunft darüber zu geben, von wem sie die Produkte gekauft haben und wen sie die Produkte abgegeben haben. Die Wirtschaftsakteure sind deshalb verpflichtet, auch hinsichtlich ihrer Vertragsverhältnisse eine Dokumentation anzufertigen.

§ 5 Regelungsdefizite und besondere Haftungsrisiken im nationalen Recht

A. Sicherheitsdefizite in den Bauordnungen

Die MBO weist ein Sicherheitsdefizit auf, soweit die §§ 79, 80 MBO bzw. die MVV-TB partiell gegen Art. 8 Abs. 4 EU-BauPV verstoßen. Dies ist der Fall, soweit die §§ 79, 80 MBO gemeinsam mit unmittelbar produktbezogenen Hinweisen in einer MVV-TB faktisch Nachweise für Eigenschaften eines harmonisierten Bauproduktes fordern, die nicht schon aufgrund der harmonisierten Norm in der Leistungserklärung ausgewiesen werden müssen. Zwar dürfen Regelungen zur Bauwerkssicherheit mitgliedstaatlich aufgestellt werden. Wenn eine erforderliche Information aber nicht in der Leistungserklärung enthalten ist, dürfen entsprechende Nachweise für die fehlende Leistungsinformation nicht gefordert werden, weil die harmonisierten Normen abschließend sind. Nichtsdestotrotz kann die Bauwerkssicherheit auf Grundlage der §§ 79, 80 MBO durchgesetzt werden. Dieses Defizit muss bei einer Neuregelung ausgeglichen werden. Dieses Erfordernis resultiert u.a. aus der grundrechtlichen Schutzpflicht des Staates gegenüber den Bürgern.[1123]

I. Enger Gestaltungsspielraum auf nationaler Ebene

Eine nationale Regelung, die allen Interessen gerecht wird, ist innerhalb des engen Gestaltungsspielraums, den Art. 8 Abs. 4 EU-BauPV eröffnet, nur begrenzt möglich.

Um den Maßnahmen nach §§ 79, 80 MBO den Behinderungscharakter zu nehmen, besteht die Möglichkeit, jedwede staatlichen Hinweise zur möglichen Ausfüllung der Normlücken zu unterlassen. Der Regelung würde dadurch der produktunmittelbare Bezug genommen und allein produktmittelbar wirken. Anders als in Verbindung mit den Hinweisen in der MVV-TB, wird von staatlicher Seite kein präventiver Bezug zu unzureichenden Leistungsbeschreibungen harmonisierter Bauprodukte hergestellt.

Dann wäre es jedoch die alleinige Aufgabe des Bauherrn bzw. des planenden Architekten oder des Fachingenieurs die fehlenden Eigenschaften zu ermitteln und die entsprechenden Nachweise zu führen.[1124] Damit wären aufgrund der entstehenden Rechtsunsicherheit hohe Haftungsrisiken für die Planer verbunden. Der Architekt oder Fachingenieur müsste die Verwendbarkeit eines Bauproduktes ohne die Hilfestellung technischer Hinweise allein den abstrakten Regelungen der Bauordnung entnehmen.

1123 Klein, Grundrechtliche Schutzpflicht des Staates, in: NJW 1989, 1633 (1635).
1124 Halstenberg, Die aktuellen Entwicklungen im Bauproduktenrecht und die zivilrechtlichen Konsequenzen, in: BauR 2017, 356 (374).

II. Reform des europäischen Bauproduktenrechts als langfristige Lösung

Eine Lösung des Problems kann auf der Ebene des europäischen Bauprodukten-rechts besser gelingen. Die Möglichkeiten, welche die EU-BauPV bereits jetzt ent-hält, sind jedoch unzureichend. Auch hier wäre langfristig eine Reform erforderlich, die insbesondere am Normungs- bzw. Schutzklauselverfahren ansetzen könnte. Die Regelungsspielräume sind jedoch weiter, als auf der nationalen Ebene.

1. Gegenwärtig unzureichende Lösungsmöglichkeiten in der EU-BauPV

Die Verfahren, die sich bereits zum jetzigen Zeitpunkt in der Verordnung befinden, lösen das Problem nicht hinreichend. Zwar sieht die EU-BauPV in Ausnahmefällen ein Einschreiten der Mitgliedstaaten vor. Die Verfahren sind aber nicht auf das Problem grundsätzlich bestehender Lücken zugeschnitten.

Art. 57 Abs. 3 EU-BauPV regelt das sog. Schutzklauselverfahren[1125]. Es greift in Fällen ein, in denen eine harmonisierte Norm mangelhaft ist.[1126] Art. 57 Abs. 3 EU-BauPV setzt auf Tatbestandsseite die Durchführung einer Evaluierung voraus. Die Durchführung einer Evaluierung gemäß Art. 56 Abs. 1 UA. 1 EU-BauPV er-fordert aber, dass ein konkretes Bauprodukt verdächtig ist, die Anforderungen der EU-BauPV nicht zu erfüllen. Wenn das Bauprodukt mit der harmonisierten Norm konform ist, entspricht es jedoch den Anforderungen der EU-BauPV, sodass die Voraussetzungen einer Evaluierung und des Verfahrens nach Art. 57 EU-BauPV nicht vorliegen. Würde die Marktüberwachungsbehörde ohne diesen Verdacht eine Evaluierung durchführen, verstieße sie gegen den Grundsatz des Gesetzes-vorbehalts[1127].

Art. 58 Abs. 1 EU-BauPV erlaubt nationale Maßnahmen, die im Gefahrenfall an-gewendet werden dürfen.[1128] Die Vorschrift eignet sich aber nicht, um auf abstrakter Ebene gegen unvollständige Normen vorzugehen. Zwar genügt auf Tatbestands-seite, dass von einem Bauprodukt eine Gefahr ausgeht, um nationale Maßnahmen zu ergreifen. Auf Rechtsfolgenseite sind aber nur konkrete Maßnahmen gegen be-troffene Wirtschaftsakteure möglich.

2. Möglicher Ansatz: Kernharmonisierung mit ergänzendem Antragsverfahren

Ein möglicher Ansatzpunkt ist das Normungsverfahren. Durch eine Modifizierung des Normungsverfahrens könnten sowohl die europäischen Interessen, als auch die nationalen Interessen Berücksichtigung finden.

1125 Winkelmüller/van Schewick/Müller, Praxishandbuch Bauprodukte, Rn. 250.
1126 Winkelmüller/van Schewick/Müller, Praxishandbuch Bauprodukte, Rn. 252.
1127 Speziell zum ProdSG: Klindt/*Schucht*, ProdSG, § 26, Rn. 32.
1128 Winkelmüller/van Schewick/Müller, Praxishandbuch Bauprodukte, Rn. 247.

Im Rahmen einer Änderung des Normungsverfahrens könnte der Kompromisscharakter der harmonisierten Norm hinter der Möglichkeit einer nationalen Nachregulierung zurücktreten. Die nationale Nachregulierung könnte durch die Möglichkeit der Mitgliedstaaten geschaffen werden, zusätzliche wesentliche Merkmale in die harmonisierten Normen aufnehmen zu lassen.

Das derzeitige Verfahren unterscheidet sich hiervon erheblich. Bisher erteilt die Kommission einen Normungsauftrag (Mandat) an die europäischen Normungsorganisationen (Art. 17 Abs. 1 EU-BauPV). Auf Grundlage dieses Mandats erstellt die europäische Normungsorganisation die harmonisierte Norm.[1129] Zwar sollen dabei die Grundanforderungen an Bauwerke berücksichtigt werden. Letztendlich handelt es sich bei der Norm aber um einen Kompromiss, der nicht allen bauordnungsrechtlichen Anforderungen der Mitgliedstaaten gleichzeitig gerecht werden kann.

Die Änderung der Verfahren würde es den Mitgliedstaaten ermöglichen, zusätzliche wesentliche Merkmale direkt in die harmonisierte Norm aufnehmen zu lassen. Die „Kompromissnorm", wie sie schon nach dem derzeitigen Verfahren besteht, soll dabei weiterhin den Regelfall darstellen. Diese harmonisierte Norm bleibt die „Kernnorm". Die mitgliedstaatlichen Zusätze müssen auch nach einer Änderung des Verfahrens die Ausnahme bleiben. Die zusätzlichen Anforderungen sollten aus Informationsgründen in den Anhang der harmonisierten Norm aufgenommen werden. So wird es jedem Wirtschaftsakteur ermöglicht, sich eine Übersicht über alle zusätzlich erforderlichen Maßnahmen zu verschaffen.

a) Verfahren in Anlehnung an Art. 114 Abs. 6 AEUV

Um den Ausnahmecharakter der zusätzlichen mitgliedstaatlichen Anforderungen zu gewährleisten, bedarf es eines Filters. Dieser Filter kann durch ein Antragsverfahren sichergestellt werden, das in Anlehnung an Art. 114 Abs. 6 AEUV ausgestaltet wird. Art. 114 Abs. 6 AEUV ermöglicht es den Mitgliedstaaten grundsätzlich nationale Regelungen zu erlassen, wenn eine europäische Harmonisierungsmaßnahme ihnen eine Regelung verwehrt.[1130]

Art. 114 Abs. 6 AEUV ist auf das Harmonisierungsverfahren nicht direkt anwendbar, da es sich bei den harmonisierten Normen selbst nicht um Harmonisierungsrechtsakte handelt. Das Verfahren nach Art. 114 Abs. 6 AEUV soll den Mitgliedstaaten gerade für den Fall, dass ein Rückgriff auf die Rechtfertigungsgründe des Art. 36 AEUV ausgeschlossen ist, ausnahmsweise nationale Regelungen ermöglichen.[1131] Der EuGH hat für die BauPR ausdrücklich entschieden, dass ein Rückgriff auf die Rechtfertigungsgründe des Art. 36 AEUV aufgrund der abschließenden Wirkung der Richtlinie ausscheidet.[1132] Dies gilt ebenso für die EU-BauPV.[1133]

1129 Grabitz/Hilf/*Tietje*, Das Recht der EU, 40. Auflage, E 29, Rn. 19.
1130 Streinz/*Leible/Schröder*, EUV/AEUV, Art. 114 AEUV, Rn. 82.
1131 Streinz/*Leible/Schröder*, EUV/AEUV, Art. 114 AEUV, Rn. 82.
1132 EuGH, Urt. v. 16.10.2014 – C-100/13, Rn. 63.
1133 Siehe § 3, C., I., 2., a), dd), (d).

Die Anwendung des Verfahrens nach Art. 114 AEUV wäre in diesem Fall also ebenso interessengerecht, weil die harmonisierten Normen auf Grundlage der EU-BauPV abschließend sind. Daneben besteht auf nationaler Ebene ein Bedürfnis für zusätzliche Sicherheitsregelungen.

Das Antragsverfahren muss aufgrund der Zielsetzung der EU-BauPV und dem damit verbundenen Ausnahmecharakter strengen Voraussetzungen unterstellt werden. Die Wahrung dieser Voraussetzungen können nur durch ein förmliches Antragsverfahren gewährleistet werden, dessen Entscheidungskompetenz bei der Kommission liegt. Das Verfahren nach Art. 114 Abs. 6 AEUV legt sowohl ein Verfahren fest, wie auch materielle Voraussetzungen, die der Entscheidung zu Grunde gelegt werden müssen. Dieses Verfahren kann deshalb als Grundlage für ein mögliches Ausnahmeverfahren für die EU-BauPV gelten.

b) Genehmigung zusätzlicher Anforderungen durch die Kommission

Über den mitgliedstaatlichen Antrag muss die Kommission im Wege eines eng ausgestalteten Verfahrens entscheiden. Dem betroffenen Mitgliedstaat muss in diesem Rahmen eine hinreichende Möglichkeit gegeben werden, die Gründe für die zusätzlichen Anforderungen an Bauprodukte darzulegen.[1134]

Gegen die derzeit schon bestehende Möglichkeit der Mitgliedstaaten, einen Antrag auf Durchführung einer Normenevaluation zu stellen, wird u.a. die lange Dauer dieses Verfahrens vorgebracht.[1135] Zielführend wäre deshalb auch in dem vorgeschlagenen Antragsverfahren eine angemessene Entscheidungsfrist vorzusehen, innerhalb derer die Kommission einen Beschluss gefasst haben muss. Bei der Bemessung der Frist muss berücksichtigt werden, dass die Kommission unter Umständen die europäischen Normungsorganisationen oder andere Institute aufgrund ihrer fachlichen Expertise heranziehen muss.

Darüber hinaus wäre die Entscheidung der Kommission aufgrund des Art. 263 AEUV gerichtlich überprüfbar.[1136] Zur Ermöglichung einer Überprüfung der Beschlusses durch den Gerichtshof, muss die Entscheidung der Kommission mit einer hinreichend detaillierten Begründung versehen sein, die sowohl rechtliche, als auch tatsächliche Entscheidungserwägungen enthält.[1137] Die gerichtliche Kontrolle der Kommissionsentscheidung wäre allerdings aufgrund eines weiten Ermessensspielraums auf die Feststellung evidenter Ermessensfehler beschränkt.[1138]

1134 Zu Art. 114 AEUV: Grabitz/Hilf/Nettesheim/*Tietje*, Das Recht der EU, Art. 114 AEUV, Rn. 202.

1135 Schneider/Thielecke, Freihandel und Grundrechte, in: NVwZ 2015, 34 (36).

1136 EuGH, Urt. v. 31.03.1971 – Rs. 22/70, Rn. 38/42; Calliess/Ruffert/*Cremer*, EUV/ AEUV, Art. 263 AEUV, Rn. 10; Streinz/*Ehricke*, EUV/AEUV, Art. 263 AEUV, Rn. 11.

1137 Calliess/Ruffert/*Calliess*, EUV/AEUV, Art. 296 AEUV, Rn. 11; Grabitz/Hilf/Nettesheim/*Krajewski/Rösslein*, Das Recht der EU, Art. 296 AEUV, Rn. 27; Grabitz/Hilf/ Nettesheim/*Tietje*, Das Recht der EU, Art. 114, Rn. 203.

1138 Ständige Rspr. des EuGHs, siehe z.B. Rs. C-405/07 P, Rn. 55.

c) Art. 36 AEUV als Vorbild für Ausnahmen im Antragsverfahren

Zur Limitierung der Ausnahmen müssen materielle Voraussetzungen für die Aufnahme zusätzlicher nationaler Anforderungen an Bauprodukte festgelegt werden. Da es sich bei der EU-BauPV um eine Harmonisierungsmaßnahme handelt, die im Kern die Warenverkehrsfreiheit gewährleisten soll, liegt es nahe, die Rechtfertigungsmöglichkeiten des Art. 36 AEUV als materielle Voraussetzung einer positiven Antragsbescheidung zu Grunde zu legen.

Auch im Verfahren nach Art. 114 Abs. 4 AEUV wird parallel zu Art. 36 AEUV auf die *„öffentlichen Sittlichkeit, Ordnung und Sicherheit, zum Schutze der Gesundheit und des Lebens von Menschen, Tieren oder Pflanzen, des nationalen Kulturguts von künstlerischem, geschichtlichem oder archäologischem Wert oder des gewerblichen und kommerziellen Eigentums gerechtfertigt sind"* (Art. 36 S. 1 AEUV).[1139] Das Verfahren gemäß Art. 114 Abs. 4 AEUV sieht jedoch nur die Beibehaltung bereits bestehender mitgliedstaatlicher Regelungen – nicht jedoch neu einzuführender Vorschriften – vor.[1140] Bei der Neueinführung nationaler Vorschriften soll das Verfahren nach Art. 114 AEUV hingegen nicht möglich sein. Allerdings steht dahinter die Überlegung, dass das Harmonisierungsziel bei der nachträglichen Einführung der nationalen Regelung gefährdet wird, da die Regelung im europäischen Rechtssetzungsverfahren nicht berücksichtigt werden konnte.[1141]

Auf die hiesige Fallgestaltung kann dieses Argument jedoch nicht übertragen werden. Es geht gerade darum, den Mitgliedstaaten neben der Kompromissentscheidung des Normungsgremiums eine Möglichkeit einzuräumen, das nationale Sicherheitsniveau einzuhalten. Diese Abweichung ist im Bauproduktenrecht schon deshalb gerechtfertigt, weil den Mitgliedstaaten ansonsten faktisch die Kompetenz zur Festlegung der Anforderungen an die Bauwerkssicherheit entzogen wird.

Weitere materielle Voraussetzung eines Antrages der Mitgliedstaaten muss die Einhaltung des Verhältnismäßigkeitsgrundsatzes sein. Nur so kann gewährleistet werden, dass eine Interessenabwägung zwischen den Harmonisierungsbestrebungen der Union und dem Interesse der Mitgliedstaaten an der Wahrung der Bauwerkssicherheit stattfindet. Ebenso wie in dem Verfahren nach Art. 114 Abs. 6 AEUV können nur solche nationalen Anforderungen in die harmonisierte Norm aufgenommen werden, die harmonisierte Anforderungen an Bauprodukte verschärfen, nicht aber absenken.

3. Antragsverfahren als nationaler und europäischer Interessensausgleich

Das Antragsverfahren bietet einen gerechten Interessenausgleich zwischen dem Marktvereinheitlichungsinteresse und dem nationalen Sicherheitsinteresse.

1139 Calliess/Ruffert/*Korte*, EUV/AEUV, Art. 114, Rn. 98 ff.
1140 Streinz/*Leible*/*Schröder*, EUV/AEUV, Art. 114 AEUV, Rn. 83; Calliess/Ruffert/*Korte*, EUV/AEUV, Art. 114, Rn. 102.
1141 Streinz/*Leible*/*Schröder*, EUV/AEUV, Art. 114, Rn. 83.

Zwar würden die zusätzlichen nationalen Anforderungen aus europäischer Sicht einen Rückschritt bedeuten. Dennoch muss das Harmonisierungsbestreben nicht vollständig aufgegeben werden. Im Wege einer „Kernharmonisierung" kann das derzeitige Konzept in seinen Grundzügen beibehalten werden. Die Mitgliedstaaten können über die Regelung der Bauwerkssicherheit faktisch bereits jetzt zusätzliche mittelbare Produktanforderungen an harmonisierte Bauprodukte stellen. Diese zusätzlichen Anforderungen müssen die Wirtschaftsakteure und Verwender jeweils aus den Bauwerksanforderungen herleiten. Dabei sind diejenigen Wirtschaftsakteure und Verwender im Vorteil, um deren Heimatbauordnung es sich handelt. Eine Zusammenführung dieser zusätzlichen Anforderungen in den Anhang der Norm würde es aber allen Wirtschaftsakteuren ermöglichen, die zusätzlichen Anforderungen, die ohnehin gestellt werden, in der harmonisierten Norm einzusehen.

Die zusätzlichen mitgliedstaatlichen Anforderungen unterlägen einer europäischen Kontrolle. Diese Kontrolle kann sowohl in rechtlicher Hinsicht, als auch in technischer Hinsicht ausgeübt werden. In rechtlicher Hinsicht filtert das Antragsverfahren die Zulässigkeit zusätzlicher nationaler Produktanforderungen. In technischer Hinsicht können die für die zusätzlichen Merkmale anzuwendenden Prüfverfahren auf europäischer Ebene festgelegt werden.

B. Verschiebung der Haftungsrisiken

Die Haftungsrisiken für Bauprodukte, die gegen Anforderungen der EU-BauPV verstoßen, sind zwischen den Wirtschaftsakteuren und Verwendern unterschiedlich verteilt. In einigen Konstellationen weichen die Haftungskonsequenzen aufgrund des Einflusses der EU-BauPV von der Haftung in den Standardkonstellationen ab. Die Wirtschaftsakteure können diesen Konsequenzen teilweise entgehen, indem sie ihr Verhalten präventiv anpassen.

I. Umfassende Herstellerhaftung

Der Hersteller von Bauprodukten haftet in allen Rechtsbereichen für Fehler, die aufgrund einer unzureichenden Beachtung der Pflichten der EU-BauPV an Bauprodukten entstehen. Besonders weitreichend sind die Haftungskonsequenzen, die an die Angabe falscher Leistungsangaben geknüpft werden. Anders als die anderen Pflichtverletzungen, können die Konsequenzen über bloße Marktüberwachungsmaßnahmen und die Auslösung der Gewährleistungshaftung hinausgehen. Soweit ein entsprechender Schaden entsteht, ist der Hersteller daneben der Haftung nach den §§ 823 ff. BGB, § 1 ProdHaftG, §§ 229, 222 StGB, §§ 8, 9 BauPG ausgesetzt.

1. Ansatzpunkte: Vertragliche und gesetzliche Haftung

Die Haftungsrisiken des Herstellers lassen sich im Wesentlichen in zwei Bereiche einteilen, die jeweils Ansatzpunkt für eine Minimierung des Haftungsrisikos sein können. Der erste Ansatzpunkt ist die vertragliche Haftung, da diese in den

Grenzen der §§ 305 ff. BGB bzw. § 134 ff. BGB durch Vereinbarungen mit dem Vertragspartner beschränkt werden kann. Da diese Beschränkungen nur soweit gehen können, wie vertragliche Vereinbarungen geschlossen werden, ist dieser Ansatz ein eher schwaches Schwert. Weitreichender wäre der Ausschluss oder zumindest eine Beschränkung der gesetzlichen Haftung. Die gesetzliche Haftung kann jedoch nur durch pflichtgemäßes Verhalten vermieden werden.

a) Modifizierung der vertraglichen Haftung durch Vereinbarung

Die vertragliche Haftung des Herstellers konzentriert sich auf dessen Gewährleistungshaftung. Über den Herstellerregress wird die Haftung ausgeweitet, wenn ein Verbraucher am Ende der Handelskette steht.[1142] Die Einschränkung der Gewährleistungshaftung kann sowohl auf tatbestandlicher, als auch auf Rechtsfolgenebene erfolgen. Sofern dies durch Allgemeine Geschäftsbedingungen geschehen soll, müssen die Grenzen der §§ 305 ff. BGB eingehalten werden. Auch individualvertragliche Vereinbarungen müssen sich an den §§ 134, 138 BGB messen lassen.

aa) Beschränkungen auf Tatbestandsebene

Das Risiko der Gewährleistungshaftung kann durch vertragliche Vereinbarungen bereits auf Tatbestandsebene modifiziert werden. Ein Ansatzpunkt ist dabei der Sachmangelbegriff. Die Beschaffenheit sowie der Verwendungszweck sind vertraglichen Vereinbarungen zugänglich. Die Parteien können dadurch grundsätzlich mitbestimmen, welcher Mangel die Haftung nach § 437 BGB auslösen soll.

(1) Negative Beschaffenheitsvereinbarung

Die Parteien können vereinbaren, dass Verstöße gegen Pflichten der EU-BauPV allein keinen Sachmangel begründen können.

Dabei handelt es sich um eine zulässige sog. negative Beschaffenheitsvereinbarung. Negative Beschaffenheitsvereinbarungen sind zwischen Unternehmern grundsätzlich hinsichtlich ihrer vertraglichen Wirksamkeit nicht zu beanstanden.[1143] Eine solche Vereinbarung verstößt insbesondere auch nicht im Zusammenhang mit der EU-BauPV gegen § 134 BGB. Nach § 134 BGB sind solche Vereinbarungen nichtig,[1144] die gegen ein gesetzliches Verbot verstoßen. Zwar ist die EU-BauPV aufgrund ihrer unmittelbaren nationalen Geltung Gesetz im Sinne des § 2 EGBGB[1145]. Aufgrund ihres Schutzzweckes[1146] fallen die Vorschriften der EU-BauPV aber nicht unter § 134 BGB. Ein Schutzgesetz im Sinne des § 134 BGB liegt nur vor, wenn

1142 Beck-OK/*Faust*, BGB, § 478, Rn. 1.
1143 Ulmer/Brandner/Hensen/*Christensen*, AGB-Recht, Teil 2 Kaufverträge, Rn. 4.
1144 Jauernig/*Mansel*, BGB, § 134, Rn. 14.
1145 MüKo/*Armbrüster*, BGB, § 134, Rn. 37; Jauernig/*Mansel*, BGB, § 134, Rn. 8; Schulze/*Dörner*, BGB, § 134, Rn. 3.
1146 MüKo/*Armbrüster*, BGB, § 134, Rn. 42.

das Gesetz, gegen das verstoßen wurde, darauf abzielt den zivilrechtlichen Erfolg eines Geschäftes zu verhindern.[1147] Diese Wirkrichtung liegt den Regelungen der EU-BauPV aber nicht zu Grunde. Ziel der EU-BauPV ist es lediglich, den freien Warenverkehr in der Union zu gewährleisten; nicht hingegen Einfluss auf die zivilrechtliche Bestimmung der Handelsüblichkeit zu nehmen.[1148]

Eine solche Klausel kann jedoch in Allgemeinen Geschäftsbedingungen nicht vereinbart werden, da sie der AGB-Klauselkontrolle nicht genügen würde.

Maßstab für die Bewertung unternehmerischer AGB-Klauseln ist § 307 BGB.[1149] Gemäß § 310 Abs. 1 BGB finden die Klauselverbote der §§ 308, 309 BGB keine direkte Anwendung im unternehmerischen Geschäftsverkehr.[1150] Sie entfalten jedoch Indizwirkung für einen Verstoß gegen § 307 BGB.[1151] Die Vereinbarung, dass neue Bauprodukte die Anforderungen der EU-BauPV nicht erfüllen, verstößt allerdings gegen § 307 Abs. 1, Abs. 2 Nr. 2 BGB. Hier werden wesentliche Pflichten des Vertrages unangemessen ausgehöhlt. Es ist den Parteien grundsätzlich im Wege ihrer privatautonomen Vertragsgestaltung möglich, die Beschaffenheit der Kaufsache selbst zu bestimmen.[1152] Hier kommt der Ausschluss aber einem vollständigen Haftungsausschluss gleich. Folge einer Verletzung der Pflichten der EU-BauPV durch den Hersteller, ist, dass der jeweilige Käufer, der Wirtschaftsakteur ist, die Bauprodukte selbst nicht auf dem Markt bereitstellen darf. Auch Marktüberwachungsmaßnahmen können gegen den Käufer gerichtet werden. Wäre der Hersteller von sämtlicher Nacherfüllung befreit, indem die Nichterfüllung der Pflichten der EU-BauPV vereinbart wird, hätte der Käufer keine Möglichkeiten Korrekturen zu erreichen. Ihm ist der Handel mit den besagten Produkten vollständig versagt. Dabei handelt es sich um eine wesentliche Abweichung von der gesetzlichen Risikoverteilung, weil ein Mangel jedenfalls nach der Auffangregelung des § 434 Abs. 1 Abs. 1 Satz 2 Nr. 2 BGB gegeben wäre.

(2) Vermeidung von Beschaffenheitsvereinbarungen

Der Hersteller kann den Anwendungsbereich der §§ 434 ff. BGB minimieren, indem er konkludente Beschaffenheitsvereinbarungen[1153] vermeidet. Dies ist in den Fällen sinnvoll, in denen eine Pflichtverletzung der EU-BauPV nicht ohnehin einen Sachmangel nach § 434 Abs. 1 Satz 2 Nr. 2 BGB begründet. Fehlerhafte Leistungsangaben

1147 Jauernig/*Mansel*, BGB, § 134, Rn. 10; MüKo/*Armbrüster*, BGB, § 134, Rn. 42; Schulze/*Dörner*, BGB, § 134, Rn. 4.
1148 Schlussanträge des Generalanwalts Sánchez-Bordona v. 28.01.2016, Rs. C-613/14, Rn. 75.
1149 Beck-OK/*Becker*, BGB, § 310, Rn. 2.
1150 MüKo/*Basedow*, BGB, § 310, Rn. 4.
1151 Beck-OK/*Schmidt*, BGB, § 307, Rn. 86; Beck-OK/*Becker*, BGB, § 310, Rn. 2; MüKo/*Basedow*, BGB, § 310, Rn. 7.
1152 MüKo/*Westermann*, § 434, Rn. 23.
1153 Beck-OK/*Faust*, BGB, § 434, Rn. 12.

führen zwar zu einem Verwendbarkeitsdefizit.[1154] Bis zur Korrektur der Leistungs-erklärung ist die Handelbarkeit ausgeschlossen, sodass sich das Produkt für den Käufer nicht für die im Vertrag vorausgesetzte oder gewöhnliche Verwendung – nämlich den Weiterverkauf – eignet. Das Bauprodukt ist nach der Korrektur aber mangelfrei, wenn nicht die Leistungsangaben als Beschaffenheit vereinbart wurden. Da durch die Korrektur erfolgreich nachgebessert wurde, sind weitere Mängel-rechte, wie z.B. der Rücktritt oder die Minderung ausgeschlossen. Es ist unschädlich, dass die Leistungsangaben nunmehr nicht mehr der ursprünglichen Leistungs-erklärung entsprechen, da die Angaben in der Leistungserklärung in der Regel keine übliche Beschaffenheit darstellen.[1155] Das Bauprodukt wäre nach der Korrektur nur mangelhaft, wenn die Leistungsangaben als Beschaffenheit vereinbart wurden. Die Vereinbarung der Beschaffenheit kann konkludent über den Verweis auf die Leistungserklärung erfolgen.[1156] Außerdem kann durch eine Veröffentlichung der Leistungserklärung auf der Homepage die übliche Beschaffenheit im Sinne des § 434 Abs. 1 Satz 3 BGB auf die Leistungsangaben konkretisiert werden.[1157] Entsprechende – konkludente – Vereinbarungen sollte der Hersteller deshalb vermeiden. Dies kann bei einer Veröffentlichung der Leistungserklärung auf der Homepage etwa durch die Einrichtung eines passwortgeschützten Bereichs erfolgen. Verweise auf bereits bestehende Leistungserklärungen sollten unterlassen werden.

(3) Beschränkung der Haftung für Fehler des Bevollmächtigten

Der Hersteller kann die eigene vertragliche Schadensersatzhaftung minimieren, indem er einen Bevollmächtigten einschaltet. Wird der Hersteller im Rahmen der Gewährleistungshaftung auf Schadensersatz in Anspruch genommen, muss er sich grundsätzlich gemäß § 278 BGB das Verschulden des Bevollmächtigten zurechnen lassen.[1158] Der Hersteller kann mit dem Käufer vereinbaren, nur beschränkt für das Verschulden des Bevollmächtigten haften zu wollen. Individualvertraglich kann die Haftung gemäß § 278 Satz 2 BGB sogar gänzlich ausgeschlossen werden.[1159] Eine solche Regelung ist AGB-rechtlich zulässig.

bb) Beschränkte Freizeichnungsmöglichkeiten auf Rechtsfolgenebene

Wenn ein Sachmangel vorliegt, kann die Haftung auf der Rechtsfolgenseite begrenzt werden. Auch insoweit muss die Grenze des § 307 BGB eingehalten werden. Hier ist insbesondere § 309 Nr. 7, Nr. 8 lit. b BGB zu beachten. Hier gelten die allgemeinen Grundsätze. Durch das Bauproduktenrecht ergeben sich keine Besonderheiten.

1154 Siehe § 4, B., III., 2., a), bb), (1), (b).
1155 Siehe § 4, B., III., 2., a), bb), (1), (b).
1156 Siehe § 4, B., III., 2., a), bb), (1), (a).
1157 Siehe § 4, B., III., 2., a), bb), (1), (b).
1158 Siehe § 4, B., III., 2., a), cc).
1159 Beck-OK/*Lorenz*, BGB, § 278, Rn. 49.

b) Vermeidung der gesetzlichen Haftung über Qualitätskontrolle

Mit der gesetzlichen Haftung ist schwieriger umzugehen, da der Hersteller sie nicht gegenüber potentiellen Haftungsgläubigern ausschließen kann. Selbst in bestehenden vertraglichen Vereinbarungen kann die gesetzliche Haftung nicht vollständig ausgeschlossen werden. § 14 Satz 2 ProdHaftG regelt ausdrücklich, dass eine Freizeichnungsvereinbarung nichtig ist. Die Haftung nach § 823 BGB kann individualvertraglich für fahrlässiges Verhalten ausgeschlossen werden, während vorsätzliches Verhalten der Ausschlusssperre des § 276 Abs. 3 BGB unterliegt.[1160] In Allgemeinen Geschäftsbedingungen ist – auch im unternehmerischen Geschäftsverkehr – der Ausschluss der Haftung für Leben-, Körper- und Gesundheitsschäden in Anlehnung an § 309 Nr. 7 lit. a BGB ausgeschlossen.[1161] Im Übrigen ist ein Haftungsausschluss für einfache Fahrlässigkeit zulässig.[1162]

Für eine möglichst umfangreiche Vermeidung der gesetzlichen Haftung und Verantwortlichkeiten des Straf- und öffentlichen Rechts sind Pflichtverletzungen der EU-BauPV auch im Massengeschäft zu vermeiden.

Jeder Pflichtverstoß gegen die EU-BauPV ist geeignet, die gesetzliche Haftung des Herstellers auszulösen. Dabei werden jedoch an verschiedene Pflichtverstöße unterschiedliche Haftungskonsequenzen geknüpft.

Besonders umfangreich sind die Haftungskonsequenzen, die an fehlerhafte Leistungsangaben geknüpft werden. Die Marktüberwachungsbehörde kann Marktüberwachungsmaßnahmen an den Hersteller richten. Im Falle falscher Leistungsangaben liegt eine der wenigen Fallgestaltungen, die eine Produktrücknahme, -bzw. einen Rückruf rechtfertigen kann. Den Hersteller trifft die zivilrechtliche Haftungspflicht nach den §§ 823 ff. BGB oder § 1 ff. ProdHaftG, wenn es infolge der fehlerhaften Leistungsangaben zu den jeweils geschützten Rechtsgutverletzungen kommt. Für eine Haftung nach § 823 Abs. 2 BGB genügt die Verletzung des Art. 11 Abs. 1, Art. 4 Abs. 1 EU-BauPV, da es sich hierbei schon um ein Schutzgesetz handelt. Es kann außerdem zu strafrechtlichen Konsequenzen nach den §§ 222, 229 StGB sowie nach § 9 BauPG kommen. Daneben ist eine ordnungsrechtliche Haftung mit dem erhöhten Bußgeld von 50.000 Euro nach § 8 BauPG möglich.

Ähnlich liegt der Fall, wenn der Hersteller die der Pflicht zur Erstellung der Gebrauchsanleitung und Sicherheitsinformationen verletzt.

In allen anderen Fällen, erschöpfen sich die Haftungskonsequenzen weitgehend in dem Risiko von Marktüberwachungsmaßnahmen, die jedoch häufig mit der Durchführung entsprechender Korrekturmaßnahmen erledigt sind. Auch hier kann ein Bußgeld nach § 8 BauPG verhängt werden.

Die Haftung kann nicht gänzlich ausgeschlossen werden. Im Rahmen der Marktüberwachung kann der Hersteller möglichst frühzeitig eigeninitiierte

---

1160 BGH, Urt. v. 28.04.1953 – I ZR 47/52, Rn. 11; Beck-OK/*Förster*, BGB, § 823, Rn. 90.
1161 Beck-OK/*Förster*, BGB, § 823, Rn. 90.
1162 Beck-OK/*Förster*, BGB, § 823, Rn. 90.

Korrekturmaßnahmen ergreifen.[1163] So sind die Maßnahmen, welche die Marktüberwachungsbehörde ergreifen kann, zunächst auf eine Evaluierung gemäß Art. 56 Abs. 1 UA. 1 EU-BauPV beschränkt. Der Hersteller kann die Maßnahme so zunächst selbst wählen, ohne konkreten Anweisungen der Marktüberwachungsbehörde folgen zu müssen. Erst wenn sich die Nichtkonformität fortsetzt, kann die Marktüberwachungsbehörde konkrete Maßnahmen vorgeben. Gleichzeitig kommt der Hersteller etwaigen Warnpflichten nach, zu denen er nach den Grundsätzen der Produzentenhaftung verpflichtet ist. Eine Warnung oder ein Rückruf liegt auch im Interesse des Herstellers, wenn dadurch dem Eintritt von Schäden vorgebeugt werden kann.

Im Übrigen sollte der Hersteller zu Beweiszwecken eine umfangreiche Technische Dokumentation erstellen. Der Hersteller kann sich u.U. mit der Dokumentation, dass alle erforderlichen Untersuchungen im erforderlichen Umfang durchgeführt wurden, entlasten. Dies gilt insbesondere für die Haftung nach § 823 Abs. 1 BGB, § 823 Abs. 2 BGB, §§ 222, 229 StGB sowie § 9 StGB.

II. Haftungsfalle des Bauunternehmers bei nachträglich falschen Leistungsangaben

Ist der Bauunternehmer gemäß §§ 634 Nr. 1, 635 BGB gegenüber dem Bauherrn verpflichtet, von ihm verwendete mangelhafte Bauprodukte auszubauen und mangelfreie Produkte einzubauen, hat er keinerlei Regressansprüche gegen den Händler hinsichtlich des Ein- und Ausbauaufwandes. Dies gilt auch, wenn der Mangel des gekauften Produktes bereits bei Gefahrübergang vorlag. Der Unternehmer kann dem nur entgehen, indem er direkt beim Hersteller oder Importeur kauft.

1. Keine Ansprüche des Bauunternehmers gegen den Händler

Der Bauunternehmer, der ein mangelhaftes Bauprodukt in ein Bauwerk einsetzt, ist gegenüber dem Bauherrn nach §§ 634 Nr. 1, 635 BGB verpflichtet, das mangelhafte Material auszubauen und mangelfreies Material einzubauen, wenn der Verwender die Nacherfüllung verlangt.[1164]

Den Ein- und Ausbau schuldet der Bauunternehmer gegenüber dem Bauherrn schon im Rahmen der Nacherfüllung,[1165] da der Bauunternehmer im Rahmen des Werkvertrages nicht nur die Lieferung, sondern die Erstellung des Werkes schuldet. Die Nacherfüllung ist ein verschuldensunabhängiges Gewährleistungsrecht,[1166] sodass es auf die Kenntnis des Bauunternehmers von den fehlerhaften Angaben in der Leistungserklärung nicht ankommt. Zu dieser Konstellation kann es vor allem

1163 So auch zum ProdSG: Klindt/*Schucht*, ProdSG, § 26, Rn. 29.
1164 Messerschmidt/Voit/*Moufang/Koos*, Privates Baurecht, § 635 BGB, Rn. 41.
1165 Beck-OK/*Voit*, BGB, § 635, Rn. 9; Messerschmidt/Voit/*Moufang/Koos*, Privates Baurecht, § 635, Rn. 42.
1166 Messerschmidt/Voit/*Moufang/Koos*, Privates Baurecht, § 635, Rn. 5.

kommen, wenn die Leistungserklärung die Leistung des Bauproduktes unzutreffend wiedergibt und das Bauprodukt nach der Korrektur der Leistungsangaben den nationalen bauordnungsrechtlichen Anforderungen nicht mehr genügt. Das vom Bauunternehmer erstellte Bauwerk ist mangelhaft, weil es sich nicht für die im Vertrag vorausgesetzte Verwendung eignet oder eine übliche Beschaffenheit nicht aufweist. Der Mangel ergibt sich u.a. daraus, dass die Bauaufsicht nach den §§ 79, 80 MBO vorgehen kann.

Der Bauunternehmer trägt die Kosten für die Nacherfüllung. Er kann seinerseits keinen Regress beim Händler nehmen, da der Händler gegenüber dem Bauunternehmer in der Regel nicht zum Kostenersatz verpflichtet ist. Zwar ist das Bauprodukt mangelhaft und der Verwender kann grundsätzlich alle Gewährleistungsrechte des § 437 BGB geltend machen. Der Ersatz der Ein- und Ausbaukosten erfolgt aber unter den zusätzlichen Voraussetzungen der §§ 280 ff. BGB, da der Unternehmer Schadensersatz begehrt. Erforderlich wäre deshalb, dass der Händler den Mangel zu vertreten hat. Der Händler hat den Mangel aber regelmäßig nicht zu vertreten. Auch der Händler ist im Rahmen des regelmäßigen Prüfprogrammes nicht zur Überprüfung der inhaltlichen Richtigkeit der Leistungserklärung verpflichtet. Er hat deshalb die im Verkehr erforderliche Sorgfalt beachtet, wenn die Abweichungen des Produktes von den Leistungsangaben nicht ohne Weiteres äußerlich erkennbar waren.

Den Ersatz der Aufwendungen für die Ein- und Ausbaukosten durch die Nacherfüllung gegenüber dem Bauherrn hat der Händler regelmäßig auch nicht aufgrund von § 439 Abs. 1 BGB zu ersetzen, da es sich um einen Kaufvertrag zwischen Unternehmern handelt, auf den die Rechtsprechung des EuGH zum Ersatz der Ein- und Ausbaukosten über § 439 BGB nicht anwendbar ist.[1167]

Auch ein Regress über § 478 Abs. 2 BGB scheidet aus, weil der Anwendungsbereich des Verbrauchsgüterkaufs gemäß § 474 Abs. 1 BGB aufgrund des werkvertraglichen Verhältnisses zwischen Bauunternehmer und (privatem) Bauherrn nicht eröffnet ist.

2. Ungleiche Verteilung des Haftungsrisikos trotz gleicher Prüfpflichten

Die Haftung zwischen dem Bauunternehmer und dem Händler ist ungleich verteilt. Obwohl beide im gleichen Umfang zur Überprüfung der Richtigkeit der Leistungserklärung verpflichtet sind,[1168] trägt der Bauunternehmer das alleinige Haftungsrisiko. Beide müssen die Leistung des Bauproduktes in der Regel nicht technisch überprüfen, bevor sie es auf dem Markt bereitstellen oder in ein Bauwerk einsetzen. Weitere Prüfpflichten ergeben sich nur im Anschluss an einen Verdacht, der sich schon ohne technische Prüfung aufdrängen muss.

1167 Siehe z.B. LG Potsdam, Urt. v. 21.05.2014 – 3 O 86/13, Rn. 37.
1168 Siehe § 3, B., III.; § 4, B., III., 2., a), bb), (4), (b).

3. Vertraglicher Schadensersatzanspruch durch Direktkauf beim Hersteller

Der Bauunternehmer kann das Kostenrisiko vermeiden, indem er die Produkte direkt beim Hersteller, beim Importeur oder einem Zwischenhändler – soweit diese gemäß Art. 15 EU-BauPV die Herstellerpflichten selbst treffen – kauft. In der Regel steht dem Bauunternehmer gegenüber diesen Wirtschaftsakteuren der Schadensersatzanspruch nach den §§ 437 Nr. 3, 280 ff. BGB zu, da diese Akteure die falschen Angaben in der Regel zu vertreten haben.[1169]

Die genannten Wirtschaftsakteure haben nach den Vorschriften der EU-BauPV umfassendere Prüfpflichten hinsichtlich der Richtigkeit der Angaben in der Leistungserklärung. Erfüllen sie diese Prüfpflichten nicht, haben sie diese Pflichtverletzung in der Regel zu vertreten.

Der Hersteller übernimmt mit dem Anbringen des CE-Kennzeichens die Verantwortung für die Richtigkeit der Angaben in der Leistungserklärung. Zwar beinhaltet diese Vorschrift keine Garantie im Sinne des § 276 BGB. Der Hersteller darf aber nur Bauprodukte auf dem Markt bereitstellen, deren Leistungserklärung richtig ist. Um die Zuverlässigkeit der Leistungsangaben sicherstellen zu können, muss der Hersteller entsprechende Untersuchungen durchführen. Kann der Hersteller sich durch den Nachweis, dass er alle Vorschriften der EU-BauPV eingehalten hat, nicht nachweisen, hat er die fehlerhaften Angaben in der Regel zu vertreten. Etwas Anderes ergibt sich nur, wenn die Leistungsangaben aus Fehlern in anderen Risikobereichen herrühren. Dieser Fall liegt vor, wenn etwa ein Zwischenhändler oder Importeur aufgrund des Transports oder der Lagerung des Produktes die Abweichungen der Angaben in der Leistungserklärung zu vertreten haben.

Die Prüfpflichten des Importeurs bei der Bereitstellung eines Bauproduktes auf dem Markt sind geringer als die des Herstellers, aber umfangreicher als die des Händlers. Der Importeur muss jedenfalls stichprobenartig die Richtigkeit der Leistungsangaben überprüfen. Eine Verletzung dieser Überprüfungspflicht führt ebenfalls zur Verletzung der im Verkehr erforderlichen Sorgfalt.

III. Keine Ansprüche der Wirtschaftsakteure auf Korrekturmaßnahmen

Wenn ein Wirtschaftsakteur Bauprodukte gekauft hat, die nicht den Anforderungen der EU-BauPV entsprechen, darf er sie in der Regel selbst nicht auf dem Markt bereitstellen. Es besteht ein Handelsverbot, bis alle erforderlichen Korrekturen erfolgt sind.

In diesen Fällen ist der betroffene Wirtschaftsakteur darauf angewiesen, dass der Hersteller oder sein Vertragspartner die erforderlichen Korrekturmaßnahmen

---

1169 Siehe S. 186; so auch Englert/Motzke/Wirth/ *Wirth*, Baukommentar, Anhang I, Rn. 45.

zeitnah ergreift. Dies ist erforderlich, damit der vom Handelsverbot betroffene Wirtschaftsakteur ohne große zeitliche und wirtschaftliche Verluste den Handel fortsetzen kann. Der betroffene Wirtschaftsakteur selbst kann nur begrenzt Einfluss auf die Durchführung der Korrekturmaßnahmen nehmen. Insbesondere der Händler kann keine eigenen Korrekturmaßnahmen ergreifen, sondern diese nur veranlassen. Dazu kann er den Verstoß an die Marktüberwachungsbehörde melden, den Hersteller selbst zur Korrektur auffordern oder versuchen, den Korrekturanspruch im Rahmen der kaufrechtlichen Gewährleistungsansprüche durchzusetzen. Der betroffene Wirtschaftsakteur ist auf ein schnelles Einschreiten der Marktüberwachung angewiesen. Bis eine Korrektur erfolgen kann, müssen allerdings diverse Fristen eingehalten werden, sodass dem Käufer ein Abwarten unter Umständen nicht zumutbar ist. Gegen den Hersteller hat der Wirtschaftsakteur – soweit er nicht selbst dessen Vertragspartner ist – keinen zivilrechtlichen Anspruch auf die Korrektur. Auch im Wege der Gewährleistungshaftung kann eine Korrektur nicht uneingeschränkt verlangt werden. Gewährleistungsrechtlich muss eine Korrektur im Rahmen der Nacherfüllung erfolgen. Der Verkäufer kann die Korrektur jedoch gemäß § 439 Abs. 3 BGB verweigern, wenn sie unverhältnismäßig ist. Daneben kann das Vorliegen eines Sachmangels unter dem Aspekt der Verwendungseignung zwischen den Parteien streitig sein, sodass unter Umständen ein Rechtsstreit vorgeschaltet werden muss. Es ist deshalb sinnvoll, den Inhalt der Maßnahmen, die erforderlich sind, um das Bereitstellungsverbot schnell zu beseitigen, vertraglich zu regeln. Dies kann sich insbesondere auf die Aushändigung bestimmter Unterlagen beziehen.

Jeder Wirtschaftsakteur muss außerdem Informationen über die Glieder der Handelskette vorhalten (Art. 16 EU-BauPV). Die Wirtschaftsakteure haben keinen gesetzlichen Anspruch auf die Erteilung dieser Informationen gegenüber den anderen Wirtschaftsakteuren. Es ist deshalb sinnvoll, einen entsprechenden Auskunftsanspruch ebenfalls vertraglich zu vereinbaren.

IV. Keine Schadensersatzansprüche des unternehmerischen Bauherrn

Der unternehmerische Bauherr hat unter Umständen keine vertraglichen Schadensersatzansprüche, wenn er das Bauwerk in Folge eines mangelhaften Bauproduktes abreißen muss. Dieses Problem wird praktisch relevant, wenn sich nach dem Einbau eines Bauproduktes herausstellt, dass dessen tatsächliche Leistung den nationalen Bauwerksanforderungen nicht genügt. Eine solche Situation kann sich z.B. daraus ergeben, dass die Evaluierung eines Bauproduktes gemäß Art. 56 Abs. 1 EU-BauPV längere Zeit in Anspruch nimmt und das Bauprodukt in der Zwischenzeit bereits auf Grundlage der beigefügten – fehlerhaften – Leistungserklärung eingebaut wurde, ohne dass ein Mangelverdacht bestand.

Der unternehmerische Bauherr hat zwar Gewährleistungsansprüche gegen den vom ihm beauftragten Bauunternehmer. Ein Mangel am Bauwerk liegt vor, wenn die eingesetzten Bauprodukte die nationalen Leistungsanforderungen nicht erbringen und die Bauaufsicht entsprechende Maßnahmen gegen den Bauherrn verhängt.

Da die Minderung, die Nacherfüllung und der Rücktritt vom Vertrag verschuldensunabhängige Ansprüche sind, kann der Bauherr diese Ansprüche zwar regelmäßig geltend machen. Wenn der Bauherr das Gebäude abreißen muss, erlangt er den Ersatz des dadurch entstandenen Schadens nur im Wege eines Schadensersatzanspruches. Diese sind aber sowohl gegen den Unternehmer gemäß §§ 437 Nr. 4, 280 Abs. 1 BGB, als auch im Übrigen nach den §§ 823 ff. BGB verschuldensabhängig. Da der Bauunternehmer regelmäßig nicht dazu verpflichtet ist, die Richtigkeit der Leistungserklärung vor dem Einbau eingehend zu prüfen, hat er die Mangelhaftigkeit des Bauwerks regelmäßig nicht zu vertreten. Zwar wird das Vertretenmüssen im Rahmen der Ansprüche nach §§ 280 ff. BGB vermutet. Wenn der Fehler jedoch nicht offensichtlich war, wird es dem Bauunternehmer regelmäßig gelingen, die Vermutung zu widerlegen.

Auch ein beauftragter Architekt prüft die Eignung der Bauprodukte regelmäßig nur abstrakt auf Grundlage der bestehenden Leistungsangaben auf ihre generelle Eignung. Auch wenn man annähme, dass die konkrete Prüfung der Bauprodukte vor ihrem Einbau zu den Überwachungsaufgaben des Architekten gehört, wäre der Architekt gleichfalls nicht zu einer umfassenden technischen Prüfung der Bauprodukte verpflichtet. Auch die Prüfung durch den Architekten beschränkt sich grundsätzlich auf die Prüfung offensichtlicher Fehler.

Der Bauherr hat in einem solchen Fall regelmäßig auch keinen Anspruch gegen den Hersteller. Denkbar wäre ein Vorgehen im Rahmen der Produkt- oder Produzentenhaftung. In den meisten Fällen wird jedoch eine Eigentumsverletzung zu verneinen sein. Auch eine Haftung nach § 823 Abs. 2 BGB i.V.m. Art. 4 Abs. 1, Art. 11 Abs. 1 EU-BauPV scheidet aus, weil es sich bei diesen Vorschriften nicht um Schutzgesetze handelt. Auch eine Haftung nach dem ProdHaftG ist in diesen Fällen ausgeschlossen. Die Beschädigung einer Sache nach dem ProdHaftG kann nur von einem Verbraucher geltend gemacht werden.

Auch wenn eine notifizierte Stelle für die falschen Angaben in der Leistungserklärung verantwortlich ist, hat der Bauherr keinerlei Ansprüche gegen diese. Es liegen weder die Voraussetzungen eines Vertrages mit Schutzwirkung Dritter vor, noch eine für die Haftung nach § 823 Abs. 1 BGB erforderliche Garantenpflicht.[1170] Dies wird im Wesentlichen damit begründet, dass die Tätigkeit der notifzierten Stellen auf eine rein formelle Prüfung begrenzt ist und darüber hinaus keine materielle Schadensabwendungspflicht besteht.[1171]

Der Bauherr kann einen Schadensersatzanspruch sichern, indem er mit dem Bauunternehmer individualvertraglich eine unselbstständige Beschaffenheitsgarantie vereinbart, dass die Leistungsangaben der Leistungserklärung zutreffend sind. Wenn die Leistungsangaben im Nachhinein doch abweichen, bedarf es gemäß § 276 Abs. 1 Satz 1 BGB keines Verschuldens des Bauunternehmers mehr.[1172] Eine

---

1170 OLG Zweibrücken, Urt. v. 30.01.2014 – 4 U 66/13, Rn. 33, 51.
1171 OLG Zweibrücken, Urt. v. 30.01.2014 – 4 U 66/13, Rn. 40 ff., 53 ff.
1172 Jauernig/*Stadler*, BGB, § 278, Rn. 42 f.; Beck-OK/*Lorenz*, BGB, § 276, Rn. 40.

Beschaffenheitsgarantie kann jedoch nicht formularmäßig vereinbart werden, da darin ein Verstoß gegen § 307 Abs. 2 Nr. 1, Abs. 1 Satz 1 BGB zu sehen ist.[1173] Soweit eine verschuldensunabhängige Schadensersatzpflicht für ein garantierte Beschaffenheit vereinbart wird, ist der Bauunternehmer einer Schadensersatzhaftung ausgesetzt, die er nicht mehr überschauen kann.[1174]

Darüber hinaus kann es sinnvoll sein, eine dem § 4 Abs. 6 VOB/B entsprechende Regelung zu vereinbaren, wenn die VOB/B nicht ausdrücklich in den Vertrag einbezogen wurde. Erforderlich kann dies vor dem Hintergrund werden, dass die Anwendung der §§ 79, 80 MBO durch die Bauaufsicht beschränkt sind, wenn Bauprodukte den Anforderungen der EU-BauPV nicht genügen, aber Verfahren nach den Art. 56 ff. EU-BauPV noch nicht abgeschlossen ist. In diesen Fällen kann der Bauherr durch einen entsprechenden Entfernungsanspruch bereits bei einem hinreichend konkreten Gefahrenverdacht verhindern, dass ein Bauprodukt eingesetzt wird, bei dem sich später herausstellt, dass es den öffentlich-rechtlichen Anforderungen nicht genügt. So kann die Gefahr von Abrissverfügungen, die nach dem Abschluss des Marktüberwachungsverfahrens ergehen, im Vorhinein minimiert werden. Relevant ist dies v.a. für Bauprodukte deren Leistungserklärung korrigiert wird. Eine solche Klausel ist grundsätzlich mit § 307 BGB vereinbar.[1175] Um dem Transparenzgebot des § 307 BGB hinreichend Rechnung zu tragen, sollten die Voraussetzungen eines solchen Anordnungsrechts möglichst genau beschrieben werden. Je eher diese Voraussetzungen an eine drohende Gefahr anknüpfen, desto eher passiert sie die Inhaltskontrolle nach den §§ 307 ff. BGB.

1173 BGH, Urt. v. 05.10.2005 – VIII ZR 15/05, Rn. 32.
1174 BGH, Urt. v. 05.10.2005 – VIII ZR 15/05, Rn. 32.
1175 Messerschmidt/Voit/*Voit*, Privates Baurecht, VOB/B, § 6, Rn. 37.

§ 6 Fazit

Das europäische Bauproduktenrecht hat weitreichende Konsequenzen für Deutschland als Mitgliedstaat sowie für nationale Wirtschaftsakteure und Verwender von Bauprodukten.

A. Mitgliedstaatliche Handlungsgebote

Das nationale Bauproduktenrecht verstößt teilweise gegen die Anforderungen der EU-BauPV. Aufgrund der mitgliedstaatlichen Treuepflicht ist die Bundesrepublik Deutschland trotz des Anwendungsvorrangs des Europarechts aktiv zu einer Anpassung des nationalen Rechts verpflichtet.[1176] Dort, wo das nationale Recht gegen die EU-BauPV verstößt, müssen die Regelung mit der EU-BauPV in Einklang gebracht werden. Zentraler Maßstab für die Europarechtskonformität des nationalen Bauproduktenrechts ist Art. 8 Abs. 4 EU-BauPV.[1177]

Zusätzliche nationale Anforderungen an harmonisierte Bauprodukte zum Nachweis der Bauwerkssicherheit sind nach Art. 8 Abs. 4 EU-BauPV unzulässig.[1178] Eine umfassende Regelung der Bauwerkssicherheit ist aufgrund des grundrechtlichen Schutzauftrags erforderlich. Eine nationale Regelung, die gleichfalls Art. 8 Abs. 4 EU-BauPV und dem grundrechtlichen Schutzauftrag genügt, ist jedoch unmöglich.[1179] Eine effektive Regelung, die beiden Interessen gerecht wird, kann nur durch eine Modifikation des Normungsverfahrens erfolgen. In Anlehnung an das Verfahren nach Art. 114 Abs. 6 AEUV könnte ein Antragsverfahren eingeführt werden.[1180] Dieses Antragsverfahren soll es den Mitgliedstaaten ermöglichen, in den Fällen der Ausnahmen des Art. 36 AEUV, zusätzliche Anforderungen an harmonisierte Bauprodukte direkt in die harmonisierte Norm aufzunehmen zu lassen. Entsprechende Anträge soll der Mitgliedstaat bei der Kommission stellen können. Die nationalen Anforderungen treten dabei neben die wesentlichen Merkmale der harmonisierten Grundnorm. Diese werden durch die zusätzlichen Anforderungen der Mitgliedstaaten nicht berührt. Vielmehr gelten die zusätzlichen Anforderungen nur für die Mitgliedstaaten, die die Anforderung beantragt haben.

Auch die §§ 79, 80 MBO bzw. die Anforderungen in der MVV-TB müssen aufgrund ihres partiellen Verstoßes gegen Art. 8 Abs. 4 EU-BauPV angepasst werden.[1181] Erforderlich wäre die Klarstellung, dass die §§ 79, 80 MBO nicht angewendet werden dürfen, um Eigenschaften von den Bauprodukten zu verlangen, die über das in Art. 8

1176 Siehe § 4, A., II., 2.
1177 Siehe § 4, A., II., 2., a).
1178 Siehe § 4, A., II., 2., a).
1179 Siehe § 5, A., I.
1180 Siehe § 5, A., II.
1181 Siehe § 4, A., II., 2., d).

Abs. 4 EU-BauPV zulässige Maß hinausgehen. Insbesondere dürfen keine Nachweise gefordert werden, die dazu führen, dass die produktunmittelbaren Hinweise der MVV-TB zu möglichen zusätzlichen Nachweisen für harmonisierte Bauprodukte, faktisch verbindlich werden.

Der Verweis in § 5 BauPG auf § 26 ProdSG verstößt gegen Art. 56 Abs. 1 EU-BauPV und muss angepasst werden.[1182] Dafür muss klargestellt werden, dass die Maßnahmen nach § 26 ProdSG durch die Marktüberwachung erst ergriffen werden dürfen, wenn ein negatives Evaluierungsergebnis gemäß Art. 56 Abs. 1 UA. 2 EU-BauPV vorliegt.

B. Handlungsvorschläge in Anbetracht besonderer Haftungsrisiken

Die EU-BauPV bewirkt, dass die Wirtschaftsakteure und Verwender von Bauprodukten umfangreich haften, wenn Pflichten der EU-BauPV nicht eingehalten werden. Dem können die Wirtschaftsakteure und Verwender teilweise begegnen, indem sie präventiv ihr Verhalten an die bestehenden Risiken anpassen.

I. Handlungsvorschlag für den Hersteller

Der Hersteller haftet umfangreich in allen Bereichen. Die Haftung trifft ihn insbesondere, wenn die Leistungsangaben unzutreffend sind und dadurch Schäden an Rechtsgütern wie Leib und Leben entstehen.[1183] Er kann sich jedoch sowohl bei einem Tatvorwurf nach den §§ 222, 229 StGB, § 8 BauPG, als auch bei der Haftung nach §§ 823 ff. BGB entlasten, indem er nachweist, dass er eine umfangreiche Produktkontrolle eingeräumt hat, die den Fehler in aller Regel aufgedeckt hätte.[1184] Dieser Nachweis kann durch eine umfangreiche Dokumentation der Qualitätsmaßnahmen erfolgen. Dies gilt insbesondere, wenn der Hersteller einen Bevollmächtigten zur Durchführung der Leistungsprüfung und Erstellung einer Leistungserklärung beauftragt hat. Insbesondere die Schritte, die im Rahmen der Bewertung und Überprüfung der Leistungsbeständigkeit vorgenommen werden, sollten genau dokumentiert werden. Da der Schwerpunkt der Haftung auf fehlerhaften Leistungsangaben beruht, ist bei der Prüfung der Leistung und der Leistungsbeständigkeit besondere Sorgfalt geboten. Nur so kann auch eine ordnungsrechtliche Inanspruchnahme – und damit insbesondere umfangreiche Rückruf- und Korrekturmaßnahmen – verhindert werden.

Im vertraglichen Bereich sollte der Hersteller Beschaffenheitsvereinbarungen, die sich auf die Leistung des Bauproduktes beziehen, vermeiden.[1185] Eine *öffentliche* Bereitstellung der Leistungserklärung – etwa auf der Homepage – sollte zu diesem Zweck vermieden werden. Der Zugang zur Leistungserklärung kann aber durch die Bereitstellung in einem passwortgeschützten Bereich beschränkt werden.

1182 Siehe § 4, A., I., II., 1.
1183 Siehe § 4, B., III., 2., bb); § 4, B., III., 3., a); § 4, B., III., 3., b); § 4, B., IV., 2.
1184 Siehe § 4, B., III., 3., a), aa), (5); § 4, B., IV., 2., a), cc).
1185 § 4, B., III., 2., a), (1); § 4, B., III., 3., a), aa); § 4, B., III., b), dd), (1).

II. Handlungsvorschlag für den Händler

Der Händler sollte die durch den Importeur oder Hersteller durchzuführenden Korrekturmaßnahmen vertraglich mit seinem jeweiligen Vertragspartner vereinbaren, um einseitig das Bereitstellungsverbot des Art. 14 Abs. 2 UA. 2 EU-BauPV aufheben zu können. Nur so hat er unabhängig von etwaigen Gewährleistungsrechten einen Anspruch auf Korrektur gegen seinen Vertragspartner, die er im Bedarfsfall geltend machen kann.

III. Handlungsvorschlag für den Importeur

Auch der Importeur muss stichprobenartig die Leistung importierter Bauprodukte nachprüfen. Um fehlerhafte Angaben in der Leistungserklärung zu vermeiden, sollte auch dieser die Pflicht zur Überprüfung der Leistung ernst nehmen und sorgfältig und regelmäßig durchführen. Auch der Importeur sollte die durch den Hersteller durchzuführenden Korrekturmaßnahmen vertraglich mit diesem vereinbaren, um einseitig das Bereitstellungsverbot des Art. 13 Abs. 2 UA. 2 EU-BauPV aufheben zu können.

IV. Handlungsvorschlag für den Bauunternehmer

Der Bauunternehmer muss ggf. gegenüber dem Bauherrn die Kosten für den Ein- und Ausbau eines mangelhaften Bauproduktes tragen, während ein Schadensersatzanspruch gegen den Händler mangels Verschuldens ausscheidet.[1186] Um die alleinige Kostentragung zu vermeiden, kann der Bauunternehmer entweder die Produkte direkt beim Händler oder Importeur kaufen oder mit dem Händler eine Garantie vereinbaren.[1187] Wird individualvertraglich eine Garantie vereinbart, ist für einen Schadensersatzanspruch kein Verschulden mehr erforderlich (§ 276 Abs. 1 Satz 1 BGB).

V. Handlungsvorschlag für den Bauherrn

Der Bauherr hat in der Regel keine Schadensersatzansprüche, wenn er nach dem Einbau eines mangelhaften Bauproduktes das Gebäude abreißen muss.[1188] Der Bauunternehmer als Vertragspartner hat den Mangel in der Regel nicht zu vertreten. Ein deliktischer Schadensersatzanspruch ist mangels Eigentumsverletzung ebenfalls in der Regel nicht gegeben. Der Bauherr kann dem begegnen, indem er mit dem Bauunternehmer eine Garantie vereinbart, dass die verwendeten Bauprodukte die erklärte Leistung erbringen.[1189] Daneben ist die Vereinbarung eines Entfernungsanspruchs entsprechend § 4 Abs. 6 VOB/B sinnvoll.

1186 § 4, B., III., 2., b), dd); § 4, B. III., 2., d), bb).
1187 § 5, B., II.
1188 § 4, B., II., 2., d), (3); § 5, B., II.
1189 § 5, B., II.

Schriften zum Deutschen und Internationalen Bau-, Umwelt- und Energierecht

Herausgegeben von Axel Wirth

Band 1 Sebastian Ulbrich: Leistungsbestimmungsrechte in einem künftigen deutschen Bauvertragsrecht vor dem Hintergrund, der Funktion und der Grenzen von §§ 1 Nr. 3 und Nr. 4 VOB / B. 2007.

Band 2 Alice Müller: Nachhaltigkeit im öffentlichen Baurecht unter besonderer Berücksichtigung energieeffizienten Bauens und des Einsatzes erneuerbarer Energien. 2008.

Band 3 Petra Christiansen-Geiss: Voraussetzungen und Folgen des Koppelungsverbotes Art. 10 § 3 MRVG. 2009.

Band 4 Johannes Kuffer: Heilung unwirksamer Bauvertragsklauseln. 2009.

Band 5 Stefan Schifferdecker: Bindungswirkung städtebaulicher Wettbewerbe. Rechtliche und soziale Bindungen im Abwägungsprozess. 2009.

Band 6 Christian Felix Fischer: Die zweifelhafte Abnahmefiktion des § 640 Abs. 1 S. 3 BGB. Eine Untersuchung der Voraussetzungen und Rechtsfolgen, ihres Sinn und Zwecks sowie der Folgen für die Praxis. 2010.

Band 7 Jan-Bertram A. Hillig: Die Mängelhaftung des Bauunternehmers im deutschen und englischen Recht. 2010.

Band 8 Hajo Willner: Zahlungsansprüche von Bauunternehmern bei Störungen des Bauablaufs. Eine Untersuchung in Bezug auf VOB / B-Verträge. 2010.

Band 9 Kathrin Susanne Jansen: Die Mangelrechte des Bestellers im BGB-Werkvertrag vor Abnahme. 2010.

Band 10 Franz Weinberger: *Alliancing Contracts* im deutschen Rechtssystem. 2010.

Band 11 Mathias Schäfer: Leistungspakete im Eigenheimbau. Ein Rechtsvergleich USA – Deutschland. 2011.

Band 12 Andreas Schmidt: Abschlagszahlungen nach gesetzlichem Werkvertragsrecht. Analyse und Reformvorschlag unter besonderer Berücksichtigung des Bauvertrags. 2011.

Band 13 Robert Bach: Die Abwägung gemäß § 1 Abs. 7 BauGB nach Erlass des EAG Bau. 2012.

Band 14 Axel Wirth (Hrsg.): Fragen zum Öffentlichen und Privaten Baurecht im Internationalen Ländervergleich. Seminar zum Internationalen Baurecht. 2013.

Band 15 Stephanie Englert-Dougherty: Baulärm und Sozialadäquanz. 2016.

Band 16 Julian Linz: Die Haftung des Bausachverständigen – Tätigkeitsfeld und Haftungsausschluss. 2017.

Band 17 Jan D. Sommer: Die Duldung rechtswidriger Zustände im öffentlichen Baurecht. 2017.

Band 18 Gerrit Krupp: Rechtsnatur und Rechtswirkungen des Flächennutzungsplans. 2017.

Band 19 Marthe-Louise Fehse: Die Auswirkungen der EU-Bauproduktenverordnung auf das nationale Recht. Regelungsdefizite und Haftungsrisiken für Wirtschaftsakteure und Verwender von Bauprodukten. 2017.

www.peterlang.de